ACCADEMIA NAZIONALE VIRGILIANA
DI SCIENZE LETTERE E ARTI

FULVIO BARALDI

IL PENSIERO GEOLOGICO NELLE DISSERTAZIONI INEDITE DEGLI ACCADEMICI MANTOVANI DEL XVIII SECOLO

Supplemento a «**ATTI E MEMORIE**» Volume LXXXV (2017)

MANTOVA 2018

PROPRIETÀ LETTERARIA
L'Accademia lascia agli Autori ogni responsabilità
delle opinioni e dei fatti esposti nei loro scritti

ISBN 978-1722442354

Fulvio Baraldi

IL PENSIERO GEOLOGICO NELLE DISSERTAZIONI INEDITE DEGLI ACCADEMICI MANTOVANI DEL XVIII SECOLO

Geology is the science which investigates the successive changes that have taken place in the organic and inorganic kingdoms of nature: it inquires into the causes of these changes, and the influence which they have exerted in modifying the surface and external structure of our planet.
(Charles Lyell, *Principles of Geology*, London 1830).

RINGRAZIAMENTI

Desidero vivamente ringraziare:

Professor Giovanni Tosatti, già Docente di Geologia Applicata, Dipartimento di Scenze Chimiche e Geologiche, Università di Modena e Reggio Emilia, per la lettura critica del testo e le numerose correzioni suggerite.

Professor Frediano Sessi, saggista e scrittore, per la lettura critica del testo e gli amichevoli incoraggiamenti.

Ingegner Emanuele Goldoni per la cura dell'editing.

Ines Mazzola, Accademia Nazionale Virgiliana di Mantova, per la cura redazionale.

INDICE

APPENDICE - DISSERTAZIONI

IL PENSIERO GEOLOGICO NELLE DISSERTAZIONI INEDITE DEGLI ACCADEMICI MANTOVANI DEL XVIII SECOLO

1. IL PENSIERO GEOLOGICO NEL CORSO DEL XVIII SECOLO

Per quasi tutto il secolo XVIII all'interno del *corpus* delle scienze naturali non era presente una disciplina scientifica unitaria paragonabile a quella che oggi denominiamo Geologia:[1] questa infatti iniziò a strutturarsi nelle prime decadi dell'Ottocento, portando a compimento l'unificazione di ambiti disciplinari tra loro prima separati, quali la Mineralogia, la Geografia Fisica, la *Geognosia*, le teorie sulla formazione della Terra.

Mentre la Mineralogia era praticata, nel Settecento, soprattutto nei gabinetti di storia naturale, dove il mineralogista era dedito alla descrizione, analisi e classificazione dei minerali, la Geografia Fisica prevedeva che il naturalista sviluppasse un costante lavoro di ricerca sul campo, fatto questo che favorì una sistematica esplorazione e conoscenza del territorio, in particolare delle montagne e delle forme fisiche della superficie terrestre.

Fu certamente la pratica della *Geognosia*, che comprendeva allora litologia, stratigrafia e paleontologia, il ramo disciplinare che più di altri favorì la nascita della moderna geologia: lo studio delle formazioni geologiche, intese come sequenze relativamente uniformi di strati rocciosi affioranti in parti diverse del nostro pianeta e pertanto tra loro correlabili, permise di arrivare alla comprensione della stratigrafia terrestre nel suo complesso; un fondamentale contributo allo sviluppo delle conoscenze stratigrafiche fu dato dalle attività minerarie e dal lavoro di ricerca compiuto dagli ingegneri minerari. Prima del XVIII secolo, il danese Niels Stensen,[2] italianizzato come Niccolò Stenone, aveva riconosciuto che i fossili

---

[1] Il termine Geologia fu comunque utilizzato per la prima volta nei manoscritti di storia naturale del medico e naturalista Ulisse Aldrovandi (Bologna, 1522-1605); si veda a tal proposito G.B. VAI- W. CAVAZZA, *Quadricentenario della parola Geologia*, Bologna, Minerva Edizioni 2004.

[2] Niels Stensen (Copenaghen 1638-Schwerin 1686) fu un naturalista, geologo e vescovo cattolico danese; per i suoi studi è considerato il padre della geologia e della stratigrafia. Si trasferì e lavorò a lungo in Italia, alla corte dei Medici, come anatomista e come geologo. Negli anni trascorsi in Toscana, la mente vivace e acuta di Stenone, portata a ragionare su dati raccolti attraverso l'osservazione, aveva imboccato vie nuove e promettenti verso la comprensione dei fenomeni naturali, un campo in cui poche e luminose intuizioni erano vanificate e offuscate da credi mitologici, superstizioni e dogmatismi. Nel suo più famoso scritto, *Su un corpo solido contenuto naturalmente entro un altro solido. Prodromo a una dissertazione*, pubblicato in lingua latina nel 1669 a Firenze, prima del suo rientro in patria e rimasto come un testamento scientifico, s'incontrano spunti e idee che diventeranno patrimonio comune solo dopo oltre un secolo.

contenuti nelle rocce erano derivati dalla 'pietrificazione' di organismi un tempo viventi, e che parte degli stessi avevano molte affinità con gli organismi presenti alla sua epoca; aveva inoltre enunciato il Principio di Sovrapposizione riguardante gli strati rocciosi e il loro contenuto in organismi fossili: «in una sequenza di strati, ciascuno di essi è più giovane rispetto a quello su cui poggia ed è più vecchio di quello che giace sopra».

Tale concetto fondamentale, che permette di assegnare alle rocce un'età relativa, fu poi sviluppato da William Smith,[3] che si rese conto che la stratificazione era organizzata secondo una sequenza ordinata e spesso prevedibile di rocce, ognuna posta sempre nella stessa posizione relativa rispetto alle altre; inoltre comprese l'importanza di utilizzare i fossili come strumenti per identificare un determinato strato posto anche a notevoli distanze da una successione nota; avanzò pertanto l'ipotesi che rocce di luoghi diversi contenenti gli stessi fossili avessero la medesima età. In Italia, la geologia stratigrafica trova un precursore nell'opera di Antonio Lazzaro Moro[4] che nel 1740 scrisse sull'origine dei fossili e il sollevamento delle montagne, ne discusse la compatibilità con il testo sacro, osservando che spesso il ricorso alla Bibbia era un abuso per spiegare teorie incapaci di reggersi da sole.

L'indirizzo scientifico della geologia nell'Italia settentrionale fu dato principalmente dallo Studio Patavino, in un periodo in cui questa istituzione poneva molta attenzione alle scienze della natura, grazie soprattutto all'opera pioneristica di Antonio Vallisneri senior.[5] Si può ricordare che già nel 1546 a

---

[3] William Smith (Churchill 1769-Northampton 1839) è stato un geologo inglese. Smith fu la prima persona a realizzare una mappa geologica nazionale e pertanto è ritenuto il padre della geologia inglese. Molto importante è la sua opera *A delineation of the Strata of England and Wales, with part of Scotland*, pubblicata nel 1815.

[4] Anton Lazaro Moro (San Vito del Friuli, oggi San Vito al Tagliamento 1687-1764). Intorno al 1710 venne ordinato sacerdote; si dedicò soprattutto agli studi naturalistici, e i frutti di questi studi furono dati alle stampe nel 1740 nella dissertazione *De' crostacei e degli altri marini corpi che si truovano su' monti* dove, pur basandosi sul testo biblico (il diluvio universale), Moro cerca di sgomberare il campo da ogni ricorso a ipotesi miracolistiche per spiegare l'esistenza di fossili marini intrappolati nelle pietre delle montagne e fonda le sue ragioni tentando di fare esclusivo ricorso alle leggi naturali. Propose un meccanismo in grado di spiegare il fenomeno della genesi dei monti e la presenza, al loro interno, di spoglie fossilizzate degli antichi organismi. L'orogenesi passiva proposta da Descartes (collasso della crosta superficiale) e più ancora da Stenone (erosione delle valli) non lo soddisfacevano; a suo giudizio, la recente emersione di isole vulcaniche nell'Egeo era un indizio convincente del ruolo fondamentale svolto dalle forze sotterranee nell'edificazione non soltanto dei «monti ignivomi», ma di tutte le catene montuose. Su questa base egli formulò l'ipotesi secondo la quale a una spinta verso l'alto esercitata dal nucleo incandescente della Terra, tale da innalzare i monti al di sopra del livello originario, corrisponde, nel punto opposto della crosta, una depressione che genera un bacino in cui le acque si accumulano raggiungendo profondità assai maggiori di quelle originarie.

[5] Antonio Vallisneri Senior (Trassilico in Garfagnana 1661-Padova, 1730). Maggiore di sei fratelli, compì i suoi primi studi a Scandiano, patria dei genitori, proseguendoli a Modena, presso i Gesuiti, e successivamente a Reggio; nel 1700, venne chiamato a Padova alla cattedra di Medicina Pratica. I suoi interessi naturalistici gli attirarono critiche da parte dei colleghi, ai quali le ricerche che conduceva sembravano, se non inutili, eccessivamente lontane dall'arte di guarire, ma è indubbio che le sue pagine migliori sono quelle dedicate alla Filosofia Naturale. Tra le sue principali opere di carattere naturalistico si possono citare: *Lezione accademica intorno all'origine delle fontane*, Venezia, Ertz 1715; *De' corpi marini, che su' monti si trovano*, Venezia, Lovisa 1721. Si deve a Vallisneri anche l'invito, rivolto agli studiosi italiani di scienze naturali, a unificare la terminologia scientifica e ad esprimersi in toscano sia

Padova era stato istituito il primo Orto Botanico italiano, nel 1759 la Chimica divenne una disciplina autonoma e dal 1734 Padova possedeva un Pubblico Museo di storia naturale e una cattedra *Ad Descriptionem et Ostensionem Simplicium* cui studiosi e collezionisti potevano fare riferimento. Inoltre nel 1779 venne fondata una Accademia di Scienze, Lettere e Arti in Padova, erede della Accademia dei Ricovrati. Antonio Vallisneri senior pubblicò nel 1721 *De' corpi marini, che su' monti si trovano*, dove espose le proprie teorie sull'origine dei fossili marini che si trovano sulle alture montane. In un primo momento egli si dedicò alla confutazione delle teorie che vedevano i fossili come semplici scherzi di natura, resti di antichi pranzi consumati sui monti, animali marini nati da uova misteriosamente lievitate in altura, oggetti caduti dal cielo, aborti della creazione, frammenti di giganti o draghi, creature di Satana, conchiglie abbandonate dai pellegrini, resti del Diluvio Universale. Confutate le suddette ipotesi, Vallisneri enunciò la propria teoria basata su lunghe osservazioni realizzate in montagna, teoria in grado di spiegare la presenza di fossili marini in altura a causa dell'emersione di terre anticamente coperte dalle acque marine dovuta a sconvolgimenti geofisici della crosta terrestre. Ancora Giovanni Arduino,[6] esperto di miniere, pubblicò nel 1760 la sua

---

oralmente che negli scritti; il suo appello *Che ogni italiano debba scrivere in Lingua purgata Italiana, o Toscana, per debito, per giustizia, e per decoro della nostra Italia*, fu pubblicato in «Supplementi al Giornale de' Letterati d'Italia», I, 1722.

[6] Giovanni Arduino (Caprino Veronese 1714-Venezia 1795) è una figura di primo piano nella storia delle scienze geologiche; il testo *Sopra varie sue osservazioni fatte in diverse parti del territorio di Vicenza, ed altrove, appartenenti alla teoria terrestre, ed alla mineralogia*, del 1760, rappresenta una tappa fondamentale per lo sviluppo della geologia storica e costituisce il punto di partenza per la moderna stratigrafia dell'Italia nord-orientale. Le ricerche di Arduino sulle rocce e sui rilievi montuosi dell'area vicentino-veronese hanno inoltre contribuito in modo determinante al riconoscimento di antiche attività vulcaniche in Veneto e alla soluzione del dibattito tardo settecentesco sull'origine controversa di rocce ignee come il basalto. Notizie dettagliate sulla vita e sulle opere di Giovanni Arduino sono in E. DE TIPALDO, *Biografia degli Italiani Illustri nelle Scienze, Lettere e Arti del secolo XVIII e de' contemporanei*, vol. VII, Venezia, Tipografia di Alvisopoli 1840; E. VACCARI, *Giovanni Arduino*, Treccani, La Cultura Italiana. Il Contributo italiano alla storia del Pensiero-Scienze, 2013, da cui sono tratte le note seguenti: Arduino Giovanni, geologo autore di molte pubblicazioni su giacimenti minerari, impianti metallurgici, vulcanismo antico, fossili, acque minerali, nelle quali, tra l'altro, chiarì i rapporti fra l'attività endogena e la formazione dei giacimenti metalliferi per sublimazione e per metamorfismo di contatto. Chiamato nel 1769 dal Senato Veneto, fu a Venezia in qualità di sopraintendente all'agricoltura e di consulente generale della magistratura delle acque. Il suo merito principale è quello di aver gettato le basi della cronologia stratigrafica, proponendo una suddivisione delle rocce fondata sulle sue personali e dirette osservazioni sul campo e comprendente quattro ordini di terreni (primario, secondario, terziario e quaternario). Secondo tale classificazione, basata sulle caratteristiche litologiche, la roccia scistosa più antica («primigenia»), che Arduino definisce «Schieffer-stein» o «Lardaro» (oggi nota come *fillade micaceo-quarzifera*), soggiace alle montagne del primo ordine («monti primarj»), composte prevalentemente da rocce cristalline con presenza di vene minerali. Le stratificazioni del secondo ordine, individuate in montagne meno elevate e di formazione più recente rispetto a quelle del primo ordine («monti secondarj»), comprendono sostanzialmente arenarie e calcari fossiliferi. Il terzo ordine, di origine successiva ai primi due, è costituito da monti più bassi e colli isolati («monti terziarj»), formati da ghiaie, arenarie fossilifere non consolidate e argille, nonché da rocce di origine vulcanica. Infine, il quarto ordine, il più recente, comprende le pianure alluvionali, formate da strati di materiali erosi dalle montagne e trascinati a valle dalle acque correnti. La classificazione fu proposta da Arduino nel suo testo probabilmente più famoso, *Due lettere del Sig. Giovanni Arduino sopra varie sue osservazioni Naturali*, «Raccolta di Opuscoli Filologici Scientifici», Tomo VI, Venezia, per Simon Occhi 1760; le due lettere

celebre e originale suddivisione litologica nei quattro ordini generali, Primario, Secondario, Terziario e Quaternario; secondo lo studioso, su tutte queste unità orografiche avevano interagito alternativamente acqua e fuoco, in un complesso schema cronologico e orogenetico. La sua classificazione litostratigrafica avrà una buona diffusione nella comunità scientifica europea tardo-settecentesca, e sarà spesso utilizzata negli scritti geologici pubblicati tra Ottocento e Novecento.

Uno dei maggiori problemi cui si trovarono di fronte i primi geologi stratigrafi del Settecento, insieme a coloro che si sforzavano di ricostruire la storia della vita sulla Terra, era il problema del «tempo geologico»: quanto era vecchia la Terra, quanto tempo avevano a disposizione i geologi e i paleontologi per collocarvi fenomeni che anche la diretta osservazione dimostrava lentissimi? James Ussher,[7] arcivescovo di Armagh (Irlanda del Nord), ad esempio, poneva l'origine del mondo nell'anno 4004 a.C. e il Diluvio Universale trovava la sua collocazione temporale nell'anno 2349 a.C.; questo calcolo non veniva a quei tempi preso alla leggera, in quanto l'arcivescovo era persona coltissima e il calcolo aveva implicato lo studio comparato degli antichi calendari, cui aveva collaborato anche Isaac Newton.[8] Questi studi, come molti altri coevi, si fondavano su due presupposti: la dottrina del Creazionismo e la corrente filosofica del Catastrofismo di Cuvier.[9]

---

sono indirizzate ad Antonio Vallisneri junior, la proposta dei quattro ordini è contenuta nella Lettera Seconda. La classificazione litostratigrafica di Arduino avrà una buona diffusione europea nella comunità scientifica tardo settecentesca, e sarà spesso positivamente ricordata negli scritti storico-geologici pubblicati tra Ottocento e Novecento. Tuttavia essa non anticipa, nonostante l'evidente identità terminologica, l'attuale sistema di ere geologiche suddiviso in Primario-Paleozoico, Secondario-Mesozoico, Terziario-Cenozoico e Quaternario-Neozoico. Lo schema di Arduino si limita infatti a un'accurata distinzione litologica, senza quindi prendere in considerazione gli aspetti climatici o biologici e soprattutto senza definire precise scansioni cronologiche. Arduino intuisce invece la relatività cronologica dei mutamenti geologici, e i suoi quattro ordini litologici corrispondono, sia pure in forma generale, ai risultati dei processi litogenetici attualmente suddivisi nelle quattro ere geologiche, dal Paleozoico al Quaternario.

[7] James Ussher (Dublino 1581-Reigate 1656) è stato un arcivescovo anglicano irlandese; è famoso per aver calcolato 'scientificamente' in base alla Bibbia la data della creazione del mondo. Il suo calcolo è contenuto nel libro *Annales Veteris Testamenti, a prima mundi origine deducti* (Annali dell'Antico Testamento, a partire dalla prima origine del mondo), pubblicato nel 1650.

[8] Isaac Newton (Woolsthorpe-by-Colsterworth, Lincolnshire 1642-Londra 1727), matematico, fisico, astronomo, è considerato uno dei più grandi scienziati di tutti i tempi. Noto soprattutto per il suo contributo alla meccanica classica, contribuì in maniera fondamentale a più di una branca del sapere. Pubblicò nel 1687 *Philosophiae Naturalis Principia Mathematica*, opera nella quale descrisse la legge di gravitazione universale e, attraverso le sue leggi del moto, stabilì i fondamenti per la meccanica classica. Condivise con Gottfried Wilhelm Leibniz la paternità dello sviluppo del calcolo differenziale o infinitesimale. Fu il primo a dimostrare che le leggi della natura governano il movimento della Terra e degli altri corpi celesti. Fu Presidente della *Royal Society* di Londra.

[9] Georges Leopold Chretien Frédéric Dagobert Cuvier (Montbéliard 1769-Parigi 1832) è stato un biologo francese. Secondo la sua teoria del Catastrofismo la Terra sarebbe stata interessata nel corso della sua lunga storia da eventi catastrofici, di corta durata, di carattere violento ed eccezionale. Si opponeva quindi alla teoria dell'uniformitarismo, secondo la quale qualunque processo che si sia esercitato in un lontano passato continua ad agire anche nel presente. Georges Cuvier intendeva spiegare in questo modo l'esistenza dei fossili, che egli per primo riconobbe come appartenenti a specie estinte, cioè le specie scomparse nel corso degli eventi catastrofici. Cuvier basò la sua teoria principalmente su due osservazioni: l'evidenza di estinzioni di massa e l'assenza di forme graduali tra una specie e l'altra.

Furono tuttavia gli studi sulla vera natura dei fossili la chiave della macchina del tempo, quei fossili per i quali erano stati via via proposte le spiegazioni più disparate, riprendendole in parte dagli antichi testi; nella seconda metà del Settecento le scoperte paleontologiche avevano ormai provato che esseri vissuti in passato erano definitivamente scomparsi e di loro rimaneva traccia nei fossili.

Il russo Lomonosov,[10] la cui opera non era conosciuta a quel tempo a causa dell'isolamento del suo paese dalle scuole scientifiche europee, nel 1760 propose per la Terra un'età di alcune centinaia di migliaia di anni.

Georges-Louis Leclerc conte di Buffon,[11] nell'opera *Les Époques de la Nature*[12] data alle stampe nel 1780, prendeva in considerazione la questione della formazione della Terra; nella sua visione, il sistema solare e quindi la Terra stessa si sarebbero formati a seguito di una violenta collisione tra una cometa e il Sole, causando l'emissione di una serie di globi di fuoco che raffreddandosi avrebbero dato origine ai futuri pianeti e satelliti. Egli fece costruire, nella fonderia di sua proprietà presso la città di Montbard, dieci sfere di ferro di diametro variabile da 1,3 a 12,5 centimetri: sulla base del tempo necessario affinchè queste sfere, dopo essere state scaldate, raffreddassero a temperatura ambiente e ipotizzando l'interno della Terra costituito nella quasi totalità da ferro, egli fece una stima dell'età della Terra prossima a 74.832 anni.[13] A Buffon si deve pure una visione prettamente storica dei mutamenti della natura e della crosta terrestre in particolare, individuando una sorta di *geostoria* che prefigurava mutamenti unidirezionali e irreversibili.

Qual era l'origine delle montagne? Può sembrare strano che un tema così apparentemente neutro potesse contenere implicazioni teologiche ma, di fatto, ne aveva assunte fin da quando si era cominciato a riflettere su creazione, diluvio universale e fenomeni naturali: era convinzione diffusa che le montagne datassero dalla creazione. Nel corso del Settecento si

---

[10] Michail Vasil'evič Lomonosov (Denisovka 1711-San Pietroburgo 1765) è stato uno scienziato e linguista russo. Per il contributo che ha dato alla cultura e alla scienza russa, per la spinta verso una modernizzazione della sua patria e per il ruolo che ha avuto anche a livello mondiale, viene spesso considerato il Leonardo da Vinci russo; contribuì alla formulazione di una teoria cinetica del calore, di una teoria cinetica dei gas, di un principio di conservazione della materia e di un'ipotesi ondulatoria della luce. Fu il primo a sostenere che petrolio e metano sono prodotti della trasformazione di materiale biologico in decomposizione in molecole di idrocarburi.

[11] Georges-Louis Leclerc, conte di Buffon (Montbard 1707-Parigi 1788), è stato un naturalista, matematico e cosmologo francese. Esponente del movimento scientifico legato all'Illuminismo, le sue teorie avrebbero influito sulle generazioni successive di naturalisti, in particolare sugli evoluzionisti Jean-Baptiste Lamarck e Charles Darwin. Entrò nell'Accademia Francese delle Scienze all'età di 26 anni. È soprattutto famoso per la sua opera maggiore, l'*Histoire naturelle, générale et particulière*, in 36 volumi apparsi dal 1749 al 1789, di cui 8 postumi.

[12] G.-L. LECLERC, conte di Buffon, *Les Époques de la Nature*, Paris, De l'Imprimerie Royale 1780.

[13] Va tuttavia ricordato che il Buffon per non incorrere nella censura ecclesiastica rinunciò alla pubblicazione di certi suoi calcoli che attribuivano alla Terra l'età di 3 milioni di anni, con l'auto giustificazione che le menti non erano adatte ad accettare un simile dato. L'età da lui calcolata era ben poco rispetto ai 4,6-4,7 miliardi di anni risultanti dalle ricerche più recenti, ma pur sempre un deciso progresso rispetto alla cronologia biblica.

contrapposero tra loro due teorie: il nettunismo di Werner[14] e il plutonismo di Hutton.[15] Non si trattava di teorie indifferenti, perché la concezione nettunista sembrava più conforme alla visione biblica, che parlava di distese di acque, e non di fuoco: in *Genesi, Capitolo* 1, punto 9, si riporta infatti che «Dio disse: le acque che sono sotto il cielo si raccolgano in un solo luogo e appaia l'asciutto»; il successivo diluvio permetteva pure di spiegare la formazione dei fossili ed il loro rinvenimento sulle montagne, anche alle alte quote. Un argomento di forte contrasto fra le due teorie era l'origine del basalto: si era formato per precipitazione chimica dall'oceano universale, come dicevano i nettunisti, o per raffreddamento da una lava, come suggerivano anche studiosi italiani, tra cui Giovanni Arduino? Il problema fu affrontato dallo scozzese Hutton, che riuscì a dimostrare definitivamente che i basalti, come pure i graniti, sono di origine ignea, sospinti allo stato fuso negli strati sovrastanti da una forza originatasi all'interno della Terra per opera del calore ivi sviluppato e da cui hanno origine le montagne.
L'immagine di un mondo immutabile e relativamente giovane veniva quindi definitivamente compromessa nel corso del XVIII secolo, soprattutto grazie al geologo scozzese Hutton, che per primo si distaccò pienamente dalle interpretazioni delle Sacre Scritture, intuendo che la Terra era molto più antica e che il tempo geologico aveva un'estensione tale da superare ciò che di immaginabile era per l'uomo. Una dissertazione riguardante il sistema della Terra, la sua durata e stabilità, da lui letta alla Royal Society di Edimburgo nel 1785, riportava:

se, al contrario, nessun periodo di tempo può essere fissato per la durata o distruzione della terra presente, dalla nostra osservazione di quelle operazioni

---

[14] Abraham Gottlob Werner (Wehrau 1749-Dresda 1817), fu un mineralogista e geologo tedesco. Compì i suoi studi a Freiberg (Sassonia), nella piccola ma prestigiosa *Technische Universität Bergakademie Freiberg* (Accademia Mineraria di Freiberg) e ottenne un dottorato in paleontologia all'Università di Lipsia nel 1771. Già a Lipsia aveva cominciato a interessarsi al problema della classificazione sistematica dei minerali e nel 1774 pubblicò il primo manuale moderno di mineralogia descrittiva; nel 1775 fu nominato ispettore e docente di Mineralogia. Fu inoltre il fondatore della *teoria nettunista* (il nome deriva dall'antica divinità della mitologia romana Nettuno, dio delle acque correnti e dei mari), secondo la quale tutti i materiali presenti sulla crosta terrestre vi sarebbero stati depositati in seguito al ritirarsi di un grande mare o oceano primordiale che originariamente ricopriva tutta la Terra. La materia, che si sarebbe poi trasformata nella crosta terrestre, stava in sospensione nelle acque torbide e melmose di tale oceano; col passare del tempo i componenti di questa materia si sarebbero depositati l'uno dopo l'altro, formando le rocce e i sedimenti, con qualche fossile isolato. Infine tutto sarebbe stato coperto da depositi alluvionali locali.

[15] James Hutton (Edimburgo 1726-1797), naturalista e geologo scozzese, è considerato uno dei padri fondatori della geologia moderna; le sue concezioni sull'evoluzione della crosta terrestre, rivoluzionarie per i tempi in cui furono concepite, costituiscono il punto di partenza per molti settori delle Scienze della Terra; fu infatti fra i primi a comprendere il ruolo fondamentale degli agenti esogeni nel modellamento della superficie terrestre e indicò il ruolo determinante del fattore tempo in geologia, intuendo un'antichità della Terra di molti milioni di anni. È stato il precursore di quella scuola di pensiero, feconda ancor oggi, che è l'Attualismo, ripresa e approfondita successivamente da Charles Lyell. Schieratosi contro il Nettunismo, divenne il principale esponente della scuola Plutonista secondo la quale, pur non disconoscendo i meccanismi della sedimentazione marina propugnata dai Nettunisti, l'origine di molte rocce era magmatica; il nome deriva da Plutone, l'antica divinità della mitologia romana, signore dell'Ade, il sotterraneo mondo degli Inferi.

naturali, benché immisurabili, indubbiamente noi saremo sicuri nel disegnare la seguente conclusione: 1) Che è stato richiesto un indefinito spazio di tempo per aver prodotto la terra che ora appare; 2) Che uno spazio equivalente è stato impiegato per la costruzione di quella prima Terra dalla quale i materiali del presente derivano; 3) Che attualmente giace nel fondo dell'oceano la fondazione della futura terra che apparirà dopo un indefinito spazio di tempo.

Erano così poste le basi del Principio dell'Attualismo, successivamente sviluppato dallo stesso Hutton e, nel corso della prima metà dell'Ottocento, approfondito e sistematizzato da Charles Lyell.[16]

2. LE DISSERTAZIONI DI CARATTERE GEOLOGICO DEGLI ACCADEMICI MANTOVANI

Per meglio cogliere il pensiero degli studiosi accademici a Mantova in ordine alle tematiche geologiche da loro affrontate nelle dissertazioni settecentesche, conservate nell'Archivio Storico dell'Accademia Nazionale Virgiliana di Scienze, Lettere e Arti,[17] è necessario ricondursi al dibattito che a quel tempo, in pieno illuminismo, vedeva il contrapporsi di teorie differenti su argomenti molto pregnanti, quali la natura e l'origine dei fossili, l'età della Terra, l'origine delle rocce e in particolare delle montagne, il rapporto tra le osservazioni scientifiche e il testo biblico: un dibattito insieme filosofico, scientifico, teologico.[18]

---

[16] Charles Lyell (Kinnordy 1797-Londra 1875), geologo scozzese, autore del trattato *Principles of geology, being an attempt to explain the former changes of the Earth's surface, by reference to causes now in operation*, pubblicato in tre volumi, negli anni 1830-1833, a Londra presso l'Editore John Murray. Lyell fu il più efficace sostenitore e divulgatore dell'Attualismo (o Uniformitarismo), le cui basi furono poste da James Hutton, anch'egli scozzese. Secondo questa teoria, le forze che plasmano il mondo sono le stesse che hanno operato nel passato, e agiscono gradualmente ed in modo pressoché costante su tempi molto lunghi. All'epoca a questa teoria si contrapponeva quella catastrofista sostenuta da Georges Cuvier e da William Buckland, secondo cui la terra andava incontro periodicamente a violente trasformazioni, intervallate da periodi di quiete: il successo di questa teoria era dovuto al fatto che sembrava accordarsi meglio ai passi biblici che trattavano di formazione della terra. L'uniformitarismo divenne però, grazie alla convincente opera di divulgazione di Lyell, il modello di evoluzione geologica accettato, e solo nel ventesimo secolo, con l'affermarsi della tettonica a placche, fu rimpiazzato da un modello differente in grado di spiegare più efficacemente i processi che agiscono sulla superficie del nostro pianeta.

[17] L. GRASSI-G. RODELLA, *Catalogo delle Dissertazioni Manoscritte. Accademia Reale di Scienze e Belle Lettere di Mantova (sec. XVIII)*, Accademia Nazionale Virgiliana di Scienze Lettere e Arti, Mantova, Tipografia Grassi 1993.

[18] Per un'analisi delle teorie geologiche del XVIII secolo si veda: N. MORELLO, *Le scienze della Terra fra Seicento e Novecento*, in «Storia delle Scienze», vol. II, a cura di E. Agazzi, Roma, Città Nuova 1984; B. ACCORDI, *Storia della Geologia*, Bologna, Zanichelli 1984; A. HALLAM, *Le grandi dispute della Geologia. Dalle origini delle rocce alla deriva dei continenti*, Bologna, Zanichelli 1987; G.R.M. GOHAU, *Les sciences de la Terre aux XVII° et XVIII° siècles*, Paris, Albin Michel Ed. 1990; R. PORTER, *La geologia dalle origini alla fine del XVIII secolo*, in *Storia delle scienze, Natura e vita*. 3: *Dall'antichità all'Illuminismo*, a cura di F. Abbri e R. G. Mazzolini, Milano, Einaudi 1993; M. TONGIORGI, *Il nano e i giganti: le idee della geologia tra il '700 e il '900. Un difficile cammino tra scienza e filosofia, tra biologia e fisica* in «Naturalmente, fatti e trame sulla Scienza», rivista on-line, anno 26, 1996.

L'insieme delle idee che man mano andavano affermandosi, gli studi innovativi e i testi scientifici pubblicati in Italia e in Europa in campo geologico, costituì il riferimento sicuro per gli accademici mantovani, come risulta ad esempio dalle citazioni inserite nelle loro dissertazioni. In particolare sembra emergere che ebbero diretta influenza, sugli accademici mantovani qui ricordati, i centri culturali e gli studiosi di scienze della terra presenti a Padova (Antonio Vallisneri junior, Giovanni Arduino, Alberto Fortis[19]) e Pavia (Antonio Scopoli,[20] Lazzaro Spallanzani[21]).

All'interno del notevole patrimonio di dissertazioni settecentesche conservate dall'Accademia mantovana (in totale 563, di cui 339 di argomento scientifico), un gruppo di esse si riferisce ad argomenti di scienze naturali e, in particolare, a temi di geologia; tramite queste opere è possibile ricostruire a quali teorie geologiche gli accademici facevano riferimento. Tali dissertazioni manoscritte, ad eccezione di una di Serafino Volta riguardante minerali cristallizzati dell'Ungheria, sono del tutto inedite e pertanto si è provveduto inizialmente alla loro trascrizione; grazie all'ottimo stato di conservazione e catalogazione è risultato possibile attribuirle al loro autore (salvo in un caso), nonché risalire alla data precisa in cui furono 'recitate' nelle pubbliche adunanze davanti ad un pubblico composto da accademici come pure da cittadini colti interessati. Le dissertazioni di argomento geologico coprono un periodo che va dal 1773 al 1789: un arco temporale molto breve, che comunque vide la scrittura di 13 dissertazioni, di cui 8 a cura di religiosi, a quei tempi consistentemente presenti tra i cultori delle scienze naturali. Vari sono gli argomenti presi in esame: mineralogia, cristallografia, terremoti, natura dei fossili, struttura delle montagne, sorgenti e falde acquifere sotterranee, miniere e metallurgia, terreni di fondazione degli edifici, modalità costruttive e di manutenzione delle strade. Raggruppate secondo i predetti argomenti (fig. 1), permettono di seguire il

---

[19] Alberto Fortis (Padova 1741-Bologna 1803), letterato, naturalista e geologo italiano. Scrisse numerosi libri, frutto dei suoi viaggi di studio, tra i quali il più noto fu *Viaggio in Dalmazia*, pubblicato nel 1774 in due volumi, che ebbe risonanza europea.

[20] Giovanni Antonio Scopoli (Cavalese 1773-Pavia 1788). Laureato in medicina nell'Università di Innsbruck nel 1743 e in medicina universale in Vienna nel 1753, fu nominato medico fisico ad Idria, nell'attuale Slovenia, dove rimase fino al 1770, insegnando contemporaneamente chimica metallurgica. Successivamente fu professore di mineralogia e metallurgia nell'accademia di Schemnitz (oggi Banska Stiavnica in Slovacchia) dove rimase fino al 1776, anno in cui fu chiamato all'Università di Pavia a ricoprire cattedre di chimica e di botanica e dove contribuì ad incrementare l'Orto Botanico e le collezioni di storia naturale. Tra i suoi libri: *Principia mineralogiae*, pubblicato a Praga nel 1772; *Introductio ad historiam naturalem*, pure pubblicato a Praga nel 1777.

[21] Lazzaro Spallanzani (Scandiano 1729-Pavia 1799) gesuita e naturalista italiano, considerato il padre della biologia moderna, è ricordato soprattutto per aver confutato la teoria della generazione spontanea con un esperimento che verrà successivamente ripreso e perfezionato da Louis Pasteur. All'Università di Bologna compì gli studi di diritto, presto abbandonati per dedicarsi alla filosofia naturale; successivamente continuò a studiare Biologia, specializzandosi pure in Zoologia e Botanica presso vari atenei francesi. Nel novembre del 1769 fu chiamato all'Università di Pavia, per insegnarvi Storia naturale (carica che assunse fino alla morte) e assunse la direzione del Museo dell'Università, di cui fu pure rettore nell'anno 1777-1778. Sin dal 1771 era riuscito a creare un Museo di Storia Naturale, che nel corso degli anni acquistò una grande fama, anche internazionale, e fu visitato pure dall'imperatore Giuseppe II d'Austria.

manifestarsi e l'affermarsi nel tempo di una cultura geologica a Mantova, città lontana dai principali centri universitari della Lombardia e del Veneto ma con i quali gli accademici mantenevano comunque stretti contatti. Di ciascuna delle dissertazioni prese in esame si darà la collocazione archivistica, una breve descrizione e notizie biografiche dell'autore.

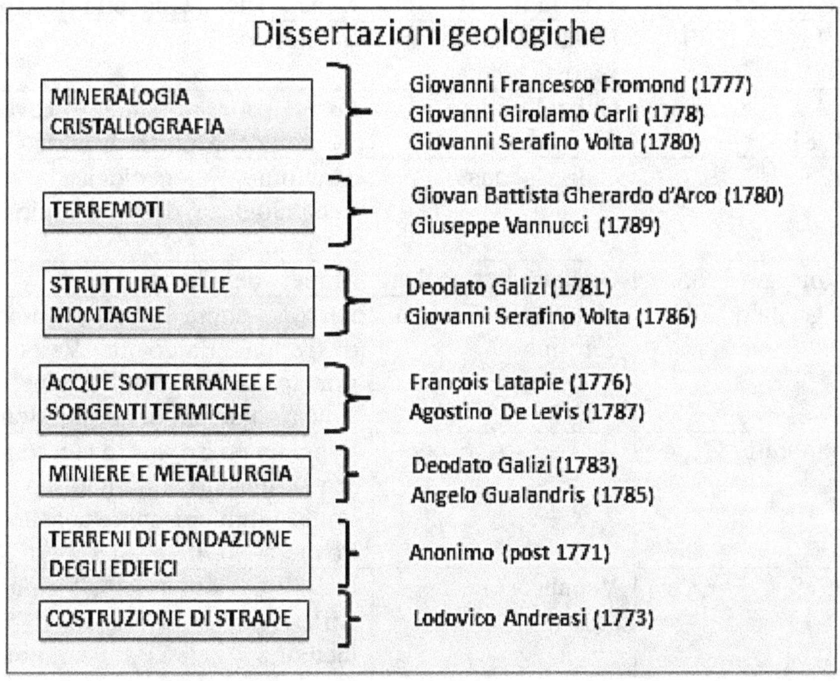

Fig. 1 - Argomenti delle dissertazioni geologiche conservate in Accademia Nazionale Virgiliana di Mantova e relativi Autori.

L'ordine cronologico con cui furono presentate le dissertazioni risulta dalla seguente tabella.

Data	Autore	Argomento della dissertazione
Sec. XVIII, post 1771	Anonimo	Senza titolo (Dissertazione riguardante le tecniche costruttive di fondazione degli edifici)
24 aprile 1773	Andreasi Lodovico	Sopra il Modo di Migliorare le Strade dello Stato Mantovano
1776	Latapie François	Esperienze fatte alla Grotta del Cane presso Napoli
5 giugno 1777	Fromond Giovanni Francesco	Lettera contenente alcune scoperte nel Cristallo d'Islanda

20 marzo 1778	Carli Giovanni Girolamo	Degli effetti della luce nel Cristallo d'Islanda, nello Spato romboidale di Siena, e in diverse specie di Selenite
3 marzo 1780	Volta Giovanni Serafino	Esame di alcune cristallizzazioni calcarie che si trovano ne' Monti Minerali della Ongheria Inferiore
29 aprile 1780	D'Arco Gio. Battista Gherardo	Sui terremoti
30 dicembre 1781	Galizi Deodato	Osservazioni sulle caverne naturali dei Monti dell'Istria
1783	Galizi Deodato	Struttura geologica e mineralogica del territorio di Sovignaco
7 maggio 1785	Gualandris Angelo	Miniere del Derby
4 gennaio 1786	Volta Giovanni Serafino	Discorso sopra la Storia Naturale di Monte Baldo di Verona e principalmente sull'origine, e sulle rivoluzioni di questo Monte
ottobre 1787	De Levis Agostino	Sopra un pozzo, in cui crescono le acque, quando si diminuiscono in Po, e si diminuiscono, quando nel Po crescono. Il pozzo Masetti
1789	Vannucci Giuseppe	Delle cagioni del Tremuoto. Riflessioni ed Annotazioni alla memoria del P. Bartolomeo Gandolfi pubblicata su questo argomento

3. Mineralogia e Cristallografia

Nel corso del XVII secolo erano state poste le prime basi per uno sviluppo della cristallografia: Stenone dimostrò la costanza degli angoli tra le facce di taluni cristalli; Erasmo Bartolino[22] studiò la doppia rifrazione dello Spato d'Islanda e iniziò l'ottica cristallina; Newton[23] formulò una

[22] Erasmi Bartholin (italianizzato in Erasmo *Bartolino o Bartolini*) (Roskilde 1625-Copenaghen 1698). Matematico e medico danese, si laureò in medicina a Padova, fu professore di medicina e matematica nell'Università di Copenaghen. Il suo contributo scientifico più notevole è la scoperta della doppia rifrazione della luce, che egli poté osservare in un cristallo di spato d'Islanda e descrisse negli *Experimenta Crystalli Islandici Disdiaclastici quibus mira et insolita refractio detegitur*, Hafniae, Sumptibus Danielis Paulli Reg. Bibl. 1669.

[23] Nel campo degli studi di Ottica, Newton dimostrò che la luce bianca è composta dalla somma (in frequenza) di tutti gli altri colori. Egli, infine, avanzò l'ipotesi che la luce fosse composta da particelle (teoria corpuscolare della luce), in contrapposizione ai sostenitori della teoria ondulatoria, patrocinata dall'astronomo olandese Huygens e dall'inglese Young e corroborata alla fine dell'Ottocento dai lavori di Maxwell e Hertz. La tesi di Newton trovò invece conferme, circa due secoli dopo, con l'introduzione del

teoria corpuscolare della luce; Huygens[24] fornì un'interpretazione della doppia rifrazione nel quadro della sua teoria ondulatoria della luce.

Ma è il XVIII secolo che vede l'inizio della mineralogia moderna, con lo sviluppo della cristallografia geometrica che, partita dallo studio morfologico dei cristalli naturali, darà luogo rapidamente all'analisi delle leggi di simmetria e all'identificazione dei sistemi cristallini. La cristallografia, intesa come scienza delle forme cristalline, si può dire ebbe inizio quando Romé de l'Isle,[25] introdotto l'uso del goniometro d'applicazione da lui stesso ideato, diede una classificazione dei corpi cristallizzati, naturali e artificiali, basata su un rigoroso metodo d'osservazione e di sperimentazione (fig. 2). La sua opera *Essai de cristallographie* (1772) è la prima nella quale il termine 'cristallo' viene usato con il significato odierno.

In Italia lo studio dei minerali venne affrontato da Giovanni Antonio Scopoli nell'opera, scritta in latino, *Principia mineralogiae*; il testo fu poi tradotto in italiano da Angelo Gualandris[26] (accademico mantovano, che operò a Mantova come direttore dell'Orto Botanico e poi Ispettore agrario), col titolo *Principj di mineralogia sistematica e pratica*, Venezia, presso Giambatista Novelli 1778. Il testo trattava principalmente della struttura della Terra, dei sistemi di classificazione mineralogica, della pratica metallurgica, ovvero argomenti di interesse sia teorico che pratico.

'quanto d'azione' da parte di Max Planck (1900) e grazie all'articolo di Albert Einstein (1905) sull'interpretazione dell'effetto fotoelettrico a partire dal quanto di radiazione elettromagnetica, in seguito denominato fotone. Queste due interpretazioni coesisteranno nell'ambito della meccanica quantistica, come previsto dal dualismo onda-particella.

[24] Christiaan Huygens (L'Aia 1629-1695) è stato un matematico e fisico olandese. Studiò matematica all'Università di Leida dal 1645 al 1647 e successivamente al College van Oranje (Collegio d'Orange) di Breda, prima di dedicarsi completamente alla scienza. Nel 1666 si trasferì a Parigi, dove lavorò come direttore presso l'*Académie des Sciences*, voluta da Luigi XIV. In Francia partecipò alla realizzazione dell'osservatorio della capitale, inaugurato nel 1672, di cui si servì per effettuare ulteriori osservazioni astronomiche. Huygens tornò a L'Aia nel 1681, in seguito ad una grave malattia. Fu il primo membro onorario straniero della *Royal Society* (a partire dal 1663). Si occupò di ottica, migliorando notevolmente gli strumenti astronomici, costruendo un oculare per cannocchiali formato da due lenti pianoconvesse, adatto a ridurre l'aberrazione cromatica, che oggi da lui prende il nome. Gli studi dicristallografia sono condensati nel *Traité de la lumiere. Ou sont expliquées les causes de ce qui luy arrive dans la reflexion et dans la refraction. Et particulierement dans l'étrange refraction du Cristal d'Islande*, Leida, Pierre Vander Marchand Libraire 1690.

[25] Jean-Baptiste-Louis Romé de L'Isle (Gray, Franca Contea, 1736-Parigi, 1790). Cristallografo, introdusse il metodo sperimentale nello studio morfologico dei cristalli, naturali e artificiali, dandone una prima classificazione, e generalizzò la legge della costanza dell'angolo diedro che Niccolò Stenone (1638-1686) aveva enunciato, nel 1665, con riferimento ad alcuni casi particolari. Importanti per la storia della cristallografia sono le sue opere: *Essai de cristallographie* (1772); *Cristallographie, ou Description des figures géométriques, propres à différents corps du règne minéral* (1783); *Des caractères extérieurs des minéraux* (1784).

[26] Vedasi paragrafo 7.2.

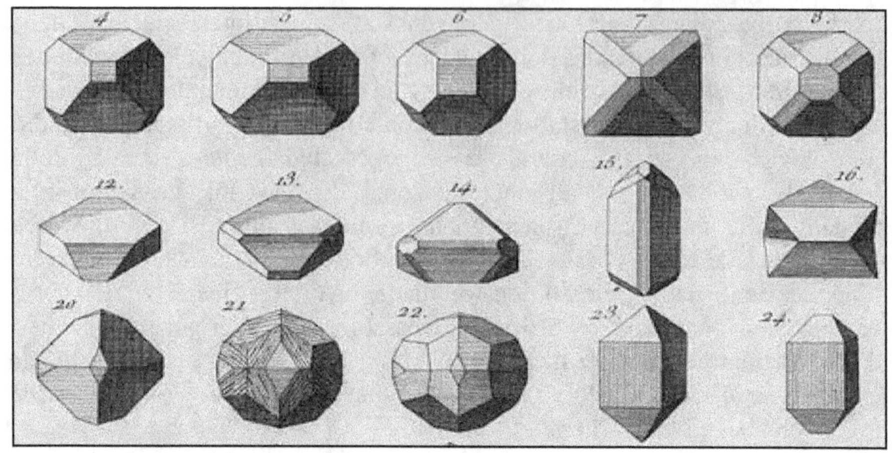

Fig. 2 - Modelli di cristalli secondo Romé de L'Isle.[27]

Su questi argomenti sono presenti tre dissertazioni:

3.1 FROMOND GIOVANNI FRANCESCO, *Lettera contenente alcune scoperte nel Cristallo d'Islanda*, Archivio Storico dell'Accademia Nazionale Virgiliana di Mantova, Dissertazioni Accademiche, Storia Naturale, busta 44/8, lettera datata il 5 giugno 1777. La lettera fu letta da Girolamo Carli in data 20 marzo 1778.

3.1.1 Note biografiche

Giovanni Francesco Fromond nacque a Cremona il 17 settembre 1739 e qui morì il 16 luglio 1785. Una sua breve biografia fu pubblicata sugli Atti della Società Patriottica di Milano,[28] dalla quale si apprende della ritrosia di Fromond a rendere pubblici i suoi lavori ed esperimenti:

> Siccome incessante era il suo lavoro, così moltissime cose ha fatte che per sua modestia, come pel sommo suo disinteresse, sono ora smarrite, o ignorate. S'ammirano però e in questo gabinetto di Fisica e in quelli della R. Univer. di Pavia e della R. Accad. di Mantova, fra i suoi lavori, de' cristalli di tutte le figure e di tutti i colori, onde analizzare in ogni possibil modo la luce che invano cercherebbonsi altrove, e ottime lenti pur di sua mano abbiamo in questo R. Osservatorio astronomico.

---

[27] *Cristallographie, ou Description des figures géométriques, propres à différents corps du règne minéral*, Paris, De l'Imprimerie de Monsieur 1783.

[28] *Atti della Società Patriottica di Milano*, volume II, Milano, Imperial Ministero di S. Ambrogio Maggiore 1789.

Una biografia più ampia si deve a Calogero Farinella;[29] di seguito ne riportiamo ampi stralci:

Frequentò dapprima il collegio dei gesuiti, ma insofferente della teologia ivi insegnata passò sotto il magistero dei domenicani. I nuovi maestri lo avviarono allo studio della meccanica e dell'ottica, il campo di applicazione preferito dal Fromond, insegnandogli i rudimenti della difficile arte di trattare i cristalli per studiare i fenomeni della luce.

Ordinato sacerdote e ottenuto un canonicato grazie anche all'appoggio dello zio Giovanni Claudio,[30] si dedicò con perseveranza alle attività preferite di sperimentatore dei fenomeni ottici e di costruttore di strumenti scientifici.

Tra il 1770 e il 1771 stava approntando, forse su commissione pubblica, la costruzione di un cannocchiale sulla base delle ricerche ottiche del Boscovich.[31] In quel torno di anni, estese pure la rete dei suoi rapporti con diversi esponenti del mondo scientifico, da L. Spallanzani alla scienziata bolognese Laura Bassi Veratti,[32] e si legò a Carlo Firmian.[33]

Desideroso di imparare a fondo le tecniche ottiche, allora molto sviluppate nei paesi del nord Europa, intraprese nel 1771 un lungo viaggio, che durò due anni, al fine di specializzarsi presso i maestri olandesi e inglesi.

Alla fine del 1771 partì, dunque, per l'Olanda fermandosi ad Amsterdam, quindi attraversò la Manica. A Londra apprese rapidamente l'inglese e frequentò i laboratori di P. Dollond,[34] J. Ramsden,[35] B. Martin[36] per conoscere dalla viva voce e

---

[29] C. FARINELLA, Voce: *Fromond*. Dizionario Biografico degli Italiani, vol. 50, 1998.

[30] Guglielmo Giuseppe Fromond (Cremona 1703-Pisa 1765) assunse il nome Giovanni Claudio quando nel 1718 vestì l'abito dei Camaldolesi. Studioso di filosofia della natura e di matematica, nel 1733 entrò nei ruoli dell'ateneo di Pisa come lettore pubblico di matematica; le sue numerose osservazioni sull'elasticità e la pressione dei fluidi, sulla natura dell'aria e dei gas e sul comportamento dei metalli e dei sali solubili, contribuirono allo sviluppo della chimica nell'ateneo pisano e ne favorirono l'ascrizione a numerose accademie, tra le quali, come socio corrispondente, l'Accademia delle Scienze di Parigi.

[31] Ruggiero Giuseppe Boscovich (Ragusa, Dalmazia 1711-Milano 1787), gesuita, è stato astronomo, geodeta, fisico, matematico. A riprova della stima che Fromond godeva presso Boscovich, va segnalato che al testo di quest'ultimo *Memorie sulli Cannocchiali Diottrici*, Milano, stamperia Giuseppe Marelli 1771, è premessa una dedica proprio a Fromond.

[32] Laura Maria Caterina Bassi Veratti (Bologna 1711-1778), nota anche come Laura Bassi, è stata una fisica italiana. Fu la seconda donna laureata d'Italia dopo la veneziana Elena Lucrezia Cornaro, la prima a intraprendere una carriera accademica e scientifica e la prima al mondo a ottenere una cattedra universitaria, presso l'Università di Bologna.

[33] Carlo Giuseppe conte di Firmian (Trento 1716-Milano 1782), politico austriaco di rango comitale, ministro plenipotenziario e governatore generale della Lombardia austriaca. Fu un valente promotore e collezionista d'arte.

[34] Peter Dollond (Londra, 1731-Kennington, 1821) è stato un produttore inglese di strumenti ottici, gli è attribuita l'invenzione della tripla lente acromatica.

[35] Jesse Ramsden (Calderdale, Regno Unito 1735-Brighton 1800) è stato un ottico inglese, costruttore di strumenti astronomici e scientifici di precisione.

[36] Benjamin Martin (Worplesdon 1704-1782) è stato un linguista inglese. Produsse uno dei primi dizionari della lingua inglese, *Lingua Britannica Reformata* (1749). Era anche professore di scienze e

dalle mani di quegli abili artefici i segreti della costruzione delle lenti. Ebbe contatti pure con numerosi uomini di scienza, come J. Banks,[37] N. Maskeline,[38] J. J. Magalhaens e B. Franklin,[39] con il quale discusse dei più vari argomenti di fisica, dall'elettricità alla botanica. Ansioso di un confronto diretto sulle scoperte intorno alle arie, ne discusse con J. Priestley;[40] da quei fitti colloqui sarebbe nata la traduzione italiana delle *Observations on different kinds of air*[41] del Priestley, arricchita di molte note e di nuovi esperimenti tesi a verificare e allargare le teorie chimiche dello scienziato inglese.

Al rientro, nella tarda estate del 1773, si fermò a Torino presso il fisico G. Beccaria,[42] col quale strinse amicizia e sviluppò una intensa collaborazione scientifica. A Milano ottenne l'incarico di soprintendere ai gabinetti di fisica sperimentale della Lombardia e di professore di ottica nel ginnasio di Brera; provvide ad arricchire le poco dotate raccolte scientifiche lombarde, fornendo pure al nascente osservatorio di Brera preziosissime lenti e altri strumenti. Dall'agosto 1774 al gennaio 1775 si recò a Firenze (dove mantenne vivi rapporti con Giovanni Targioni Tozzetti),[43] per l'acquisto di alcune collezioni. Sempre in questi anni si situa l'avvio di una cordiale amicizia con Alessandro Volta.[44]

---

produceva strumenti scientifici; la sua attività era fiorente e divenne noto anche come produttore di occhiali da vista. Continuò a dare lezioni di filosofia naturale e dal 1755 a 1764 pubblicò anche *Martin's magazine*.

[37] Joseph Banks (Londra 1743-1820) è stato un naturalista e botanico inglese, a lungo presidente della Royal Society.

[38] Nevil Maskeline (Londra 1732-1811), astronomo inglese, nel 1765 fu nominato astronomo reale e direttore della specola di Greenwich. Si deve a lui l'inizio della pubblicazione della effemeride inglese chiamata *Nautical Almanac*, e che si cominciò a stampare nel 1767.

[39] Benjamin Franklin (Boston 1706-Filadelfia 1790) è stato uno scienziato e politico statunitense. Genio poliedrico, fu uno dei Padri fondatori degli Stati Uniti. Diede contributi importanti allo studio dell'elettricità e fu appassionato di meteorologia; inventò il parafulmine, le lenti bifocali e un modello di stufa-caminetto noto nel mondo anglosassone come *stufa Franklin*

[40] Joseph Priestley (Fieldhead 1733-Northumberland 1804) è stato un chimico e filosofo inglese. Priestley ha dato un apporto tale alla conoscenza della chimica da farlo annoverare fra i maggiori chimici di tutti i tempi.

[41] G.F. FROMOND, *Osservazioni del dott. Priestley sopra differenti specie d'aria, tradotte dall'inglese, da Gio. Francesco Fromond, coll'aggiunta di varie notazioni consultate con l'Autore*, Milano, Giuseppe Galeazzi Regio Stampatore 1774.

[42] Giovanni Battista Beccaria (Mondovì 1716-Torino 1781) è stato un monaco, fisico e matematico italiano. Fu l'autore del *Gradus Taurinensis* (misurazione di una porzione di meridiano terrestre che passa dal Piemonte) e un'importante personalità nel rinnovamento scientifico dell'Ateneo torinese del XVIII secolo.

[43] Giovanni Targioni Tozzetti (Firenze 1712-1783) è stato un medico e naturalista italiano la cui opera sarà intimamente legata allo sviluppo scientifico ed economico della Toscana. Dai suoi studi nacque l'opera *Viaggi fatti in diverse parti della Toscana per osservare le produzioni naturali e gli antichi monumenti di essa*, di cui esistono due edizioni: la prima in sei volumi (Firenze 1751-1754), e la seconda in dodici volumi (1768-79). Fu anche uno dei primi membri dell'Accademia dei Georgofili.

[44] Alessandro Giuseppe Antonio Anastasio Volta (Como 1745-1827) è stato un fisico italiano, conosciuto soprattutto per l'invenzione della pila, e per la scoperta del metano. Negli anni 1781-1784 effettuò numerosi viaggi in Europa centro settentrionale e in Inghilterra, nonché lunghe escursioni nelle Alpi. Docente e Rettore all'Università di Pavia, tenne contatti con i massimi scienziati del tempo, fu eletto socio alla Royal Soceity di Londra. Famose le sue dispute con Luigi Galvani. Napoleone Bonaparte lo tenne in gran conto e nel 1810 lo nominò conte del Regno d'Italia.

S'interessò anche di divulgazione della cultura scientifica e tecnica, collaborando con la rivista *Scelta di opuscoli interessanti sulle scienze e sulle arti,* alla quale contribuì con numerose traduzioni o ancora pubblicandovi lettere di scienziati a lui dirette e che preannunziavano nuove scoperte.

Nel 1779 uscì l'altra sua grande fatica di traduttore, le *Ricerche sperimentali sulle cagioni del cangiamento di colore ne' corpi opachi e colorati* (stampato nell'Imperial Monastero di S. Ambrogio Maggiore, Milano) di E. Delaval,[45] un vasto lavoro che confermava e ampliava le teorie ottiche newtoniane ma non tralasciava di descrivere le ampie possibilità di applicazione pratica nell'arte tintoria. A causa di quei suoi interessi, gli venne addossato nel 1783 l'incarico di avviare una scuola pratica di diottrica[46] e catottrica[47] istituita dal governo milanese per «contribuire al progresso delle arti». Tuttavia le mai floride condizione di salute avevano preso ad aggravarsi; sentendo la fine vicina, nel 1785 abbandonò Milano per ritirarsi tra i familiari a Cremona, dove morì.

Ulteriori notizie su Fromond, in particolare sui suoi soggiorni ad Amsterdam e Londra, si trovano in uno studio di Edoardo Proverbio.[48]

Fig. 3 - Cassetta con vetri ottici di Fromond.

[45] Edward Hussey Delaval (Westminster 1729-1814) è stato un filosofo e studioso di scienze naturali, di chimica, di ottica ed elettricità.

[46] Parte dell'ottica geometrica che ha per oggetto la rifrazione della luce e le sue applicazioni.

[47] Parte dell'ottica che studia i fenomeni di riflessione della luce.

[48] E. PROVERBIO, *Ottici pratici e cultori di Ottica Lombardi e Veneti nella seconda metà del settecento, e loro rapporti con Ruggiero Boscovich*, «Atti della Fondazione Giorgio Ronchi», Anno LV, 4-5, Firenze 2000.

Sappiamo che Fromond era particolarmente abile nella costruzione di strumenti scientifici, e per questo assai ricercato e ammirato dai suoi contemporanei; di lui si conserva, tra gli altri, presso il Museo per la Storia dell'Università di Pavia, Sezione di Fisica, una preziosa cassetta di vetri ottici (fig. 3).[49]

Proprio la sua abilità e competenza gli valsero importanti collaborazioni scientifiche, in particolare con Alessandro Volta e Giovambattista Beccaria. Volta, a riprova della stima goduta dal Fromond nel mondo scientifico, indirizzò allo stesso due lettere[50] inerenti la costruzione di un elettroforo. Volta si fidava moltissimo del giudizio di Fromond, come risulta dalle due lettere (datate Como, 26 ottobre e 14 novembre 1775):

> Aspetto con impazienza le osservazioni vostre sulla migliore struttura dell'Elettroforo...Vi ho detto già come pensava d'or in avanti di costruire l'apparato portatile, per avere in un egual volume assai maggiore capacità.

Quando il fisico gli annunciò la scoperta di un elettroforo perpetuo,[51] Fromond andò a trovarlo a Como; al ritorno costruì e migliorò lo strumento e condusse gli esperimenti durante la presentazione dell'elettroforo davanti al Firmian e agli scienziati milanesi.

L'amicizia e il sostegno di Beccaria sono testimoniati da varia corrispondenza:

- *Lettera del P. Giambattista Beccaria [...] al Sig. Abate Gio. Francesco Fromond, sul cangiamento di colore prodotto dal fuoco,* «Opuscoli Scelti sulle Scienze e sulle Arti», Tomo II, Milano, Giuseppe Marelli 1779.

- *Proscritta alla lettera del Padre Giambattista Beccaria diretta al Signor Canonico Fromond*, «Opuscoli Scelti sulle Scienze e sulle Arti», Tomo II, Milano, Giuseppe Marelli 1779. In questo scritto il Beccaria elenca a

---

[49] Regione Lombardia, SIRBeC scheda PSTRL-8e020-00086.

[50] A. VOLTA, *Articolo di Lettera del Signor D. Alessandro Volta al Signor Canonico Fromond* in «Scelta di Opuscoli Interessanti tradotti da varie lingue», vol. XII, Milano, stamperia Giuseppe Marelli 1775.

[51] L'elettroforo, ideato da Alessandro Volta intorno al 1775, rappresenta una prima rudimentale macchina elettrostatica a induzione in grado di accumulare e separare cariche elettriche. È costituito da uno strato di resina (*stiacciata* o *focaccia* nel linguaggio dell'epoca) contenuta in un piatto metallico, e da un disco metallico dotato di manico isolante (*scudo*). Lo strato di resina veniva caricato negativamente per strofinio (in origine con una coda di volpe o con pelle di gatto, successivamente con uno *strofinatore*, costituito da un disco metallico con il fondo ricoperto di vernice isolante o di stoffa); si poneva poi lo scudo a contatto con lo strato di resina. Per induzione lo scudo si carica di segno positivo sulla faccia prospiciente la resina e di segno negativo sulla faccia superiore. Toccando con un dito la faccia superiore, le cariche negative si scaricano a terra e scocca una scintilla: lo scudo rimane così carico positivamente. Se si solleva lo scudo e si scarica l'elettricità positiva, si può disporre di nuovo lo scudo sullo strato di resina e ripetere le operazioni precedenti senza che la resina debba essere rielettrizzata (in luogo asciutto, la focaccia protetta dallo scudo poteva rimanere infatti carica per mesi, e per tale motivo Volta denominò il dispositivo *elettroforo perpetuo*).

Fromond «le cose che spero di poter tosto pubblicare»; tra esse cita le sue ricerche sui fulmini, sull'aurora boreale, sulla pioggia e neve.[52]

3.1.2 Opere

Fromond curò la traduzione delle seguenti opere:
- J. PRIESTLEY, *Direzioni per impregnar l'acqua d'aria fissa, ad effetto di comunicarle lo spirito particolare, e le virtù dell'acqua di Pyrmont, e d'altre acque minerali di simigliante natura tradotte da Giovanni Francesco Fromond in italiano da un'operetta inglese del sig. Giuseppe Priestley pubblicata li 4 giugno 1772*, Milano, Giuseppe Marelli 1773.
- J. PRIESTLEY, *Direzioni per impregnare l'acqua d'aria fissa ad effetto di comunicarle lo spirito particolare, e le virtù dell'acqua di Pyrmont [...]. Con l'aggiunta di un articolo di lettera del sig. Hey al sig. Priestley*, Firenze, stamperia di Francesco Moucke 1774.
- J. PRIESTLEY, *Osservazioni del dott. Priestley sopra differenti specie d'aria. Tradotte dall'inglese da Gio. Francesco Fromond coll'aggiunta di varie annotazioni consultate coll'autore*, Milano, Giuseppe Galeazzi regio stampatore 1774.
- E.H. DELAVAL, *Ricerche sperimentali sulle cagioni del cangiamento di colore ne' corpi opachi, e colorati con una Prefazione storica sulle cognizioni degli antichi intorno a quest'argomento del sig. Eduardo Delaval [...] trasportate in italiano da Gio. Francesco Fromond*, Milano, Imperial Monistero di S. Ambrogio Maggiore 1779.

L'unica opera di Fromond data alle stampe e di cui si ha notizia è:
- G.F. FROMOND, *Su la maniera di ottenere sul vetro comune alcuni fenomeni del Cristallo d'Islanda*, «Scelta di Opuscoli Interessanti», Nuova Edizione, Tomo III, Milano, stamperia Giuseppe Galeazzi 1784.

3.1.3 La dissertazione

Nella lettera inviata al Segretario Perpetuo dell'Accademia mantovana, Girolamo Carli,[53] Fromond annuncia la scoperta di un innovativo metodo per studiare i fenomeni ottici tramite l'uso di una lastra di vetro su cui, con una finissima punta di diamante, aveva inciso linee tra loro perpendicolari: la tecnica illustrata pone in evidenza come Fromond fosse un anticipatore degli studi ottici con l'uso dei reticoli di diffrazione, ovvero componenti ottici costituiti solitamente da una lastra di vetro sulla cui superficie è incisa una trama di linee parallele, uguali ed equidistanti, a distanze confrontabili con la lunghezza d'onda della luce; tali reticoli sono

[52] E. PROVERBIO, *Giovan Battista Beccaria e l'insegnamento della fisica a Torino: i rapporti con Beniamino Franklin, le ricerche sull'elettricità atmosferica e le prime applicazioni del parafulmine*, «Atti della Fondazione Giorgio Ronchi», Anno LVIII, 5, Firenze 2003.
[53] La lettera fu letta da Girolamo Carli il 20 marzo 1778 durante la presentazione della sua dissertazione.

anche attualmente usati per separare i colori della luce, sfruttando la sua natura ondulatoria.

3.2 Carli Giovan Girolamo, *Degli effetti della luce nel Cristallo d'Islanda, nello Spato romboidale di Siena, e in diverse specie di Selenite*, Archivio Storico dell'Accademia Nazionale Virgiliana di Mantova, Dissertazioni Accademiche, Storia Naturale, busta 44/27, dissertazione letta il 20 marzo 1778.

3.2.1 Note biografiche

Giovan Girolamo Carli nacque nel 1719 ad Ancaiano, oggi frazione del Comune di Sovicille, in provincia di Siena. Notizie attinenti la sua vita sono riportate in:
- M. Borsa, *Elogio dell'Abate Don Gio. Girolamo Carli, Dottore in ambe le Leggi, Segretario Perpetuo della Reale Mantovana Accademia di Scienze, Belle Lettere, ed Arti*, Mantova, erede di Alberto Pazzoni Regio-Ducale Stampatore 1787.
- G.O. Poli, *Continuazione al Nuovo Dizionario Istorico degli Uomini che si sono renduti più celebri per talenti, virtù, scelleratezze, errori, ec., la quale abbraccia il periodo degli ultimi 40 anni dell'Era Volgare*, Tomo II, Napoli, R. Marotta e Vanspandoch Librai Tipografi 1824.
- L. De Angelis, *Biografia degli Scrittori Sanesi*, Tomo I, Siena, stamperia Comunitativa Giovanni Rossi 1824.
- E. De Tipaldo, *Biografia degli Italiani Illustri nelle Scienze, Lettere ed Arti del secolo XVIII e de' contemporanei, compilata da letterati italiani di ogni provincia*, volume VI, Venezia, Tipografia di Alvisopoli 1838.
- C. Mutini, *Carli Giovan Girolamo*, Dizionario Biografico degli Italiani, Treccani, volume 20, 1977.

Il padre era un contadino di disagiate condizioni economiche che, vista anche la particolare vivacità di Giovan Girolamo, quando questi ebbe sette anni lo mandò presso uno zio parroco, dal quale ricevette le prime nozioni di latino e grammatica; lo zio doveva essere particolarmente severo se, anni dopo, durante il suo soggiorno a Gubbio, ebbe a confessare a Donna Susanna Mengacci, donna colta con la quale rimase sempre in affettuosa amicizia, che «essergli tanto da quel tempo prostrate le forze fisiche tutte, e impicciolito tanto, e esianito lo spirito, che non ne poté risorger più mai».[54] Fisicamente Carli era di «piuttosto tenue, e meschina corporatura, alla fisionomia quasi ritrosa, portamento umile, e curvo».[55]

[54] M. Borsa, *Elogio dell'Abate Don Gio. Girolamo Carli, Dottore in ambe le Leggi, Segretario Perpetuo della Reale Mantovana Accademia di Scienze, Belle Lettere, ed Arti*, Mantova, erede di Alberto Pazzoni Regio-Ducale Stampatore 1787.
[55] *Ibid.*

Si trasferì poi, ospite nella casa dello scultore Bartolomeo Mazzuoli, a Siena, dove frequentò con grande applicazione e profitto lo Studio Cittadino pubblico, per istruirsi nelle lettere, nelle arti, nel disegno.

Passò in seguito convittore nel Collegio della Sapienza, ove nei quattro anni previsti di studio, si approfondì in dottrina latina e greca, oltre che in filosofia e lettere; era uno studente brillante ed ottenne, vincendolo a concorso, l'assegno di mantenimento 'Mancini' devoluto a favore dei giovani studenti meritevoli e in difficoltà finanziarie.

Ben presto dové provvedere alla sua definitiva sistemazione economica, votandosi al sacerdozio e, intorno al 1740 si laureò a Siena in teologia; fu poi segretario e precettore dei figli della Contessa Caprara a Bologna, dove rimase circa un anno. Tornato in Siena, terminò il corso di Gius Civile e nel 1742, a ventitré anni appena compiuti, conseguì una doppia laurea dottorale, così come richiedeva il lascito 'Mancini'; dopodiché si recò a Colle di Val d'Elsa iniziandovi una decorosa carriera di insegnante di eloquenza, che continuò fino al 1752.

L'applicazione alle sacre scritture e alle discipline connesse con l'esercizio sacerdotale non dovette comunque costituire l'unico oggetto di un sapere che man mano si faceva enciclopedico; Carli, in perfetta corrispondenza con le più vive tendenze culturali dell'epoca, aspirava ad approfondire le letterature classiche e quella in volgare, l'erudizione in materia sacra e profana, la storia patria e persino qualche nozione di matematica allo scopo di conferire una parvenza di rigore razionale al pensiero.

Negli anni trascorsi nella città valdelsana, Carli fu coinvolto nel censimento granducale promosso da Pompeo Neri, nell'ammodernamento del sistema scolastico e negli scavi archeologici che portarono alla luce importanti reperti etruschi in Val d'Elsa, gravitando intorno agli antiquari fiorentini e volterrani. Carli, inoltre, viaggiò in tutta Italia guadagnandosi il soprannome accademico di 'Vagabondo' ed è noto anche per aver elaborato una prima bozza della storia degli artisti senesi.[56]

Sono di questo primo periodo senese e colligiano alcuni suoi scritti:

- *Delle antichità delle armi gentilizie, trattato di Celso Cittadini, colle annotazioni di Giovan Girolamo Carli*, Lucca, per Salvatore e Giandomenico Marescandoli 1741;
- *Elegie scelte di Tibullo, Properzio, ed Albinovano tradotte in terza rima da Oresbio Agieo P.A. con annotazioni di Gio. Girolamo Carli. Si aggiungono in fine tre elegie toscane di Paolo Rolli ridotte in altrettante latine, ed il primo canto dell'Henriade di M. de Voltaire trasportato in ottava rima dal medesimo p.a.*, Lucca, per Filippo Maria Benedini 1745;

---

[56] E. BRUTTINI, *Giovan Girolamo Carli: un erudito vagabondo sulle tracce dell'arte senese*, Università degli studi di Siena, Dipartimento di scienze storiche e beni culturali, Scuola di dottorato di ricerca logos e rappresentazione, studi interdisciplinari di letteratura, estetica, arti e spettacolo, Sezione in storia dell'arte (storia, critica e gestione dell'arte), Ciclo XX, 2004-2007.

- *Scritture del dott. Gio. Girolamo Carli sanese intorno a varie toscane e latine operette del sig. Dott. Gio. Paolo Simone Bianchi di Rimini che si nomina Giano Planco. Tomo primo contenente la Relazione di due Operette composte dal Sig. Planco in lode di se medesimo: con molte notizie, ed osservazioni sopra questi, ed altri opuscoli dello stesso autore*, Firenze 1749.

Il suo lavoro d'insegnante lo indusse a comporre numerosi testi per gli studenti:

pe' suoi Scolari soli compose un'Introduzione utilissima alla Grammatica Latina, poi molte, e molte Osservazioni anche per l'Italiana fino a farne un volume, poi un diligente Trattato sull'Interpunzione, poi un altro su l'Ortografia, poi un altro su la Trasposizione Latina, poi Traduzioni varie di Tullio, di Terenzio, di Cesare... Fece poi, e rifece Elementi, Istituzioni di Rettorica in grande nel 1746, poi scrisse partitamente nuovi Trattati or dell'Invenzione, or de' Luoghi, or delle Materie, or della Elocuzione.[57]

A Colle Val d'Elsa svolse anche incarichi pubblici di un certo rilievo: la città lo nominò suo avvocato in varie controversie, prima contro il Magistrato del Bigallo[58] di Firenze (1749), poi contro i Finanzieri Imperiali; nel 1751 gli fu affidata la difesa giuridica di certi privilegi della cittadina.

Probabilmente all'inizio del 1753 ebbe in Gubbio l'incarico di Prefetto agli Studi del locale Seminario e di pubblico Professore di Eloquenza; anche qui profuse molto impegno nell'attività di insegnante, acquisendo presto una meritata fama di erudito. È di questo periodo eugubino la produzione di alcuni scritti:
- *Compendio di Rettorica per uso delle scuole del tanto celebre Sig. Dottor Carli Senese*, Foligno, Stamperia di Francesco Fofi;
- *Notizie relative a Gubbio e Perugia*, Perugia, Biblioteca Comunale Augusta, Manoscritti, 3214, 1753-1765.

Tra le varie attività, si dedicò pure agli studi di Storia Naturale, esplorando il territorio e raccogliendo minerali, rocce, fossili, che confluivano nella sua «Raccolta di Produzioni Naturali Gubbiesi», come testimoniato da Borsa:

ben forte argomento ci danno sessantacinque viaggi a tali oggetti in vari tempi intrapresi...E queste sue corse, sebbene assai brevi, pure, perché per lo più fatte in luoghi aspri, e deserti...su' ciglioni de' monti e tra gli oscuri dirupi delle caverne, specialmente in Toscana, e nel Veneziano.[59]

---

[57] M. BORSA, *op. cit.*

[58] Antichissima istituzione fiorentina, dedita all'assistenza dei poveri e degli orfani; prese il nome dall'ospedale di Santa Maria del Bigallo, posto fuori Firenze, donato dalle monache di Ripoli. La Compagnia del Bigallo fu sostituita da un Magistrato, composto da dodici cittadini e un dignitario ecclesiastico.

[59] M. BORSA, *op. cit.*

Traccia dei suoi interessi naturalistici è contenuta nell'opera manoscritta *Memorie di un viaggio fatto per l'Umbria, per l'Abbruzzo, e per la Marca, dal dì 5 agosto al dì 14 settembre 1765*: una trascrizione commentata è stata recentemente pubblicata da Giovanni Forni;[60] l'itinerario percorso da Carli è piuttosto complesso e si sviluppa, partendo da Ascoli Piceno, verso Fermo, Macerata, Fabriano, Ancona, Fano, Pesaro, Urbania.

Ma l'attività di Carli suscitava, oltre che ammirazione in alcuni, invidia e opposizione da parte di altri, tra cui il Vescovo di Gubbio, che chiuse d'imperio la scuola ove egli insegnava e gl'impose di smettere la sua attività di ricerca archeologica, in questo subendo l'atteggiamento superstizioso di molti cittadini, che lo accusavano di essere «cercator di tesori, e mago supremo, e patteggiatore col diavolo»;[61] Carli fu anche fatto segno di aggressioni da parte di giovinastri fomentati dai suoi oppositori. Nonostante che la comunità eugubina prendesse, in maggioranza, le sue parti, rivolgendosi anche a Roma, Carli decise di lasciare Gubbio; nel 1772 fece pertanto ritorno, dopo circa 18 anni, a Siena, ove soggiornò per qualche tempo sempre con l'incarico dell'insegnamento dell'Eloquenza, fino a quando si presentò all'erudito toscano un'occasione importante, essendo stato chiamato nel 1774 dal governo austriaco di Maria Teresa, con l'appoggio convinto del Conte di Firmian e del Barone di Sperges, in qualità di segretario della Regia Accademia di Scienze, Lettere e Belle Arti di Mantova, incarico nel quale egli succedeva al Salandri.[62] Arrivò a Mantova il 24 novembre 1774 e fu presentato al Prefetto dell'Accademia, Conte Carlo Ottavio di Colloredo, come «tal Uomo, che oltre le qualità di cuore, e di spirito accoppiava al suo sapere una modestia non ordinaria tra' Letterati».[63] Si prodigò con molte energie alla promozione delle attività accademiche: «A lui è dovuta la coltivazione delle Arti, delle Manifatture, e delle scienze nel Mantovano. A lui il Museo e la pubblica Biblioteca di quella Città».[64]

Durante il periodo mantovano ebbe modo di pubblicare alcuni suoi scritti:

- *Dissertazioni due dell'Abate Gio. Girolamo Carli Segretario perpetuo della R. Accademia delle Scienze, Arti e Belle Lettere di Mantova: la 1. Sull'impresa degli Argonauti, e i posteriori fatti di Giasone, e Medea; la 2. Sopra un antico bassorilievo rappresentante la Medea d'Euripide,*

[60] G. FORNI, *Memorie di un viaggio fatto per l'Umbria, per l'Abbruzzo, e per la Marca, dal dì 5 agosto al dì 14 settembre 1765*, Napoli, Edizioni Scientifiche Italiane 1989.

[61] Da *Osservazioni sul Territorio di Gubbio, e suoi contorni*, ms. [forse 1761], cc. 202 *r-v*, citato in E. SANNIPOLI, *Gualdo nelle "Osservazioni sul Territorio di Gubbio, e suoi contorni" di Gian Girolamo Carli*.http://www.allegracombriccola.net/gualdo-nelle-osservazioni-sul-territorio-di-gubbio-e-suoi-contorni-di-gian-girolamo-carli/. I manoscritti sono conservati nella Biblioteca dell'Accademia Senese degli Intronati.

[62] C. MUTINI, *Carli Giovan Girolamo*, Treccani, Dizionario Biografico degli Italiani, vol. 20, 1977.

[63] M. BORSA, *op. cit.*

[64] L. DE ANGELIS, *Biografia degli Scrittori Sanesi*, Tomo I, Siena, stamperia Comunitativa Giovanni Rossi 1824.

conservato nel Museo della detta Accademia, Mantova, stamperia di Giuseppe Braglia 1785;
- *Dissertazione dell'Abate Gian-Girolamo Carli segretario perpetuo dell'Accademia delle Scienze, Arti, e Belle lettere di Mantova sopra un antico ritratto di Virgilio*, Mantova, per l'erede di Alberto Pazzoni 1797.

Ha lasciato inoltre un gran numero di opere di letteratura che non sono state pubblicate.[65]

Pur tra i numerosi e gravosi impegni che la sua carica prevedeva, Carli non tralasciò di coltivare la sua passione per le scienze naturali; ne è testimonianza un suo manoscritto, conservato presso l'Archivio Storico dell'Accademia Nazionale Virgiliana di Scienze, Lettere e Arti, in Mantova, dal titolo *Degli effetti della luce nel Cristallo d'Islanda, nello Spato romboidale di Siena, e in diverse specie di Selenite*; tale disquisizione fu letta nell'ambito delle Dissertazioni Mensuali, recitate nell'Accademia, il 20 marzo 1778.[66]

Nel 1785, a causa della salute malferma, Carli tornò a Siena, dove morì, all'età di 67 anni, il 29 ottobre settembre 1786. Sul quotidiano locale di Mantova comparve il seguente annuncio:

> Colle ultime lettere di Siena si è qui ricevuta la trista nuova di essere passato all'altra vita nel giorno 29 dello scaduto Settembre il Segretario di questa R. Accademia delle Scienze, Belle Lettere, ed Arti Sig. Abate Don Gio. Girolamo Carli, Soggetto assai conosciuto in Italia per l'essere sue cognizioni in molti rami della più soda Letteratura. Egli era nativo di Ancajano, nel territorio di Siena, e venne prescelto da Sua Maestà l'Imperatrice Reina di gloriosa memoria all'importante Carica di Segretario della suddetta Accademia nel 1774.[67]

3.2.2 Opere

- *Delle antichità delle armi gentilizie, trattato di Celso Cittadini, colle annotazioni di Giovan Girolamo Carli*, Lucca, per Salvatore e Giandomenico Marescandoli 1741.
- *Elegie scelte di Tibullo, Properzio, ed Albinovano tradotte in terza rima da Oresbio Agieo P.A. con annotazioni di Gio. Girolamo Carli. Si aggiungono in fine tre elegie toscane di Paolo Rolli ridotte in altrettante latine, ed il primo canto dell'Henriade di M. de Voltaire trasportato in ottava rima dal medesimo p.a.*, Lucca, per Filippo Maria Benedini 1745.

---

[65] G.O. POLI, *Continuazione al Nuovo Dizionario Istorico degli Uomini che si sono renduti più celebri per talenti, virtù, scelleratezze, errori, ec., la quale abbraccia il periodo degli ultimi 40 anni dell'Era Volgare*, Tomo II, Napoli, R. Marotta e Vanspandoch Librai Tipografi 1824.

[66] Accademia Nazionale Virgiliana, Archivio Storico (da ora in poi ANV, As), Serie delle Dissertazioni Mensuali, busta 44/27. Nella stessa busta è conservato il manoscritto *Il primato segreto dell'antica Magia. Opera in cui si scoprono, o illustrano varj naturali fenomeni e spiegano molti oscuri passi degli scrittori Greci e Latini.*

[67] «Gazzetta di Mantova», 13 ottobre 1786.

- *Scritture del dott. Gio. Girolamo Carli sanese intorno a varie toscane e latine operette del sig. Dott. Gio. Paolo Simone Bianchi di Rimini che si nomina Giano Planco. Tomo primo contenente la Relazione di due Operette composte dal Sig. Planco in lode di se medesimo: con molte notizie, ed osservazioni sopra questi, ed altri opuscoli dello stesso autore*, Firenze 1749.
- *Compendio di Rettorica per uso delle scuole del tanto celebre Sig. Dottor Carli Senese*, Foligno, stamperia di Francesco Fofi, s.d.
- *Dissertazioni due dell'Abate Gio. Girolamo Carli Segretario perpetuo della R. Accademia delle Scienze, Arti e Belle Lettere di Mantova: la 1. Sull'impresa degli Argonauti, e i posteriori fatti di Giasone, e Medea; la 2. Sopra un antico bassorilievo rappresentante la Medea d'Euripide, conservato nel Museo della detta Accademia*, Mantova, stamperia di Giuseppe Braglia 1785.
- *Dissertazione dell'Abate Gian-Girolamo Carli segretario perpetuo dell'Accademia delle Scienze, Arti, e Belle lettere di Mantova sopra un antico ritratto di Virgilio*, Mantova, per l'erede di Alberto Pazzoni 1797.

3.2.3 La dissertazione

La busta che contiene la dissertazione di Giovan Girolamo Carli è composta da ben 371 cartelle manoscritte e comprende, secondo l'elenco pure manoscritto dallo stesso Carli, i seguenti atti:

I. Originale della mia Dissertazione per varj effetti della Luce nel Cristallo d'Islanda, recitata in una pubblica sessione della R. Accademia di Mantova nel dì 20 Marzo 1778. In questa si riportano 32 fenomeni, de' quali 22 già stati osservati da varj Autori, 5 scoperti dal Canonico Gio. Fromond, e a me comunicati con sua Lettera, e altri 5 scoperti da me.
II. Originale delle Note da me aggiunte alla detta Dissertazione.
III. Copia buona della detta Dissertazione (mancante però delle Note), e della Lettera del Canonico Fromond.
IV. Altra copia della stessa Lettera.
V. Originale, e copia della Nota di alcune Pietre da mostrarsi alla R. Accademia in prova di varie asserzioni contenute nella sopraddetta Dissertazione. In fine dell'Originale è anche la Nota de' fenomeni da farsi osservare privatamente ad alcuni Accademici per mezzo degli Esperimenti da me preparati.
VI. Originale della mia Dissertazione non compita dello Spato romboidale di Siena, e sull'antica Magia.
VII. Originale delle Note da me aggiunte alla detta Dissertazione.

Carli esordisce leggendo agli Accademici ampi stralci della lettera dell'Abate Fromond, a lui indirizzata, avente come tema il Cristallo d'Islanda e agli esperimenti che con questo si possono fare tramite la luce che lo attraversa. Fromond fece pervenire a Carli quattro pezzi di Cristallo d'Islanda montati entro 'scatolini' che, ruotati in vario modo, permettevano di osservare fenomeni di duplicazione e rifrazione della luce; egli era particolarmente abile nella costruzione di strumenti ottici e particolarmente di 'cassette con vetri ottici' che utilizzava nelle pubbliche dimostrazioni per mostrare le meraviglie della luce che attraversa i cristalli.

La corposa dissertazione presenta e riassume le idee degli studiosi del tempo, tra cui Bartolini, Newton, Huygens, Romé de L'Isle, sui fenomeni ottici;[68] dopo aver disquisito sulle analogie e sulle differenze che presentano, tra di loro, il Cristallo d'Islanda, lo Spato senese, la Selenite, il Quarzo, richiamando le opere dei mineralogisti dell'epoca, propone altresì numerosissimi esperimenti ottici con l'utilizzo dei vari tipi di cristalli, evidenziando una notevole abilità di sperimentatore, inconsueta in un uomo di cultura prevalentemente umanistica. Per far tutto questo, si è preso alcuni mesi di tempo al fine di preparare lo scritto e gli esperimenti, aggiornando le sue conoscenze con la lettura di vari testi scientifici; in particolare prende come base di riferimento, per gli esperimenti ottici che vuole presentare agli Accademici, il testo di Erasmo Bartolino del quale possiede una copia, manoscritta forse da lui stesso.

Gli esperimenti proposti riguardavano la riflessione, la rifrazione, la birifrazione, la scomposizione della luce attraverso i cristalli (fig. 4). C'è una ragione concreta per tentare questo confronto: il Cristallo (o Spato) d'Islanda era assai raro, difficile da ottenere in Italia.

Trovati i cristalli che gli servono, imposta la dissertazione sviluppandola in cinque parti:

nella prima delle quali tratto degli effetti della Luce nel Cristallo d'Islanda, nella seconda, e nella terza di quelli dello Spato romboidale di Siena, nella quarta di quelli della Selenite...nella quinta parte confronto i fenomeni fra loro, ne noto le circostanze, espongo quanto ho potuto osservare circa la conformazione di tali Pietre, e dal tutto insieme deduco le mie congetture intorno alle cause de' loro mirabili effetti.

Carli vuole, con la sua dissertazione, paragonare gli effetti ottici ottenibili sia dalla Selenite,[69] della quale possedeva alcuni campioni

---

[68] F. BARALDI, *Studi ed esperimenti di cristallografia in una dissertazione settecentesca di Giovan Girolamo Carli*, Atti della Società dei Naturalisti e Matematici di Modena, vol. 14, 2016.

[69] La Selenite è una particolare varietà di gesso cristallino (gesso secondario), chimicamente solfato di calcio biidrato ($CaSO_4 \cdot 2H_2O$), che ha la particolarità di depositarsi in strati. Si trova in natura in forma di scaglie trasparenti traslucide, che vengono attraversate dalla luce: questa caratteristica dà origine al suo nome, infatti grazie all'utilizzo che i greci ne fecero per la fabbricazione di lastre trasparenti che avessero funzione di vetro, ancora sconosciuto, la luce che lasciava trasparire era simile a quella della luna (σεληνη, *selene* in greco). Per questo motivo è conosciuta anche con il nome di *pietra di luna*. Pure in epoca romana venne usato come materiale da costruzione per le finestre con il nome di *lapis specularis*. Macinata finemente e calcinata tra i 130° e 170° dà origine alla scagliola. In Italia la selenite è molto diffusa nel territorio emiliano-romagnolo.

provenienti anche dal Brasile, sia dallo Spato romboidale da lui rinvenuto alla Montagnola di Siena,[70] con quelli prodotti dal Cristallo d'Islanda.

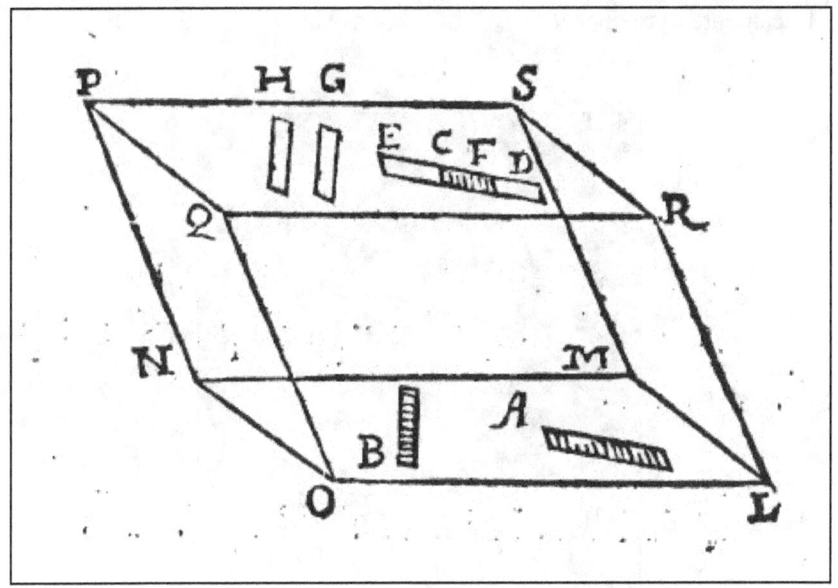

Fig. 4 - Birifrazione della luce secondo Bartolini.

3.3 VOLTA GIOVANNI SERAFINO, *Esame di alcune cristallizzazioni calcarie che si trovano ne' Monti Minerali della Ongheria Inferiore*, Archivio Storico dell'Accademia Nazionale Virgiliana di Mantova, Dissertazioni Accademiche, Storia Naturale, busta 44/12, dissertazione letta il 3 marzo 1780.

3.3.1 Note biografiche

Le notizie attorno alla vita di Giovanni Serafino Volta (fig. 5) sono lacunose e provengono principalmente da una biografia redatta dal suo

[70] La Montagnola Senese costituisce la propaggine settentrionale della 'Dorsale Monticiano-Roccastrada' che rappresenta il maggior affioramento del 'Complesso Metamorfico Toscano'. In corrispondenza della Montagnola Senese affiorano rocce metamorfiche derivate da rocce sedimentarie di età compresa tra il Trias e il Terziario. Si tratta della classica 'Successione Toscana Metamorfica' che affiora in 'finestra tettonica' al di sotto della 'Successioni toscane non metamorfiche'. La Successione Toscana è costituita da rocce siliceo-clastiche e carbonatiche sedimentate lungo un margine continentale passivo durante il Mesozoico e il Terziario. Questo margine continentale (Margine Apulo) nell'Oligocene superiore (26 M.A.) entrò in collisione con il margine sud-europeo e durante la collisione una parte della successione sedimentaria fu portata in profondità dai movimenti tettonici e subì così temperature e pressioni elevate che trasformarono (metamorfosato) le rocce sedimentarie in rocce metamorfiche. I minerali sono reperibili nelle fessurazioni e cavità delle rocce, oppure nei geoidi; nelle prime si rinvengono venature di calcite che solcano i marmi, mentre le seconde sono tappezzate con cristalli di calcite romboedrica o scalenoedrica. Oltre alla calcite, si rinvengono quarzo, dolomite, rutilo, malachite e, raramente, pirite.

concittadino Don Luigi Rosso, canonico della chiesa di Santa Barbara;[71] egli nacque a Mantova il 27 dicembre 1754[72] da Ottaviano e Caterina Cecilia Signorini, morì nella città natale il 6 aprile 1842. Già a quindici anni «difese pubblicamente oltre duecento Tesi di Logica, Metafisica e Fisica».[73]

Fig. 5 - Giovanni Serafino Volta.[74]

Presi gli ordini religiosi, sviluppò un profondo interesse per le scienze naturali. L'Abate Giovanni Girolamo Carli, Segretario perpetuo della Regia Accademia di Scienze e Belle Lettere di Mantova (oggi Accademia Nazionale Virgiliana), lo volle come vice segretario, carica nella quale fu approvato dal Conte Carlo Firmian, gran cancelliere e ministro plenipotenziario nella Lombardia austriaca, con dispaccio datato Milano, 8 marzo 1777. Nel frattempo il governo austriaco gli conferiva un canonicato d'onore nella I.R. Basilica di Santa Barbara. Grazie all'interessamento del fratello Leopoldo Camillo, il Barone Giuseppe De Sperges, consigliere di Maria Teresa d'Austria sulle questioni d'arte nonché 'protettore' dell'Accademia mantovana, verso la fine del 1777 assegnò Volta alla R.I. Università di Pavia in qualità di studente, affinché potesse perfezionarsi nel

[71] L. ROSSO, *Cenni storici intorno alla vita letteraria di Monsignor Decano mitrato Giovanni Serafino Volta*, Mantova, Tipi Virgiliani di L. Caranenti 1842.

[72] Curiosamente, su un ritratto di Serafino Volta presente nella Iconoteca dei Botanici, Biblioteca dell'Orto Botanico, Università degli Studi di Padova, compare la data di nascita 1764.

[73] L. ROSSO, *op. cit.*

[74] Vd. B. BIAGI, *Il famoso processo a carico del grande scienziato Lazzaro Spallanzani*, in «Rivista di Storia delle Scienze Mediche e Naturali», anno 39, Firenze 1948.

campo delle scienze della natura; qui fu ospitato al Collegio Ghislieri (sistemazione della quale sempre si lamentò per il disturbo creatogli dagli altri studenti), fu allievo dell'Abate Lazzaro Spallanzani e di Giovanni Antonio Scopoli, col quale ultimo strinse particolari rapporti di amicizia e di studio. Entrò inoltre in contatto con famosi scienziati del tempo, quali Antonio Scarpa[75] e Alessandro Volta; col suo omonimo ebbe cordiali rapporti di amicizia e collaborazione scientifica, come testimoniato in particolare dallo scambio di lettere tra i due sulla questione del «terreno ardente di Pietramala», oggetto di sopralluoghi e studi da parte di entrambi.[76]

Dopo più di tre anni trascorsi ad approfondire gli studi di chimica, botanica, zoologia, scienze della natura, nel settembre 1781 ebbe l'incarico di Custode interinale del Museo di Storia Naturale, subordinato a Spallanzani, con l'incarico di continuare la redazione del catalogo museale; fu segnalato per questo incarico da Scopoli che, a differenza di Spallanzani che lo avversava,[77] aveva estrema fiducia nelle sue capacità ed infatti gli rilasciò un attestato nel quale affermava:

> Io certamente devo confessare di non avere in tutto il tempo, che mi trovo in Pavia, avuto alcun soggetto, il quale abbia così seriamente, e con tanto profitto, studiato la Storia Naturale e la Chimica, e niuno più capace d'essere impiegato a insegnare pubblicamente questo studio, quanto il Signor Canonico Volta commendabile altresì per i suoi ottimi costumi e belle doti dell'animo. E per queste rare qualità io lo giudico certamente, e senza alcuna adulazione, degno d'ogni stima ed attenzione.[78]

Poiché godeva della fiducia del governo austriaco, ottenne il 24 dicembre 1782 il titolo di professore onorario: dopo pochi giorni avrebbe

---

[75] Antonio Scarpa (Lorenzaga,TV, 1752-Pavia 1832) è stato un chirurgo, anatomista e medico italiano. La sua fama gli fece ottenere la Legion d'Onore e l'elezione a membro della Royal Society di Londra e delle principali accademie scientifiche europee.

[76] Si vedano le lettere di Alessandro Volta (*Sopra il terreno ardente di Pietramala del Sig. Don Alessandro Volta di Como al Sig. Can. Don Gio. Serafino Volta di Mantova*) e di Serafino Volta (*Risposta del Sig. Can. Don Gio. Serafino Volta alla lettera del R. Professore Sig. Don Alessandro Volta concernente i fuochi di Pietramala*), in «Antologia Romana», Tomo VII, Roma, presso Gregorio Settari Libraio al Corso 1781; esse sono relative ai fenomeni (i fuochi spontanei) osservati da entrambi nei dintorni di Pietramala, località posta circa 11 chilometri a NNO di Firenzuola e di cui è frazione. Alessandro sosteneva che i fuochi erano dovuti ad emanazioni di gas metano che si incendiavano in occasione di temporali a causa dei fulmini; Serafino suggeriva anche la presenza di bitume, petrolio o nafta per poter spiegare la continuità temporale degli stessi. Le sorgenti dei fuochi erano localizzate in tre differenti punti, tutti situati nelle vicinanze del paese, e conosciuti con il nome di Fuoco del Legno, Fuoco del Peglio e Acqua Buia. Sembra che ne esistesse anche una quarta, detta di Canida (oggi Monte Canda), che però venne occultata, pare, da una frana. Ormai da un secolo le fiamme non sono più visibili, da quando nelle zone interessate dai fuochi si cominciarono a trivellare pozzi per l'estrazione di petrolio e gas metano.

[77] P. MAZZARELLO, *Costantinopoli 1786: la congiura e la beffa. L'intrigo Spallanzani*, Torino, Bollati Boringhieri 2004.

[78] Archivio di Stato di Milano (da ora in poi ASMi), Fondo Autografi, cart. 183: Attestato a firma Scopoli, Pavia 20 febbraio 1781, in P. MAZZARELLO, *op. cit.*

compiuto ventotto anni.[79] Nel 1784, con l'appoggio dell'Accademia degli Agiati di Trento e col contributo finanziario del governo austriaco, compì un viaggio di studio in Austria e Ungheria, perfezionandosi nelle «scienze dei naturali prodotti» e collezionando e classificando un consistente numero di minerali. Nel 1785 compì un viaggio di esplorazione naturalistica sull'Appennino piacentino tra le località di Fiorenzuola d'Arda e Velleia, durante il quale ebbe modo di mettere in evidenza le sue ormai consolidate competenze nei campi della mineralogia, della stratigrafia e della paleontologia.[80] Particolarmente approfondite furono le osservazioni sui fossili di Castell'Arquato e Lugagnano Val d'Arda, a quel tempo ancora poco conosciuti e studiati; l'analisi della struttura mineralogica e geologica delle colline di Castell'Arquato e dei vicini monti di Lugagnano; l'osservazione di un 'misterioso vapore' emanato dal Monte San Ginesio, nei pressi di Antognano Piacentino, che sembrava tingere di un «verde pallido i piedi degli uomini, e dei quadrupedi che varcano la predetta montagna», fenomeno al quale nessuno dei partecipanti all'esplorazione naturalistica seppe dare una spiegazione geologica, in quanto frutto probabilmente di una illusione ottica.

Le traversie di Volta iniziarono negli anni 1786-87, quando si trovò coinvolto, come si dirà più estesamente in seguito, nella feroce diatriba sorta tra Spallanzani e Scopoli, alimentata dai loro contrasti accademici, scientifici e di potere all'interno dell'università pavese, nonché dal pessimo carattere di entrambi. Volta, come si dirà più oltre, sarà licenziato dall'Università, pagando il prezzo più alto tra tutti i 'contendenti'.

Tornato a Mantova, si dedicò interamente agli studi e ai viaggi di approfondimento; se fino a quell'epoca aveva pubblicato solo alcuni saggi di scienze naturali, le opere più numerose e, per certi aspetti più importanti, saranno pubblicate dopo il suo allontanamento da Pavia nel 1787. D'altra parte doveva aver assorbito abbastanza serenamente la vicenda se, proprio nel 1787, portò a compimento tre importanti lavori scientifici a stampa.

Il nuovo governo francese lo promosse alla dignità di Decano 'infulato'[81] della chiesa di Santa Barbara e Volta ne prese possesso il 27 ottobre 1797.

Socio e Arcadico Pastore della Regia Accademia di Scienze e Belle Lettere mantovana sotto il nome di *Clitodemo Pelopidense*, della stessa fu anche Segretario scientifico negli anni 1798-1799: nell'archivio storico accademico sono presenti lettere inviate e ricevute da Serafino Volta.[82]

---

[79] ASMi, Fondo Studi, p.a., cart. 448: Raccomandazione governativa al Rettore dell'Università di Pavia 24 dicembre 1782, in P. MAZZARELLO, *op. cit.*

[80] S. VOLTA, *Osservazioni di Storia Naturale sul viaggio da Fiorenzola a Velleja* in «Opuscoli Scelti sulle Scienze e sulle Arti», Tomo VIII, Milano, presso Giuseppe Marelli 1785. Compagni del viaggio esplorativo furono gli Abati Alessandro Volta e Carlo Amoretti, oltre che il Marchese Pompeo Cusani.

[81] Da infula, ciascuna delle due strisce pendenti dalla mitra dei vescovi.

[82] A.M. LORENZONI-R. NAVARRINI, *L'Archivio storico dell'Accademia Nazionale Virgiliana di Mantova. Inventario*, Accademia Nazionale Virgiliana di Scienze Lettere e Arti, «Quaderni dell'Accademia 1», Mantova 2013.

Nell'ambito dell'Accademia fu Direttore della Colonia Agraria di Arti e Mestieri ed ebbe poi, nel 1801, la carica di Censore di Fisica.[83]

Particolarmente esperto di analisi chimiche delle acque e delle rocce, oltre che di mineralogia analitica e sistematica e di fossili, fu autore di numerose pubblicazioni, libri e saggi su varie riviste italiane e straniere.[84] Il campo di applicazione delle sue ricerche scientifiche fu assai vasto, ma comunque riconducibile alla mineralogia, alla chimica delle acque minerali e termali, ai fossili marini e in particolare gli ittioliti di Bolca (VR): in quest'ultimo settore fu antesignano e scienziato di fama,[85] anche se non mancarono contrasti con altri studiosi.[86]

S'interessò pure in dettaglio del Lago di Garda e si dedicò inoltre alla sistemazione e catalogazione di importanti raccolte private di scienze naturali, specialmente di quella del conte Giambattista Gazola,[87] per la quale collocò in ordine sistematico i numerosissimi ittioliti, le 'petrificazioni' sia animali sia vegetali e una notevole serie di conchiglie univalve e bivalve.

Delle sue numerose opere a stampa di argomento mineralogico, chimico e paleontologico, qui in esame, si riportano di seguito gli estremi bibliografici, nonché un commento sulle più significative per comprendere lo sviluppo del suo pensiero e della sua attività di studioso delle cose naturali.[88]

---

[83] L. ROSSO, *op. cit.*

[84] Un primo elenco è stato compilato da D.A. FRANCHINI nel saggio *Le scienze della natura a Mantova dal Rinascimento all'Ottocento* in «Civiltà Mantovana», n. 1001, Anno XXX, Mantova, 1995. Franchini riporta pure una curiosa vicenda riguardante l'opera più importante di Volta, *Ittiolitologia Veronese*.

[85] Lorenzo Sorbini, Conservatore del Museo Civico di Storia Naturale di Verona, nonché autore di svariate ricerche paleontologiche, ha dedicato il suo libro *I fossili di Bolca*, edito da Tipografia La Grafica di Vago di Lavagno (VR), 1981, «alla memoria di Serafino Volta (1754-1842) pioniere della paleoittiologia». Nel Museo veronese sono presenti fossili di pesci di Bolca che riportano la classificazione assegnata da Volta, ritenuta ancora valida, tra cui: *Mene Rhombea* (il rombo indiano), *Blochius longirostris* (l'angusigola), *Exellia velifer* (il portavela), *Vomeropsis triurus* (il vomere), *Archaephippus asper* (il moro), *Eoplatax papilio* (il farfallone). Un esemplare, *Pseudogaleus voltai* (Jaekel), è a lui dedicato.

[86] J. GAUDANT, *La querelle des trois abbés (1793-1795): le débat entre Domenico Testa, Alberto Fortis et Giovanni Serafino Volta sur la signification des poissons pétrifiés du Monte Bolca (Italie)*, COFRHIGEO, Travaux du Comité français d'Histoire de la Géologie 1997, 3ème série (tome 11), pp. 147-184.

[87] Giambattista Gazola (1757-1834), nobile veronese e studioso dei pesci fossili di Bolca. Fra le collezioni veronesi quella del conte, grazie anche all'acquisizione di raccolte private, arrivava a contenere 1200 esemplari. Nel suo palazzo il Gabinetto dei Pesci fossili custodiva i reperti, sistemati in armadi vetrati e ripartiti secondo le categorie del sistema linneano. Nel 1797 i Francesi, conquistata Verona, obbligarono il conte a cedere alla Francia la collezione degli ittioliti di Bolca, trasportandola poi a Parigi. Gazola, in breve tempo, ne riformò una nuova, con acquisti da privati e facendo eseguire scavi a Bolca; quest'ultima raccolta rappresentò il nucleo originario dell'attuale collezione di pesci fossili di Bolca del Museo di Storia Naturale di Verona. Nel 1805 Gazola pubblicò una nota ove si trovano interessanti notizie sulla difficoltà di proteggere la Pesciara dagli scavatori abusivi. Nello stesso scritto il Gazola sembra allontanarsi dall'ipotesi del diluvio, che anni prima lo aveva trovato consenziente, e per spiegare la formazione del giacimento dice che doveva essere stato una specie di vasto catino formato da rocce basaltiche ove stagnò un tratto di un antico mare ed ove i pesci morirono avvolti nella melma rimasta dopo il suo totale asciugamento.

[88] Notizie biografiche di Serafino Volta stanno in F. BARALDI, *Giovanni Serafino Volta, chimico, mineralogista e paleontologo mantovano (Mantova, 1754-1842)*, Accademia Nazionale Virgiliana di Scienze Lettere e Arti, «Atti e Memorie», n.s. vol. LXXXI (2013), Mantova 2016.

3.3.1.1 La feroce controversia tra Giovanni Serafino Volta e Lazzaro Spallanzani

Lazzaro Spallanzani, uno dei naturalisti più famosi della fine del XVIII secolo: nel 1786, all'apice della sua carriera scientifica e ormai scienziato di rinomanza internazionale, Spallanzani fu ufficialmente accusato di furto e la sua reputazione infangata. Paolo Mazzarello[89] ha dedicato all'*intrigo Spallanzani* un libro, descrivendo in modo assai approfondito i retroscena di questo scandalo, che mise l'Ateneo pavese e il governo austriaco in gravissimo imbarazzo.

Approfittando della sua assenza, in quanto il 22 agosto 1785 Spallanzani si era imbarcato a Venezia ed era partito per un lungo viaggio a Costantinopoli, venne ordita ai suoi danni una vera e propria congiura, che aveva lo scopo di screditarlo di fronte all'autorità di Milano e di Vienna. Giovanni Serafino Volta, che nel frattempo aveva assunto la direzione provvisoria del Museo e suppliva Spallanzani sulla cattedra di Scienze Naturali, pare su suggerimento del notissimo professore di anatomia e chirurgia Antonio Scarpa, complici inoltre il docente di matematica Gregorio Fontana e il docente di chimica e botanica Antonio Scopoli, effettuò un controllo del catalogo e delle collezioni museali, e credette di riscontrare la sparizione di alcuni importanti esemplari naturalistici; secondo Volta mancavano:

> cinquantasei uccelli, tre pesci (un pesce spada, un pesce sega, un pesce martello), una foca imbalsamata...sei pietre saline provenienti dall'Austria...una settantina di specie di conchiglie, alcune rarissime, e una serie di minerali.[90]

Poiché sapeva che Spallanzani aveva realizzato, nei suoi lunghi anni di viaggi e di ricerche, un museo privato nella sua casa di Scandiano,[91] sospettando di trovare lì quello che mancava a Pavia, decise di fare un controllo. Sotto le false vesti di un visitatore fiorentino, si recò a Scandiano il 2 settembre 1786 ed esaminò accuratamente le collezioni naturalistiche di casa Spallanzani; la visita sembrò confermare i sospetti, in quanto Volta vide effettivamente campioni naturalistici del museo pavese che, come Spallanzani ebbe a dichiarare in seguito, venivano tenuti 'temporaneamente' a Scandiano per poterli studiare in tutta tranquillità. Pochi giorni dopo, il 5 settembre, fece una denuncia formale alle autorità accademiche e politiche con una lettera indirizzata a Luigi Lambertenghi, consigliere della

---

[89] P. MAZZARELLO, *op. cit.*

[90] *Ibid.*

[91] I reperti venivano preparati dalla sorella Marianna e dal fratello Niccolò, che sovrintendevano a tutte le incombenze. Le collezioni erano collocate in cinque stanze, divise tra minerali, uccelli, pesci, crostacei, conchiglie e pietrificazioni animali. Alla morte di Lazzaro il museo, insieme ai libri ed ai manoscritti, venne venduto dal fratello Niccolò alla Municipalità di Reggio Emilia. La raccolta naturalistica, composta di 23 armadi, è attualmente conservata presso i Civici Musei reggiani, mentre manoscritti e libri si trovano presso la Biblioteca Comunale A. Panizzi.

Cancelleria di Vienna; lo scandalo divenne di pubblico dominio quando lo stesso Volta, in compagnia degli altri tre nemici dichiarati di Spallanzani, ovvero Scarpa, Fontana e Scopoli, firmò una lettera circolare che venne inviata a svariati studiosi delle università italiane ed europee e diffusa anche attraverso la stampa.

Spallanzani venne a conoscenza della notizia al suo arrivo a Vienna, nel dicembre 1786, e subito proclamò alle autorità asburgiche la propria innocenza. Rientrato a Pavia, accolto comunque dalla simpatia degli studenti e della maggior parte dei colleghi, dette subito inizio a una violenta controffensiva contro i suoi accusatori. Intanto, il Governo della Lombardia aveva aperto ufficialmente un'inchiesta, incaricando i barnabiti Ermenegildo Pini e Giuseppe Maria Racagni, due scienziati 'al di sopra di ogni sospetto' (non tanto, visto che Pini era in contatto con Spallanzani e lo informava dell'andamento delle indagini), di recarsi a Scandiano a controllare se la denuncia di Volta era fondata. Ma i due ispettori non trovarono nulla che potesse legare il museo privato di Scandiano con quello universitario di Pavia: «o erano così pochi che non li videro, oppure chiusero un occhio o, ancora, i familiari del naturalista fecero sparire i pezzi poco prima della visita».[92] La commissione incaricata sentì i contendenti e i testimoni nei giorni dal 29 marzo al 3 maggio 1787; in seguito il Regio Consiglio procedette nell'esame degli atti e delle testimonianze e il 26 maggio concluse i lavori con un lungo rapporto riservato: «da quel cumulo di carte e umane miserie la verità non emergeva a senso unico, ma mostrava ancora delle zone d'ombra».[93]

Tuttavia, anche al fine di smorzare la polemica che aveva investito l'intero mondo accademico italiano ed europeo e mettere pace tra insigni accademici di grande fama, con Decreto di Corte al Governo di Milano del 14 luglio 1787, le autorità emisero il verdetto: «essere del tutto insussistente l'imputazione fatta allo Spallanzani: doversi congedare il Canonico Volta dal suo Offizio di Custode del Museo, e tenerlo lontano da ogni impiego in Pavia...doversi ammonire i Professori Scopoli e Scarpa»,[94] ammonizione che fu poi estesa anche a Fontana. Volta, l'anello più debole della gerarchia accademica, aveva pagato per tutti.

Dopo la sentenza, Spallanzani non pensò ad altro che a vendicarsi e lo fece in modo davvero spregevole. Oltre ad imbastire una beffa clamorosa contro Scopoli, consistente nel fargli recapitare un 'verme' artefatto che fu da questi ritenuto una nuova specie e inserito in una pubblicazione, fatto che

---

[92] P. MAZZARELLO, *op. cit.*

[93] *Ibid.*

[94] ASMi, cart. 469-II, in M. FERRARI, *A 250 anni dalla nascita di Lazzaro Spallanzani. Incontri e scontri di Lazzaro Spallanzani con personaggi trentini del Secolo XVIII*, Accademia Roveretana degli Agiati, serie VI, vol. 18-19 (B), Rovereto (Trento), Edizioni Osiride 1980.

lo squalificò agli occhi degli accademici italiani ed europei,[95] Spallanzani si accanì in particolare contro Serafino Volta che definiva «il nomenclatore», «l'infame Canonico Volta», «escremento delle Scienze Naturali». Fece «spiare» la vita di Volta a Mantova tramite Luigi Gallafasi[96] che, il 27 dicembre 1787, scriveva a Spallanzani: «Il canonico Volta non esce che di notte, come i pipistrelli: ripone tutti i suoi dolori, le sue traversie, le sue afflizioni nelle piaghe adorate di Gesù Cristo»;[97] Spallanzani, assai soddisfatto, fece pervenire copie della lettera a numerosissimi personaggi italiani e non. Venuto a conoscenza che il mantovano era stato incaricato di tenere a Verona un corso di chimica e mineralogia e saputo che il corso era frequentato anche da militari, scrisse al governatore della Scuola Militare veronese e fece in modo che non gli fosse rinnovato l'incarico; scrisse poi ai suoi potenti amici di Vienna per impedire che potesse avere una cattedra vacante di botanica a Mantova. Sorta una polemica tra i due per una pubblicazione di Volta che criticava alcune asserzioni di Spallanzani,[98] questi scrisse immediatamente un opuscolo[99] dileggiante che inviò al feldmaresciallo austriaco Conte Canto d'Yrles, comandante della piazza di Mantova; scrivendo poi a Gallafasi così commentava: «Ho voluto alcun poco divertirmi a sue spese».[100] Non contento, fece avere copia del libello al Segretario della Reale Accademia di Scienze, Belle Lettere e Arti di Mantova, Matteo Borsa, lamentandosi nella lettera di accompagnamento che si riservasse a «quel bugiardo e calunniatore» di Volta spazio sugli Atti dell'Accademia stessa. Che dire? Spallanzani era certamente un grande scienziato, innovatore della biologia ma come uomo, considerato anche che era Abate, era veramente perfido; «le accuse fra loro furono ignobili, quanto il potrebbero essere quelle di letterati odierni».[101]

3.3.2 Opere

Le principali opere a stampa riguardanti la mineralogia sono:

---

[95] Per una ricostruzione approfondita della questione si veda P. MAZZARELLO, *op. cit.* Scopoli, profondamente provato dalla beffa, morì per crisi cardiaca mentre pranzava al Collegio Ghislieri, il 5 maggio 1788.

[96] Luigi Gallafasi (1730-1796), abate secolare, uomo di lettere, fu Censore della Reale Accademia di Scienze, Belle Lettere ed Arti di Mantova, nonché Direttore della Facoltà di Belle Lettere.

[97] P. MAZZARELLO, *op. cit.*

[98] S. VOLTA, *Nuove ricerche ed osservazioni sopra il sessualismo di alcune piante*, in *Memorie della Reale Accademia di Scienze, Belle Lettere ed Arti di Mantova*, Tomo 1, Mantova, per l'Erede di Alberto Pazzoni 1795.

[99] L. SPALLANZANI, *Lettera dell'Abate Spallanzani ad un suo amico di Mantova*, Pavia, presso Baldassare Comini 1796.

[100] P. MAZZARELLO, *op. cit.*

[101] B. ARRIGHI, *Mantova e la sua provincia* in C. CANTÙ, *Grande illustrazione del Lombardo-Veneto, ossia storia delle città, dei borghi, comuni, castelli, ecc. fino ai tempi moderni*, vol. quinto, Milano, presso Corona e Caini 1859.

- *Esame di alcune cristallizzazioni che si ritrovano nei Monti minerali dell'Ongheria inferiore*, «Opuscoli Scelti sulle Scienze e sulle Arti», Tomo III, Milano, presso Giuseppe Marelli 1780.
- *Elementi di mineralogia analitica e sistematica. Edizione corretta ed accresciuta*, Cremona, Lorenzo Manini Reg. Stampatore 1787.
- *Lettera intorno agli elementi di mineralogia analitica e sistematica del Can. Gio. Serafino Volta a Signor Dott. Luigi Brugnatelli,* Biblioteca Fisica d'Europa, Tomo II, Pavia, dalle stampe del R.I. Monastero di S. Salvatore 1788.
- *Osservazioni mineralogiche intorno alle colline di S. Colombano e dell'oltrepò di Pavia, coll'aggiunta dell'analisi chimica del Sal Piacentino*, «Opuscoli Scelti sulle Scienze e sulle Arti», Tomo XI, Milano, presso Giuseppe Marelli 1788.
- *Lettera intorno agli elementi di mineralogia analitica e sistematica*, Antologia Romana, Tomo XV, Roma, Stamperia di Giovanni Zempel, S. Lucia della Tinta 1789; *Anfangsgründe der analytischen und systematischen Mineralogie*, Leipzig, Wien, 1793.

I principali lavori a stampa riguardanti le analisi chimiche di acque minerali e termali sono:
- *Saggio analitico sulle acque minerali di S. Colombano*, «Opuscoli Scelti sulle Scienze e sulle Arti», Tomo VII, Milano, presso Giuseppe Marelli 1784.
- *Analisi chimica dell'acqua dei bagni di Caldiero nel territorio di Verona*, Biblioteca Fisica d'Europa, Tomo XIII, Pavia, dalle stampe del R.I. Monastero di S. Salvatore 1790.
- *Ricerche fisico-chimiche sulle acque di alcuni pozzi e fontane della Città di Verona*, Annali di Chimica, Tomo II, Pavia, Stamperia del R.I. Monastero di S. Salvatore 1791.
- *Saggio sulle acque termali e montagne di Baaden*, Vienna, Stamperia d'Ignazio Alberti 1791.
- *Saggio sulle acque termali e montagne di Baaden*, Giornale Fisico-Medico, secondo Quaderno, Pavia, presso Baldassare Comini 1792.
- *Chemisch mineralogischer versuch über die Gebirge und Bäder von Baaden*, Salzb. Med. Chir. Zeitung, III, Wien 1792, p. 468.
- *Chemisch mineralogischer versuch über die Gebirge und Bäder von Baaden. Allgemeine* Literatur-Zeitung, vol. 3, N. 203. Jena, 1793.
- *Ricerche chimico-fisiche sull'Acqua della sorgente detta la Fontanina presso la Favorita, indirizzata da Monsig. Gio. Serafino Volta al sig. Dottor Bignami medico di Delegazione*. Gazzetta di Mantova, 21 settembre 1833.
- *Compendio di una nuova teoria fisica intorno alla genesi regolare e classificazione dei Minerali*, «Gazzetta di Mantova», 27 giugno 1840.

I principali lavori a stampa riguardanti la paleontologia sono:
- *Degl'impietrimenti del territorio veronese ed in particolare dei pesci fossili del celebre monte Bolca per servire di continuazione all'argomento delle rivoluzioni terracquee*, Biblioteca Fisica d'Europa, Tomo XII, Pavia, dalle stampe del R.I. Monastero di S. Salvatore 1789.
- *Dei pesci fossili del veronese*, Mantova, Stamperia di Giuseppe Braglia 1794.
- *Ittiolitologia veronese del museo Bozziano ora annesso a quello del conte Giovambattista Gazola e di altri gabinetti di fossili veronesi*, Verona, stamperia Giuliari 1796 (ma colophon 1809).
- *Compendio ragionato delle conchiglie fossili comprovanti l'universale diluvio che si riscontrano nelle stratificazioni dei monti veronesi e vicentini*, Mantova, Tipografia Virgiliana di L. Caranenti 1835.
- *Articolo di Monsignor Gio. Serafino Volta sulla formazione misteriosa e invisibile degli Impietrimenti*, «Gazzetta di Mantova», 13 ottobre 1838.
- *Saggio filosofico del Professore naturalista Monsignor Giovanni Serafino Volta sui principi costitutivi di due generi di naturali prodotti del regno fossile*, «Gazzetta di Mantova», 27 giugno 1840.

Le principali opere a stampa riguardanti il Lago di Garda sono:
- *Transunto di osservazioni sopra il Lago di Garda ed i suoi contorni*, Biblioteca Fisica d'Europa, Tomo VI, Pavia, dalle stampe del R.I. Monastero di S. Salvatore 1788.
- *Transunto di osservazioni sopra il Lago di Garda ed i suoi contorni*, «Opuscoli Scelti sulle Scienze e sulle Arti», Tomo XII, Milano, presso Giuseppe Marelli 1789.
- *Descrizione del lago di Garda e de' suoi contorni con osservazioni di storia naturale e di belle arti*, Mantova, Tip. Virgiliana di L. Caranenti 1828.
- *Lettera I di Monsig. Gio. Serafino Volta al sig. Ciro Pollini sulla Topografia del Lago di Garda*, «Gazzetta di Mantova», 2-9 ottobre 1830.

3.3.3 La dissertazione

In questa dissertazione Serafino Volta si prefigge di confutare la comune opinione dei naturalisti suoi contemporanei secondo i quali le rocce calcaree si sciolgono negli acidi manifestando effervescenza e, quindi, quelle che non mostrano effervescenza non sono classificabili come calcaree. Allo scopo prende in esame alcuni campioni di roccia calcarea esistenti presso il Museo Ticinese e provenienti dai monti dell'Ungheria meridionale. Questi campioni di roccia erano già stati esaminati dal chimico Scopoli, che li aveva classificati tra le rocce calcaree. Volta esegue esperimenti sui campioni con metodi molto raffinati per quei tempi, ma soprattutto non si arrende alle prime difficoltà: i campioni trattati con 'acqua forte' (acido nitrico) non mostrano apparentemente effervescenza, ma prima di confutare

la classificazione dello Scopoli procede in modo molto analitico a verificare gli effetti sulle rocce trattate con 'olio di vetriolo', ovvero una soluzione acquosa concentrata (> 90%) di acido solforico, osservandone gli effetti tramite microscopio e con precise misurazioni del peso perduto dopo l'attacco degli acidi. Giunge così a verificare che effettivamente i campioni calcarei ungheresi, che mostrano una struttura fibrosa, sono attaccabili da acidi e producono effervescenza, pur se non visibile ad occhio nudo.
Nei suoi 'corollari' conclusivi avverte quindi 'mineralogisti e litologi' che non devono lasciarsi fuorviare dalle prime evidenze, ma che devono innanzitutto sciogliere la roccia in acido nitrico e poi trattarla con acido solforico; devono inoltre verificare la diminuzione di peso, indice dello sviluppo di effervescenza ovvero di liberazione nell'atmosfera di 'aria fissa' ovvero di anidride carbonica.

4. I TERREMOTI

È solo a partire dal 1700 che lo studio dei terremoti inizia a svilupparsi con criteri moderni, attraverso osservazioni, teorie, strumenti di misura dell'intensità sismica quali i sismometri. I sismografi, in grado di misurare e anche di registrare le scosse, furono introdotti nel 1703 da Jean de Hautefeuille[102] che realizzò un sismografo a mercurio. In Italia, la tradizione ha sempre attribuito l'invenzione e la creazione del primo sismografo (fig. 6) al benedettino Andrea Bina.[103]

Lo strumento, costruito a Perugia verso la metà del Settecento nell'ambito dei suoi studi sui terremoti, consisteva in una lunga fune appesa al soffitto di una stanza e con attaccato, all'altra estremità, un pesante masso; tale masso aveva uno stilo nella parte inferiore, la cui punta sprofondava nella sabbia contenuta in una vaschetta, che a sua volta galleggiava in un ampio vaso pieno d'acqua: in occasione dei terremoti il pendolo lasciava nella sabbia delle tracce.

Il terremoto che ha segnato il punto di svolta è stato quello di Lisbona del 1755, dopo il quale si comincia a pensare che le conseguenze dei terremoti non sono una fatalità ma sono riconducibili anche a errori umani. In una lettera del 1756 di Jean Jacques Rousseau (1712-1778) a Voltaire (pseudonimo di François-Marie Arouet, 1694-1778), inerente al terremoto di Lisbona, si legge:

---

[102] Jean de Hautefeuille (Orléans 1647-1724), fisico, inventore e abate francese. Uno dei suoi contributi più importanti fu la proposta di usare una molla a spirale ed un bilanciere al posto di un pendolo per controllare il movimento degli orologi; si occupò anche di acustica, studiando il funzionamento del megafono e scrisse un saggio sulla causa dell'eco, che vinse un premio dell'Accademia di Bordeaux nel 1718. Si interessò anche delle maree e inventò uno strumento chiamato talassametro per registrarle.

[103] Andrea Bina (Milano 1724-1792), geologo, matematico e fisico italiano, noto soprattutto per l'invenzione del sismografo. Nel 1741 iniziò a studiare matematica e fisica presso la congregazione dei benedettini cassinesi; dopo le docenze a Mantova e Padova si trasferì a Perugia dove s'impegnò alla fondazione dell'Accademia Augusta. Nel 1751 pubblicò *Electricorum effectuum explicatio*, contribuendo alle conoscenze in campo elettrico dell'epoca.

Restando al tema del disastro di Lisbona, converrete che, per esempio, la natura non aveva affatto riunito in quel luogo ventimila case di sei o sette piani e che se gli abitanti di quella grande città fossero stati distribuiti più equamente sul territorio e alloggiati in edifici di minore imponenza, il disastro sarebbe stato meno violento o, forse, non ci sarebbe stato affatto.

Fig. 6 - Sismografo di Andrea Bina.[104]

Quali erano le idee sull'origine dei terremoti nella seconda metà del XVIII secolo cui potevano far riferimento gli studiosi di scienze naturali? Mairan[105] studiando le variazioni del caldo e del freddo sul nostro pianeta, riconobbe che l'interno della terra presenta alte temperature: questi 'fuochi centrali' rendono bollenti le acque sotterranee e l'azione del vapore da esse prodotto è all'origine dei terremoti.

Buffon pensava che i luoghi più vicini ai vulcani fossero sottoposti a terremoti, come avviene in Sicilia e in Islanda, in Perù e in Cile. L'intenso calore della lava sgretolava le rocce sotterranee producendo crolli che erano all'origine delle scosse sismiche. Osservava inoltre che sul fondo dei mari ci sono molti vulcani, che talora fanno emergere monti e isole, generando per questa via i terremoti. Dello stesso avviso erano Gassend[106] e Michell.[107] Per i terremoti più estesi, Buffon faceva ricorso a una sorta di 'fermentazioni' a grandi profondità nel sottosuolo, dovuta all'acqua calda e alla presenza delle

---

[104] http://www.binapg.it/strumenti/sala-strumenti/sismografi/sismografo-bina.

[105] Jean Jacques Dortous de Mairan (Béziers 1678-Parigi 1771), astronomo e meteorologo francese, nonché segretario dell'*Académie des Sciences* di Parigi. Celebri nel '700 i suoi studi sul ghiaccio e sul fenomeno dell'aurora boreale.

[106] Pierre Gassend, o Gassendi (Champtercier 1592-Parigi 1655), matematico, filosofo, teologo e astronomo francese.

[107] John Michell (Nottinghamshire 1724-Thornhill 1793), astronomo, geologo, matematico e fisico inglese. Fu educato a Cambridge e in seguito fu nominato membro della Royal Society; nel 1762 divenne professore di geologia e nel 1767 rettore di Thornhill, West Yorkshire.

piriti, che ridurrebbero l'aria sotterranea in uno stato di grande rarefazione che, causando sommovimenti, generava le scosse su scala molto estesa.

Nollet[108] e Bomare[109] suggerivano che gli strati sotterranei contengono grandi quantità di carbon fossile, bitume, zolfo, pirite, tutte sostanze atte a favorire le accensioni; queste necessitano anche di aria che pure è presente nel sottosuolo «come ben sanno i minatori che la sentono venire e che spegne spesso le loro lucerne»: l'accensione delle sostanze produceva la rarefazione dell'aria e la sua espansione, generando terremoti e rombi. Quanto all'acqua, presente in gran quantità nel sottosuolo, essa viene ridotta a vapore dai fuochi sotterranei, i quali vapori generano forze notevoli che sconquassano il sottosuolo.

Stukelei[110] pensava che i terremoti non fossero di origine profonda, ma che derivassero da una vibrazione della superficie del globo analoga a quella di una corda del violino.

Beccaria invece sosteneva che il globo terracqueo era 'inzuppato' di vapore (fluido) elettrico[111] e che da quell'inesauribile sorgente nasceva anche l'elettricità atmosferica. Se poi, come affermava Franklin, accadeva che questo vapore elettrico si sbilanciava, esso doveva fare ogni sforzo per ritornare a un perfetto equilibrio. Se questo squilibrio avveniva nelle viscere della terra, soprattutto se esso era molto esteso, doveva essere fatto un grande sforzo per riequilibrarsi, e questo sforzo scuoteva il sottosuolo generando terremoti; a questa ipotesi s'ispirerà il mantovano Gherardo d'Arco nella sua dissertazione letta all'Accademia mantovana.

Su questo argomento sono presenti due dissertazioni.

4.1 D'ARCO GIOVAN BATTISTA GHERARDO, *Sui terremoti*, Archivio Storico dell'Accademia Nazionale Virgiliana di Mantova, Dissertazioni Accademiche, Storia Naturale, busta 44/14, dissertazione letta il 29 aprile 1780.

4.1.1 Note biografiche

Notizie sulla vita e sulle opere di Giovan Battista Gherardo d'Arco (fig. 7) sono riportate in vari lavori.[112]

---

[108] Jean Antoine Nollet (Pimprez 1700-1770), abate e fisico francese, contribuì a diffondere in Francia lo studio della fisica grazie alle sue esposizioni chiare ed interessanti. Si occupò soprattutto di fenomeni elettrici.

[109] Jacques-Christophe Valmont de Bomare (Rouen 1731-Parigi 1807), naturalista francese, autore di importanti opere di mineralogia e di scienze naturali. Visitò la Lapponia e l'Islanda, producendo studi sui vulcani di quest'ultimo paese.

[110] William Stukelei (Holbeach 1687-Londra 1765), archeologo inglese che aprì la strada alle indagini su Stonehenge, ha prodotto trattati sui terremoti e in campo medico.

[111] Beccaria definiva il vapore elettrico nel seguente modo: «chiamo vapore elettrico il fluido, che ne' corpi elettrizzati scintilla, fa sentire il venticello elettrico, forma il fuoco elettrico, o la stelletta elettrica, ritenendo il nome datoli da Newton libro III ottica, questione VIII».

[112] G. ARRIVABENE, *Memoria di Giovan Battista Gherardo d'Arco*, Parma, stamperia Reale 1792; L. RUGGERI, *Biografie di Mantovani illustri*, Mantova, Ed. Mondovì 1873; A. ENZI, *Frammento di memorie*

Fig. 7 - Giovan Battista Gherardo d'Arco.[113]

Nato ad Arco (Trento) il 21 novembre 1739, figlio del conte Francesco Eugenio d'Arco Chieppio e della marchesa Teresa Ardizzoni di Pomà, di famiglia monferrina, da cui il figlio erediterà, con i beni, anche il titolo nobiliare. Non aveva però ancora compiuto l'anno d'età quando fu condotto a Mantova, dove i conti d'Arco possedevano già da qualche secolo case e terre e dove il padre decise di fissare la sua residenza, essendo succeduto nei titoli e nelle proprietà a una famiglia di funzionari gonzagheschi, i conti Chieppio.

Nel 1762 sposò Matilda Canossa, figlia del marchese Carlo Canossa di Verona. A Parma, ove trascorse un periodo di studi, entrò in contatto con l'Europa dei Lumi. Membro dell'Accademia Virgiliana fin dai primi anni della sua istituzione, è stato contemporaneamente accademico votante nella facoltà filosofica, conservatore nella Colonia Agraria e uno dei tre direttori per la classe metallurgica nella Colonia d'Arti e Mestieri.

---

e considerazioni sugli strani avvenimenti del secolo XVIII di G.B. Gherardo d'Arco, Atti del Convegno Storico, Mantova 18-19 marzo 1958, «Bollettino Storico Mantovano», a. III, n. 11-12, luglio-dicembre 1958, pp. 269-296; C. VIVANTI, *Arco, Giovanni Battista Gherardo*, Dizionario biografico degli italiani, Istituto Enciclopedia italiana, III, pp. 789-793, Roma, 1961; D. GHIZZI GHIDORZI, *Aspetti del pensiero economico di Giovanni Gherardo d'Arco*, «Civiltà Mantovana», X, Mantova, 1975; M. L. BALDI, *Filosofia e cultura a Mantova nella seconda metà del Settecento. I manoscritti filosofici dell'Accademia Virgiliana*, «La Nuova Italia», Firenze, 1979. Nel Tomo XXX della pubblicazione *Scrittori Classici Italiani di Economia Politica*, Milano, stamperia e Fonderia di G. G. Destefanis 1804, in premessa alle opere di Gherardo d'Arco ivi pubblicate, compaiono *Notizie di Giambattista Gherardo d'Arco*. Il nipote, Carlo d'Arco, ha tracciato un'approfondita biografia di G. B. G. d'Arco nella sua opera, rimasta inedita; Giuseppe Pecchio in *Storia dell'economia pubblica in Italia*, Lugano, 1832, scrisse un capitolo dedicato al d'Arco. Nell'archivio della famiglia d'Arco, a Mantova, sono conservate numerose lettere e altre opere inedite: fra queste, la sua autodifesa, *Memoria sull'Intendenza politica provinciale in Mantova,* la cui prima stesura, intitolata *Frammento di memorie e considerazioni sugli strani avvenimenti dei sec. XVIII*, è apparsa a cura di Annarosa Enzi, *op. cit.*

[113] Biblioteca Comunale Teresiana, Mantova, Serie dei 30 ritratti di mantovani illustri di Leopoldo Camillo Volta.

Riuscito vincitore nel concorso bandito dall'Accademia nel 1771 rispondendo al quesito «Qual debba essere il bilancio della popolazione e del commercio tra la città e il suo territorio», nel 1773 fu iscritto come socio onorario all'Accademia dell'Istituto di Bologna, a quella dei Georgofili di Firenze e a quella d'Agricoltura di Verona; nel 1779 a quella di Bordeaux. Nel 1786, morto il conte Carlo di Colloredo, fu eletto segretario dell'Accademia Mantovana. Per quel che riguarda i suoi incarichi nella vita pubblica, ebbe dapprima la direzione dei Teatri Regi che tenne fino al 1771. Nominato nel 1767 ciambellano attuale delle loro Maestà Imperiali, nel 1772 prese servizio nel Magistrato Camerale. Eletto conservatore nella Congregazione di Patrimonio nel 1784, nel 1786 ottenne la carica d'Intendente Politico per la provincia di Mantova. Morì a Goito (Mantova) il 29 agosto 1791.

Verso le posizioni illuministiche fu spinto già dagli insegnamenti del suo precettore, Padre Baroni della Congregazione dei Ministri degli Infermi, seguace fervente del filosofo Christian Wolff;[114] ma sicuramente egli poté maturare le sue convinzioni, che lo portarono ad allontanarsi dai tradizionali studi umanistico-retorici, durante il soggiorno a Parma, dove si recò per perfezionare la sua preparazione e dove ebbe la possibilità di frequentare Etienne Bonnot de Condillac.[115] Soltanto a questo, tuttavia, si limitò il suo contatto diretto con l'Europa dei lumi: ostacolato anche da una salute malferma, non lasciò più in seguito Mantova, tranne che per recarsi di tanto in tanto a Verona, dove risiedeva la famiglia della moglie, e dove strinse amicizia con Girolamo Pompei,[116] il noto traduttore di Plutarco, oltre che con Giuseppe Torelli,[117] un letterato aperto alle correnti pre-romantiche della cultura inglese. Un legame importante fu probabilmente quello con il ribelle corso Pasquale De Paoli,[118] che conobbe durante il suo passaggio da

---

[114] Christian Wolff (Breslavia 1679-Halle sul Saale, Sassonia 1754) è stato un filosofo e giurista tedesco. Wolff fu il più eminente filosofo tedesco nel periodo tra Leibniz e Kant. La sua opera riguarda praticamente ogni aspetto della dottrina filosofica del suo tempo, esposta e spiegata con il suo metodo matematico dimostrativo-deduttivo che probabilmente rappresenta il picco della razionalità illuministica in Germania. Fu padre fondatore, tra l'altro, dell'economia e della pubblica amministrazione come discipline accademiche.

[115] Etienne Bonnot de Condillac (Grenoble 1715-Beaugency 1780) è stato un filosofo, enciclopedista ed economista francese. Contemporaneo di Adam Smith e d'ispirazione liberale, è stato un esponente di spicco del sensismo, ma viene anche ricordato per i suoi contributi alla psicologia e alla gnoseologia.

[116] Girolamo Pompei (Verona 1731-1788) è stato un poeta, drammaturgo e traduttore italiano. Autore di rime, tragedie e dissertazioni di carattere morale e letterario. Fu attivo nella diffusione di opere antiche e tradusse le *Vite parallele* di Plutarco e le *Epistole* di Ovidio.

[117] Giuseppe Torelli (Verona 1721-1781) fu un letterato e matematico. Continuò la tradizione degli studi danteschi a Verona, prendendo parte attiva al gruppo di studiosi che lavorò intorno ad una più corretta edizione della Divina Commedia e delle opere minori di Dante Alighieri.

[118] Filippo Antonio Pasquale De Paoli (Stretta di Morosaglia, Corsica 1725-Londra 1807) è stato un politico, militare e generale della Corsica, considerato da esponenti del nazionalismo locale come il Padre della Patria. Nel 1755, dichiarata l'indipendenza della Corsica, si dedicò a riorganizzare il governo introducendo varie riforme e promuovendo la nascita dell'università. Nel 1769, sconfitto dalle forze francesi, si rifugiò in Gran Bretagna. Nel 1789 si recò a Parigi con il permesso dell'Assemblea Costituente e fu rimandato in Corsica con il grado di generale. Disgustato dagli eccessi della Rivoluzione francese e accusato di tradimento dalla Convenzione, convocò un'assemblea a Corte nel 1793, con lui

Mantova (luglio 1769) e col quale rimase a lungo in cordiali rapporti epistolari. Non che condividesse i sentimenti di quei suoi contemporanei che nella lotta della Corsica per l'indipendenza scorgevano l'urto fra due 'civiltà', un contrasto fra poveri e ricchi, fra puri e corrotti: Gherardo d'Arco, lettore attento e appassionato del Montesquieu,[119] fu sempre convinto delle possibilità di riforma della società, ma non nutrì mai sentimenti e ideali rivoluzionari. Ma dal Paoli, appunto, poté avere, attraverso le lettere che ricevette nei primi anni del suo esilio a Londra, notizie dirette e originali su quella società inglese che tanto suggestionò tutto il pensiero illuministico; la sua anglofilia, espressa in diverse pagine delle sue opere, non fu tanto un atteggiamento alla moda, ma una meditata convinzione che lo congiungeva a una precisa tendenza 'moderata' dell'illuminismo europeo.

Fu autore di numerose opere[120] che ebbero notevole risonanza sia in Mantova sia in Italia. Le sue opere a stampa furono raccolte in tre volumi pubblicati a Cremona, nel 1788, presso Lorenzo Manini regio stampatore. Un'ampia scelta dei suoi più importanti scritti di economia si trova nei volumi XXX e XXXI (Milano, 1804) della collana *Scrittori classici italiani di economia politica* diretta dal barone Pietro Custodi.[121]

4.1.2 Opere

- *Del fondamento del diritto di punire*, Cremona, Lorenzo Manini, regio stampatore 1775.
- *Dell'annona*, Cremona, Lorenzo Manini, regio stampatore 1780.
- *Risposta al quesito stato proposto dalla R. Accademia di Mantova se in uno Stato di terreno fertile favorir debbasi maggiormente l'estrazione delle*

---

stesso come presidente e si separò formalmente dalla Francia. Quindi offrì la sovranità dell'isola al governo britannico ma, non ricevendo sostegno da questo, fu costretto ad andare nuovamente in esilio e la Corsica divenne un dipartimento francese. Nel 1796 si ritirò a Londra dove morì undici anni più tardi.

[119] Charles-Louis de Secondat, barone de La Brède e di Montesquieu, meglio noto unicamente come Montesquieu (La Brède 1689-Parigi 1755) è stato un filosofo, giurista, storico e pensatore politico francese. È considerato il fondatore della teoria politica della separazione dei poteri.

[120] Tra le principali opere a stampa si possono citare: *Del fondamento del diritto di punire*, Cremona, per Lorenzo Manini regio stampatore 1775; *Dell'annona*, Cremona, per Lorenzo Manini regio stampatore 1780; *Risposta al quesito stato proposto dalla R. Accademia di Mantova se in uno Stato di terreno fertile favorir debbasi maggiormente l'estrazione delle materie prime, ovvero quella delle manifatture*, Firenze, nella Stamperia Vanni e Tofani 1780; *Dell'armonia politico-economica fra la città ed il suo territorio*, Cremona, per Lorenzo Manini regio stampatore 1782; *Dell'influenza del commercio sopra i talenti e sui costumi*, Cremona, per Lorenzo Manini regio stampatore 1782; *Dell'influenza del Ghetto nello Stato*, Venezia, dalle stampe di Gaspare Storti 1782; *Della forza comica*, Mantova, appresso Giuseppe Braglia 1782; *Elogio di Carlo Conte di Firmian*, Mantova, per l'erede di Alberto Pazzoni Regio Ducale Stampatore 1783; *Del diritto ai transiti*, Mantova, nella stamperia di Giuseppe Braglia 1784; *Della Patria Primitiva delle arti e del disegno*, Cremona, per Lorenzo Manini regio stampatore 1785; *De' fondamenti e limiti della paterna autorità nello stato di natura* (s.d.).

[121] Notizie biografiche su Gherardo d'Arco stanno in F. BARALDI, *Sull'origine dei terremoti in una dissertazione settecentesca del mantovano Giovanni Battista Gherardo d'Arco*, «Atti Società Naturalisti e Matematici di Modena», vol. 146, 2015.

materie prime, ovvero quella delle manifatture, Firenze, Stamperia Vanni & Tofani 1780.
- *Dell'armonia politico-economica fra la città ed il suo territorio*. Lorenzo Manini, regio stampatore, Cremona, 1782.
- *Dell'influenza del commercio sopra i talenti e sui costumi*, Cremona, Lorenzo Manini, regio stampatore 1782.
- *Dell'influenza del Ghetto nello Stato*, Venezia, dalle stampe di Gaspare Storti 1782.
- *Della forza comica*, Mantova, appresso Giuseppe Braglia 1782.
- *Elogio di Carlo Conte di Firmian*, Mantova, per l'erede di Alberto Pazzoni Regio Ducale Stampatore 1783.
- *Del diritto ai transiti*, Mantova, nella stamperia di Giuseppe Braglia 1784.
- *Della Patria Primitiva delle arti e del disegno*, Cremona, Lorenzo Manini, regio stampatore 1785.
- *De' fondamenti e limiti della paterna autorità nello stato di natura*. S.d.

4.1.3 La dissertazione

Nel suo manoscritto d'Arco fa esplicito riferimento a un terremoto da poco avvenuto e risentito in Mantova: essendo la dissertazione stata letta il 29 aprile 1780, dal Database Macrosismico Italiano 2011 si evince che il 6 febbraio 1780 avvenne nell'area bolognese, alle ore 04:00, una forte scossa di terremoto, con intensità macrosismica epicentrale Io pari a 6 e magnitudo momento Mw pari a 5,13 ± 0,57; è probabilmente questo il terremoto cui fa riferimento. Poco tempo prima in città si erano comunque risentite altre due scosse: il 14 luglio 1779 e il 23 novembre 1779. Nello stesso periodo anche sulla Gazzetta di Mantova furono segnalati e commentati i terremoti.[122] Viva doveva essere la preoccupazione in città, anche per le notizie di crolli e forti danni che provenivano da Bologna e dalle zone vicine: pure da qui venne probabilmente lo stimolo ad una pubblica dissertazione sull'origine dei terremoti.

Quella di Gherardo d'Arco è una dissertazione molto dotta, che rivela un'accurata conoscenza delle teorie e delle ipotesi relative ai terremoti, in quel tempo offerte alla pubblica discussione grazie ad una pubblicistica assai ampia. Il concetto innovativo che d'Arco propone rispetto alle ipotesi fino ad allora formulate, è quello della 'discontinuità': essendo nel sottosuolo i filoni metallici non contigui tra loro, si interrompe il flusso dei vapori elettrici che pertanto si accumulano alle loro estremità; l'eccesso di vapor metallico accumulato deve in qualche modo scaricarsi per ristabilire l'equilibrio previsto dalla natura e da qui si scatena il terremoto.

Naturalmente l'origine dei sismi è oggi spiegata in modo diverso; ma ancora la discontinuità, intesa però tra masse rocciose in movimento

[122] «Gazzetta di Mantova» n. 25, 18 giugno 1779; n. 28, 3 dicembre 1779; n. 6, 11 febbraio 1780; n. 19, 19 maggio 1780.

reciproco lungo piani di faglia, costituisce una zona preferenziale di accumulo di energia che liberandosi provoca i terremoti.

4.2 VANNUCCI GIUSEPPE, *Delle cagioni del Tremuoto. Riflessioni ed Annotazioni alla memoria del P. Bartolomeo Gandolfi pubblicata su questo argomento*, Archivio Storico dell'Accademia Nazionale Virgiliana di Mantova, Dissertazioni Accademiche, Storia Naturale, busta 60/26, dissertazione presentata per ottenere l'accademicato; data: 1789.

4.2.1 Note biografiche

Scarse notizie biografiche di Giuseppe Vannucci sono riportate in un testo di Carlo Tonini edito nel 1884.[123] Nato a Rimini nel 1750, da Tommaso, studiò Filosofia e Teologia, la prima presso i Gesuiti e la seconda presso i Domenicani di San Cataldo, dai quali gli venne conferita nel 1773 la laurea dottorale. Resasi vacante la Parrocchia di San Martino di Caceres, il Vannucci fu incaricato di reggerla. Insegnò filosofia nel Seminario di Rimini fino agli ultimi anni di vita; nell'età napoleonica insegnò Geometria e Fisica nella II classe di Filosofia del Liceo di Rimini: fu considerato un ottimo insegnante e si fece conoscere anche per le Tesi, che, secondo il costume, faceva esporre pubblicamente ai suoi studenti.
Presso l'Accademia mantovana sono conservate due sue dissertazioni: *Delle cagioni del Tremuoto. Riflessioni ed Annotazioni alla memoria del P. Bartolomeo Gandolfi pubblicata su questo argomento*[124] di cui si darà conto in seguito, nonché *De machinis aereostaticis, seu de globis volantibus*;[125] quest'ultima gli valse probabilmente l'accademicato, anche se la valutazione del Censore della Classe di Fisica, Niccola Bartoccini, in data 7 febbraio 1791[126] non fu del tutto positiva:

> La Dissertazione Latina sulla Storia e la scoperta dei Globi aerostatici, sulla possibile loro direzione, sulla utilità, e sulle regole di ben costruirli, è erudita, giusta, e lodevole; ma non contiene in sé nulla di nuovo, e niente di più c'insegna di quello che già sapevamo su questo argomento.

Fu socio, dal 1791 fino alla morte, della Regia Accademia di Scienze, Lettere e Belle Arti di Mantova,[127] presso la quale si conservano tre

---

[123] C. TONINI, *La coltura letteraria e scientifica in Rimini dal Secolo XIV ai primordi del XIX*, vol. II, Rimini, Tipografia Danesi già Albertini 1884.
[124] ANV, As, Serie delle Dissertazioni spedite per ottenere l'accademicato, 1789, Matematica, busta 60/26, mm 275 x 200, cc. 61.
[125] Ivi, Serie delle Dissertazioni spedite per ottenere l'accademicato, 1791, Matematica, busta 60/25, mm 272 x 195, cc. 31 (4 bianche) con disegni dimostrativi. In allegato complessive cc. 10.
[126] *Idib.*
[127] ANV, As, busta 5.

lettere da lui indirizzate al Segretario Perpetuo Matteo Borsa.[128] Nella lettera del 18 ottobre 1790 accenna a una terza dissertazione avente come argomento il *Vapor espansile animale*, ma di essa non si è trovata traccia; in questa stessa lettera Vannucci fa inoltre riferimento a una sua possibile nomina a socio accademico, ventilatagli dal Segretario Matteo Borsa che viene anticipatamente ringraziato. Nella lettera del 5 aprile 1791, Vannucci ringrazia per l'onore concessogli di essere stato nominato socio dell'Accademia mantovana:

> L'essere io stato ascritto al ruolo di codesta Reale Accademia non già per mio merito, ma per l'unico potente influsso della sua gentilezza, può bensì rendermi estatico, e mutolo, non però sconoscente. Mi si dia pertanto il destro di poterle contestare quella gratitudine, che mi rende oltremodo sensibile a' suoi favori. Altissimo si è l'onore partecipatomi, ma a Lei solo dovuto, perché da Lei solo procuratomi.

Vari colpi di apoplessia precedettero la sua morte, avvenuta il 30 luglio 1819; fu sepolto a Rimini nella Chiesa del Suffragio.

4.2.2 Opere

- *Discorso istorico-filosofico sopra il tremuoto che nella notte del di 24 venendo il 25 dicembre dell'anno 1786, dopo le ore 9, d'Italia scosse orribilmente la Citta di Rimini, e varj Paesi vicini*, Cesena, pubblicato per Gregorio Biasini all'Insegna di Pallade 1787.

4.2.3 La dissertazione

La dissertazione di Vannucci nasce come risposta alle polemiche suscitate dalla pubblicazione della sua opera *Discorso istorico-filosofico [...]*, soprattutto da parte del clero conservatore, nonché di quelle, certo più garbate, dello studioso Bartolomeo Gandolfi.

Vannucci, che pur essendo un religioso sosteneva invece un'origine naturale dei terremoti rifacendosi ai precetti scientifici propri dell'Illuminismo, fu duramente attaccato, accusato di essere poco devoto e ossequiente ai principi religiosi, tanto che nella terza edizione del suo *Discorso Istorico-Filosofico…* uscì allo scoperto e replicò alle accuse nel seguente modo:

> Chi il crederebbe? È una irreligiosità spiegare fisicamente il tremuoto, essendo uno speciale castigo di Dio. Confesso che quanto compiango l'ignoranza di chi parla così, altrettanto quasi mi manca la pazienza di rispondere. Potrei rimettere questo genere d'avversarj alla citata Descrizione del nostro chiarissimo Monsignor

[128] Ivi, Serie Lettere di Accademici Illustri, busta 12. Le lettere di Vannucci, tutte da Rimini, portano le seguenti date: 10 ottobre 1789, 18 ottobre 1790, 5 aprile 1791.

Bianchi, ed imparerebbero essi forse a tacere; le mie circostanze però vogliono ch'io mi ci fermi un qualche poco. Per conoscere l'onnipotenza di Dio non si dee divenir visionario, né vederlo immediatamente operante in tutte le cose, quasicchè non si possa quella vedere anche col cercar d'intendere l'ordine della natura, la varietà e la grandezza delle sue mirabili traccie, ed il concorso delle molteplici cagioni costituenti un tutto armonioso metodico stabile, e manifestanti quindi maggiormente l'infinita sapienza d'un Dio creatore, e conservatore dell'Universo.

L'opera di Vannucci ebbe comunque una larga diffusione in Italia: sunti del suo lavoro furono pubblicati ad esempio su *Antologia Romana*, Tomo XIII, Numero XXXVIII nel marzo 1787, stampata a Roma; sulle *Effemeridi Letterarie di Roma*, Tomo XVIII, Numero IX nel marzo 1788. Famosa è rimasta l'immagine delle torri proposte a difesa dei terremoti lungo la spiaggia di Rimini (fig. 8).

Fig. 8 - Le torri 'para-terremoto' proposte dal Vannucci.[129]

Ma oltre alle critiche nella sfera religiosa, gli studiosi che si opponevano alla teoria del cosi detto fluido elettrico non mancarono di far sentire la loro voce; in particolare il Padre scolopio Bartolomeo Gandolfi, secondo il quale: «Tali sono le due opinioni ora trionfanti, ed in favor delle quali sembrano ora i fisici unicamente divisi, cioè quella che ripete il tremuoto dallo squilibramento dell'elettricità terrestre ed atmosferica, e l'altra, che dall'accensione delle sotterranee piriti piuttosto vuol derivarlo».[130]

Gandolfi, seguace della teoria dei fuochi sotterranei, si rifaceva all'esperienza di Nicolas Lemery (Rouen 1645-Parigi 1715), detta «del vulcano artificiale», che però non era sempre riuscita sia allo stesso sperimentatore che ad altri che avevano tentato di ripeterla:

---

[129] http://www.chiamamicitta.it/terremoto-del-1786-fra-ricostruzione-nuova-scienza/.
[130] Effemeridi Letterarie di Roma, Numero XLI, 13 ottobre 1787, Roma.

notissima esperienza del Lemery, il quale sotterrando una mistura di limatura di ferro e di solfo polverizzato, che sono appunto i due costanti componenti delle piriti, ed affondendovi la necessaria dose di acqua per produrre l'effervescenza, generò un piccolo tremuoto artificiale similissimo al naturale...crede adunque che tanto i tremuoti quanto le vulcaniche esplosioni abbiano per principal cagione la sterminata forza de' vapori elastici aeriformi, in cui riduconsi l'acque sotterranee per opera di sotterranei fuochi...Questi sotterranei fuochi adunque alimentati dalle sostanze oleose animali e vegetali, e dalle materie bituminose, ammesse sotterra da tutti in naturalisti, investiran le acque vicine, e le ridurranno in vapori elastici aeriformi, la forza sterminata de' quali, comprova abbastanza delle esperienze di Musschenbroek, di Hauksbee, e dai prodigiosi effetti della pignatta e della tromba Papiniana, sarà più che sufficiente a spiegare i terribili effetti delle terrestri concussioni.[131]

Gandolfi contestava quindi vivacemente la teoria che faceva discendere i terremoti da uno squilibrio di elettricità, affermando che le scariche elettriche si trasmettono lungo le vie più brevi, che le scosse sono multiple mentre, dopo la prima, la scarica elettrica dovrebbe aver esaurita la possibilità di produrre successive scosse, ecc.

Per rispondere alle critiche di Gandolfi fece pertanto avere al Segretario Perpetuo della Regia Accademia di Scienze Lettere ad Arti di Mantova, Matteo Borsa, una lunga dissertazione dal titolo *Delle cagioni del Tremuoto. Riflessioni ed Annotazioni alla memoria del P. Bartolomeo Gandolfi pubblicata su questo argomento*, nella quale ribatteva punto per punto alle critiche e alle tesi gandolfiane; lo dichiara lui stesso nella parte iniziale della sua dissertazione:

Tra le fatiche più segnalate sì pel corredo della fisica erudizione che per la filosofica temperanza nel proporre le difficoltà ed opinioni si può annoverar quella dello stesso Padre Gandolfi Lettore nel Collegio Nazareno pubblicata in Roma nel 1787. A tal produzione diè stimolo, non v'ha dubbio, il [mio] Discorso Istorico-Filosofico sul tremuoto di Rimini, il quale viene urtato di fianco; e siccome io sono al fatto non meno del Discorso che del tremuoto riminese, così ho creduto di servire in qualche modo alla Scienza, se, riducendo ad analisi l'Opera gandolfiana, io vi spargessi quelle riflessioni, che potessero dilucidar maggiormente una sì oscura materia, confinando nel regno delle Ipotesi tutto ciò che sembrasse sfornito di prove e men conforme alla ragione. Ed ecco l'origine di queste Note, le quali, come dirette non a moltiplicare il numero delle inutili riflessioni, ma unicamente a promuovere la verità, non vorranno, io mi lusingo, dispiacere al dotto Professore romano. Per ciò che spetta alla Parte elettrica, uopo è che io dichiari che mostrandosi l'Autore inclinato anzi che no alla ipotesi de' due opposti sistemi, io non prendo verun partito quanto persuaso dell'incerta sorte di codeste celebri teorie, altrettanto sicuro dell'innegabile intervento della potenza elettrica ne' tremuoti.

Le sue osservazioni lo portarono quindi a concludere che:

---

[131] *Ibid.*

1°. Che non vi ha neppure una prova diretta con cui escludere dalle cagioni del tremuoto la elettricità.
2°. Che anzi ci sono degli argomenti d'ogni maniera diretti ed indiretti, che dimostrano il concorso di questa potenza nella produzione del fenomeno.
3°. Che si dee fare la distinzione di due specie di tremuoti ben diversi fra di loro, gli uni vulcanici e figli delle cause produttrici de' Vulcani, gli altri insigni per effetti massimi e straordinari, che alla sola potenza elettrica si possono riportare.
4°. Che né le piriti né i fluidi aeriformi svolti sotterra non possono ammettersi nel senso, in cui vorrebbe la ipotesi, né sono cause capaci a produrre i grandi fenomeni de' tremuoti.
5°. Che non sono né provate né ammissibili in verun conto le pretese caverne, baratri, e ricettacoli sotterranei, quali fa d'uopo supporre nella ipotesi pneumatica.
6°. Che l'Autore [Bartolomeo Gandolfi] non ha soddisfatto al rigore e alla precisione delle dottrine chimiche su questo articolo, e che la vitriolizzazione è in tutto rigore un processo flogistico di Priestley, ossia una combustione ecc.
7°. Che la teoria di Nollet, di Dolomieu, dell'Autore è finora del tutto gratuita, e che si può ammettere soltanto al più nello spiegare i tremuoti vulcanici.
8°. Finalmente che la teoria delle deflagrazioni vulcaniche è connessa con quella della scomposizione dell'acqua, e che il principale pascolo de' Vulcani vien loro somministrato dalle acque del mare.

5. La struttura delle montagne

La necessità di indagare a fondo la struttura della Terra e i fenomeni geologici, spinse nel corso del XVIII secolo molti naturalisti a esplorare le montagne e i rilievi naturali, al fine di descriverne la composizione litologica, la presenza di minerali e metalli, i fenomeni di erosione dovuti alle acque e agli agenti atmosferici, le sorgenti, le fratture delle rocce, le frane, i fossili, ecc.

Fu grazie a questa attività di rilevamento e descrizione che, accertando sempre più che la superficie della Terra non è uniforme ma bensì variabile da luogo a luogo a seconda dell'interazione dinamica tra i fattori geografici, fisici, chimici e antropici, vennero poste le basi per definire il paesaggio come la manifestazione locale di questo processo dinamico e sviluppare la geomorfologia come disciplina che si occupa delle svariate forme della superficie terrestre.

La descrizione dei monti metteva in evidenza, là ove esistevano, i reperti fossili, ma su questo argomento non sono presenti presso l'accademia mantovana dissertazioni specifiche, anche se in alcune di esse si fa riferimento a tali temi. Il fatto può risultare curioso se si rammenta che

Serafino Volta, accademico mantovano, autore di dissertazioni che qui si commentano, fu un grande studioso dei pesci fossili di Bolca, sui quali pubblicò la sua monumentale opera, *Ittiolitologia veronese [...]*, più sopra citata.

Su questi temi sono presenti due dissertazioni.

5.1 GALIZI DEODATO, *Osservazioni sulle caverne naturali dei Monti dell'Istria*, Archivio Storico dell'Accademia Nazionale Virgiliana di Mantova, Dissertazioni Accademiche, Storia Naturale, busta 44/13, dissertazione letta il 30 dicembre 1781.

5.1.1 Note biografiche

Brevi notizie sulla vita di Deodato Galizi sono reperibili presso l'Archivio Storico della Curia Generalizia dei Padri Scolopi di Roma. Nato a Boves (Cuneo) il 18 gennaio 1747, vestì l'abito degli Scolopi (o Piaristi) a Roma il 8 novembre 1764 (Chierico Regolare delle Scuole Pie), all'età di diciassette anni; insegnò nelle Scuole Pie di varie città italiane, quali Narni, Città della Pieve e Capodistria, nelle quali fu apprezzato insegnante di Filosofia e Matematica. Mentre risiedeva a Capodistria, scoprì una miniera di allume e per questo ebbe una pensione annua dal governo. A causa di difficoltà insorte nella sua famiglia, probabilmente dovute alla malattia di un genitore, con rescritto papale fu autorizzato a tornare a Boves ma, quando già si preparava a rientrare nell'Ordine, morì nella città natale il 18 luglio 1792 a causa di un ictus apoplettico.[132]
Altre notizie sulla vita di Galizi sono riportate da Carlo d'Arco:[133]

> Galizzi Adeodato, di famiglia Mantovana[134] [...] vestito l'abito religioso, si ascrisse alla Società intitolata della Scuola Pia; fu poi uomo dotto e studioso onde meritò di essere aggregato alla Reale Accademia in sua Patria. Pubblicò: *Saggio di una nuova spiegazione su flusso e riflusso del mare*. In Venezia, 1781. Rimasero poi inedite cinque memorie, che egli aveva lette nella nostra Accademia; la prima al 30 dicembre del 1779 intorno alle aurore boreali; la seconda e terza al 30 dicembre 1781, sulla manifattura dell'olio e riflessioni sulle caverne dell'Istria; e la quinta al 6 dicembre 1783 intorno alla causa ed all'origine dei venti.

---

132 A. HORÁNYI, *Scriptores Piarum Scholarum liberaliumque artium magistri quorum ingenii monumenta*, Pars II, Budae, Typis Regiae Universitatis Hungaricae 1809; Diccionario Enciclopedico Escolapio, *Biografías de Escolapios*, vol. II, Salamanca, Ediciones Calasancias 1983.

133 C. D'ARCO, *Notizie delle Accademie, dei Giornali e delle Tipografie che furono in Mantova e di mille scrittori Mantovani vissuti dal secolo XIV fino al presente (esclusi i viventi)*, Archivio di Stato di Mantova (da ora in poi ASMn), Documenti Patrii d'Arco, n. 224-227, vol. IV, p. 20.

134 Questa affermazione non è confermabile, considerato che il Galizi nacque a Boves, in provincia di Cuneo.

D'Arco non cita il titolo della quarta memoria, ma probabilmente si riferisce al manoscritto relativo alla struttura geologica e mineralogica di Sovignacco.

Sappiamo, perché riportato sul frontespizio di una sua pubblicazione a stampa, che fu lettore di Filosofia e di Matematica nel Collegio dei Nobili[135] delle Scuole Pie di Capodistria, rette dai Padri Scolopi, nonché socio della Reale Accademia di Scienze e Belle Lettere di Mantova.

Presso l'Accademia Nazionale Virgiliana di Scienze, Lettere e Arti, di Mantova, sono conservati due manoscritti di Deodato Galizi[136] di carattere naturalistico geologico:
a) *Osservazioni sulle caverne naturali dei Monti dell'Istria*;[137]
b) *Struttura geologica e mineralogica del territorio di Sovignaco*.[138]
Presso la stessa Accademia mantovana, sono inoltre presenti altri manoscritti dello stesso autore: *Dissertazione sopra l'Aurora Boreale spiegata secondo il sistema di Beniamino Franklin*;[139] *Nuova scoperta circa la manifattura dell'olio*;[140] *Sulla meteora del vento per rintracciarne l'origine e la causa*.[141] Sono infine conservate alcune lettere, in parte nella sezione Lettere Accademici Illustri[142] e in parte nella sezione Musei.[143]

Presso la Biblioteca Teresiana di Mantova sono conservati: *Saggio di una nuova spiegazione su flusso e riflusso del mare*, pubblicato in «Nuova

---

[135] Il Collegio dei Nobili fu fondato nel 1612 dal Corpo de' Nobili, organo del Consiglio Comunale di Capodistria. L'istruzione fu affidata ai padri Somaschi e, verso il 1700, ai padri delle Scuole Pie, gli Scolopi. La caduta della Serenissima e l'instaurazione del governo austriaco non apportarono grosse novità. Con l'avvento della nuova amministrazione francese del 1806 l'antico Collegio venne trasformato in Liceo. In base alle riforme del sistema amministrativo pubblico, che investirono anche il settore dell'istruzione, l'insegnamento venne esteso a professori laici. Il successivo governo austriaco convertì il vecchio Collegio in Ginnasio, in conformità con la legge sull'istruzione austriaca, con il titolo di Imperial Regio Ginnasio Giustinopolitano. Oggi, occupando lo stesso edificio, porta il nome di Gian Rinaldo Carli.

[136] L. GRASSI-G. RODELLA, *op. cit.* Nel Catalogo compare pure Calizzi Deodato, quale autore delle due dissertazioni che qui si commentano; sulle opere a stampa e su lettere di suo pugno è riportato il cognome Galizi, che si assume quindi come cognome corretto.

[137] ANV, As, Parte II, Dissertazioni Accademiche, Storia Naturale, busta 44/13. Il manoscritto fa parte delle Dissertazioni Mensuali e fu letto in data 30 dicembre 1781; consta di 8 cartelle. Della sua pubblica lettura fu data notizia sul giornale locale, la «Gazzetta di Mantova» n. 1 del 4 gennaio 1782.

[138] Ivi, il manoscritto, sotto forma di lettera indirizzata al Segretario dell'Accademia mantovana (allora Reale Accademia di Scienze e Belle Lettere) Girolamo Carli, è in data 15 gennaio 1783 e consta di 4 cartelle più un disegno.

[139] Ivi, busta 60/31. Fa parte delle Dissertazioni mensuali; il testo fu letto il 30 dicembre 1779 e consta di 18 cartelle.

[140] Ivi, busta 44/13. Il manoscritto è in data 1782 e consta di 3 cartelle.

[141] Ivi, Parte II, Dissertazioni Accademiche, Storia Naturale, Matematica, busta 60/17. Fa parte delle Dissertazioni mensuali; il testo fu letto il 6 dicembre 1783 e consta di 27 cartelle.

[142] A.M. LORENZONI-R. NAVARRINI, *op. cit.* Serie Lettere Accademici Illustri, busta 10; sono presenti 4 lettere: Nizza, 7 gennaio 1778; Capo d'Istria, 10 gennaio 1778; Capo d'Istria, 31 luglio 1778; Cuneo, 20 ottobre 1779.

[143] ANV, As, Serie Musei, busta 24, Fascicolo 3; sono presenti 5 lettere: da Capodistria alle date 20 luglio 1779, 24 luglio 1779, 30 luglio 1779, 11 aprile 1780, 22 agosto 1780. Nelle lettere di questa Serie apprendiamo che Galizi si era preso l'impegno di fornire l'Accademia mantovana di reperti di scienze naturali, principalmente 'petrificazioni' (ovvero fossili), rocce e minerali cristallizzati raccolti direttamente in Istria o acquistati. Nella lettera in data 20 luglio 1779 chiede inoltre l'onore di essere aggregato all'Accademia.

Raccolta di Opuscoli Scientifici e Filologici», Tomo CXCV, Venezia, appresso Simone Occhi 1781;[144] *Dissertazione accademica sulla rugiada*, pubblicato in «Nuova Raccolta di Opuscoli Scientifici e Filologici», Tomo XXXIX, Venezia, appresso Simone Occhi 1784;[145] *Dissertazione sopra l'aurora boreale*, pubblicato in «Nuova Raccolta di Opuscoli Scientifici e Filologici», Tomo XXXIX, Venezia, appresso Simone Occhi 1784.[146] Nei tre lavori a stampa emerge il costante riferimento al fuoco, o vapore, elettrico, evidenziando una totale adesione alle teorie elettriche di Benjamin Franklin (1706-1790), a cui si accennerà più avanti.

Nell'ambito dell'informazione pubblica che a quei tempi si dava sulle attività degli studiosi e delle Accademie, sulla rivista *Notizie del Mondo*,[147] fu riportata la seguente notizia:

> Da Mantova, 9 Gennaro. Tenutasi nel dì 30 dello scorso la consueta mensuale Sessione della R. Accademia delle Scienze, e belle Lettere, vi furono recitate due Memorie state trasmesse dal P. D. Deodato Galizzi delle Scuole Pie, Lett. di Filosofia, e Matematica nel Nobil Collegio di Capodistria: la prima diretta in forma di Lettera al Sig. Ab. Carli Segretario perpetuo della stessa Accademia, e contenente riflessioni sulle Caverne naturali de' Monti dell'Istria; la seconda sopra una nuova utilissima scoperta circa la manifattura dell'Olio.

5.1.2 Opere

- *Saggio di una nuova spiegazione su flusso e riflusso del mare*, pubblicato in «Nuova Raccolta di Opuscoli Scientifici e Filologici», Tomo CXCV, Venezia, appresso Simone Occhi 1781.
- *Dissertazione accademica sulla rugiada*, pubblicato in «Nuova Raccolta di Opuscoli Scientifici e Filologici», Tomo XXXIX, Venezia, appresso Simone Occhi 1784.
- *Dissertazione sopra l'aurora boreale*, pubblicato in «Nuova Raccolta di Opuscoli Scientifici e Filologici», Tomo XXXIX, Venezia, appresso Simone Occhi 1784.

Presso l'Accademia mantovana sono inoltre presenti suoi manoscritti:

- *Dissertazione sopra l'Aurora Boreale spiegata secondo il sistema di Beniamino Franklin.*
- *Nuova scoperta circa la manifattura dell'olio.*
- *Sulla meteora del vento per rintracciarne l'origine e la causa.*

---

[144] Biblioteca Teresiana di Mantova, Collocazione: Arm.7.a.19.

[145] Ivi, Collocazione NN.I.2.

[146] *Ibid.*

[147] Numero 4, sabbato 12 gennaro 1782, *Notizie del Mondo* fu un bisettimanale, uscito nel 1769 e diretto da Antonio Graziosi (Venezia 1741-1818), tipografo e libraio; inizialmente è la ristampa fittizia dell'omonimo foglio fiorentino, nato l'anno prima.

5.1.3 La dissertazione

La dissertazione di Galizi deriva dai viaggi esplorativi da lui compiuti nella regione istriana: l'area geografica presa in esame è quella posta a nord est di Capodistria, approssimativamente fino a San Servolo (Socerb), zona appunto ricca di voragini e foibe (fig. 9).[148]

Fig. 9 - La grotta di San Servolo in una illustrazione del XIX secolo.[149]

Nella sua dissertazione Galizi affronta molti argomenti di natura geologica: innanzitutto descrive una situazione geomorfologica, costituita da caverne, foibe, voragini, doline, tipica dell'Istria ma a quei tempi non molto conosciuta e studiata. Cerca di valutare, se pur con qualche errore metodologico, la profondità di una delle voragini, arrivando comunque a valutazioni non troppo lontane dai valori reali. È consapevole del percorso sotterraneo che caratterizza molti corsi d'acqua istriani, fino a farli sboccare nel mar Adriatico; famoso è il caso del fiume Timavo che, dopo un percorso in superficie di circa 40 chilometri, scompare negli abissi sotterranei e prosegue per altrettanti chilometri fino alla profondità di 300 metri, per ricomparire poi in faccia al mare e finire nel golfo di Trieste. Ragiona inoltre sull'azione delle acque piovane come fonte di alimentazione delle sorgenti

---

[148] F. BARALDI, *Su due dissertazioni settecentesche di Deodato Galizi riguardanti le caverne naturali dei monti dell'Istria e la struttura geologica e mineralogica del territorio di Sovignacco in Croazia*, in stampa.
[149] M. UBERTI, *Il Castello di Socerb e la Grotta Santa di San Servolo. www.duepassinelmistero.com.*

che egli rileva sia nei fondo valle che in situazioni topograficamente elevate. È certamente un seguace, per quel che riguarda la formazione delle caverne istriane, della teoria catastrofista. Le sue ipotesi sono comunque sempre legate ad osservazioni fatte di persona sui luoghi che descrive, secondo uno spirito razionalista e concreto. Ma non può certo dimenticare che è un religioso e, in un'epoca in cui il tempo geologico profondo non è ancora stato scientificamente dimostrato, fa riferimento alla Bibbia per assegnare un tempo di formazione delle caverne corrispondente al Diluvio Universale, che per l'autorità religiosa di quel tempo corrispondeva ai calcoli eseguiti dall'arcivescovo irlandese James Ussher.

5.2 VOLTA GIOVANNI SERAFINO, *Discorso sopra la Storia Naturale di Monte Baldo di Verona e principalmente sull'origine, e sulle rivoluzioni di questo Monte*, Archivio Storico dell'Accademia Nazionale Virgiliana, Dissertazioni Accademiche, Storia Naturale, busta 44/23, dissertazione letta il 4 gennaio 1786.

Di Serafino Volta, per quanto riguarda notizie biografiche e opere a stampa, si è già detto in precedenza.

5.2.1 La dissertazione

Si tratta qui di un primo abbozzo attorno alle caratteristiche naturalistiche e geologiche del lago di Garda (fig. 10), argomento che Volta svilupperà maggiormente in seguito, fino alla redazione di uno specifico libro pubblicato nell'anno 1828.

Egli considera il Garda come un 'vallone' alimentato dai fiumi e torrenti, ne descrive le approssimate misure di lunghezza, larghezza e profondità, riconoscendo che quest'ultima non è omogenea per tutto il lago che presenta quindi un fondo 'montuoso e ineguale'; anche i vari pesci fossili qui presenti sono classificati e descritti, confutando la classificazione di alcune specie. Venendo a parlare delle sorgenti di Sirmione, cita la congerie di bolle d'aria talora fumanti, l'odore di uova putride inclinante al sulfureo, che si sente massimamente quando l'onda è tranquilla. Volta esegue un'analisi chimica sommaria di tali acque, riconoscendo in esse la presenza di vari sali minerali e di anidride carbonica. Passando poi a descrivere i monti che circondano ad oriente il lago di Garda, si sofferma ampiamente sul Monte Baldo, considerandolo un aggregato di tanti piccoli monti di diversa struttura solcati da profondissime valli, scompaginati da terremoti, e coperti di marine deposizioni; ne descrive le rocce e i marmi, nonché le miniere di ematite.

Fig. 10 - Lago di Garda.[150]

6. ACQUE SOTTERRANEE E SORGENTI TERMICHE

Il ciclo dell'acqua si svolge prevalentemente nell'atmosfera, negli oceani e sulla superficie terrestre, ma una parte fondamentale entra in contatto con il sottosuolo, dando origine alle sorgenti e alle falde acquifere; la conoscenza di queste ultime era assai poco sviluppata nel corso del XVIII secolo, a causa della difficoltà tecnica di accedere al sottosuolo con strumenti investigativi. Qualche nozione era invece conosciuta relativamente alle sorgenti, allora considerate come emersioni dell'acqua marina intrappolata nel sottosuolo e depurata dai sali che conteneva ad opera della filtrazione attraverso le rocce.

N*el corso del XVII secolo alcuni studiosi francesi avevano affrontato l'argomento, in particolare* Pierre Perrault (*De l'origine des fontaines*, 1674) e Edmé Mariotte, (*Traité du mouvement des eaux et des fluides*, pubblicato dopo la sua morte, nel 1686).

Fu Vallisneri senior a interessarsi in modo scientifico dei meccanismi che danno origine alle sorgenti,[151] riconoscendo che queste erano dovute all'infiltrazione delle acque nel sottosuolo e alla loro emersione in superficie in corrispondenza di particolari strutture geologiche, quali le valli, le conche, le discontinuità tra gli strati rocciosi, eccetera.

---

[150] S. VOLTA, *Descrizione del lago di Garda e de' suoi contorni con osservazioni di storia naturale e di belle arti*, Mantova, Tipografia Virgiliana di L. Caranenti 1828.

[151] A. VALLISNERI senior, *Lezione accademica intorno all'origine delle fontane*, Venezia, Gio. Gabriello Ertz 1715.

Sarà però necessario aspettare le opere di Henry P.G. Darcy, in particolare *Recherches expérimentales relatives au mouvement de l'eau dans les tuyaux* (1857) per avere un primo vero approccio scientifico alla conoscenza delle leggi che regolano il flusso idrico sotterraneo. Una compiuta analisi interdisciplinare dei fenomeni che regolano le acque sotterranee e le sorgenti si deve a Gilbert Castany, autore dell'opera *Hydrogéologie Principes et méthodes* (1982).

Su questo argomento sono presenti due dissertazioni.

6.1 DE LEVIS AGOSTINO, *Sopra un pozzo, in cui crescono le acque, quando si diminuiscono in Po, e si diminuiscono, quando nel Po crescono*, Archivio Storico dell'Accademia Nazionale Virgiliana di Mantova, Dissertazioni Accademiche, Idraulica, busta 45/12, dissertazione spedita per ottenere l'accademicato. Data non conosciuta, ma probabilmente 1787.

6.1.1 Note biografiche

Secondo G. Casalis[152] e G. De Gregory,[153] Giovanni Agostino De Levis nacque il 5 novembre 1740 a Crescentino in provincia di Vercelli; Padre Agostiniano, fu Priore del Convento di S. Croce in Casale Monferrato (Alessandria) e cessò di vivere nel 1805, dopo la soppressione dei conventi, fatto questo che gli causò grande dispiacere. Era fratello di Giacomo Eugenio (1737-1810), sacerdote, stimato letterato ed esperto in antiquaria. Per le sue cognizioni in fisica e storia naturale, Giovanni Agostino venne aggregato a varie accademie: fu membro della Reale Società Agraria di Torino; Socio Corrispondente, a partire dall'undici gennaio 1789, della Reale Accademia delle Scienze di Torino nella Classe di Scienze fisiche, matematiche e naturali; fu anche Socio Corrispondente dell'Accademia Italiana di Firenze[154] e della Reale Accademia di Scienze e Belle Lettere di Mantova.[155]

6.1.2 Opere

Nelle opere di Casalis e di De Gregory[156] sono presenti elenchi molto ampi degli scritti di De Levis: ne riportiamo quelli di carattere più strettamente naturalistico e geologico.

---

[152] G. CASALIS, *Dizionario geografico storico-statistico-commerciale degli Stati di S.M. il Re di Sardegna*, vol. V, Torino, presso G. Maspero Librajo, Cassone Marzorati Vercellotti Tipografi 1839.

[153] G. DE GREGORY, *Istoria della vercellese letteratura ed arti*, Parte Quarta, Torino, Tipografia Chirio e Mina 1824.

[154] G. SACCHETTI, *Memorie per la storia dell'Accademia e degli Accademici*, Atti della Accademia Italiana, Tomo I, Firenze, presso Molini, Landi e Compagno 1808.

[155] Vedasi la sua lettera da Casale (Monferrato), in data 10 luglio 1791, conservata presso l'Archivio Storico dell'Accademia Nazionale Virgiliana di Mantova, Serie Lettere Accademici Illustri, busta 9.

[156] G. CASALIS, *op. cit.*; G. DE GREGORY, *op. cit.*

- *Sur un phénomène singulier d'un puits formé près de Casal, dont les eaux sont en raison inverse de celles du Pô*, Atti dell'Accademia Reale di Torino, tomo IX, 1788. Questa presunta pubblicazione di De Levis, citata da De Gregory,[157] in effetti non esiste, come ci ha ribadito la Dott.sa Lavinia Iazzetti, responsabile della Biblioteca dell'Accademia delle Scienze di Torino. Pertanto si può supporre che la dissertazione qui commentata *Sopra un pozzo, in cui crescono le acque, quando si diminuiscono in Po, e si diminuiscono, quando nel Po crescono* sia presente unicamente come manoscritto presso l'Archivio dell'Accademia Nazionale Virgiliana di Mantova.

- *Sette lettere sulla nebbia del 1783*, Accademia delle Scienze di Torino, Adunanza del 13 marzo 1791, Ms.

- *Lettera scritta al signor conte Cordero di Castelletto sulla meteora comparsa in Casale agli 11 settembre 1784*, Accademia delle Scienze di Torino, Adunanza del 13 marzo 1791, Ms.

- *Meteora ignea a ciel sereno, terminata con piccolo scoppio*, Accademia delle Scienze di Torino, Adunanza del 13 marzo 1791, Ms.

- *Scherzo sul magnetismo*, «Opuscoli Scelti sulle Scienze e sulle Arti», Tomo XVI, Milano, presso Giuseppe Marelli 1793.

- *La pirenta di Murisengo, ossia fontana d'acqua termale in Monferrato*, stampato in Carmagnola 1793.

- *Sulla pirenta Murisenghiana, nuove osservazioni ed esperienze al conte Scozio di Cagliano e Murisengo*, Torino, presso Mairesse 1794.

- *Descrizione della grotta meteorologica di Murisengo*, Casale, presso Maffei Stampatore e Libraio 1795.

- *Lettera sopra alcuni oggetti di storia naturale del padre Gian-Agostino De Levis, membro di varie reali accademie, scritta al Gandolfi direttore delle gabelle*, Casale, pubblicata presso Maffei 1795.

Altri numerosi scritti, qui non citati, riguardano argomenti molto vari, di tipo religioso, orazioni ed elogi funebri, resoconti di viaggi a Roma e Venezia, sui commerci del vino e della seta, sulla strada Cispadana, sulla riforma degli studi.

Presso la Biblioteca Teresiana di Mantova sono conservate alcune sue opere;[158] presso l'Accademia Nazionale Virgiliana di Mantova sono reperibili, oltre alla dissertazione di cui si dirà, alcune sue lettere.[159]

---

[157] G. DE GREGORY, *op. cit.*

[158] *Descrizione della grotta meteorologica di Murisengo*, Arm. 10.b.18; *La pirenta di Murisengo*, Opuscolo, LXI.G.15; *Sulla pirenta Murisenghina: nuove osservazioni ed esperienze*, LXI.G.15.

[159] Vd. A.M. LORENZONI-R. NAVARRINI, *op. cit.*, in particolare: Lettere Accademici Illustri, busta 9, Casale, 10.07.1789; Casale, 25.07.1791.

6.1.3 La dissertazione

Il pozzo cui fa riferimento De Levis si trova non distante dalla città di Casale Monferrato, alla base di alcune colline nella imboccatura della stretta Valle denominata il Ronzone, a sud del fiume Po. La singolarità del pozzo è che quando il fiume Po è in piena, il livello statico dell'acqua nel pozzo diminuisce; accade il contrario quando il fiume è in magra. Secondo l'autore, poiché la comparazione tra i livelli dell'acqua nel fiume Po e nel pozzo non collimano, deve essere scartata l'ipotesi di una alimentazione del pozzo da parte del fiume che, oltre tutto, si trova ad una quota altimetrica inferiore; pertanto l'alimentazione del pozzo deve dipendere dall'infiltrazione delle acque piovane nei depositi permeabili dei colli circostanti; il flusso idrico sotterraneo si dirige poi verso il pozzo. Riconosciuta l'origine dell'alimentazione idrica del pozzo, coerente con le indicazioni di Vallisneri (fig. 11), deve però essere spiegata l'alternanza dei periodi di secca e di piena dello stesso; De Levis ricorre allora all'azione dell'aria, imputando alla sua forza tali variazioni: un concetto già stigmatizzato dai suoi critici torinesi. Comunque è certo, per l'autore, che le acque sotterranee provenienti dalle colline circostanti portano in soluzione sali di zolfo e di bitume che, depositandosi sul fondo del pozzo, determinano lo sgradevole odore da lui osservato.

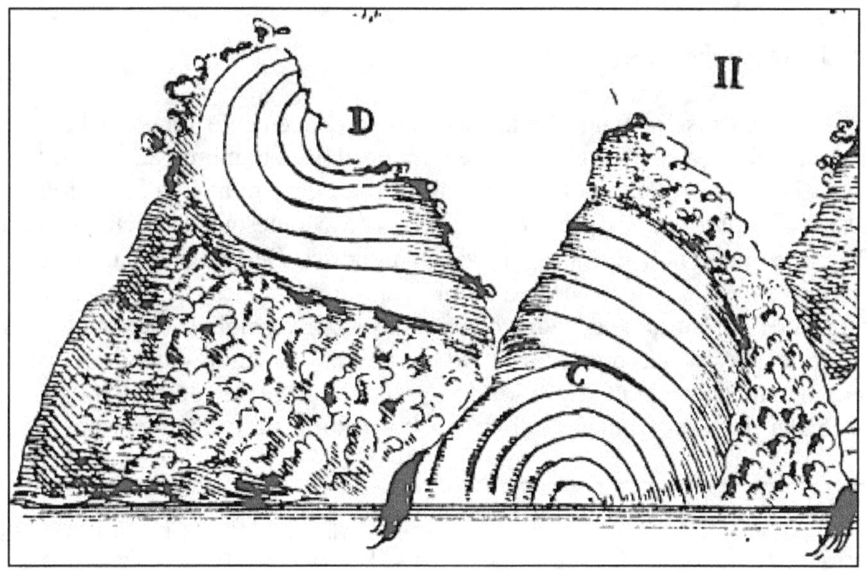

Fig.11 - L'origine delle sorgenti secondo Antonio Vallisneri senior.[160]

[160] A. VALLISNERI senior, *op. cit.*

Una dissertazione avente lo stesso titolo fu presentata all'Accademia delle Scienze di Torino nel 1787[161] e la relazione critica sulla stessa fu redatta, in data 20 gennaio 1788, da due soci dell'Accademia torinese, entrambi della Classe di Scienze fisiche, matematiche e naturali: Benedetto Costanzo Bonvicino (Centallo, provincia di Cuneo 1741-Torino, 1812), professore di Chimica farmaceutica nell'Università di Torino e Felice San Martino della Motta (Torino 1762-1818), conte e naturalista.[162] Il commento al lavoro di De Levis non fu propriamente favorevole: pur riconoscendo la ricchezza dell'erudizione, testimoniata nel testo dai numerosi rimandi ad opere di studiosi italiani ed europei, fu sottolineata la povertà di nozioni fisiche, con l'invito a proseguire le osservazioni sul fenomeno, certamente per comprenderlo meglio. De Levis deve aver preso buona nota delle osservazioni fattegli dagli accademici torinesi se, nello scritto presentato a Mantova, amplia notevolmente le argomentazioni a supporto della sua tesi ed avanza numerose ipotesi per spiegare il fenomeno osservato.

6.2 FRANÇOIS LATAPIE, *Esperienze fatte alla Grotta del Cane presso Napoli nei giorni 15, 22 e 25 gennaio 1776, dal Signor Latapie e dai signori Giuseppe e Bartolomeo Mozzi, redatta dal Signor Latapie*, Accademia Nazionale Virgiliana, Archivio Storico della Vecchia Accademia, Parte II, Dissertazioni Accademiche, busta 60/20, dissertazione spedita per ottenere l'accademicato. Data: 1776.

6.2.1 Note biografiche

François De Paule Latapie, o più semplicemente François Latapie, nacque a Bordeaux l'8 luglio 1739 e ivi morì il 30 settembre 1823;[163] di fatto passò la sua giovinezza nel Castello di La Brède, posto a circa 25 chilometri a sud di Bordeaux, di proprietà del filosofo Montesquieu di cui il padre Pietro, perito e notaio reale, curava gli interessi. Ben presto manifestò un vivo interesse per le scienze naturali, le lingue antiche e l'archeologia, ostacolato in questo dal padre che riteneva tali discipline solo motivo di svago culturale ma non idonee ad assicurare al figlio una dignitosa e remunerativa carriera. Il figlio del grande bordolese, Jean Baptiste de Secondat de Montesquieu[164] (1716-1795), naturalista e botanico, prese più

161 Accademia delle Scienze di Torino, Inventario dei manoscritti sciolti 1-2800, Collocazione: 23. Autore: Agostino De Levis. Anno: 1787. Luogo: S.L. Consistenza: 14 c. Note: Sul verso della 1 carta: Dissertazione del padre Agostino De Levis sopra un pozzo. Li 20 gennaio 1788.

162 Ivi, Inventario dei manoscritti sciolti 1-2800. *Relazione su una memoria del signor De Levis sulle acque di un pozzo esistente nelle vicinanze di Casale*. Collocazione: 2308. Anno: 1788. Mese: gennaio. Giorno: 20. Luogo: Torino. Consistenza: 2 c.

163 Per le date di nascita e morte, come per notizie sulla vita di Latapie, ho attinto a E. GINTRAC, *Eloge de François de Paule Latapie*, Académie Royale des Sciences, Belles Lettres et Arts de Bordeaux, Seance Publique du 13 Mai 1824, Bordeaux, Imprimerie de Brossier, 1824.

164 F. CADILHON, *Jean Baptiste de Secondat de Montesquieu au nom du Père*, Pessac, Presse Universitaire de Bordeaux 2008.

volte le difese del giovane François cercando di convincere il padre ad assecondarne gli interessi culturali, ma con scarso successo:

Monsieur votre père est toujours le même, je ferai toujours en gros tout ce que je pourrai pour le porter à être raisonnable mais je ne réponds de rien dans le détail.[165]

Pertanto Jean Baptiste si prese cura anche della sua educazione, evidentemente trascurata in famiglia, tanto che Latapie ebbe a scrivere che sotto il tetto paterno non ricevette alcuna educazione, se non i rudimenti della lettura (e probabilmente della scrittura). Permanendo l'ostilità del padre, Jean Baptiste incaricò François come suo segretario particolare e, in seguito, come precettore del figlio di sua sorella Marie Catherine, Charles Luis.

Latapie pensò dapprima di intraprendere gli studi di medicina ma, sconsigliato dal suo protettore, optò per la botanica; così nel 1760 lasciò Bordeaux per Parigi, dove frequentò i corsi di Jussieu[166] e nello stesso tempo divenne un seguace di Linneo.[167]

Nel 1773 fu eletto membro dell'Accademia di Bordeaux, dove nel frattempo era tornato. Nel 1777 fu nominato Ispettore Generale delle Arti e Manifatture della Guienna (corrispondente all'incirca all'attuale Aquitania); fu inoltre designato quale professore di Botanica al Giardino delle Piante della città. Si rese ben presto conto che l'insegnamento della storia naturale era assai trascurato nella sua città e decise allora di tenere pubbliche lezioni gratuite di botanica e pubblicò nel 1784 il testo di botanica *Hortus Burdigalensis*,[168] che contiene la lista di 674 specie di piante, coltivate nel giardino di Bordeaux, classificate secondo il sistema di Linneo. Nel periodo rivoluzionario i suoi incarichi vennero sospesi ed egli si trovò in gravi difficoltà economiche, superate nel 1795 quando ebbe la nomina di professore di Storia Naturale presso l'Ecole centrale della Gironda.

Nell'autunno del 1794 fu designato come studente della nuova Scuola Normale, aperta a Parigi per formare i futuri insegnanti destinati a formare i maestri di scuola; egli soggiornò probabilmente a Parigi fino alla primavera del 1795, data della fine dei corsi.

---

[165] Ivi, *Il vostro signor padre è sempre lo stesso, faccio sempre in fondo tutto il possibile per portarlo a essere ragionevole, ma non posso rispondere per i dettagli.*

[166] Bernard de Jussieu (Lione 1699-Parigi 1777), botanico e medico francese. Nel 1722 fu nominato professore di Botanica e direttore del Giardino del re a Parigi, ruolo nel quale rimase per tutta la sua vita.

[167] Carl Nilsson Linnaeus (Råshult, Älmhult, Svezia 1707-Uppsala 1778), divenuto Carl von Linné in seguito all'acquisizione di un titolo nobiliare e noto più semplicemente come Linneo, è stato un medico, botanico e naturalista svedese. Viene universalmente considerato il padre della moderna classificazione scientifica degli organismi viventi.

[168] F. LATAPIE, *Hortus burdigalensis, seu, Catalogus omnigenarum plantarum, praesertim officinalium, quae in Horto Botanico Academiae scientiarum burdigalensis, juxta Linnaeanum systema demonstrabuntur, anno 1784: plantarum synonymiam, descriptiones virtutes, systemata singulatim*, Bordeaux, M. Racle 1784.

Fu membro delle accademie di Padova, Firenze, degli Arcadi di Roma[169] e di Mantova; di quest'ultima fu membro 'estero' almeno nel periodo 1781-1814, come risulta dai *Cataloghi degli Accademici della Regia Accademia di Scienze e Belle Lettere, poi Accademia di Scienze, Belle Lettere e Arti, sì nazionali che esteri, ancora viventi, estratto dai registri.*[170] Presso l'Accademia mantovana è conservata una seconda dissertazione di Latapie, pure spedita nel 1776 per ottenere l'Accademicato, dal titolo *Description de la ville de Pompeii en fevrier 1776*; alla dissertazione è allegata una carta acquerellata fuori testo che illustra la situazione degli scavi in Pompei nel febbraio 1776.

Nel 1804 divenne presidente dell'Accademia delle Scienze di Bordeaux; fu inoltre nominato membro della Società Linneiana nel 1818, ma non potè partecipare alle riunioni a causa dell'età avanzata.

Importanti, per la sua formazione, ma anche per l'affermarsi dell'archeologia come disciplina scientifica, furono i viaggi compiuti in Italia tra gennaio 1775 e febbraio 1777, di cui lasciò testimonianza in 14 quaderni, per circa 800 pagine manoscritte, dal titolo *Ephémérides*, che coprono il periodo dal 12 ottobre 1774 al 24 febbraio 1777; una copia del XIX secolo[171] è conservata presso la Biblioteca Municipale di Bordeaux, Sezione Manoscritti, numeri 1651-1664. Inoltre, sempre presso la biblioteca bordolese, sono conservati i manoscritti *Description des fouilles de Pompei* (Fondo La Montaigne, MS n. 1696) e *Description de l'ile de Caprée* (Collection des registres de l'Académie Royale des Belles Lettres, Sciences et Arts de la ville de Bordeaux, MS n. 1699). Anche del viaggio in Inghilterra (1770) fu redatto un taccuino, copia del quale, come i precedenti, è conservato nella biblioteca di Bordeax, Sezione Manoscritti, numero 1665, composto da 47 fogli.

Il viaggio in Italia lo portò in particolare a Pompei a osservare i primi scavi, di cui lasciò testimonianza in un quaderno delle *Ephémérides* del 1776; di grande interesse sono le sue osservazioni, soprattutto relative allo stato d'incuria in cui venivano lasciate le testimonianze archeologiche:

> la causa maggiore della distruzione della parte superiore degli edifici di Pompei è la coltivazione del terreno che li ricopre. I contadini scavano delle fosse per piantare le loro vigne, distruggendo con la vanga o con la zappa tutto ciò che trovano degli edifici e che fa resistenza. Si sono inoltre serviti delle pietre sia per costruire edifici sia per separare le loro proprietà con muretti a secco.[172]

---

[169] *Biographie universelle et portative del contemporains, ou, Dictionnaire historique des hommes célèbres de toutes les nations, morts ou vivant, qui, depuis la Révolution française, ont acquis de la célébrité*, vol. 4, Paris, Au Bureau de la Biographie 1826.

[170] ANV, As, busta 5, Fascicoli 1-10.

[171] Sono copie degli originali appartenenti alla famiglia Latapie fatte eseguire, verso la fine del XIX secolo, da Raymond Céleste, Conservatore della Biblioteca Municipale di Bordeaux. Si tratta di ben 1340 fogli, di dimensioni 345 x 220 mm.

[172] A. CIARALLO, *Scienziati a Pompei tra Settecento e Ottocento*, Collana di Studi della Soprintendenza Archeologica di Pompei, Roma, L'Erma di Bretschneider 2007.

Bisogna ricordare che a quei tempi gli studiosi non potevano muoversi liberamente nelle aree archeologiche di Pompei ed Ercolano, ed era a loro proibito disegnare sul posto schizzi e rilievi degli scavi che si andavano compiendo; Latapie dichiarò infatti che i suoi schizzi degli scavi li fece a memoria.[173]

Da buon naturalista, eseguì una stratigrafia della coltre piroclastica, identificando cinque livelli a partire dal suolo dell'eruzione del Vesuvio nel 79 d.C. fino alla copertura vegetale moderna.
Latapie dedicò a Pompei una relazione, letta il 30 giugno 1776 all'Accademia di Bordeaux, dal titolo *Description des fouilles de Pompeii*, riproposta da Pierre Barrière e Amedeo Maiuri nei Rendiconti dell'Accademia Napoletana di Archeologia e Belle Arti, vol. XXVIII, Napoli 1953.

Recentemente uno studio assai esteso delle *Ephemerides* è stato compiuto da Gilles Montègre per la parte relativa a Pompei;[174] vi si riporta, tra le varie considerazioni e notizie, anche la riproduzione, tratta dal quaderno n. 8 delle *Ephemerides*, di un interessante e prezioso schizzo che documenta la posizione degli scavi di Pompei nel febbraio 1776,[175] diverso da quello allegato alla dissertazione mantovana. Recentemente G. Montègre ha intrapreso la pubblicazione completa delle *Ephemerides.*[176]

6.2.2 Opere

- *L'art de former les jardins modernes, ou L'art des jardins anglois*, Paris, Chez Charles-Antoine Jombert pere, Libraire du Roi, pour l'Artillerie & le Gènie 1771, traduzione dall'inglese dell'opera di Thomas Wately *Observations on modern gardening*, London, Printed for T. Payne and Sons 1770.
- *Hortus burdigalensis, seu, Catalogus omnigenarum plantarum, praesertim officinalium, quae in Horto Botanico Academiae scientiarum burdigalensis, juxta Linnaeanum systema demonstrabuntur, anno 1784: plantarum synonymiam, descriptiones virtutes, systemata singulatim*, M. Racle, Bordeaux 1784.

---

[173] C. GRELL, *Herculanum et Pompei dans le récits de voyageurs français du XVIII° siècle*, Collection Mémoires et documents sur Rome et l'Italie méridionale, Naples, Publications du Centre Jean Bérard 1982.

[174] G. MONTEGRE, *Science et archéologie au siècle des Lumières: Pompèi et la vision de l'antique dans les Ephémérides du naturaliste François de Paule Latapie* in *Du voyage savant aux territoires de l'Archéologie. Voyageurs, amateurs et savants à l'origine de l'archéologie moderne*, a cura di M. Royo, M. Denoyelle, E. Hindy-Champion et D. Louyot, Paris, Collection "De l'Archéologie à l'Histoire", De Boccard 2012.

[175] *Ibid.*

[176] ID., *François de Paule Latapie. Ephémeridés romaines. 24 mars-24 octobre 1775*, Paris, Classiques Garnier 2017.

6.2.3 La dissertazione

La Grotta del Cane (fig. 12) ricade nel distretto dei Campi Flegrei, presso Napoli, un sistema vulcanico molto complesso formato da un insieme di piccoli apparati vulcanici sovrapposti e/o adiacenti disposti secondo un allineamento E-O, alimentati da un vulcanismo a chimismo prevalentemente potassico.[177]

Fig. 12 - La Grotta del Cane in una stampa dell'800.[178]

La grotta è situata a ovest della città di Napoli, ai limiti dei comuni di Napoli e di Pozzuoli, lungo il sentiero denominato Via Circonvallazione dell'antico lago d'Agnano;[179] si tratta di una piccola cavità di notevole valenza storica, scientifica e archeologica, che fu probabilmente scavata durante le fasi di colonizzazione greca della conca d'Agnano, nell'intento di utilizzare il calore naturale sprigionatosi dal sottosuolo. In età romana, l'attività vulcanica della zona flegrea determinò la comparsa di una *mofeta*[180]

---

[177] ISPRA-Istituto Superiore per la Protezione e Ricerca Ambientale, Servizio Geologico d'Italia, *Carta Geologica d'Italia alla scala 1:100000. Foglio 183-184, Isola d'Ischia-Napoli*, Redazione di A.G. Segre, Firenze, Litografia Artistica Litografica 1967.

[178] *Enciclopedia Popolare Illustrata*, Milano, Editore Sonzogno 1826.

[179] Il bacino di Agnano ha ospitato fino al 1870 un lago, poi prosciugato artificialmente, comparso probabilmente attorno all'XI secolo in seguito a fenomeni legati al bradisismo e alimentato da ben 75 sorgenti termominerali con temperature sino a 75° C.

[180] Vanno sotto il nome di mofete le ultime manifestazioni gassose dell'attività postvulcanica costituite essenzialmente da anidride carbonica, qualche volta accompagnata da metano e da altri gas. Sono frequenti nei terreni vulcanici recenti e anche presso i vulcani da lungo tempo spenti. Le maccalube

interna, ossia di una tipica manifestazione vulcanica caratterizzata dall'emissione di anidride carbonica. Il gas, in relazione al proprio peso specifico più pesante dell'ossigeno, tende a ristagnare a un livello più basso nella cavità, determinandone la saturazione completa a poco più di tre metri dall'ingresso.

Nel periodo del 'Gran Tour', per mostrare ai visitatori stranieri gli effetti del mefitico gas su un organismo vivente, vigeva la barbara usanza d'introdurre un cane nella grotta, afferrarlo per le zampe posteriori e tenerlo con la testa all'ingiù e immersa nel livello di anidride carbonica, la cui concentrazione è oltre il 76%. Con la comparsa dei sintomi di asfissia del cane, la ripresa della povera bestiola avveniva mediante una immersione rituale, di per sé inutile, nelle acque del lago di Agnano che intorno al 1700 lambivano il sentiero d'accesso alla piccola grotta.

La dissertazione illustra in modo dettagliato i risultati di vari esperimenti, eseguiti nella Grotta del Cane nei giorni 15, 22 e 25 gennaio dell'anno 1776.[181] Latapie ci informa di sopralluoghi preliminari, ad esempio in data 2 gennaio; questa annotazione è importante perché rivela che lo studioso francese, assieme ai suoi accompagnatori, progettò per tempo gli esperimenti da farsi e la strumentazione da portare nella grotta, il che evidenzia da parte sua un atteggiamento scientifico, che certamente derivava dagli studi di botanica; ma la sua preparazione culturale era stata anche indirizzata verso l'archeologia e le lingue antiche, competenze che sfruttò appieno per gli studi su Pompei. Purtroppo Latapie segue la crudele moda del tempo, quella di far morire un cane dopo averlo con forza immerso nei vapori mofetici della grotta. La sperimentazione continuò con altri animali: gatti, polli, anguille e rospi non sfuggirono alla morte causata dalla respirazione di vapori saturi di anidride carbonica. L'autore stesso della dissertazione, assieme ai suoi compagni, si sottopose all'esperienza di respirare i vapori della grotta, il che costituisce una notevole testimonianza, di cui non si ha notizia di casi precedenti. Latapie cercò di individuare proprio le reazioni fisiologiche degli animali da lui utilizzati: si pose infatti il problema di rilevare quali modificazioni potessero essere determinate dall'aver respirato l'aria mofetica; la dissezione gli permise di accertare che modificazioni erano avvenute, soprattutto a carico dei polmoni e del cuore, che mostravano segni di *irritazione*. Attenta è anche l'analisi dei tempi che, a causa della respirazione di aria venefica, portarono gli animali alla morte dopo, purtroppo, varie e alterne esposizioni all'aria pulita e a quella mofetica. Gli esperimenti sugli animali costituiscono tuttavia solo una parte delle indagini che Latapie compie nella grotta; egli è molto interessato a

---

(sorgenti fangose con emissioni di metano e anidride carbonica), i vulcani di fango e le salse sono pure mofete accompagnate da fuoriuscite di acqua, fango o sali.

[181] F. BARALDI, *Su un manoscritto di François De Paule Latapie, conservato presso l'Accademia Nazionale Virgiliana di Mantova, riguardante esperimenti da lui compiuti nella Grotta del Cane presso Napoli nel gennaio 1776*, «Atti e Memorie» n.s. LXXXIV (2016), Mantova, Accademia Nazionale Virgiliana 2018.

determinare le caratteristiche fisiche e chimiche dei vapori presenti all'interno dell'antro e si dota di strumenti di misurazione delle proprietà degli stessi: un barometro di nuova concezione, due termometri, un igrometro.

7. Miniere e Metallurgia

L'approccio naturalistico alla mineralogia e alla metallurgia rispondeva all'esigenza di comprendere il regno minerale da un punto di vista essenzialmente tassonomico e descrittivo, ma lasciava d'altra parte inesplorate le questioni attinenti alla natura complessa dei composti e delle loro manipolazioni chimiche. Questo aspetto era stato affrontato dai metallieri rinascimentali e dai loro successori settecenteschi, i sovrintendenti dei distretti minerari e i chimici.

Un altro aspetto, non meno secondario, della metallurgia pratica riguardava l'elaborazione di tecniche od operazioni, come, per esempio, la raffinazione, il lavaggio, la separazione, ecc., con le quali ottenere leghe metalliche capaci di soddisfare tanto l'esigenza di raggiungere un alto grado di purezza quanto quella, legata al mondo della produzione industriale, di fornire prodotti metallici con determinate caratteristiche adeguate alla domanda del mercato. La componente teorica e quella pratico-applicativa non sono pertanto, nel caso della metallurgia, facilmente distinguibili.

All'inizio del XVIII secolo le cose cominciarono a cambiare. La Svezia fu uno dei primi paesi a riconoscere che i naturalisti accademici potevano offrire allo sviluppo dell'industria mineraria un contributo non soltanto teorico ma anche a livello istituzionale di grande importanza. Anche in alcuni Stati tedeschi, particolarmente ricchi di miniere, si fece largo la tendenza a delegare ad accademici la responsabilità dello sfruttamento di alcuni distretti. Un rapido sviluppo istituzionale, con la fondazione delle prime accademie minerarie, sollecitato da interessi economici in continua crescita, contribuì ad affermare il ruolo centrale della metallurgia nel panorama del sapere illuminista.

In Francia, dove agli inizi del XVIII secolo la metallurgia e lo sfruttamento minerario versavano in uno stato di grande arretratezza, Antoine Gabriel Jars (1732-1769), un giovane ingegnere allievo dell'Ecole des Ponts et Chaussées, partì nel 1756 per un lungo viaggio di ricognizione mineraria nell'Europa centrale che si concluse, dopo lunghe pause e un soggiorno in Inghilterra e in Scandinavia, soltanto nel 1766. In questi dieci anni Jars raccolse un'ingente quantità di materiale, confrontando le tecniche minerarie utilizzate nei diversi paesi, la qualità dei minerali estratti, il loro trasporto e commercio, quindi mettendo in relazione organica la metallurgia con la tecnologia, l'economia e il commercio. Il suo prezioso resoconto fu pubblicato postumo con il titolo di *Voyages métallurgiques* nel 1769.

In Italia un notevole avanzamento delle conoscenze minerarie e metallurgiche si deve a Giovanni Arduino, che ebbe come allievo Angelo Gualandris, entrambi già citati.

Su questi temi sono presenti due dissertazioni.

7.1 GALIZI DEODATO, *Struttura geologica e mineralogica del territorio di Sovignaco*, Archivio Storico dell'Accademia Nazionale Virgiliana di Mantova, Dissertazioni Accademiche, Storia Naturale, busta 44/13. Si tratta di una lettera informativa indirizzata al Segretario Perpetuo dell'Accademia, Girolamo Carli, è in data 15 gennaio 1783.

Di Deodato Galizi, per quanto riguarda notizie biografiche e opere scritte, si è già detto in precedenza.

7.1.1 La dissertazione

Il manoscritto illustra la 'scoperta' di una miniera di allume in territorio di Sovignacco (fig. 13), nell'Istria.

A Sovignacco già nel 1500 esisteva una miniera, denominata San Pietro, dalla quale si ricavava il vetriolo, sali di allume e pirite; ancora oggi nella boscaglia si possono notare cumuli di detriti prodotti nel tempo da tale attività; la miniera, nella quale operavano numerosi minatori tedeschi, fu abbandonata nel 1583. Al principio del 1600 il doge di Venezia concesse l'autorizzazione allo sfruttamento al veneziano Giovanni Battista Cavaino che l'usò fino alla sua morte. Era noto a Galizi che nello stesso sito, circa 180 anni prima, era stata data concessione per ricercare oro e argento, ma il progetto fallì perchè i due preziosi elementi non furono trovati. Viaggiando assieme al Tenente degli Ingegneri Pietro Turrini, evidentemente suo abituale compagno di esplorazioni, Galizi scopre questa miniera a partire dall'osservazione di una cava artificiale utilizzata dagli abitanti del luogo. Nel 1786 l'attività la miniera fu sfruttata per volontà di Pietro Turrini, che ebbe la concessione; in seguito passò alla ditta Escher di Trieste. Dopo un ulteriore utilizzo delle scorie negli anni Trenta del secolo XIX, l'attività fu abbandonata del tutto. Il minerale qui reperibile doveva essere davvero importante, sia come qualità sia come quantità: infatti nel 1791, otto anni dopo la lettera di Galizi, G. Arduino scriveva, per la magistratura alle acque di Venezia, il rapporto *Esperienze sopra la miniera vitriolico-alluminosa di Sovignacco, fatte nel mese di Maggio e terminate in Luglio*.

Infine il geologo Torquato Taramelli, studioso della regione friulana e istriana, cita ancora la miniera di Sovignacco in un suo saggio del 1837.[182]

[182] T. TARAMELLI, *Appunti sulla storia geologica dell'Istria e delle isole del Quarnero*, «Atti del Regio Istituto veneto di scienze, lettere e arti», vol. III, Serie IV, Venezia, Tipografia Grimaldo e C. 1874.

Fig. 13 - La miniera di Sovignaco.[183]

7.2 GUALANDRIS ANGELO, *Miniere del Derby*, Archivio Storico dell'Accademia Nazionale Virgiliana di Mantova, Dissertazioni Accademiche, Storia Naturale, busta 44/6, dissertazione letta il 7 maggio 1785.

7.2.1 Note biografiche

Angelo Gualandris,[184] che si dichiarava «della nazione bergamasca», intendendo con questo probabilmente la provenienza della sua famiglia, nasce a Padova il 5 luglio 1750 e muore a Mantova il 6 dicembre 1788,[185] a neppure 39 anni; sul giornale locale «Gazzetta di Mantova»[186] comparve il seguente necrologio:

Sabato, 6, del corrente, alle 10 della mattina, dietro una penosa, e violenta malattia di pochi giorni, cessò qui di vivere, compianto da tutta la Città, il Sig. Dottore Don Angelo Gualandris, R. Professore di Storia Naturale, e Botanica

---

[183] Österreichische Nationalbibliothek. Historical Images of Europe from the Austrian National Library. http://www.bildarchivaustria.at/Pages/ImageDetail.aspx?p_iBildID=12408433.

[184] N. AZZI-F. BARALDI-E. CAMERLENGHI, *Uno scienziato illuminista nella società mantovana di fine settecento*, Accademia Nazionale Virgiliana di Scienze Lettere e Arti, «Quaderni dell'Accademia, 9», Mantova 2018.

[185] Alcuni autori, tra cui anche Carlo d'Arco, indicano come data di morte l'8 dicembre 1788. Presso l'Archivio Storico del Comune di Mantova, Fondo Anagrafe Antica, Morte (copie di registri parrocchiali), 1772-1806, Parrocchia di San Barnaba, la data di morte «per infiammazione di fegato», è indicata nel 6 dicembre. Ringrazio la dottoressa Paola Somenzi per l'aiuto prestatomi nella ricerca.

[186] «Gazzetta di Mantova», n. 50, 12 dicembre 1788.

Officinale in questo R. Ginnasio, Ispettore Agrario della nostra Provincia, Socio della R. Accademia di essa Città, e di altre straniere, e Autore di varie Opere fisiche abbastanza conosciute. Ciò, che ne rende più sensibil la perdita, è l'onestà, attività, e zelo costante, ch'egli ebbe sempre pel bene dell'Accademia R., e specialmente per la Colonia Agraria, a' cui vantaggi contribuiva con progetti utili alla Provincia, e recentemente con quello di nuove irrigazioni in terre incolte, dietro il quale s'è egli stesso affaticato colle molte sperienze dirette ad assicurarlo. Anche nell'anno venturo doveva, nel Teatro Scientifico darci pel Maggio una sua Dissertazione. Si spera però, che egli occuperà in qualche modo il mese fissatogli nell'Elenco stampato prima di perderlo, perché probabilmente il suo Elogio vi terrà luogo d'una persona sì amata, e sì degna di esserla.

Un esteso *Elogio del Professor Angelo Gualandris* comparve nel volume V delle Opere di Matteo Borsa;[187] ripercorrendo il corso di studi intrapresi da Gualandris, Borsa osserva che

Perciò nel mentre che udiva i Professori di Medicina, in cui poscia a suo tempo si laureò, collocossi spontaneo in una spezieria, e tutto volle vedere, esaminare, fare da sè. Cominciò a famigliarizzarsi coll'erbe, a conoscere ogni sorta di produzioni naturali, a imparar l'arte d'interrogar la natura per mille maniere, e di sforzarla per fin col fuoco a rispondere. Vi prese in somma quella che fu poi sua passion dominante per la Chimica. Io non so se dapprima pensasse egli ad esser medico o naturalista. Ma ben comprendo che siccome il secondo acquista dignità e grazia dal primo, così questo senza dell'altro soffre certo difetto d'una parte essenziale.

Ancora, scrivendo delle sue competenze naturalistiche:

Chimico, storico, fisico, naturalista va col pensier passeggiando sulle mute orme de' secoli. Calcola e libra i monti rovesciati, i fiumi spariti, i nuovi laghi, i mari mutati; esaminagli alvei de' torrenti, misura le corrispondenze degli angoli, nota la fedeltà degli strati. Pondera il crescer sì lento delle gemme, de' marmi, e de' metalli, onde ridire le vetuste forme, determinare i corsi abbandonati, fissar l'epoche, conghietturar le metamorfosi, e raccapricciando meditar sulle tante e sì tristi reliquie d'incendj, terremoti, diluvj, che non lasciano riposar un momento la rovinosa casa dell'uomo.

E infine:

Quanto non crebbe ella mai in tanta union d'interessi la cordialità, l'amicizia, la vicendevole stima? Ne farà testimonianza ai lontani il monumento, che eretto gli ha la nostra amicizia, e il suo ritratto in gesso moltiplicato di tanto per le richieste universali...Come potrei scordar que' momenti, in cui egli quasi da fulmine atterrato lottava invan col destino, e non aveva altro sussidio che di parlarmi cogli

[187] *Opere di Matteo Borsa, Segretario perpetuo della R. Accademia di Mantova*, a cura di S. Bettinelli e L. Tonni, voll. 1-2-3, Verona, presso Bartolomeo Giuliari 1800; volumi 4-5-6, Mantova, presso Francesco Agazzi 1813-1818.

occhi, e colle mani, con che afferrava la mia e la stringeva quasi implorando, ed ahi troppo tardi e inutilmente la vita? Chi dimenticherà la commozione, la frequenza, le istanze, la compassione di tanti che d'ogni parte accorrevano? Chi le molte e tenere lagrime, che furon versate?

G. Vedova[188] nella biografia di Gualandris scrive:

dottore in medicina e chiaro naturalista, nacque a Padova nell'anno 1750. Si dedicò egli per tempo a tutt'uomo a quella parte di Storia naturale che più in particolare spetta all'agricoltura, e intorno alla medesima scrisse più cose, che vennero lodate dai dotti e dai giornali del suo tempo. Fu egli ascritto all'Accademia Agraria della sua patria, della quale società fu eziandio Vice-segretario, come pure a quella di Lunden[189] nella ancor verde età d'anni 27. Il Gualandris avrebbe accresciuto fama al suo nome, non meno che al suo paese natio, se morte non lo avesse colto nella ridente carriera del viver suo, cioè nel trentesimo ottavo anno appena compiuto. Morì il nostro naturalista in Mantova, ove per più anni esercitò la medicina. Le sue ceneri ebbero nella chiesa di S. Barnaba onorata sepoltura, e la seguente inscrizione, non che i suoi scritti, ricorderanno ai lontani, ch'egli visse stimato ed onorato dovunque, e che fu nostro.

Il periodo padovano di Gualandris è stato recentemente descritto da Virgilio Giormani,[190] dal quale apprendiamo che si iscrisse all'Università patavina nell'anno accademico 1767-1768 dichiarando di essere figlio di Lorenzo e bergamasco. Il 2 maggio 1771 si laureò in filosofia e medicina, colla dispensa dalle consuete 'argomentazioni'. All'epoca la laurea si conseguiva nel corso di quattro anni di studi, frequentando le seguenti materie:[191] istituzioni mediche, fisiologia e medicina teorica, medicina pratica, fisica generale e particolare, chimica teorica e sperimentale, astronomia, botanica, agricoltura sperimentale, matematica, geometria e analisi, logica, lingua greca. A disposizione degli studenti di medicina vi erano inoltre, con obbligo di compiervi esercitazioni, l'orto botanico o dei semplici, il museo di storia naturale, il gabinetto di fisica sperimentale, la scuola *de re agraria*, l'osservatorio astronomico, la clinica presso l'ospedale, il laboratorio di chimica.

A Padova si legò a Giovanni Arduino, in qualità di assistente nei suoi viaggi e in altre incombenze, il che gli procurò la carica di vice segretario dell'Accademia di Agricoltura, fondata dai fratelli Giovanni e Pietro Arduino. Dopo la laurea, nel 1775 aveva effettuato un viaggio in Europa per conto dei Deputati alle Miniere della Repubblica di Venezia,

---

[188] G. VEDOVA, *Biografia degli scrittori padovani*, vol. I, Padova, coi Tipi della Minerva 1832.

[189] Notizia della sua accettazione tra i soci della Società Fisiografica di Lunden (Germania) fu data sul Nuovo Giornale d'Italia spettante alla Scienza Naturale, alle Arti, ed al Commercio, n, XLI, 16 aprile 1777.

[190] V. GIORMANI, *Formazione degli speziali e cattedre botaniche nel Settecento*, «Quaderni per la Storia dell'Università di Padova», n. 35, Padova, Editrice Antenore 2002.

[191] G. GIOMO, *L'Archivio antico della Università di Padova*, Venezia, Fratelli Visentini 1893.

munito di credenziali dei Riformatori presso gli ambasciatori veneti. Era a Londra quando gli giunse la notizia della morte di Antonio Vallisneri junior (15 gennaio 1777) e subito, il 31 gennaio 1777, scrisse una lettera ai Riformatori proponendosi come sostituto.[192]

Tornato in Italia presenta ai Riformatori allo Studio una proposta concreta per l'istituzione di una cattedra di scienze naturali, strutturata in modo assai diverso e innovativo rispetto a quanto prima praticato.[193]

Aveva però come concorrente l'Abate Alberto Fortis. Questi era già un naturalista molto esperto e apprezzato, vicino al Vallisneri (che era stato suo padrino di battesimo) e sostenuto da un gruppo autorevole di altri naturalisti veneti e toscani, coi quali stava lavorando sui problemi legati al vulcanesimo; Gualandris era al contrario un giovane di poca esperienza e sostenuto dal solo Arduino, anch'egli esperto di vulcani dell'area veneta oltre che di miniere del Veneto e della Toscana: nessuno dei due ebbe la cattedra.[194] Senza scoraggiarsi, presenta ai Riformatori un progetto per una cattedra di Farmacia, pure senza risultato. Nel 1783 orienta le sue aspirazioni verso Venezia, presentando un memoriale per l'istituzione della cattedra di Farmacia Chimica, ossia la parte di farmacia che riguarda «gli estratti, le tinture, l'acque distillate, gli oli essenziali, gli spiriti rettori, i Sali artificiali e le varie preparazioni di metalli e semimetalli»;[195] su questo memoriale sono interpellati i Provveditori e Sopra-Provveditori alla Sanità che, il 27 agosto 1783, rispondono alla commissione del Senato in tono altamente favorevole al Gualandris;[196] ma anche in questo caso la proposta non ebbe realizzazione.

Ancora propone una cattedra di Farmacia per gli studenti di Medicina, richiesta pure questa senza esito; sarà necessario aspettare un atto deliberatorio del governo francese il 26 annebbiatore anno VI (16 novembre 1797) per vedere istituito a Padova quanto Gualandris aveva proposto per la formazione degli speziali veneziani.[197] A questo punto abbandona il campo e passa alle dipendenze dell'Imperatore: il 7 novembre 1783 Giuseppe

---

[192] Archivio di Stato di Venezia (da ora in poi ASVe), Riformatori dello Studio, busta 444.

[193] *Ibid.*

[194] Per una ricostruzione della vicenda si veda L. CIANCIO, *Autopsie della Terra. Illuminismo e geologia in Alberto Fortis (1741-1803)*, Firenze, Leo S. Olschki 1995. Secondo la ricostruzione di Ciancio, la mancata assegnazione della cattedra patavina di scienze naturali fu dovuta all'opposizione di alcuni senatori veneziani dietro i quali si celava l'ostilità del patrizio Pietro Barbarigo (1711-1801), sostenitore dell'ala curialista che si opponeva al gruppo di aristocratici prudentemente illuminati: un veto di natura politica e ideologica. Va rilevato come Fortis fosse insofferente della concorrenza di Gualandris, tanto che ebbe a scrivere: «Io non avrò più di soffrire la mortificazione di vedermi contesa una cattedra da un Gualandris, o sia Sgualdrina (anagramma purissimo)»; una pessima caduta di stile! Presso l'Accademia mantovana è conservata una lettera di Alberto Fortis, indirizzata da Brescia al segretario perpetuo Girolamo Carli in data 1 dicembre 1777 (ANV, As, Serie Lettere di Accademici Illustri, busta 9, Fortis Alberto), dove scrive: «la noiosa piega che prese l'affare dell'elezione alla Cattedra di Storia Naturale a Padova, sospesa ancora per chi sa quanto in grazia de' violenti impegni del giovane Gualandris, fa ch'io non pensi per ora a ripatriare. Egli che sa coltivare le femmine, e prostrarsi a' Grandi, mestiere poco adattato a me, avrà il campo libero di procurarsi favore efficacemente».

[195] ASVe, Riformatori dello Studio, busta 444.

[196] Ivi, Provveditori alla Sanità, Registro 72.

[197] V. GIORMANI, *La cattedra di chimica all'Università di Padova e gli speziali nel XVIII secolo* in «Atti e Memorie dell'Accademia Italiana di Storia della Farmacia», II, n. 2, 1985.

Gennari[198] scrive che «il medico padovano di origine bergamasca» avrà una cattedra di Botanica officinale e di Chimica a Mantova. Inizia pertanto il periodo mantovano di Angelo Gualandris.

Nominato socio dell'Accademia di Scienze, Belle Lettere e Arti di Mantova (Accademico residente non votante nell'anno 1781,[199] socio onorario nella seduta del 6 giugno 1783[200]), divenne l'animatore della Colonia Agraria della stessa Accademia.

Mario Vaini[201] riporta che

appena nominato ispettore nel 1785, propose al governo di compiere un'inchiesta nelle campagne, cominciando da quelle dell'Alto Mantovano, le più povere e perciò più bisognose di aiuti. Ad esse dedicò i *Dialoghi agrari tenuti in Cavriana nel 1786* e vari progetti agricoli commessigli dall'intendente politico, il conte G.B. Gherardo d'Arco [...] nei vari progetti propose di modificare la natura del suolo con opere idrauliche [...]. Tutti rimasero lettera morta per la scomparsa del loro autore avvenuta nel 1788 [...]. Inedito rimase anche lo scritto più impegnativo che ritrovato dal Vivanti fu stampato nel 1958 col titolo *Mezzi di risorgimento degli affari economico-politici del ducato di Mantova.*

Il suo lavoro di botanico fu molto apprezzato anche da Juan Andrés (Planes, Spagna 1740-Roma 1817), gesuita spagnolo rifugiatosi a Mantova dopo l'espulsione di tutti i gesuiti dalla Spagna per decreto di Carlo III del 1767, che lo mise in contatto con l'illustre botanico Antonio José Cavanilles (Valencia 1745-Madrid 1804) per uno scambio di essenze vegetali.[202]

Alla sua morte, l'Intendente Politico Giambattista Gherardo d'Arco diede in data 9 dicembre 1788 le disposizioni seguenti:

Parecchie carte riguardanti gli affari dell'Agraria, dell'Orto Botanico, Gabinetto di Storia Naturale, e finalmente relative al progetto della derivazione delle acque di Solferino alla Campagna di Medole dovendo esistere nell'abitazione del fu Professore Gualandris; si affida alla diligenza del Segretario perpetuo della R. Accademia...di raccogliere e suggellare tutte le carte esistenti nella suddetta abitazione, e farne seguire il trasporto alla residenza della R. Intendenza Politica.[203]

---

[198] G. GENNARI, *Notizie giornaliere di quanto avvenne specialmente a Padova dall'anno 1739 all'anno 1800*, riportato da V. GIORMANI, *op. cit.*

[199] ANV, As, busta 5, fasc. 1.

[200] «Gazzetta di Mantova» n. 26 del 27 giugno 1783.

[201] M. VAINI, *La società censitaria nel Mantovano. 1750-1866*, Milano, Franco Angeli 1992.

[202] L. BRUNORI, *Epistolario de Juan Andrés y Morell (1740-1817).* 3 vol., Museros (Valencia), Gráficas Hurtado, S.L., 2006. Si vedano in particolare le lettere di Andrés a Cavanilles n. 256. 310, 338, 360, 385, 505 negli anni 1784-1789.

[203] ANV, As, Serie Atti Amministrativi, busta 13, fasc. 1788, Mantova 6 e 9 dicembre 1788, L'intendente politico Giambattista Gherardo d'Arco al segretario della R. Accademia di Scienze e Belle Lettere di Mantova, Matteo Borsa. A seguito della morte del prof. Angelo Gualandris dà disposizioni per la custodia degli effetti del defunto, cc. 4.

Si ha notizia di due fratelli: Antonio, anch'egli dottore in medicina e appassionato di scienze naturali, che esercitò prima a Belluno e poi a Montagnana, dove secondo Vedova[204] morì probabilmente attorno al 1798, mentre secondo Ignazio Penolazzi[205] potrebbe essere morto a Feltre, dove era stato nominato protomedico, ben dopo il 1799; Giovanni Battista, Abate, che si premurò di inviare al Segretario perpetuo dell'Accademia, Matteo Borsa, notizie su Angelo in vista dell'elogio di cui sopra si è detto.[206]

7.2.2 Opere

- *Memoria del signor dottore Angelo Gualandris, socio e vice-segretario della pubblica Società d'Agraria di Padova, sopra l'importanza e utilità di ridurre in pratica nelle coltivazioni dei campi il celebre suggerimento di Palladio: Fecundior est culta exiguitas, quam magnitudo neglecta (De re rustica, lib. I. titul. VI.). Giornale d'Italia spettante alla Scienza Naturale e principalmente all'Agricoltura, alle Arti ed al Commercio*, Tom. VII, Venezia, per B. Milocco 1771, p. 263-274.
- Traduzione dal latino all'italiano di Giovannantonio Scopoli, *Principj di mineralogia sistematica e pratica*, Venezia, presso Giambatista Novelli 1778.
- *Frammento di Lettera del Signor Angelo Gualandris in data 10 agosto 1778, risponsivo dell'antecedente del Signor Sage dell'Accademia Reale delle Scienze di Parigi, tradotto dal francese*, «Nuovo Giornale d'Italia spettante alla scienza naturale e principalmente all'Agricoltura, alle Arti ed al Commercio», Tomo Terzo, n. XXIX, Venezia, appresso Benedetto Milocco 6 febbraio 1779.
- *Osservazioni del Signor Dottore Angelo Gualandris, Socio di varie illustri Accademie, sopra il Monte Rosso, uno degli Euganei del Padovano, con riflessioni orittologiche intorno alla natura e all'origine de' materiali di esso Monte, e di altri analoghi, dirette al Signor Giovanni Arduino, Pubblico Soprantendente alle Cose Agrarie, ec.* «Nuovo Giornale d'Italia spettante alla scienza naturale e principalmente all'Agricoltura, alle Arti ed al Commercio», Tomo Terzo, n. XXIX, Venezia, appresso Benedetto Milocco 6 febbraio 1779.
- *Seguito delle Osservazioni del Signor Dott. Angelo Gualandris sopra il Monte Rosso, ec.* «Nuovo Giornale d'Italia spettante alla scienza naturale e principalmente all'Agricoltura, alle Arti ed al Commercio», Tomo Terzo, n. XXIX, Venezia, appresso Benedetto Milocco 6 febbraio 1779.

---

[204] G. VEDOVA, *op. cit.*

[205] Vd. *Dizionario Classico di Medina Interna ed Esterna, Prima traduzione Italiana, Tomo 52 ed ultimo, contenente l'indice degli Autori e le aggiunte ed osservazioni del Dott. Ignazio Penolazzi*, Venezia, Giuseppe Antonelli Editore 1840.

[206] ANV, As, Sezione Lettere di Accademici Illustri, busta 10: Belluno, 18 marzo 1789; Belluno, 1 luglio 1789.

- *Fine delle Osservazioni del Signor Dottore Angelo Gualandris, sopra il Monte Rosso* «Nuovo Giornale d'Italia spettante alla scienza naturale e principalmente all'Agricoltura, alle Arti ed al Commercio», Tomo Terzo, n. XXIX, Venezia, appresso Benedetto Milocco 6 febbraio 1779.
- *Lettere Odeporiche di Angelo Gualandris*, Venezia, appresso Giambattista Pasquali 1780.
- *Riflessioni chimico-critiche della lettera orittologica del Signor Giovanni Arduino al Signor Professor Leske, inserito nel Foglio n 3 della Continuazione delle Novelle Letterarie di Firenze, dirette al Chiarissimo continuatore delle medesime dal Signor Dottore Angelo Gualandris*, Padova 20 marzo 1783.
- *Narrazione epistolare del Sig. D. Angelo Gualandris R. Prof. di Chimica e di Botanica nella R. Accad. delle Scienze e B. L. di Mantova del Turbine avvenuto nel Mantovano il giorno 9 del mese d'Agosto l'anno 1785 rassegnata a Sua Eccellenza il Sig. Don Giovanni Giuseppe del S.R.I. Conte di Wilzeck ec. ec.* in «Opuscoli Scelti sulle Scienze e sulle Arti», Milano, presso Giuseppe Marelli 1786.
- *Relazione annuale dell'Ispezione Agraria nel Mantovano*, manoscritto di circa 100 pagine, con data dicembre 1786, che riporta anche accurate notizie di carattere geologico del territorio dell'alto mantovano, Archivio di Stato di Mantova, Municipalità di Mantova, Agricoltura, busta 15.
- *Sulle canne dei laghi*. Archivio dell'Accademia Nazionale Virgiliana, Serie delle dissertazioni mensuali, sezione di Storia Naturale, busta 44/16, cc. 19. Testo letto il 4 febbraio 1786.
- *Mezzi di risorgimento degli affari economico-politici del ducato di Mantova. Epilogo di osservazioni e meditazioni di economia politica applicate allo stato di Mantova*, manoscritto inedito, pubblicato a cura di Corrado Vivanti, «Bollettino Storico Mantovano», Quaderno n. 1, Mantova 1958.
- *Dialoghi agrarj tenuti in Cavriana l'anno 1786*, Mantova, erede di Alberto Pazzoni 1788.

7.2.3 La dissertazione

Nella dissertazione descrive la regione del Derbyshire, una contea inglese nella regione delle Midlands orientali, famosa per le miniere di piombo e di ferro; la miniera di Gregory-Land-Mine, cui si fa riferimento nella dissertazione, si trova a poca distanza da Matlock e da Ashover. La miniera di piombo che descrive era un tempo una delle più sfruttate in Inghilterra, con una produzione di 1.511 tonnellate l'anno e dava lavoro a circa 300 persone: le operazioni iniziarono nel 1758 e terminarono nel 1804, quando fu chiusa a causa dell'impoverimento dei filoni di piombo; attualmente rimangono i cumuli di roccia galenica e l'alto camino del forno.

La dissertazione di Gualandris rivela una notevole conoscenza, oltre che della geologia dei luoghi, che aveva già descritto nelle *Lettere Odeporiche* sopra citate, dei sistemi di produzione e lavorazione del minerale estratto, il piombo, frutto di letture, osservazioni, sopralluoghi, contatti con gli studiosi. Gualandris riferisce quindi della visita alla miniera Gregory: ovviamente scende nel pozzo di accesso alla miniera; illustra poi le operazioni che si compiono per portare il minerale in superficie e quelle per una sua prima lavorazione. L'esperienza fatta nel campo delle miniere e delle lavorazioni metallurgiche, inducono Gualandris ad esporre, avendo riguardo all'economicità dell'impresa, una critica riguardante il numero eccessivo di lavoratori, ma d'altra parte ammira l'organizzazione e il carattere 'umano' della distribuzione dei lavori agli uomini, alle donne e ai ragazzi. La descrizione delle gallerie minerarie, e in particolare della loro struttura geologica e mineralogica, è come sempre molto dettagliata, evidenziando una capacità di osservazione molto acuta; va ricordato che proprio in quegli anni il geologo e scultore inglese White Watson andava realizzando sezioni stratigrafiche della zona del Derbyshire (fig. 14).[207]

Fig. 14 - Struttura geologica stratiforme nel Derbyshire (White Watson, 1785).

[207] White Watson (1760-1835) è stato un geologo e scultore inglese che diede un significativo contributo alla geologia. Teneva ampi diari e schizzi delle sue osservazioni sulla geologia, fossili e minerali, flora e fauna, e pubblicò un numero piccolo ma significativo di carte geologiche e cataloghi. A partire dal 1785 Watson realizzò sezioni stratigrafiche esplicative delle montagne del Derbyshire, realizzate con campioni delle rocce stesse. Questo metodo innovativo di visualizzare dimostrava una comprensione precoce della nuova scienza degli strati geologici. La tavola di figura 14 è conservata presso il Derby Museum and Art Gallery nella città di Derby. Durante il suo viaggio in Inghilterra, specialmente nella zona del Derbyshire, Gualandris ebbe contatti con John Whitehurst, studioso della geologia del Derbyshire, socio della Royal Society e membro, assieme a Watson, della Lunar Society di Birmingham.

Molto interessante appare anche l'analisi fornita da Gualandris relativa all'allontanamento delle acque dalle gallerie minerarie tramite tubi di piombo sul tetto delle gallerie, ottenendo quindi di lasciare asciutto il piano di calpestio. Infine illustra il metodo atto a separare il piombo tramite un forno, visitato nei pressi di Cromford, località posta a sud di Matlock.

8. GEOLOGIA DEI TERRENI DI FONDAZIONE DEGLI EDIFICI

Le conoscenze, durante il XVIII secolo, sulle caratteristiche di portanza dei terreni di fondazione degli edifici civili derivavano principalmente dalle antiche opere di Vitruvio (forse 80 a.C.-15 a.C.),[208] L.B. Alberti (Genova 1404-Roma 1472),[209] Palladio (Padova 1508-Maser 1580),[210] Vincenzo Scamozzi (Vicenza 1548-Venezia 1616),[211] che avevano concretamente affrontato la questione, producendo indicazioni preziose sull'arte di considerare lo stretto rapporto esistente tra le fondazioni e i terreni che le sostengono.

Su questo argomento è presente una dissertazione anonima.

8.1 ANONIMO, Senza titolo (*Dissertazione riguardante le tecniche costruttive di fondazione degli edifici*). Archivio Storico dell'Accademia Nazionale Virgiliana di Mantova, Dissertazioni Accademiche, Arti e Mestieri, busta 46/8. Senza data.

L'autore della dissertazione spiega che le fondazioni debbono possedere «competente ampiezza, sufficiente profondità, sodezza di letto, e perfezion di strotura». La 'competente ampiezza' corrisponde alla larghezza delle fondazioni; la 'sufficiente profondità', è l'incastro da dare alle fondazioni nel terreno di appoggio delle stesse; la 'sodezza del letto', indica la buona consistenza del terreno sui cui devono appoggiarsi le fondazioni; la 'perfezion di strotura' richiama una corretta progettazione delle varie parti architettoniche.

Allo stato attuale la capacità portante di un terreno di fondazione può essere calcolata sulla base dei parametri geotecnici individuati da indagini in sito: fondamentalmente i valori di resistenza a taglio, ovvero l'angolo di attrito interno (φ) per i terreni prevalentemente sabbiosi, la coesione (c) per i terreni argillosi. La relazione trinomia utilizzata per calcolare il carico limite

[208] M. VITRUVIO POLLIONE, *De Architectura*, Pordenone, Edizioni Studio Tesi 2008.
[209] L. B. ALBERTI, *L'arte di costruire*, a cura di V. Giontella, Bollati Boringhieri, 2010.
[210] A. PALLADIO, *I quattro libri dell'Architettura*, a cura di M. Biraghi, Pordenone, Edizioni Studio Tesi 1992.
[211] V. SCAMOZZI, *L'idea dell'architettura universale*, iniziato nel 1591 e pubblicato a Venezia nel 1615 a spese dell'Autore.

(capacità portante unitaria) dei terreni di fondazione (qlim) fu proposta in particolare da Terzaghi[212] e Peck (1948) ed ha la seguente forma:

$$qlim = N_c \cdot c + N_q \cdot \gamma . D + \tfrac{1}{2} \cdot N_\gamma . B$$

dove:

N_c, N_q e N_γ sono i fattori di capacità portante, ovvero coefficienti adimensionali dipendenti dall'angolo di resistenza al taglio del terreno, φ
c = coesione del terreno
γ = peso specifico del terreno
D = incastro della fondazione nel terreno
B = larghezza della fondazione

Si può notare come, nella formula trinomia sopra riportata, il termine B corrisponde alla 'competente ampiezza', il termine D alla 'sufficiente profondità', mentre i termini N_c, N_q, N_γ, c, γ sono significativi della 'sodezza del letto'; gli elementi geologici importanti nella progettazione delle fondazioni troveranno quindi una loro formalizzazione matematica negli sviluppi futuri della geotecnica.

L'autore affronta anche il problema dei pali di fondazione: se i terreni sono sabbiosi o ghiaiosi, non sorgono generalmente problemi di statica, ma se al contrario sono 'molli' è necessario ricorrere a fondazioni su pali; questi ultimi sono preferibilmente da realizzarsi con legno di rovere e da infiggere con battipali (fig. 15); inoltre devono portare in punta una protezione per favorire la penetrazione nel terreno.

Giova qui ricordare che in una città qual è Mantova, dove terreni frequentemente poco addensati, specialmente in alcune sue zone, si associano alla presenza di una falda acquifera assai superficiale, nonché alla presenza di strati consistenti (in media 3-4 metri) di terreno di riporto,[213] la necessità di mettere in opera pali di fondazione è stata ed è sempre presente anche in passato.[214]

---

[212] Karl von Terzaghi (Praga 1883-Winchester 1963) è stato un ingegnere civile, comunemente considerato il padre della geotecnica. Nel 1938 passò all'Università Harvard, dove sviluppò ed espose il suo corso sulla geologia applicata all'ingegneria, ritirandosi dall'attività di professore nel 1953 all'età di 70 anni. Prese la cittadinanza statunitense nel 1943. Il suo libro *Soil Mechanics in Engineering Practice*, New York, J. Wiley 1948, scritto in collaborazione con Ralph B. Peck (Winnipeg, Canada 1912-Albuquerque, USA 2008), è di consultazione obbligata per i professionisti della geologia e dell'ingegneria geotecnica. La sua teoria delle Tensioni Efficaci rappresenta la base fondante della moderna Meccanica dei Terreni. La formula trinomia è stata successivamente ampliata e migliorata da parte di Jørgen Brinch Hansen (Aarhus, 1909-Copenaghen, 1969) nel 1970.

[213] F. BARALDI-M. PELLEGRINI, *Caratteristiche idrogeologiche della falda freatica nella città di Mantova*, CNR, IRSA, 34(15) Roma,1978; F. BARALDI ET ALII, *Caratteristiche geotecniche del sottosuolo della città di Mantova*, Atti VII Congr. Naz. Ord. Naz. Geol. Roma, 1990.

[214] Una disamina della dissertazione, in particolare per quanto riguarda il suo significato nel campo della geologia e della geotecnica, in F. BARALDI, *Indizi di geologia tecnica in una dissertazione settecentesca,*

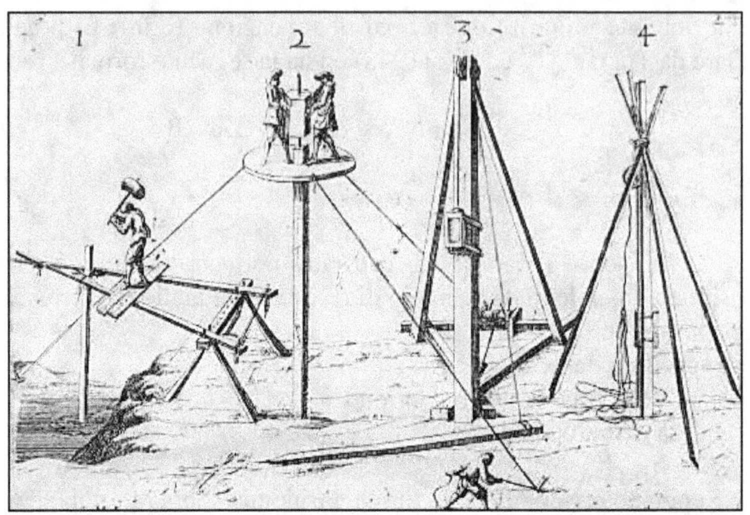

Fig. 15 - Vari tipi di battipalo da terra ferma di Cornelius Jansz Meijer.[215]

9. GEOLOGIA STRADALE

Lungo il corso del Settecento, in particolare a partire dalla metà del secolo, nei vari Stati italiani, sotto l'influsso delle correnti illuministiche, si manifestò una viva attività rinnovatrice, che ebbe come conseguenza l'aumento delle opere pubbliche, in particolare le strade.

Un importante incremento fu dato nel 1777 da Maria Teresa d'Austria, che approvava un progetto di regolamento stradale proposto dal conte Francesco d'Adda (Milano 1726-1779), ovvero il «Piano per lo sviluppo e la regolamentazione della viabilità»,[216] con il quale veniva avviata un'organica politica viaria, istituzionalizzando i servizi e sottraendoli all'incertezza di interventi sporadici. Il piano stradale fu approvato con dispacci del 13 febbraio 1777 e del 30 marzo 1778. Il nuovo regolamento stradale confermava la suddivisione delle strade in regie o provinciali, che portavano ai confini esterni ed erano sotto la tutela dello Stato; comunali, di interesse locale e sotto la gestione dei comuni; private, curate dai relativi proprietari.

Il dettaglio delle opere di costruzione o manutenzione delle strade da mettere in appalto prevedeva, nel 1786: «a) levare, zapponare, asciugare e trasportare fuori di strada e lontano dai fossi contigui, il fango, e il terreno

---

conservata nell'Archivio Storico dell'Accademia Nazionale Virgiliana di Mantova, «Atti Società Naturalisti e Matematici di Modena», vol. 147, 2016.

[215] C. JANSZ MEIJER, *L'arte di restituire a Roma la tralasciata nauigatione del suo Tevere*, Varese, Roma, stamperia Lazzari 1685.

[216] *Raccolta degli Ordini e de' Regolamenti delle Strade della Lombardia Austriaca stabiliti in seguito ai Reali Dispacci de' 13 Febbraio 1777 e de' 30 Marzo 1778*, Milano, presso Giuseppe Galeazzi Regio Stampatore 1785.

fracido, ed ogni altra materia cattiva dal tronco di strada; b) costruire ai lati della strada due arginelli di terra, ben battuta con tronchi di legno, aventi pendenza verso i fossi laterali, onde le acque che scoleranno dalla strada possano liberamente fluire nei fossi medesimi; c) appianare con ghiaia o sabbia le singole buche; d) fare un incassamento da riempire con ghiaia con altezza di once 10, facendo la strada col colmo nel mezzo a due pioventi, dando il declivio da ogni parte di 1 oncia per ogni braccio di lunghezza; e) tirando la strada orizzontale [liscia]; f) la ghiaia non si dovrà porre a balla prima di tutta altezza, ma si dovrà invece distendere sotilmente, e così con diversi strati formare la strada, acciocchè col calpestio de Bestiami e carreggiamento delle Barozze venghi quindi la ghiaia ad ammassarsi, e così a restare la strada più pulita, e consistente. Mentre le indicazioni sopra riportate valevano per i territori dove la presenza di ghiaia era diffusa, nelle zone dove prevaleva l'argilla erano introdotte alcune varianti che tenevano conto delle scarse qualità portanti dei terreni: a) togliere i promontori che si trovano sparsi in dette strade, e con la sola terra buona alzare orizzontalmente le bucche [...] coll'opera dei Bestiami affinché la terra rimanghi ben assodata e battuta; b) fare per tutti i due lati della strada gli arginelli con dovuta scarpa ogn'uno alti 1 Braccio e larghi superiormente 1 ½ Braccia [...] rimanga tra essi un vacuo della lunghezza di Braccia 10; c) la detta vacuità verrà empita a colmo di sabbia pura e netta, e ben calpestata, ed in guisa che nel mezzo abbia l'altezza di 1,26 Braccia e Braccia 1 dalle parti»;[217] da notare che veniva quindi messo in opera, per queste zone, uno strato portante, sabbioso, di spessore maggiore rispetto allo strato di ghiaia.

Per questo argomento è presente una dissertazione.

9.1 ANDREASI LODOVICO, *Sopra il Modo di Migliorare le Strade dello Stato Mantovano*, Archivio Storico dell'Accademia Nazionale Virgiliana di Mantova, Dissertazioni Accademiche, Agronomia, busta 56/7, dissertazione letta il 24 aprile 1773.

9.1.1 Note biografiche

Lodovico Andreasi (fig. 16) nacque a Mantova nel 1727 da Silvio ed Eleonora Cocastelli, ed ivi morì il 26 aprile 1793, all'età di sessantasei anni. Nel Santuario della Beata Vergine Maria delle Grazie, in località Grazie, Comune di Curtatone (Provincia di Mantova), una lapide a suo ricordo fu posta dall'amico e cugino Antonio Valenti Gonzaga; una seconda lapide si trova nel corridoio antistante l'antica sagrestia del Duomo di Mantova.

---

[217] ASMn, Regia Intendenza Politica di Mantova, Strade, busta 326.

Fig. 16 - Lodovico Andreasi.[218]

Egli fu l'ultimo discendente maschio dell'antichissima e nobile famiglia mantovana degli Andreasi,[219] che ebbe tra i suoi componenti, tra gli altri:[220] Osanna (Mantova 1449-1505), venerata come Beata; Ascanio, che nel 1575 era Governatore di Casale di Monferrato; Ippolito, fattosi monaco Benedettino nel 1599 e poi nominato Vescovo di Terni; Carlo, inviato dal Duca di Mantova come suo Residente presso la Corte di Spagna e poi eletto nel 1715, da Clemente XI, Primicerio della Ducale Chiesa di S. Andrea in Mantova. Il palazzo di famiglia in cui abitava Lodovico si trovava in Contrada S. Agnese (Parrocchia di San Pietro) al n. 1370[221] (attuale Via Camillo Benso Conte di Cavour).

Sulla famiglia Andreasi M. Vaini[222] scrive:

Gli Andreasi rappresentano una famiglia di antica feudalità; investiti nel 1156 del feudo di Rivalta (provincia di Mantova), per aver militato sotto le insegne imperiali, nel XIV secolo si accordano con la Signoria, cui danno le terre avite situate nei pressi della città in cambio di quelle assai lontane di Carbonara

---

[218] Santuario della Beata Vergine Maria delle Grazie, in località Grazie di Curtatone (Mantova).

[219] E. ANDREASI, *Genealogia della antichissima Famiglia Andreasi*, Biblioteca Teresiana di Mantova, Fondo Eugenio Andreasi, Carteggio 19, 1877.

[220] G. MAZZUCCHELLI, *Gli scrittori d'Italia, cioè notizie storiche e critiche intorno alle vite, e agli scritti dei Letterati Italiani*, vol. I, parte II, Brescia, presso Giambattista Bossini 1753; C. D'ARCO, *Annotazioni genealogiche di famiglie mantovane che possono servire alla esatta compilazione della storia di queste*, ASMn, Documenti Patrii d'Arco, vol. I, pp. 128-164 d.

[221] V. P. BOTTONI, *Mantova numerizzata, ovvero guida numerica alle case ed agli stabilimenti di questa R. Città*, Mantova, Co' tipi Virgiliani di L. Caranenti 1839; E. MARANI, *Vie e Piazze di Mantova*, «Civiltà Mantovana», anno XLIX, supplemento al n. 138, aprile 2015, riporta l'iscrizione che orna, al sommo, il vano dello scalone: *Hieronimus Andreasius Comes Ripalte*.

[222] M. VAINI, *La distribuzione della proprietà terriera e la società mantovana dal 1785 al 1845. I. Il Catasto Teresiano e la società mantovana nell'età delle riforme*, Milano, Giuffrè Editore 1973.

nell'Oltrepo a Destra Secchia; per l'occasione cambiano il casato di conti di Rivalta in quello di Andreasi.

Quando Federico II Gonzaga divenne nel 1536, per matrimonio, marchese del Monferrato, gli Andreasi vi acquisirono feudi, cariche militari ed ecclesiastiche. Alcune mappe del XVII secolo, riguardanti le proprietà degli Andreasi situate nell'Oltrepo mantovano, sono presenti in Archivio di Stato di Mantova.[223]

Notizie più estese sulla famiglia Andreasi sono riportate nel recente libro dedicato al ramo mantovano della famiglia.[224]

Frammentarie sono le notizie sulla vita e sulle opere di Lodovico. Secondo L.C. Volta:[225]

Scrisse le vite di quattro duchi di Mantova, cioè: Vincenzo I, Francesco, Ferdinando e Vincenzo II, le quali rimasero inedite e si conservano nella nostra biblioteca.

L. Ruggeri[226] riporta le stesse parole del Volta. G. Intra[227] scrive di lui:

Marchese Lodovico Andreasi, letterato gentile, colto, liberale protettore degli studj e degli studiosi; egli fece i *Ritratti di diversi Nobili mantovani viventi nel 1760*, e scrisse una *Memoria sugli ultimi quattro duchi della casa di Mantova*, cioè Vincenzo I, Francesco, Ferdinando e Vincenzo II; queste operette di mediocre interesse si trovano manoscritte in private biblioteche, e nell'Archivio Gonzaga.

Più esteso quanto ebbe a scrivere C. d'Arco sull'Andreasi:[228]

nato il 1727 da Silvio e da Eleonora Cocastelli, visse celibe e con lui venne in Mantova ad estinguersi l'antica sua famiglia. Scrisse di lui l'amico Abate Pellegrino Salandri:[229] la natura con pochi fu liberale come col Marchese Lodovico, giovine di

---

[223] ASMn, *Magistrato Camerale Antico. Miscellanea Mappe e disegni*, n. 10 e 13.

[224] E. ANDREASI-G. GIRONDI-S. L'OCCASO-R. TAMALIO, *La famiglia Andreasi di Mantova*, Mantova, Il Rio Arte 2015.

[225] L.C. VOLTA, *Biografia dei mantovani illustri delle scienze, lettere ed arti compilata da Leopoldo Camillo Volta. Accresciuta, corretta e riordinata da Antonio Mainardi*, Mantova, coi tipi dei Fratelli Negretti 1845, Biblioteca Teresiana di Mantova, Misc. 721.11.

[226] L. RUGGERI, *Biografia di mantovani illustri compilata dal professore Lorenzo Ruggeri*, Mantova, stab. Tip. Mondovì 1873, Biblioteca Teresiana di Mantova, Misc. 402/29.

[227] G. INTRA, *Degli storici e dei cronisti mantovani. Memoria letta nelle sedute 21 e 29 giugno 1878 all'Accademia Virgiliana in Mantova*, Mantova, stab Tip. Mondovì 1879, Biblioteca Teresiana di Mantova, Misc. 198/11.

[228] C. D'ARCO, *Notizie delle Accademie, dei Giornali e delle Tipografie che furono in Mantova e di mille scrittori Mantovani vissuti dal secolo XIV fino al presente (esclusi i viventi), colla indicazione di molte loro opere tanto stampate che inedite*, ASMn, Documenti Patrii d'Arco, n. 224-227, volume I, p. 108; ID., *Alcune iscrizioni sparse nella provincia mantovana raccolte e trascritte da Carlo d'Arco nell'anno 1841*, ASMn, Documenti Patrii d'Arco, n. 228-229, vol. I, p. 177.

[229] Pellegrino Salandri (Reggio Emilia 1723-Mantova 1771), autore di sonetti, spesso d'ispirazione pariniana, tra i quali: *Lodi a Maria*, Milano, Stamperia di Antonio Agnelli 1759; *Poesie scelte*, Mantova,

37 anni, unico d'illustre casato e prodigo di brio, di ingegno, di naturale filosofia e di eloquenza. Un'ottima educazione e continue letture de' libri migliori unita al genio di viaggiare che ha discretamente secondato, lo ha raffinato e reso degno del titolo di genio. Gli amici desiderano il suo accasamento per distaccarlo del tutto dallo studio e perché un più serio contegno tenghi in freno la sua vivacità e propensione a divertirsi con bizzarria di spirito tutta propria di lui solo [...] sono tante le cognizioni che egli ha acquistate in materia di traffico, di calcolo e di agricoltura, del governo dei popoli, e della scienza del mondo, che il non esser impiegato non può che attribuirsi all'oscurità di una città provinciale, dove anche gli spiriti migliori sono per lo più condannati a languire nella comune indolenza.

D'Arco ci informa anche sulla produzione scritta di Lodovico:

Ascritto alla Colonia Virgiliana, sotto nome araldico di Agesilao Mecenio, pubblicò versi sciolti...per la recuperata salute di S.A.I. Maria Teresa (1767) [...] un sonetto [...] (1748) [...] due dissertazioni [...] *Sopra il Modo di Migliorare le Strade dello Stato Mantovano. 1773* e [...] *Dissertazione contro il tumulare cadaveri nelle chiese*, entrambe conservate nell'Archivio dell'Accademia Virgiliana (un tempo Reale), a cui era stato associato già il 1768 [...] *Memoria sugli ultimi quattro duchi della casa di Mantova* e *Ritratti di diversi Nobili mantovani viventi nel 1760*, manoscritto al 1764.

In una nota C. d'Arco cita inoltre un catalogo dei libri posseduti dall'Andreasi e di cui si dirà più avanti.

In P. Predella[230] sono riportate notizie sia sulla famiglia Andreasi, sia relative al Marchese Lodovico; di quest'ultimo scrive:

fu mandato dal genitore premuroso dell'educazione del figlio in collegio. Dotato di un pronto talento si applicò agli studi, con tutto il fervore, per cui ritornò squisitamente erudito nelle Scienze [...]. Formò una libreria ricca di quasi tre mille volumi [...]. Lo studio formava la sua delizia, ed il suo piacere era condiviso coi dotti.

M. Vaini[231] e S. Mori[232] riportano che, a seguito dell'istituzione del Tribunale Araldico da parte del governo austriaco (1768), Lodovico Andreasi ebbe contrasti con il marchese Ferdinando Cavriani sull'interpretazione del decreto che introduceva il riordino di tutta la materia attinente ai titoli nobiliari; secondo Andreasi il decreto imponeva unicamente di compilare l'elenco delle famiglie senza distinguerle in vari gradi di nobiltà, come sosteneva invece Cavriani, che mirava a mantenere i

---

per l'Erede di Alberto Pazzoni 1783. Fu Segretario Perpetuo della Reale Accademia delle Scienze e Belle Lettere di Mantova.

230 P. PREDELLA, *Notizie di illustri mantovani*, ANV, As, busta 65-66, fasc. A c. 38*r*.

231 M. VAINI, *La distribuzione della proprietà terriera e la società mantovana dal 1785 al 1845. I. Il Catasto Teresiano e la società mantovana nell'età delle riforme*, cit.

232 S. MORI, *Il Ducato di Mantova nell'età delle Riforme (1736-1784). Governo, amministrazione, finanze*, Firenze, La Nuova Italia 1998.

privilegi delle famiglie nobili più potenti. Ben consapevole del declino cui andava incontro la nobiltà mantovana, Lodovico ebbe a scrivere

> Questa è la storia di tre illustri famiglie mantovane estinte, ohimè, quante anche adesso minacciano di finire! Fra 50 anni non vi saranno in Mantova 60 famiglie nobili. Leggendo le carte un po' vecchie cioè dal 1500 al 1600, immenso è il numero delle famiglie estinte.[233]

S. Mori riporta che in occasione della venuta in Lombardia, nel 1769, dell'Imperatore Giuseppe II, Andreasi gli sottopose vari memoriali, tra cui uno sulla Ferma, ovvero sugli appalti o affitti della riscossione delle imposte, che pur auspicando un maggior controllo regio sulle finanze, si dichiarava contrario all'amministrazione economica e favorevole all'appalto dei singoli dazi.[234] Ancora S. Mori cita una interessante memoria del 1769, *Sopra la libertà di estrarre li grani dal Mantovano*, in cui Andreasi

> evocando la figura di Sully, nume tutelare della fisiocrazia, proponeva di mantenere l'obbligo ai proprietari cittadini dell'introduzione della terza o quarta parte del raccolto in città, ma per il resto di lasciar i grani completamente liberi di uscire dal paese.[235]

Andreasi ebbe contatti con molti letterati e artisti del suo tempo.

Nell'opera omnia di Pietro Metastasio[236] sono riportate tre lettere, scritte da Vienna dal Metastasio a Lodovico negli anni 1773-1776, il cui contenuto evidenzia rapporti molto stretti ed affettuosi.[237]

Corrispondenza di Andreasi è conservata presso l'Archivio Storico dell'Accademia Nazionale Virgiliana di Mantova, di cui Lodovico era membro dal 1768 quando questa era denominata Accademia Reale di Scienze e Belle Lettere di Mantova.[238]

Ancora la Biblioteca Palatina di Parma conserva lettere di Lodovico.[239] Si tratta di due lettere inviate a Giambattista Bodoni:[240] la prima, in data 31 luglio 1778, riguarda la spedizione di un quadro e le

---

[233] M. VAINI, *La distribuzione della proprietà terriera e la società mantovana dal 1785 al 1845. I. Il Catasto Teresiano e la società mantovana nell'età delle riforme*, cit.
[234] S. MORI, *op. cit.*
[235] *Ibid.*
[236] Pietro Metastasio (Roma 1698-Vienna 1782), pseudonimo di Pietro Antonio Domenico Bonaventura Trapassi, è stato un poeta, librettista, drammaturgo e sacerdote italiano. È considerato il riformatore del melodramma italiano.
[237] *Tutte le opere di Pietro Metastasio: Lettere*, a cura di B. Brunelli, Milano, A. Mondadori Editore 1954.
[238] La corrispondenza è contenuta nella Sezione Lettere di Accademici Illustri, busta 8 (tre lettere con date 1 maggio 1792, 12 luglio 1792, 13 luglio 1792) e nella Sezione Corrispondenza della Colonia (poi Classe) delle Arti e Mestieri, busta 40, con data 26 marzo 1771.
[239] http://www.teca.bibpal.it/teca/Catalogo.aspx?Collection=carteggio%20bodoniano&Creator=andreasi,%20lodovico
[240] Giambattista Bodoni (Saluzzo 1740-Parma 1813) è stato un incisore, tipografo e stampatore italiano, ancora oggi noto per i caratteri tipografici da lui creati.

infinite cautele da adoperarsi per non ammalorarlo; la seconda, del 15 giugno 1779, con una richiesta di carta da stampa per conto di un suo amico.

Altra corrispondenza è conservata presso la Biblioteca Marucelliana di Firenze;[241] si tratta di lettere indirizzate a Angelo Maria Bandini, noto collezionista d'arte e Direttore della Biblioteca Marucelliana.[242]

In Cesare Beccaria, *Opere*, volume V, Carteggio,[243] è riportata una lettera di Lodovico datata Mantova, 26 marzo 1773, che accompagna una dissertazione del Conte Boari di Ferrara su materie di archeologia.

Andreasi possedeva una ricca biblioteca, ricordata da F. Tonelli.[244] Il contenuto della biblioteca Andreasi era considerato molto interessante dai contemporanei: Giovanni de Lazara[245] in una lettera del 26 marzo 1803 indirizzata all'Abate Saverio Bettinelli[246] gli chiede di procurargli il catalogo della biblioteca e, con lettera del 18 giugno 1803, chiede di acquistare per suo conto alcune opere, col maggior possibile ribasso, e di spedirgliele.[247]

Un riferimento al Catalogo sopra indicato si trova anche in G. Ciaramelli e C. Guerra[248] a proposito dell'ordine (novembre 1814) rivolto ai librai mantovani, da parte del governo austriaco, di «predisporre su richiesta dei commissari di polizia l'elenco dei libri in vendita, divisi per argomento, entro il termine perentorio d'otto giorni». Il libraio mantovano Sante Corona indirizzò al R.I. Ufficio competente quanto segue:[249]

rassegno qui unito, per ora, il catalogo a stampa de' libri della Biblioteca Andreasi, per esso acquistati, avvertendo che tutti quei volumi, che trovansi puntati in esso

---

241 http://manus.iccu.sbn.it/opac_RicercaCatalograficaSemplice.php?bcumbremove=1

242 Angelo Maria Bandini (Firenze 1726-Fiesole 1803). Collaborando alla rivista di Giovanni Lami, *Le Novelle Letterarie*, della quale fu in seguito anche direttore, ottenne una certa notorietà nei circoli eruditi e si recò a Roma, dove scrisse la sua prima opera di larga notorietà, sull'Obelisco del Campo Marzio, pubblicata a spese di Papa Benedetto XIV (1751). A Roma egli palesò la sua vocazione spirituale e decise di prendere i voti. Tornato a Firenze ottenne l'incarico di direttore sia della Biblioteca Marucelliana, da poco aperta, sia della Biblioteca Medicea Laurenziana, della quale curò il monumentale catalogo dei codici greci, latini e italiani. Il suo nome è oggi legato soprattutto all'attività di bibliotecario, che portò queste istituzioni a vertici culturali di ampio respiro, e per le quali compilò un monumentale catalogo. Veniva spesso contattato da intellettuali italiani ed europei, diventando uno dei protagonisti della vita culturale di Firenze nell'epoca lorenese. La straordinaria collezione da lui raccolta comprendente, oltre a un piccolo nucleo di opere bizantine, dipinti dal Duecento al Quattrocento e sculture in terracotta invetriata policroma della bottega dei Della Robbia, si trova oggi al Museo Bandini a Fiesole (FI).

243 C. CAPRA-R. PASTA-F. PINO PONGOLINI, *Edizione nazionale delle opere di Cesare Beccaria*, diretta da Luigi Firpo e Gianni Francioni, vol. 5, Carteggio (parte 2; 1769-1794), Milano, Editore Mediobanca 1996.

244 F. TONELLI, *Biblioteca Bibliografica antica e moderna, d'ogni classe e d'ogni nazione*, Tomo I, Guastalla, Regio-Ducale Stamperia di Salvatore Costa e Compagno 1782.

245 Giovanni de Lazara (Padova 1744-1833), studioso di storia dell'arte e collezionista di stampe antiche.

246 Saverio Bettinelli (Mantova 1718-1808), Gesuita dal 1738, fu conosciuto soprattutto per le sue doti di poligrafo, drammaturgo, polemista, critico letterario e poeta. Insegnò retorica in varie città italiane; viaggiò in Italia e fuori, e in Francia conobbe il Voltaire, di cui restò amico.

247 Biblioteca Teresiana di Mantova, Fondo Bettinelli, Cart. 1/275, Lazara de Giovanni, 61-62.

248 G. CIARAMELLI-C. GUERRA, *Tipografi, Editori e Librai mantovani dell'Ottocento*, Milano, Franco Angeli 2005.

249 *Ibid.*

catalogo, sono già tempo fa venduti, e perciò non sono presso di lui esistenti se non quelli che non sono marcati con asterisco.

Proprio dal Catalogo sopra citato è possibile trarre indicazioni sugli interessi di Lodovico nel campo delle scienze; sono infatti presenti nella biblioteca di famiglia libri che riguardano le scienze naturali, con specifici temi relativi a mineralogia, pietre da costruzione, miniere e metallurgia, geologia dei vulcani, idraulica e cambiamenti di corso dei fiumi, botanica, medicina.

9.1.2 Opere

Manoscritti:
- *Ritratti di diversi Nobili mantovani viventi nel 1760.*
- *Memoria sugli ultimi quattro duchi della casa di Mantova.*
- *Dissertazione contro il tumulare cadaveri nelle chiese.*
- *Sopra la libertà di estrarre li grani dal Mantovano*, 1769.

9.1.3 La dissertazione

Motivo conduttore della dissertazione di Andreasi è il pessimo stato di manutenzione, a quell'epoca, delle strade nel mantovano. La dissertazione è divisa in tre parti: nella prima esamina lo stato della viabilità mantovana, giudicato pessimo e disonorevole per la comunità; nella seconda indica quali materiali si possono usare per riparare efficacemente le strade, nonché le modalità di esecuzione dei lavori e i periodi dell'anno utili ad aprire i cantieri; nella terza infine indica le fonti e i mezzi finanziari per affrontare la spesa necessaria. Nella seconda parte, molto ampia e articolata, Andreasi affronta vari temi, dimostrando una vera competenza in materia di costruzione e manutenzione delle strade.[250] Egli fa esplicito riferimento alle modalità costruttive adottate dagli antichi Romani, avendo tra l'altro molti esempi, nel territorio mantovano, di strade romane, analizzate a fondo dal Conte G. Filiasi in una dissertazione letta alla Regia Accademia di Mantova, poi data alle stampe.[251]

Attualmente si usano metodi e materiali del tutto peculiari, ma il criterio di stratificare il corpo della strada permane valido; la pratica odierna prevede in sintesi i seguenti passaggi: il terreno di sottofondo va compattato fino a raggiungere valori di portanza stabiliti dalle norme; sopra di esso si stende uno strato di sabbia avente funzione anti capillare, ovvero di impedire la risalita di acque dal basso; si mette poi in opera uno strato di ghiaia e

---

[250] F. BARALDI, *Su una dissertazione manoscritta di Lodovico Andreasi (1727-1793), conservata nell'archivio dell'Accademia Nazionale Virgiliana di Mantova, riguardante il modo di migliorare le strade nel mantovano*, «Civiltà Mantovana», n. 142, Modena, Il Bulino 2016.

[251] G. FILIASI, *Delle strade romane che passavano anticamente nel mantovano*, Guastalla, nella R.D. Stamperia di Salvatore Costa e Compagno 1792.

sabbia che costituisce il vero corpo stradale, o cassonetto; infine si stendono binder e asfalto a protezione e quali manti di usura. Naturalmente se le strade devono essere realizzate in zone con torba, questa deve essere asportata e sostituita con materiali meno cedevoli.

Andreasi suggerisce che nella parte settentrionale del territorio mantovano, dove esistono terreni sassosi, ghiaiosi e sabbiosi compatti, sono sufficienti opere di minima manutenzione: basta livellare le strade e dare il giusto pendio per il necessario scolo delle acque meteoriche. Per il resto del mantovano purtroppo la situazione non è così favorevole e, di conseguenza, si pone il problema di reperire il materiale necessario: a tal proposito l'autore suggerisce che in ciascuna zona del mantovano si possono utilizzare i materiali presenti nel raggio di qualche chilometro, ovvero la ghiaia nelle zone prossime a dove è possibile reperirla; le sabbie dei fiumi Po, Secchia, Mincio, Oglio, dei piccoli corsi d'acqua interni, e anche il fondo del Lago di Mantova che è ghiaioso; ma pure sabbia prelevata dai campi, dai fossi, dalle cave e, infine, rottami di abitazioni, terre di fornace. La terza parte affronta il problema delle risorse economiche necessarie a realizzare il progetto da lui proposto. Emerge qui in tutta chiarezza la sua ingenuità ottimistica, il richiamarsi a principi di senso civico dei nobili e dei possidenti che certamente non era realistica, tolto che già sulle questioni araldiche esistevano forti posizioni conservatrici dei privilegi e dei benefici legati al censo. Cerca comunque di far trapelare un tornaconto economico e di prestigio per chi rende disponibili forza lavoro (i contadini), animali da traino e carri per il trasporto; i contributi economici son presto trovati: chi fornisce uomini e animali nulla più deve dare ed è auspicabile che il Pubblico somministri ai lavoratori pane e vino; le corporazioni liberali e meccaniche possono fare al loro interno una colletta; il Ghetto, che vive del commercio e quindi trarrà grande beneficio da buone strade, dovrà fornire annualmente, e per tre-quattro anni, la somma di 500 fiorini; la Civica Congregazione, i Claustrali, i Mastri di Posta possono dare ragionevoli contributi economici.

10. I GEOLOGI ASSOCIATI ALL'ACCADEMIA MANTOVANA DURANTE IL SECOLO XVIII

Come risulta dal *Catalogo degli Accademici*,[252] numerosi studiosi di scienze naturali e di geologia furono associati all'Accademia mantovana, a testimonianza di una rete molto ampia di rapporti: si trattava di scienziati, italiani ed europei, che assunsero nel tempo una notevole fama, come pure di altri meno noti o attualmente dimenticati; tutti comunque diedero un contributo allo sviluppo delle scienze geologiche e alla fama dell'Accademia mantovana.

[252] ANV, As, Serie Cataloghi degli Accademici, busta 5, fascicoli da 1 a 11.

Di questi accademici non sono conservati manoscritti, né si ha notizia di loro dissertazioni lette o presentate all'Accademia mantovana; tuttavia la loro condizione di soci evidenzia un forte interesse dell'Accademia stessa verso le scienze della natura e della Terra.

L'archivio storico dell'Accademia Nazionale Virgiliana di Mantova conserva, nella sezione *Lettere di Accademici Illustri*,[253] la corrispondenza intercorsa con gli studiosi associati; le lettere riguardavano in genere ringraziamenti per la nomina a socio dell'Accademia e per la 'patente' a loro rilasciata, scambi di libri e pubblicazioni varie, commenti sulle opere pubblicate in Italia, ecc. Talune corrispondenze evidenziano però un quadro di rapporti più intensi.

Ad esempio Carlo Amoretti fu in corrispondenza con l'Accademia per venti anni, dal 1776 a 1796, fornendo e richiedendo libri, saggi, dissertazioni di cui dare conto sulla rivista *Opuscoli Scelti sulle Scienze e sulle Arti* da lui diretta.

Giovanni Arduino eseguì per conto di Giovan Girolamo Carli (1719-1786), allora segretario perpetuo dell'Accademia, analisi chimiche su campioni di spato (calcite) provenienti dalla Montagnola Senese, di cui Carli si valse per la sua dissertazione inedita *Dissertazione per varj effetti della Luce nel Cristallo d'Islanda, recitata in una pubblica sessione della Regia Accademia di Mantova nel dì 20 Marzo 1778*.[254]

Serafino Calindri mandò in Accademia, per avere un parere, i testi manoscritti dei primi tre volumi della sua opera principale *Dizionario corografico, georgico, orittologico, storico ec. ec. ec. della Italia* [...]. *Montagna e collina del territorio bolognese*, data poi alle stampe.

Alberto Fortis, oltre a presentare il viaggiatore e naturalista Françoise Latapie, di Bordeaux, poi associato all'Accademia, scrisse al segretario Carli in data 2 aprile 1777 una lunga lettera con la descrizione geologica dei monti di Trieste, Capodistria, Pirano e delle Grotte del Carso; la stessa fu poi pubblicata come *Lettera orittologica del Signor Abate Alberto Fortis al Signor Abate Girolamo Carli* sulla rivista Opuscoli scelti sulle scienze e sulle arti, tomo I, Milano, editore Giuseppe Marelli 1778; dalla corrispondenza abbiamo inoltre notizia di reperti fossili e mineralogici forniti da Fortis all'Accademia mantovana.

Lazzaro Spallanzani, riprendendo in una lettera del 20 marzo 1796 l'antica polemica con l'Accademico mantovano Giovanni Serafino Volta,[255] accusò quest'ultimo di essere un «ignorante presuntuoso». Sorta infatti una polemica tra i due per una pubblicazione di Volta[256] che criticava alcune

[253] Ivi, Lettere di Accademici Illustri, busta 8 (lettere A-B), busta 9 (lettere C-F), busta 10 (lettere G-M), busta 11 (lettere N-S), busta 12 (lettere T-Z).

[254] F. BARALDI, *Studi ed esperimenti di cristallografia*, cit.

[255] P. MAZZARELLO, *op. cit.*; F. BARALDI, *Giovanni Serafino Volta*, cit.

[256] S. VOLTA, *Nuove ricerche ed osservazioni sopra il sessualismo di alcune piante*, in *Memorie della Reale Accademia di Scienze, Belle Lettere ed Arti di Mantova*, Tomo 1, Mantova, per l'Erede di Alberto Pazzoni 1795.

asserzioni di Spallanzani, questi scrisse immediatamente un opuscolo[257] dileggiante che inviò al Segretario della Reale Accademia mantovana, Matteo Borsa, lamentandosi nella lettera di accompagnamento che si riservasse a «quel bugiardo e calunniatore» di Volta spazio sugli Atti dell'Accademia stessa.

Di seguito proponiamo alcune sommarie note biografiche degli accademici naturalisti-geologi, mettendo in evidenza soprattutto le loro opere di argomento geologico di maggior rilievo.

ACHARD FRANZ KARL (Berlino 1753-Wińsko, Polonia 1821).

Fu uno scienziato tedesco che affrontò come fisico, chimico, mineralologo e biologo una molteplice varietà di problemi. Sviluppò, fra le altre cose, un procedimento fisico-chimico per ottenere industrialmente lo zucchero dalla barbabietola.

Tra le sue opere scritte ricordiamo:
- *Lettera del signor Achard chimico ed accademico di Berlino al principe di Gallitzin ambasciadore russo all'Aja contenente la scoperta ch'egli ha fatta sulla formazione de' cristalli e delle gemme*, «Opuscoli scelti sulle scienze e sulle arti tratti dagli Atti delle Accademie e dalle Collezioni Filosofiche, e Letterarie», vol. I Milano, Marelli 1778.
- *Sperienza fatta dal sig. Achard della R. Accademia di Berlino per accertare se l'acqua sia convertibile in terra*, «Opuscoli scelti sulle scienze e sulle arti tratti dagli Atti delle Accademie e dalle Collezioni Filosofiche, e Letterarie», vol. II, Milano, Marelli 1779.
- *Analyse de quelques pierres précieuses. Ouvrage traduit de l'allemand avec des remarques par M. J.B. Dubois*, Paris, Chez Moutard Libraire-Imprimeur de l'Académie Royale des Sciences 1783.

AMORETTI CARLO (Oneglia 1741-Milano 1816).

È stato un poligrafo e uno scienziato dai vasti interessi, che dal 1778 al 1807 curò da solo l'edizione della *Nuova scelta d'opuscoli interessanti sulle scienze e sulle arti*, una prestigiosa rivista di Milano che accoglieva gli scritti di scienziati di varie discipline.

Numerose le sue opere di carattere geologico:
- *Lettera su alcuni scheletri di grossi animali trovati da pochi anni in un colle piacentino, scritta da Carlo Amoretti a monsignor Giacinto Della Torre arcivescovo* «Nuova scelta d'opuscoli interessanti sulle scienze e sulle arti», tomo I, Milano, presso Giacomo Agnelli successore Marelli 1804.
- *Delle torbiere esistenti nel dipartimento d'Olona e limitrofi, e de' loro vantaggi, ed usi. Ragionamento di Carlo Amoretti*, vol. 1, part. 2 delle

---

[257] L. SPALLANZANI, *Lettera dell'Abate Spallanzani ad un suo amico di Mantova*, Pavia, presso Baldassare Comini 1796.

Memorie dell'Istituto Nazionale Italiano, Milano, presso Camillo Scorza, e compagno stampatori-libraj nella Contrada della Cerva al n. 340, 1807.
- *Elogio letterario del signor Alberto Fortis membro della società italiana delle scienze, scritto dal signor Cav. Carlo Amoretti*, inserito nel tomo XIV della Società Italiana delle Scienze, Verona, Tipografia di Giovanni Gambaretti 1809.
- *Della torba e della lignite combustibili che possono sostituirsi alle legne nel Regno d'Italia. Istruzioni di Carlo Amoretti*, Milano, presso Giovanni Pirotta stampatore in Santa Margherita 1810.
- *Viaggio da Milano ai tre laghi Maggiore, di Lugano e di Como e ne' monti che li circondano di Carlo Amoretti - Quinta edizione corretta ed accresciuta*, Milano, per Giovanni Silvestri 1817.

ANDRÉS JUAN Y MORELL (Planes, Alicante 1740-Roma 1817)

Esempio rappresentativo di grande erudizione e di enciclopedismo, Andrés ripercorre, in particolare nel Tomo V *Dell'origine, de' progressi e stato attuale d'ogni letteratura* la vicenda storica delle scienze naturali, a partire da Aristotele fino ai giorni suoi.

Gesuita espulso dalla Spagna nel 1767, si stabilì a Mantova dove rimase dal 1774 al 1796, ospite del Marchese Giuseppe Ambrogio Bianchi come precettore del primogenito Vincenzo, nel suo palazzo ubicato in Piazza Sordello, attualmente sede del palazzo vescovile.

Socio dell'Accademia Reale di Scienze Lettere e Arti di Mantova, nell'archivio storico di questa sono conservate tre sue dissertazioni manoscritte: a) *Dissertazione riguardante l'iscrizione romana di proprietà del marchese Antonio Luzara*; b) *Perché si facciano presentemente sì pochi progressi nelle scienze*; c) *Istoria delle osservazioni e scoperte che sono state fatte per determinare la vera figura della terra*.

Negli anni 1785, 1788 e 1791 viaggiò in Italia del nord e del centro sud, da Venezia a Torino e fino a Napoli; ebbe modo di fare osservazioni di tipo geologico su particolari aspetti dell'ambiente da lui visitati, tra cui i Fuochi di Pietramala in Toscana, le cascate di Tivoli nel Lazio, il Vesuvio e i Campi Flegrei in Campania, la laguna di Venezia nel Veneto, i pesci fossili di Bolca. Pur non essendo un geologo, le sue osservazioni in campo rivelano un'acuta capacità di osservazione; ci ha tramandato inoltre la descrizione di luoghi ormai profondamente modificati dall'uomo o dalle vicende geologiche.

ARDUINO GIOVANNI (Caprino Veronese 1714-Venezia 1795).

È stato un famoso geologo italiano, fondatore della Stratigrafia geologica. Nello scritto *Due lettere sopra varie osservazioni naturali dirette al Prof. A. Vallisnieri* (Venezia 1760) propose di dividere le rocce della crosta terrestre nei quattro ordini ancor oggi riconosciuti: Primario, Secondario, Terziario e Quaternario; la sua idea era che ciascuno di questi periodi fosse delimitato da fenomeni naturali come catastrofi, alluvioni, inondazioni, glaciazioni ecc.

Le principali opere di argomento geologico sono:

- *Due lettere del Sig. Giovanni Arduino sopra varie sue osservazioni naturali*, «Nuova raccolta di opuscoli scientifici e filologici», tomo VI, Venezia, per Simon Occhi 1760.
- *Alcune osservazioni orittologiche fatte nei monti del vicentino*, «Giornale d'Italia spettante alla scienza naturale, e principalmente all'agricoltura, alle arti, ed al commercio», tomo V, Venezia, appresso Benedetto Milocco 1769.
- *Saggio fisico-mineralogico di lythogonia e orognosia*, Atti dell'Accademia delle scienze di Siena detta de' Fisiocritici, volume 5, Siena, stamperia Luigi e Benedetto Bindi 1774.
- *Effetti di antichissimi estinti vulcani, ed altri fenomeni, e prodotti fossili osservati da Giovanni Arduino nella villa di Chiampo, ed in altri luoghi del territorio di Vicenza*, «Nuovo giornale d'Italia spettante alla scienza naturale, e principalmente all'agricoltura, alle arti, ed al commercio», tomo VII, Venezia, appresso Benedetto Milocco 1782.
- *Memoria epistolare sopra varie produzioni vulcaniche, minerali e fossili*, Venezia, appresso Benedetto Milocco 1782.

ASQUINO FABIO (Fagagna, Udine 1726-San Bartolomeo, Udine 1818).

Fin da giovane si interessò alle scienze naturali, alla viticoltura e all'economia agraria. Nel 1764 ricavò dai *Viaggi in Italia, Francia e Germania* di Niccolò Madrisio la notizia delle «turbie esistenti in alcuni beni paludosi di Fagagna di ragion dela casa Asquina»; in effetti grandi quantità di torba combustibile a basso potere calorifico giacevano nei terreni palustri ubicati a nord dell'abitato. Asquino ne decise l'estrazione sistematica per alimentare forni di cottura per laterizi.

La sua principale opera geologica è:

- *Discorso sopra la scoperta e gli usi della torba in mancanza de' boschi e del legname detto nella Società d'agricoltura pratica di Udine dal conte Fabio Asquino* [...] nel di 3 febbrajo 1770, Udine, per li Fratelli Gallici 1770.

BALDASSARRI GIUSEPPE (Sarsina 1705-Siena 1785).

Laureato in Medicina, ottenne la cattedra di Storia Naturale presso l'Università di Siena; fu presidente dell'Accademia dei Fisiocratici. Le sue ricerche si svolsero soprattutto nel territorio senese ed hanno riguardato la mineralogia, la paleontologia, la botanica.

Due le principali opere di carattere geologico:

- *Osservazioni sopra il sale della creta, con un saggio di produzioni naturali dello stato sanese*, Siena, stamperia del Pubblico 1750.
- *Delle acque minerali di Chianciano. Relazione di Baldassarri Giuseppe*, Siena, stamperia di Agostino Bindi 1756.

BARTALINI BIAGIO (Torrita in Val di Chiana 1746-Siena 1822).

Fu discepolo del naturalista Giuseppe Baldassarri al quale successe nel 1782 nella cattedra di Fisica e di Chimica nell'Università di Siena; ebbe in seguito la cattedra di Storia Naturale e la direzione dell'Orto dei Semplici annesso all'Ospedale di S. Maria della Scala. Fu un valente conoscitore di piante, come dimostra il suo erbario; non trascurò la mineralogia e la paleontologia e pubblicò pregevoli osservazioni in questo campo, né mancò di studiare le applicazioni pratiche di mineralogia: servendosi delle terre calcaree e delle argille del Senese riuscì, con nuovi e ingegnosi processi, a fabbricare porcellane all'uso inglese; le sue collezioni di mineralogia (300 pezzi) e di paleontologia (2500 fossili marini) si conservano presso l'Accademia dei Fisiocritici di Siena. La sua opera geologica più significativa è:
- *Ragguaglio di alcune produzioni naturali dell'Agro senese scritto ad un amico dal sig. dottore B. B. Atti dell'Accademia dei Fisiocritici*, tomo VIII, Siena 1800.

BINA ANDREA (Milano 1724-1792).

Geologo, matematico e fisico italiano, noto soprattutto per l'invenzione del sismografo, è stato anche insegnante allo *Studium Perusinum* di Perugia e nei monasteri di Padova, Perugia e Milano. A lui è dedicato l'Osservatorio Sismico Andrea Bina a Perugia, all'interno della millenaria Abbazia Benedettina di San Pietro; si tratta di uno dei più antichi osservatori sismici d'Italia e proprio in questa sede Bina ideò il primo sismografo a pendolo nel 1751.

Partecipò al concorso, indetto nell'anno 1768 dalla Reale Accademia di Scienze e Belle Lettere di Mantova, *Ragionamento sopra il quesito qual sia il metodo più sicuro, più facile, e meno dispendioso tanto nell'esecuzione, che nella manutenzione, per impedire, e riparare la corrosione delle ripe de' fiumi arginati, Mantova. L'opera fu "coronata" e pubblicata presso l'Erede di Alberto Pazzoni, Mantova, 1769.*

La sua opera sismologica più importante è:
- *Ragionamento sopra la cagione dei terremoti, ed in particolare di quello della terra di Gualdo di Nocera Umbra seguito l'anno 1751*, Perugia, per li Costantini e Maurizj 1751.

BREISLAK SCIPIONE (Roma 1750-Milano 1826).

È stato un importante geologo e naturalista.

Distintosi presto negli studi matematici, divenne professore di Matematica e Fisica al collegio scolopio di Ragusa. Tornato a Roma, divenne docente di Fisica al Collegio Nazareno, sempre tenuto dai padri scolopi e membro dell'Accademia degli Incolti. Con la sua collezione, tuttora esistente e visitabile, creò il primo museo di mineralogia di Roma. Approfondì i suoi interessi per la mineralogia studiando i terreni vulcanici della Campania, come ben testimoniato dalla sua opera *Topografia Fisica della Campania* (Firenze, stamperia di Antonio Brazzini 1798); nei dintorni di Napoli ritrovò diversi cristalli e minerali di zolfo, ad uno dei quali fu dato il suo nome, la *Breislakite*.

Numerose le sue opere di tema geologico, tra le quali:
- *Saggio di osservazioni mineralogiche sulla Tolfa, Oriolo e Latera*, Roma, stamperia di Giovanni Zempel 1786.
- *Introduzione alla geologia*, Milano, stamperia Reale 1811.
- *Sulla giacitura di alcune rocce porfiritiche e granitose osservate nel Tirolo dal Sig. Conte Marzari-Pencati. Memoria Geognostica letta all'Imperial Regio Istituto di Lombardia*, Milano, Imperial Regia Stamperia 1821.
- *Descrizione geologica della provincia di Milano*, Milano, Imperial Regia Stamperia 1822.
- *Sulle osservazioni fatte da alcuni celebri geologi posteriormente a quelle del Sig. conte Marzari intorno alla giacitura dé graniti nel Tirolo meridionale*, Milano, Imperial Regia Stamperia 1824.
- *Osservazioni sopra i terreni compresi tra il lago Maggiore e quello di Lugano alla base meridionale delle Alpi*, «Memorie dell'Imperial Reale Istituto del Lombardo Veneto», vol. V, Milano, Imperial Regia Stamperia 1838.

BROCCHI GIOVAN BATTISTA (Bassano del Grappa 1772-Khartum 1826).

Studiò giurisprudenza e teologia all'Università di Padova ma si interessò presto di scienze naturali: geologo e paleontologo, si occupò anche di mineralogia, botanica e zoologia. Descrisse le miniere e la struttura geologica del Bresciano e della valle di Fassa, dando un valido contributo alla metallurgia e alla chimica metallurgica. Contribuì a perfezionare lo studio dei fossili, da lui visti come indicatori di determinati caratteri ambientali e dell'età dei terreni che li contenevano.

Fu autore di opere fondamentali per il progresso della geologia, tra cui:
- *Trattato mineralogico e chimico sulle miniere di ferro del Dipartimento del Mella con l'esposizione della costituzione fisica delle montagne metallifere della Val Trompia. 2 volumi. Per Nicolò Bettoni, Brescia, 1807.*

- *Conchiologia fossile subappennina con osservazioni geologiche sugli Appennini e sul suolo adiacente,* Milano, stamperia Reale 1814.
- *Dello stato fisico del suolo di Roma. Memoria per servire d'illustrazione alla carta geognostica di questa città*, Roma, stamperia De Romanis 1820.
- *Sulle geognostiche relazioni delle rocce calcarie e vulcaniche di Val di Noto in Sicilia. Biblioteca italiana,* volume VII, Milano, Imperial Regia Stamperia 1822.

CALINDRI SERAFINO (Perugia 1733-Città della Pieve 1811).

È stato un ingegnere idraulico allievo di Ruggero Boscovich, che lo apprezzava molto; nel 1762 fu incaricato della sistemazione del porto di Rimini e del corso del fiume Marecchia.
Calindri viene oggi ricordato, piuttosto che per le vicende del porto di Rimini, principalmente per il suo *Dizionario corografico* (1781-1785) che, nelle ambiziose intenzioni dell'autore, avrebbe dovuto illustrare mediante pubblicazioni a cadenza periodica l'intera Italia sotto vari profili: storico, economico, geografico e geologico; il progetto non fu realizzato e le pubblicazioni si limitarono ai primi sei tomi riguardanti il territorio bolognese.

La sua opera principale con riferimenti geografico-geologici è:
- *Dizionario corografico, georgico, orittologico, storico ec. ec. ec. della Italia composto su le osservazioni fatte immediatamente sopra ciascun luogo per lo stato presente, e su le migliori memorie storiche e documenti autentici combinati sopra luogo per lo stato antico. Montagna e collina del territorio bolognese.* 6 volumi, Bologna, stamperia di S. Tommaso d'Aquino 1781-1785.

DEMBSHER FRANCESCO

Purtroppo non è stato possibile trovare notizie biografiche di questo scienziato, che fu tuttavia considerato un eminente mineralologo e geologo: Giovanni Strange lo cita nella sua opera *De' monti colonnari e d'altri fenomeni vulcanici dello stato veneto* (Milano, per Giuseppe Marelli 1788); Giuseppe Marzari Pencati nella *Lettera Geologica diretta a Giuseppe Dembsher, uno degli estensori della Gazzetta privilegiata di Venezia* (Gazzetta privilegiata di Venezia dall'8 febbraio al 28 aprile 1823, cioè ne' Supplementi dei numeri 32, 39, 94 e nell'Appendice n° LVIII), dice di Francesco che fu titolare della cattedra di Geometria Sotterranea alla scuola mineraria di Schemnitz in Slovacchia e che successivamente diresse per sette anni la miniera erariale di Agordo (BL), dalla quale si estraevano ferro, zinco, rame, piombo e argento.

I principali scritti geologici di Dembsher sono:

- *Della legittima distribuzione de' corpi minerali, saggio epistolare del Sig. Francesco Dembsher a sua Eccellenza il Signor Giovanni Strange*, Venezia, stamperia Palese 1777.
- *Lettera mineralogico-fisica*, Nuovo Giornale Enciclopedico di Vicenza, 1786.

DONDI DALL'OROLOGIO ANTONIO CARLO (Padova 1751-1801).

Fu allievo di Lazzaro Spallanzani e membro di varie accademie padovane, come pure di quelle dei Georgofili, l'Etrusca di Cortona e dell'Istituto di Bologna.

Le sue opere geologiche più significative sono:
- *Prodromo della storia naturale de' Monti Euganei*, Padova, per il Penada 1780 (con dedica all'amico Angelo Gualandris).
- *Saggio di osservazioni fisiche fatte alle terme de' Monti Euganei*, Padova, per li Conzatti a S. Lorenzo 1782.
- *Saggio di littologia euganea o sia Distribuzione metodica, e ragionata delle produzioni fossili de' Monti Euganei*, Saggi scientifici e letterari dell'Accademia di Padova, tomo II, Padova 1789.
- *Lettera [...] alla signora Elisabetta Caminer-Turra, contenente alcune osservazioni sopra la pietra calcare o nitrosa del Pulo di Molfetta*, «Opuscoli scelti sulle scienze e sulle arti», XII, Milano 1789.

FORTIS ALBERTO (Padova 1741-Bologna 1803).

Iniziò presto a collaborare in modo assiduo e costante, anche in qualità di redattore, con le migliori testate del giornalismo letterario e scientifico del tempo, che ne rivelarono le capacità di divulgatore entusiasta delle idee illuministiche. Queste attività non lo distolsero dalle indagini naturalistiche sul campo: nel 1770 intraprese un viaggio in Dalmazia, il primo di tre finanziati da mecenati inglesi e dal Senato veneto, assieme a John Symonds e Domenico Cirillo. Più lungo e approfondito fu il secondo viaggio, effettuato l'anno dopo con lord F.A. Hervey, vescovo di Londonderry, al termine di un breve soggiorno nel Napoletano, dove entrambi si erano recati per studiare i fenomeni vulcanici approfittando di una spettacolare eruzione del Vesuvio. Il terzo viaggio fu compiuto nell'estate del 1773, su incarico del Senato veneziano con il compito di analizzare le cause del degrado della pesca litoranea, e di suggerire i possibili rimedi.

I suoi testi più importanti, che ebbero risonanza europea, sono:
- *Saggio d'osservazioni sopra l'isola di Cherso e Osero*, Venezia, presso Gaspare Storti 1771.
- *Viaggio in Dalmazia*, Venezia, presso Alvise Milocco 1774.

GAZOLA GIAMBATTISTA (Verona 1757-1834).

È soprattutto nel campo delle scienze naturali, più specificatamente nei settori della botanica, della geologia e della paleontologia, tradizionalmente importanti in Verona data la situazione ambientale del territorio provinciale, che l'attività di Gazola si esplica pienamente, con lunghi anni di studi e di raccolta di reperti vari, in particolare pesci fossili, investendovi inoltre cospicue risorse economiche. La collezione di fossili di Bolca arricchiva la sua dimora privata, che divenne anche luogo di riunione dei dotti della città. Il giorno 5 marzo 1798 lesse in Accademia mantovana la seguente dissertazione: *Memoria del Conte Giovanni Battista Gazola di Verona sulle Nitriere Artificiali che potrebbersi facilmente costruire in città.*[258]

Tra le sue opere di carattere geologico ricordiamo:
- *Lettere recentemente pubblicate sui pesci fossili veronesi con annotazioni inedite agli estratti delle medesime*, Verona, stamperia Ramanzini 1794.
- *Sopra la facile produzione del nitro. Dialoghi due*, Verona, stamperia Giuliari 1797.
- *Lettera al signor Francesco Orazio Scortegagna di Lonigo sopra la descrizione d'un pesce petrificato da esso pubblicata in Vicenza*, Verona, Tipografia Tommasi 1805.

GIOENI GIUSEPPE (Catania 1743-1822).

Mineralogista e vulcanologo, nacque in una famiglia patrizia, i duchi D'Angiò. Iniziò a interessarsi di vulcanologia dopo la lettura degli studi condotti sui Campi Flegrei da Sir William Hamilton, ambasciatore inglese alla corte dei Borboni di Napoli e valente naturalista; cominciò quindi la raccolta di minerali e di specie zoologiche allo scopo di creare un museo personale. Nel 1780 gli venne conferita la cattedra di Storia Naturale e Botanica all'Università degli Studi di Catania; in suo onore, nel 1824, venne fondata a Catania l'Accademia Gioenia di Scienze Naturali, istituzione ancor oggi attiva dopo aver goduto di una lunga e prestigiosa vita.

I principali studi geologici sono:
- *Relazione della eruzione dell'Etna nel mese di Luglio 1787*, Catania, per Francesco Pastore 1787.
- *Saggio di litologia vesuviana*, Napoli, stamperia Simoniana 1790.

OLIVI GIUSEPPE (Chioggia 1769-Padova 1795).

Fu membro di prestigiose istituzioni scientifiche, italiane e straniere, fra le quali l'Accademia delle Scienze di Torino, l'Accademia Nazionale

[258] ANV, As, Parte II, Dissertazioni Accademiche, Agronomia, busta 55/26, cc. 12.

delle Scienze, detta anche Accademia dei XL, l'Accademia di Berlino; si interessò di chimica, botanica, agraria, mineralogia. I suoi brillanti risultati nel campo delle scienze naturali gli meritarono, nel 1792, il plauso di Lazzaro Spallanzani: «Io preveggo facilmente, che proseguendo voi, e perfezionando i vostri studj, diverrete sicuramente uno de' primi naturalisti dell'Europa»; la precoce morte rese vano l'auspicio.

Le sue opere di carattere geologico sono:

- *Dell'Atmosfera delle acque minerali di Salerno, e in particolare del lezzo d'asfalto, che si fa sentire, della di lui permanente gasosità, natura, e denominazione. Memoria epistolare diretta al Sig. Vincenzo Comi*, «Opuscoli scelti sulle scienze e sulle arti», tomo XIV, Milano 1791.
- *Lettera sulla natura e formazione delle lave compatte*, «Annali di Chimica e Storia Naturale», Pavia 1795.

PINI CARLO ERMENEGILDO (Milano 1739-1825).

Barnabita, si dedicò agli studi matematici e in seguito a quelli di scienze naturali. Nel 1773 visitò le più importanti miniere d'Ungheria, nel 1778 fu nominato delegato alle Miniere della Lombardia austriaca e, nel 1779, soprintendente alla Metallurgia.

Le sue opere geologiche più significative sono:

- *Della torba e del carbon-fossile*, Milano, appresso Giuseppe Galeazzi 1775.
- *Memoire sur des nouvelles cristallisations de feldspath et autres singularites renfermees dans les granites des environs de Baveno*, Milano, Giuseppe Marelli 1779.
- *Della maniera di osservare nei Monti la disposizione degli strati con uno stromento comodissimo a tal fine*, «Opuscoli scelti sulle scienze e sulle arti», tomo III, parte III, Milano, presso Giuseppe Marelli 1780.
- *Memoria mineralogica sulla montagna e sui contorni di S. Gottardo*, Milano, Giuseppe Marelli 1783.
- *Viaggio geologico per diverse parti meridionali dell'Italia esposto in lettere*, Milano, stamperia Mainardi 1802.

SCOPOLI GIOVANNI ANTONIO (Cavalese 1723-Pavia 1788).

Dal 1769 Scopoli fu professore di chimica, mineralogia e metallurgia all'Accademia Mineraria di Schemnitz (oggi Banská Štiavnica); in quegli anni produsse le sue opere scientifiche di mineralogia più rinomate. Nel 1777 si trasferì all'Università di Pavia per ricoprire la cattedra di chimica e botanica, incarico che conservò fino alla morte.

Le sue principali opera di mineralogia sono:

- *Principia mineralogiœ Systematicœ et Praticœ*, Praga, apud Wolfangum Gerle 1772.

- *Crystallographia Hungarica. Pars 1. exhibens crystallos indolis terrae cum figuris rariorum*, Praga, apud Wolfangum Gerle 1776.
- *Principj di mineralogia sistematica e pratica che succintamente contengono la struttura della terra, li sistemi mineralogici, le classi delle pietre, i generi, le specie, colle principali loro varietà, caratteri, sinonimi, analisi, ed uso, come ancora alcune regole generali appartenenti alla docimasia, alla pirotechnia metallurgica ec. ec.*, Venezia, presso Giambattista Novelli 1777.

SPALLANZANI LAZZARO (Scandiano 1729-Pavia 1799).

Famosissimo scienziato italiano, è considerato il padre della biologia. Nel novembre del 1769 fu chiamato all'Università di Pavia, per insegnarvi Storia Naturale, carica che tenne fino alla morte; assunse anche la direzione del Museo dell'Università, della quale fu rettore nell'anno 1777-1778. Sin dal 1771 era riuscito a creare un Museo di Storia Naturale che nel corso degli anni acquistò una grande fama, anche internazionale.

Si interessò in modo approfondito anche di geologia; le sue opere principali in questo campo sono:
- *Al valorosissimo Signor Cavalier Vallisneri Pubblico Professore di Storia Naturale in Padova. Lettere due*, «Nuova Raccolta di Opuscoli Scientifici e Filologici», 9, Venezia 1762.
- *Lettera seconda relativa a diversi oggetti fossili e montani*, «Memorie di Matematica e Fisica della Società Italiana», 2, Verona, 1784.
- *Osservazioni fisiche istituite nell'Isola di Citera oggidì detta Cerigo*, «Memorie di Matematica e Fisica della Società Italiana», 3, Verona, 1786.
- *Viaggi alle Due Sicilie e in alcune parti dell'Appennino*, 2 voll., Pavia, per Baldassare Comino 1792.

11. CONCLUSIONI

Le dissertazioni di carattere geologico, presenti nell'Archivio Storico dell'Accademia Nazionale Virgiliana di Mantova, testimoniano un interesse vivace nei confronti di vari settori specifici di quella che sarà, a partire dalle prime decadi del XIX secolo, la nuova disciplina geologica, quali mineralogia, cristallografia, terremoti, origine dei monti, sorgenti e acque sotterranee; in tutte queste dissertazioni si fa diretto riferimento alle ricerche e alle teorie in auge a quel tempo, a riprova che gli autori erano ben informati sulla letteratura scientifica, non solo italiana ma pure europea.

Come detto nelle note generali, nella seconda metà del Settecento era in essere un profondo rinnovamento nella ricerca scientifica geologica, non più debitrice di speculazioni teoriche, a tavolino, ma improntata alla ricerca diretta in campo dei fenomeni geologici, alle verifiche sperimentali in laboratorio e, di conseguenza, ai nuovi indirizzi che, soppiantando un'acritica adesione alle credenze religiose, introducevano la consapevolezza dei tempi geologici profondi, portando poi nei secoli successivi a valutare un'età della Terra incomparabilmente maggiore di quanto poteva risultare dagli studi biblici.

Per quanto riguarda le idee generali, gli autori, in gran parte religiosi, fanno comunque ancora riferimento al Diluvio Universale (Serafino Volta, Deodato Galizi) per spiegare l'origine dei fossili; questa teoria aveva il duplice vantaggio di rispettare la storia biblica e le teorie nettuniste sulla formazione delle montagne. Al contrario Angelo Gualandris evidenzia nei suoi scritti di tenere in conto la teoria plutonista, osservando nelle miniere del Derbyshire strati verticali mineralizzati spinti verso l'alto in discordanza con quelli orizzontali calcarei e addebitando la formazione dei basalti a un "fuoco" sotterraneo, ovvero al magma spinto in superficie da forze molto potenti.

Sull'origine dei terremoti Gherardo d'Arco fa riferimento alle credenze del suo tempo, imputando a una 'vis elettrica' lo scuotimento delle masse rocciose sotterranee; l'elemento di novità che introduce, la discontinuità tra le masse rocciose che impedisce un ordinato flusso del vapore elettrico, può essere considerato antesignano del riconoscimento dell'esistenza di fratture tra blocchi rocciosi, e dei movimenti relativi di questi ultimi, cui attualmente vengono imputati i terremoti. Ugualmente Giovanni Vannucci sostiene una teoria elettrica come causa dei terremoti e propone a difesa della città di Rimini la costruzione di alte torri metalliche in grado di attenuare la potenza della elettricità che si libera.

Stranamente mancano dissertazioni d'indirizzo paleontologico, tenuto anche conto che l'Accademia mantovana annoverava tra i suoi soci uno studioso dello spessore di Serafino Volta, autore del primo testo organico, a livello europeo, sui fossili di Bolca, un giacimento fossilifero tra i più importanti a livello mondiale.

François Latapie analizza i fenomeni della *mofeta* della Grotta del Cane, ma non solo curiosando sulle tristi vicende dei cani obbligati a respirare aria tossica stagnate sulla parte bassa della grotta, bensì eseguendo un set di esperimenti fisico-chimici con strumentazione tecnica adeguata per quei tempi.

Pure nel campo della mineralogia e cristallografia, Francesco Fromond e Girolamo Carli mostrano di aver intrapreso una strada di sperimentazione diretta dei fenomeni ottici, aderendo o no alle teorie, allora affermate, che vedevano in campo personaggi come Newton e Huygens.
Particolarmente interessanti appaiono le dissertazioni che affrontano problemi pratici: come costruire bene le fondazioni degli edifici (purtroppo anonima) e le strade (Lodovico Andreasi); ancora, le dissertazioni sulle miniere (Angelo Gualandris e Deodato Galizi) rivestono un interesse eminentemente concreto, in un'epoca in cui la disponibilità di minerali era il fondamento dello sviluppo economico industriale.

Tutte le dissertazioni si rifanno, quindi, agli indirizzi fissati per l'Accademia mantovana, ovvero di tentare nuove scoperte «nei tre regni della storia naturale» e di lavorare per i «comodi della nazione».[259] È indubbio che anche l'indirizzo pratico e tecnologico dell'Accademia mantovana venne assecondato: Pasquale Coddè, scrivendo le memorie della Colonia Arti e Mestieri, una delle Classi dell'Accademia,[260] riporta notizia dell'esposizione di un «esemplare esattissimo di una macchina per battere pali [*battipalo*] nei fondamenti» ad opera di Giovanni Fioroni,[261] o ancora di due modelli di *cavafanghi* realizzati da Marco Antonio Margonari, di cui uno poi effettivamente realizzato per le opere di dragaggio di Porto Catena in città.[262]

Va inoltre ricordato il ruolo dell'Accademia mantovana nel fornire materiali naturalistici a uso didattico al Regio Arciducale Ginnasio di Mantova;[263] sappiamo che un consistente numero di fossili venne donato, nel 1777, dall'accademico Gherardo d'Arco alla Regia Accademia di Scienze e Belle Lettere e da questa confluì in seguito nel Gabinetto naturalistico della scuola mantovana: si tratta di pesci fossili provenienti da Bolca e non è difficile immaginare che Serafino Volta abbia avuto un ruolo nel procurarli. Presso il Liceo Classico Virgilio mantovano è ancora conservata una cassettina in cartone con coperchio in vetro che raccoglie 35 esemplari delle miniere di rame della Val d'Agordo, di cui si era interessato l'accademico Angelo Gualandris; sono pure presenti altri campioni di minerali inventariati nella seconda metà del Settecento. Ancora, sappiamo che l'accademico Deodato Galizi aveva il compito di reperire materiale naturalistico (fossili, minerali e rocce) proveniente dall'Istria, dove insegnava.[264]

---

[259] *Codice della Reale Accademia*, articoli XX e XXI in *Memorie della Reale Accademia di Scienze Belle Lettere ed Arti*, Mantova, Erede di Alberto Pazzoni, Regio-Ducale Stampatore 1795.

[260] P. CODDÈ, *Memorie della Società d'Arti, e Mestieri una delle Classi dell'Accademia di Scienze, Belle Lettere, ed Arti di Mantova*, Mantova, per Francesco Agazzi 1809.

[261] Giovanni Fioroni fu premiato dall'Accademia mantovana grazie anche al giudizio positivo espresso da Gaetano Bettinelli, matematico e fratello del famoso letterato Saverio; il giudizio è conservato nell'Archivio Storico dell'Accademia Nazionale Virgiliana, Atti Amministrativi, busta 13.

[262] Al cavafango furono spesso destinati a lavorare i detenuti nelle carceri di Mantova; a tal proposito si veda E. PAGANO, *Questa turba infame a comun danno unita. Delinquenti, marginali, magistrati nel mantovano asburgico (1750-1800)*, Milano, Franco Angeli 2014. Sull'uso del cavafango a Porto Catena si veda anche R. SARZI, *Porto Catena in Mantova*, Mantova, Editoriale Sometti 2005.

[263] Il duca Ferdinando Gonzaga nel 1625 trasformò lo Studio dei Gesuiti in 'Pacifico Ginnasio Mantovano', un vero e proprio centro universitario, articolato in tre facoltà: Filosofia e Teologia, Giurisprudenza, Medicina. Con il passaggio di Mantova sotto la dominazione asburgica (1707), Maria Teresa d'Austria emanò nel 1760 un piano generale per l'organizzazione scolastica in seguito al quale l'istituzione mantovana fu ridotta a 'Regio Arciducale Ginnasio'; allo scopo vennero attrezzati un gabinetto di fisica e un laboratorio chimico, mentre a un docente spetterà poi la manutenzione di un museo di storia naturale e la direzione dell'orto botanico officinale istituito nel 1780. Dopo l'unificazione di Mantova al Regno d'Italia (1866), con il decreto di Re Vittorio Emanuele del 21 giugno 1867 l'istituto mantovano, entrato a far parte del Ministero della Pubblica Istruzione, venne intitolato 'Liceo Ginnasio Virgilio', ora Liceo Classico Virgilio.

[264] ANV, As, Musei, busta 24, fasc. 3: *Corrispondenza relativa alla formazione e alla collocazione dei reperti antichi nel Museo*. Si tratta di cinque lettere tutte inviate da Capodistria tra luglio 1779 e aprile 1780.

L'ultimo quarto del XVIII secolo fu pertanto un periodo assai fecondo per gli studi di scienze naturali in generale, e di geologia in particolare, da parte degli accademici mantovani; non si può certo parlare di una scuola geologica mantovana, ma comunque di un ambiente culturale nel quale gli studi afferenti alle scienze della terra erano tenuti in notevole considerazione. Un periodo che purtroppo ebbe una durata assai breve: nel secolo successivo questa passione geologica si spense, tenuta in vita unicamente da pochissimi studiosi mantovani: Luigi d'Arco (Mantova, 1795-1872),[265] Enrico Paglia (Mantova, 1834-1889)[266] e Annibale Tommasi (Mantova, 1858-1921).[267]

Fu anche grazie ai naturalisti mantovani che la città si arricchì, tra la fine del Settecento e la metà dell'Ottocento, di alcune importanti collezioni geologiche, quali la collezione mineralogica (oltre 2000 campioni), petrografica (oltre 1500 campioni) e paleontologica del Liceo Virgilio di Mantova; la collezione mineralogica (1088 campioni) e petrografica (2500 campioni) della famiglia d'Arco conservata presso il museo dell'omonimo palazzo; la collezione mineralogica (687 campioni) e petrografica (217 campioni) conservata presso la Biblioteca Teresiana.[268]

---

[265] F. BARALDI, *Luigi D'Arco, geologo mantovano, in un inedito del 1858: "Viaggio a Monte Baldo"*, Accademia Nazionale Virgiliana, «Atti e Memorie», n.s. vol. LV, Mantova 1987.

[266] ID., *L'opera geologica di Enrico Paglia per la conoscenza del territorio mantovano*, Accademia Nazionale Virgiliana, «Atti e Memorie», n.s. vol. LXIX, Mantova, 2001.

[267] R. MAROCCHI, *Le Scienze della Terra nella Raccolta Tommasi*, «Bollettino Storico Mantovano», Nuova Serie 10, Mantova, 2012.

[268] *Collection '800*. http://www.mantovacollections.it/index.php/it/

APPENDICE

DISSERTAZIONI

MINERALOGIA

E

CRISTALLOGRAFIA

5 giugno 1777	Fromond Gio. Francesco	Lettera contenente alcune scoperte nel Cristallo d'Islanda

Archivio Storico dell'Accademia Nazionale Virgiliana di Mantova, Dissertazioni Accademiche, Storia Naturale, busta 44/8.

Eccomi, gentiliss.° Sig. Ab. Carli, a compiere un dovere troppo preciso, cioè a renderle un conto minuto de' varj pezzi di cristallo d'Islanda che avrà già ricevuto da S. E. il Sig. Conte di Firmian, e che mi sono preso la libertà di far presentare per di Lei mezzo alla R. Academia. Sebbene io non dubito che cotesti Sig.[i] Professori avranno trovato tosto il modo di vedere i vaghi, e molti fenomeni che nascono da questa meravigliosa sostanza, pure ho creduto di dover tessere un breve catalogo di ciò che a me è avvenuto di osservare, e di aggiungervi alcune avvertenze, trascurate le quali o non si vedono se non cose comuni, o non si vede nulla.

Lo scatolino adunque segnato N° 1 presenta due imagini assai distinte, ma senza colori. Facendo girare la scatola intorno al suo asse minore, queste immagini ora si scostano, ed ora si avvicinano fino a comparire una sola. E' dunque da notarsi che lo scostamento sarà tanto più sensibile, quanto più obliquamente all'occhio dell'operatore sarà tenuto il pezzo.

N° 2. Presenta tre immagini costantemente in linea retta, ma con questa legge, che quella di mezzo vi tiene sempre la sua situazione nel tempo che le due laterali s'aggirano intorno d'essa ognora che si move lo scatolino. Queste altresì si vedono tinte dei più vivi colori prismatici, e si allontanano più o meno secondo una maggiore, o minore inclinazione che si dia al pezzo, osservandosi intanto un continuo cambiamento di colori, e particolarmente è da osservare che nell'allontanarsi delle due immagini si manifesta in esse un raddoppiamento, che tanto più è sensibile quanto che vestono i colori opposti, conservando la posteriore sempre il color rosso, e l'anteriore gli altri colori a norma dell'inclinazione.

Il N° 3 rappresenta tutti i fenomeni del precedente a differenza però che in quello si manifesta il raddoppiamento delle immagini laterali, ed in questo soltanto della centrale. Tale raddoppiamento si fa vedere maggiormente con inclinare lo scattolino verso quella parte che fa scostare le immagini laterali, e più sensibilmente ancora, se l'oggetto che si osserva sarà in distanza di due, o tre piedi. Il particolare fenomeno poi che presenta questo pezzo (quando lo scatolino sia posto all'occhio in maniera che le tre immagini si trovino in linea orizontale) è che inclinando il pezzo verso quella parte che porta seco l'approssimazione delle immagini, allora si manifestano i colori in tutte tre le immagini, quella però del centro ha sempre colore diverso dalle estreme, nelle quali il passaggio de colori siegue uniformemente. Tenuto poi lo scatolino in quella posizione, si scorgerà ad ogni minima inclinazione del medesimo all'orizonte un passaggio continuo de colori oltemodo vividi, e cangiare tutto il sistema perfino a tre volte.

Il N° 4 presenta sette immagini, le quali cambiano di colore, e sito secondo la posizione dello scattolino non troppo facile da determinarsi, mentre ora si manifestano tutte in doppia linea retta, ora se ne vedono sei in circonferenza, e la settima situata nel centro immobile e senza colori.

I descritti fenomeni di questi pezzi si osserveranno con somma distinzione quando si faccia passare per essi un piccol raggio di sole entro di una camera resa affatto oscura, oppure osservando la luce di una candela.

La novità di questi fenomeni è stata quella che mi ha mosso a credere il tenue dono che ho fatto alla R. Academia degno di una tanto rispettabile adunanza. Newton, Huyghens,

Bartolini, e Martin hanno ragionato e specolato intorno a questa sostanza, ma per quanto io so, nessuno degli accennati scrittori ha detto mai che una semplice falda non lavorata in forma di Prisma presentasse colori tanto vivi, e tante immagini così ben distinte; onde mi giova sperare che la Reale Academia sia per essere la prima di tutte ad avere tale notizia, a cui appoggiato alcuno de' dotti professori di costì, potrebbe portar più oltre la scoperta, e moltiplicare i fenomeni. Se a ciò potrà giovare, come non ne dubito una scoperta da me fatta pocanzi, pregherò V. S. Ill.ma a farne parte, o a tutta l'Academia, o a quello de' di lei membri che più le parrà.
La scoperta è nata da un accidente che mi ha subito fatto nascere l'idea di applicarla a render ragione dello stranissimo fenomeno delle molte immagini che ci fa vedere una lastra piana di questo così detto cristallo. Nell'esaminare uno de' molti micrometri da me fatti durante il passato inverno (i quali non sono altro che lastre piane di vetro, su cui con una finissima punta di Diamante guidata da una facile macchinetta ho leggerissimamente scolpito tante linee, che un quarto di pollice vien diviso in 250.000 quadratelli) nell'esaminare dico un Micrometro trovai che guardando attraverso ad esso una candela accesa mi si offrivano non pochi di que' fenomeni, che si osservano guardando parimenti una candela accesa attraverso al Cristallo d'Islanda, cioè immagini replicate in gran numero, e vestite de' più bei colori prismatici.
La parte pratica del mio impiego, sopra tutto i varj rami dell'Ottica mi occupano a segno che non posso sperare di far quando che sia una serie longa di osservazioni per mettere i fondamenti di una soda Teoria, e venir quindi a rendere minuta ragione di tutti i Fenomeni. Ho perciò creduto di non poter meglio depositare questa scoperta che col comunicarla a cotesta R. Academia a cui mi pregio tanto di essere stato aggregato.
V. S. Ill.ma saprà mettere in quel chiaro lume che merita il poco che io ho detto, e supplire al molto che avrei potuto dire, se avessi tempo. Mentre io la prego di supplire a ciò che troverà o difettoso, o mancante, mi faccia pure la grazia di farmi serv.re a cotesti Sig. Academici, e pieno di quella affettuosa stima che V. S. Ill.ma ha saputo guadagnarsi da chiunque lo conosce per i degni caratteri del suo bel cuore, e del suo perspicace ingegno passo a professarmi
di V. S. Ill.ma
Milano 5 giugno 1777

20 marzo 1778	Carli G. Girolamo	Degli effetti della luce nel Cristallo d'Islanda, nello Spato romboidale di Siena, e in diverse specie di Selenite

Archivio Storico dell'Accademia Nazionale Virgiliana di Mantova, Dissertazioni Accademiche, Storia Naturale, busta 44/27.

Mancherei certamente, Accademici, ed Ascoltanti ornatissimi, ai privati, e pubblici miei doveri, se defraudando quella fiducia, che un mio illustre Amico, il Canonico Francesco Fromond,[1] meritamente colloca nella perspicacia de' vostr'ingegni per la cooperazione al ritrovamento di nuove verità nelle Scienze, io più tardassi a parteciparvi una lettera, che nelle scorse ferie egli m'indirizzò da Milano in sequela del dono di quattro piccoli, ma

[1] Vedasi in precedenza.

politissimi pezzi di Cristallo d'Islanda,[2] tutti fra loro diversi, e produttori di singolari fenomeni. Uditela, che è ben degna della vostra attenzione.

Eccomi...Sig. Ab. Carli, a compiere un dovere troppo preciso, cioè a renderle un conto minuto de' varj pezzi di Cristallo d'Islanda, che avrà già ricevuto da Sua Altezza il Signor Conte di Firmian, e che mi sono preso la libertà di far presentare per di Lei mezzo alla R. Accademia. Sebbene io non dubito che Ella, e cotesti Signori Professori avranno trovato tosto il modo di vedere i vaghi, e molti fenomeni, che nascono da questa meravigliosa sostanza, pure ho creduto di dover tessere un breve catalogo di ciò che a me è avvenuto di osservare, e di aggiungervi alcune avvertenze, trascurate le quali o non si vedono se non cose comuni, o non si vede nulla.

Lo scatolino adunque segnato n° 1 presenta due imagini assai distinte, ma senza colori. Facendo girare la scatola intorno al suo asse minore, queste imagini ora si scostano, ed ora si avvicinano fino a comparire una sola. È dunque da notarsi che lo scostamento sarà tanto più sensibile, quanto più obliquamente all'occhio dell'osservatore sarà tenuto il pezzo.

Il n° 2 presenta tre imagini costantemente in linea retta, ma con questa legge, che quella di mezzo ritiene sempre la sua situazione nel tempo, che le due laterali s'aggirano intorno d'essa ognora che si move lo scatolino. Queste altresì si vedono tinte dai più vivi colori prismatici, e si allontanano più o meno secondo una maggiore o minore inclinazione, che si dia al pezzo, osservandosi intanto un continuo cambiamento de' colori, e particolarmente è da osservare che nell'allontanarsi delle due imagini si manifesta in esse un raddoppiamento, che tanto più è sensibile, quanto che vestono i colori opposti, conservando la posteriore sempre il color rosso, e l'anteriore gli altri colori a norma dell'inclinazione.

Il n° 3 rappresenta tutti i fenomeni dei precedenti, a differenza però che in quello si manifesta il raddoppiamento delle imagini laterali, ed in questo soltanto della centrale. Tale raddoppiamento si fa vedere maggiormente con inclinare lo scatolino verso quella parte, che fa scostare le imagini laterali, e più sensibilmente ancora, se l'oggetto, che si osserva, sarà in distanza di due, o tre piedi. Il particolare fenomeno poi, che presenta questo pezzo (quando lo scatolino sia posto all'occhio in maniera che le tre imagini si trovino in linea orizzontale), è che inclinato il pezzo verso quella parte, che porta seco l'approssimazione delle imagini, allora si manifestano i colori in tutte tre le imagini, quella però del centro ha sempre colore diverso dall'estreme, nelle quali il passaggio de' colori siegue uniformemente. Tenuto poi lo scatolino in questa posizione, si scorgerà ad ogni minima inclinazione del medesimo

---

[2] Si riferisce allo Spato d'Islanda (il termine Spato si attribuisce a minerali di vario tipo che si presentano in forma di grossi cristalli, perlopiù di forma regolare e sfaldabili), che è composto di carbonato di calcio cristallizzato (calcite) nel sistema romboedrico, con asse di simmetria ternario, passante per i due vertici cui concorrono tre angoli ottusi uguali di circa 102 gradi. La luce naturale (non polarizzata) incidente normalmente sulla faccia anteriore o posteriore, viene scissa in due fasci, che, attraversando il cristallo in direzioni diverse, emergono separati; ciò da luogo al fenomeno della birifrangenza, che per cristalli molto grandi si evidenzia con lo sdoppiamento dell'immagine di oggetti posti dietro il cristallo. Questo minerale è noto per la sua elevata birifrangenza, esaltata dalle forme naturali della sfaldatura: grazie allo studio di questo fenomeno nel passato si approfondì la conoscenza dell'ottica attraverso le sostanze minerali. La calcite proveniente dalle vulcaniti islandesi divenne notissima per la sua eccezionale trasparenza, tanto da divenire quasi nomenclatura nel caso di calcite assolutamente limpida. Lo spato d'Islanda, opportunamente preparato, divenne accessorio indispensabile per la microscopia grazie all'intuizione di William Nicol (Humbie 1770-Edimburgo 1851) che comprese appieno le potenzialità analitiche di una luce polarizzata. Sembra che il fenomeno della polarizzazione della luce fosse noto ai navigatori di epoca vichinga, che con l'uso di un cristallo di calcite potevano forse localizzare la posizione del sole anche attraverso la coltre nuvolosa che spesso interessava il Mare del Nord, tanto da chiamare questo cristallo *pietra del sole*.

all'orizzonte un passaggio continuo de' colori oltremodo vividi, e cangiare tutto il sistema perfino tre volte.
Il n° 4 presenta sette imagini, le quali cambiano di colore, e sito secondo la posizione dello scatolino non troppo facile a determinarsi, mentre ora si manifestano tutte in doppia linea retta, ora se ne vedono sei in circonferenza, e la settima situata nel centro immobile, e senza colori.
I deferiti fenomeni di questi pezzi si osserveranno con somma distinzione, quando si faccia passare per essi un piccol raggio di sole entro di una camera resa affatto oscura, oppure osservando la luce di una candela.
La novità di questi fenomeni è stata quella, che mi ha mosso a credere il tenue dono, che ho fatto alla R. Accademia, degno di una tanto rispettabile adunanza. Newton, Huygens, Bartolini e Martin hanno ragionato, e specolato intorno a questa sostanza, ma per quanto io so, nessuno degli accennati Scrittori ha detto mai, che una semplice falda non lavorata in forma di Prisma presentasse colori tanto vivi, e tante imagini così ben distinte: onde mi giova sperare, che la R. Accademia sia per essere la prima di tutte ad avere tale notizia, a cui appoggiati o Ella, o alcuno de' dotti Professori di costì potrebbero portar più oltre la scoperta, e moltiplicare i fenomeni. Se a ciò potrà giovare, come non ne dubito, una scoperta da me fatta poc'anzi, pregherò V.S. a farne parte o a tutta l'Accademia, o a quelli de' di Lei Membri, che più le parrà. La scoperta è nata da un accidente, che mi ha subito fatto nascere l'dea di applicarla a render ragione dello stranissimo fenomeno delle molte imagini, che ci fa vedere una lastra piana di questo così detto Cristallo. Nell'esaminare uno de' molti Micrometri da me fatti durante il passato inverno (i quali non sono altro che lastre piane di vetro, su cui con una finissima punta di Diamante guidata da una...Macchineta ho leggerissimamente scolpito tante linee, che un quarto di pollice vien diviso in 250.000 quadratelli), nell'esaminar dico un micrometro trovai, che guardando attraverso ad esso una candela accesa mi si offrivano non pochi di que' fenomeni, che si osservano guardando parimenti una candela accesa attraverso il Cristallo d'Islanda, cioè imagini replicate in gran numero, e vestite de' più bei colori prismatici.
La parte pratica del mio impiego, soprattutto i varj rami dell'Ottica mi occupano a segno, che non posso sperare di far quando che sia una serie lunga di osservazioni per mettere i fondamenti di una soda teoria, e venir quindi a rendere minuta ragione di tutti i fenomeni. Ho perciò creduto di non poter meglio depositare questa scoperta che col comunicarla a cotesta R. Accademia, a cui mi pregio tanto di essere stato aggregato.
La R.A. saprà mettere in quel chiaro lume, che merita il poco, che io ho detto, e supplire al molto, che avrei potuto dire, se avessi tempo. Mentre io la prego di supplire a ciò, che troverà o difettoso, o mancante, mi faccia pure la grazia di farmi Servitore a cotesti Sigg. Accademici, e pieno di quella affettuosa stima, che...passo a protestarmi.
Da questo Foglio voi comprendete il valore del dono, e l'uso da farsene, e il desiderio del donatore. Ma quando esso mi pervenne, di già essendo terminate le nostre Sessioni, io non potei allora comunicarlo. Volli però almeno impiegarvi, benchè debolmente, l'opera mia, e mi posi subito a ripetere tutte le indicate esperienze, e tentare eziandio, se potuto avessi scoprire alcuna cosa di nuovo. E' fra noi sì raro questo Cristallo, che non solamente non mi era mai riuscito di acquistarne un minimo pezzo per farvi con agio qualche mia osservazione, ma in tanti massi di prodotti naturali da me veduti in Italia non l'avea ritrovato sennonchè in quello ricchissimo del reale Gran Duca di Toscana, nell'altro del celebre Dottor Giovani Targioni Tozzetti in Firenze, ed in quelli della regia Università di Pavia, e dei Signori Ginanni di Ravenna; polito poi non l'avea rimirato che in mano del medesimo Canonico Fromond, il quale nel 1774 a me, e ad altri in Firenze mostrò, ma allora solo in

parte, uno dei fenomeni ora deferiti nella sua Lettera. Bensì io da gran tempo avea fatto moltissimi esperimenti, ed esami, anche per riguardo alla Luce, sopra varie specie di Selenite,[3] della quale ne avea de' saggi perfino dei Monti confinanti colla regione delle Amazzoni nell'America meridionale; ed inoltre mi ritrovavo due pezzetti di Spato romboidale trasparente, che mi pareano della stessa struttura, e sostanza del Cristallo d'Islanda, i quali nella mia gioventù avea rinvenuti, ma isolati, e senza le loro matrici, l'uno nella Montagnuola di Siena,[4] l'altro in luogo chiamato Loreto in distanza di tre miglia dalla Città di Gubbio nell'Umbria. Da questi due pezzetti separandosi coll'unghia sottili falde, io più volte mi ero accorto, che alcune di esse tenendosi avanti all'occhio in certe determinate maniere producevano alcuni sorprendenti fenomeni diottrici, che più sotto vi esporrò, de' quali non avea veduto farsi menzione da alcuno Scrittore, e che, se si fossero potuti condurre un grado più oltre, per loro stessi avrebbero superato tutte le altre meraviglie del Cristallo d'Islanda, e di qualunque più straordinario corpo diafano, e due si sarebbero ancora potuti applicare con molto vantaggio alle Arti del Disegno. Ma le dette falde riuscivano tutte troppo piccole, e di un'acqua non abbastanza limpida, sicchè gli oggetti non comparivano colla necessaria chiarezza, e precisione, e quindi non se ne potea fare un sicuro uso pel Disegno, che la più scrupolosa esattezza richiede. Allorchè adunque ebbi a mia disposizione i pezzi mandati dal Fromond, dopo verificate tutte le belle scoperte da lui deferite, avanti di ogni altra cosa volli provare, se per buona sorte, tenuti nelle stesse forme, e ajutati dalle stesse circostanze, mi avessero prodotto i medesimi effetti de' miei Spati romboidali, e con mio gran piacere vidi, che il secondo, e il terzo pezzo, quantunque mancavano in alcune minute particolarità notabili per altri fini, nel totale però non che faciano quegli effetti, ma gli esibivano in si bel modo, e si distintamente, che erano tali per l'appunto, quali io gli desiderava per poterli adattare all'uso delle Arti collo scoprire due nuove proprietà del Cristallo d'Islanda conveniva insieme ad assicurarmi sempre più, che i miei Spati fossero della stessa natura del medesimo, e se questo mostrava i detti effetti più chiaramente, mi supposi, che non tanto derivasse dalla sua maggior purità, quanto dall'essere stato ridotto dal Fromond all'ultimo polimento: perizia, che egli solo possiede in Italia, e che io ho tentato d'imitare, ma invano. Quindi mi nacque altro desiderio, di provare cioè, se mi fosse riuscito, che senz'aver bisogno di farlo condurre con tante spese, e difficoltà dalla remotissima

---

[3] La selenite è una particolare varietà di gesso cristallino (gesso secondario), chimicamente solfato di calcio biidrato ($CaSO_4 \cdot 2H_2O$), che ha la particolarità di depositarsi in strati. Si trova in natura in forma di scaglie trasparenti traslucide, che vengono attraversate dalla luce: questa caratteristica dà origine al suo nome, infatti grazie all'utilizzo che i greci ne fecero per la fabbricazione di lastre trasparenti che avessero funzione di vetro, ancora sconosciuto, la luce che lasciava trasparire era simile a quella della luna (σελήνη, *selene* in greco). Per questo motivo è conosciuta anche con il nome di *pietra di luna*. Pure in epoca romana venne usato come materiale da costruzione per le finestre con il nome di *lapis specularis*. Macinata finemente e calcinata tra i 130° e 170° dà origine alla scagliola. In Italia la selenite è molto diffusa nel territorio emiliano-romagnolo.

[4] La Montagnola Senese costituisce la propaggine settentrionale della 'Dorsale Monticiano-Roccastrada' che rappresenta il maggior affioramento del 'Complesso Metamorfico Toscano'. In corrispondenza della Montagnola Senese affiorano rocce metamorfiche derivate da rocce sedimentarie di età compresa tra il Trias e il Terziario. Si tratta della classica 'Successione Toscana Metamorfica' che affiora in 'finestra tettonica' al di sotto della 'Successioni toscane non metamorfiche'. La Successione Toscana è costituita da rocce siliceo-clastiche e carbonatiche sedimentate lungo un margine continentale passivo durante il Mesozoico e il Terziario. Questo margine continentale (Margine Apulo) nell'Oligocene superiore (26 M.A.) entrò in collisione con il margine sud-europeo e durante la collisione una parte della successione sedimentaria fu portata in profondità dai movimenti tettonici e subì così temperature e pressioni elevate che trasformarono (metamorfosato) le rocce sedimentarie in rocce metamorfiche. I minerali sono reperibili nelle fessurazioni e cavità delle rocce, oppure nei geoidi; nelle prime si rinvengono venature di calcite che solcano i marmi, mentre le seconde sono tappezzate con cristalli di calcite romboedrica o scalenoedrica. Oltre alla calcite, si rinvengono quarzo, dolomite, rutilo, malachite e, raramente, pirite.

Islanda, ne potessimo avere in copia, e quasi di ugual perfezione nella nostra Italia. Perciò deposto il pensiero di altro lungo viaggio, mi portai sollecitamente a Siena, e mi posi a scorrere i vicini Monti ove dopo più giorni fortunatamente mi avvenne di rinvenire in due siti diversi due cave, state per l'avanti incognite, in cui non qualche piccol frammento, come n'è stato trovato anche in altri Monti, ma ve ne sono di più massi, che hanno un braccio di diametro, e più ancora, e tutti si esternamente, che internamente sono della figura più regolare, e per la maggior parte di sufficiente chiarezza. Da esse cave, per esser, come si è detto, le prime, ed uniche, state scoperte in Italia, io volli portar meco a Siena, non meno di una soma di quelle tali Pietre; e per due mesi altro non feci che ridurle in sottilissime fette, analizzarle (in quella forma però, che io sapeva), e farvi sopra un gran numero di esperienze di tutti i generi; dipoi legai in tanti cerchietti di cera più di 150 delle medesime laminette, che vi mostrerò, ognuna delle quali presenta un fenomeno o in tutto, o in parte diverso da quelli delle altre. Fra queste ne ho incontrate alcune, che producono que' due più rimarcabili effetti sopr'accennati con ugual distinzione che il Cristallo d'Islanda (che era ciò, che io sopra tutto cercava), anzi con qualche particolarità di vantaggio. Dopo il mio ritorno in questa Città ho unito tutte le mie osservazioni e vecchie, e nuove, distribuendole in cinque parti, nella prima delle quali tratto degli effetti della Luce nel Cristallo d'Islanda, nella seconda, e nella terza di quelli dello Spato romboidale di Siena, nella quarta di quelli della Selenite; 6 casi in esse riporto nudamente i fenomeni, illustrandoli soltanto con qualche riflessione, ed erudizione opportuna, ma non mi divago ad indagarne di mano in mano le cagioni, perché ciò mi obbligherebbe a più volte ripetere le stesse cose; nella quinta parte confronto i fenomeni fra loro, ne noto le circostanze, espongo quanto ho potuto osservare circa la conformazione di tali Pietre, e dal tutto insieme deduco le mie congetture intorno alle cause de' loro mirabili effetti. Ecco per quali motivi ho alquanto tardato a parteciparvi la Lettera del Fromond: io voleva insieme con le sue sottoporre il pargatissimo vostro intendimento anche le mie fatiche, perché le une danno reciprocamente lume alle altre, e voi così più facilmente potrete significarmi, come ve ne prego, i vostri pensamenti circa le cause, sulle quali in vero ad ambedue noi peranche rimangono molti dubbj. Ne' seguenti discorsi produrrò cose quasi tutte mie proprie, ma nel presente, ma nel presente, dovendo parlarvi del Cristallo d'Islanda, sopra del quale per l'addietro hanno scritto alcuni de' primarj Filosofi, e Matematici; siccome sulle verità da loro stabilite, ma meno che sulle novissime osservazioni del Fromond, e mie, io dovrò nell'ultimo Ragionamento fondare i miei raziocinj, e qualche volta ancora sarò costretto ad oppormi a' loro sentimenti; così mi permetterete, che io prima vi riduca alla memoria le più importanti notizie, che si hanno di detto Cristallo; e terza per l'ordine dei tempi una breve istoria di quanto intorno alle sue proprietà è stato fino ad ora o scoperto, o immaginato, facendo sempre uso della necessaria critica per separare il vero dal falso: lo che servirà per base a quanto poi saremo per dire, ne renderà più chiara l'intelligenza, e forse ecciterà alcuni di voi a far così maggiore penetrazione novelle ricerche sopra tale argomento.

Si trova questa famosa Pietra in più luoghi dell'Islanda, ma ispecialmente nella pendice di un Monte altissimo volta a mezzo dì non lontana dal golfo detto Roerfiord (1).[5] Ivi ne ricopre tutta la superficie, ma poco s'interna nella terra. Per altro se ne cavano dei pezzi della grandezza di un piede cubico, e più (2), bensì tra quelli di miglior qualità, che soglion mandarsi fuori, comunemente i maggiori non superano le 4 o 6 libbre di peso (3); rarissimi sono poi quelli, che per tutto abbiano ugual chiarezza, onde se ne possa formare un buon prisma triangolare simile a quelli di vetro, de' quali ci serviamo per le sperienze ottiche (4).

[5] Baia islandese, a circa 65° di latitudine nord.

Giacendo quella grand'Isola sotto il circolo polare artico, e perciò stata essendo a tutta l'antichità, giacchè non sembra ben fondata l'opinione di coloro, che la credono quell'ultima Thule[6] rammentata dal nostro Virgilio (5); ed inoltre dopo la sua scoperta essendo stato sì raro il commercio della medesima coll'Europa più colta; non dee recarci meraviglia, se questo suo Cristallo non fu descritto, o almeno indicato non dico da Plinio, o da altro Greco, o Romano scrittore, ma neppure dal Mercati,[7] dall'Imperato,[8] dall'Aldovrandi,[9] e da tanti altri Naturalisti, che fiorirono avanti al 1670. Solo verso quell'anno ne furono portati alcuni saggi in Danimarca (6), e subito Erasmo Bartolino,[10] eccellente Matematico, avendovi notato, che questo corpo diafano non seguiva le regole consuete degli altri circa i raggi della Luce, si pose di proposito ad illustrarlo, e ponendogli il nome di Cristallo disdiaclastico, cioè di doppia refrazione, pubblicò sopra il medesimo un'operetta piena di dottrina, e di bellissime osservazioni, che ora è divenuta di un'estrema rarità (7). Forse però nella dedica al Re di Danimarca usò termini troppo enfatici, chiamando questo Cristallo *Diostrice arcanum, spectaculum in terrj plane novum, in Arctoj terrj redundans, quod ne divinaret olim Grecia, in Islandia sepultum, nunc prime detectum*. In vero io spero di mostrarvi nel mio secondo Discorso, che sino dai più remoti tempi fu conosciuta questa Pietra, ma sotto altro nome, e come trovata in altri paesi, e di far vedere eziandio contro la comune opinione, che delle sue proprietà gli antichi ne seppero più di quello, che sino ad ora ne abbian saputo i moderni. Tuttavia, siccome ne' secoli barbari se n'era affatto estinta la memoria, così il Bartolino avrà sempre il merito di averla egli il primo resa nuovamente nota agli Europei, e di averne il primo descritte le particolarità, e tentatavi la spiegazione. Riflette Beniamino Martin[11] (8) che dopo tale scoperta la natura di questa Pietra è sembrata tanto singolare, che ha attratto l'attenzione, e destato la meraviglia di tutti gli uomini. Quegli però, che vi fece sopra maggior speculazioni, fu il celebre Cristiano Huygens:[12] imperocchè meditando egli

---

[6] Il termine Thule venne utilizzato la prima volta dall'esploratore greco Pitea per indicare un territorio allora sconosciuto, raggiunto dopo circa sei giorni di navigazione nord partendo da quello che oggi è il Regno Unito. *Tibi serviat ultima Thyle* (Virgilio, Georgiche, libro I, 30): con questo verso Virgilio, invocando l'ultima Tule, voleva augurare a Ottaviano di espandere il suo impero sino alle favolose terre del più remoto settentrione. L'individuazione geografica di questa isola nordica non ha mai trovato sino ad ora una risposta sicura ed univoca.

[7] Michele Mercati, (S. Miniato 1541-Roma 1593). Medico e naturalista, compiuti gli studi a Pisa con A. Cesalpino, fu invitato a Roma da Pio V per dirigere il Giardino dei Semplici che trasformò in orto botanico modello. Il suo nome è tuttavia legato soprattutto alla mineralogia e alla paleontologia, per la realizzazione di una notevole collezione di minerali e fossili, e per l'opera dal titolo di *Metallotheca.Opus postumum.*

[8] Ferrante Imperato (Napoli 1550-1631) è stato un farmacista e naturalista. Allestì un pregevole museo naturalistico presso la sua casa di Palazzo Gravina a Napoli. I numerosi viaggi in Italia meridionale gli permisero di raccogliere molti esemplari minerali, vegetali ed animali, ma anche di osservare in dettaglio gli affioramenti geologici.

[9] Ulisse Aldrovandi (Bologna 1522-1605). Medico e naturalista enciclopedico lettore nello studio bolognese, di cui fondò l'Orto Botanico (1568). Scrisse una storia degli animali, in parte pubblicata dopo la sua morte. Moltissimo materiale rimase inedito e si conserva, con i resti del museo da lui raccolto, presso l'università di Bologna.

[10] Rasmus Bartholin, o Erasmi Bartolini (italianizzato in Erasmo *Bartolino* o *Bartolini*) (Roskilde 1625-Copenaghen 1698). Matematico e medico, si laureò in medicina a Padova, fu professore di medicina e matematica nell'Università di Copenaghen. Il suo contributo scientifico più notevole è la scoperta della doppia rifrazione della luce, che egli poté osservare in un cristallo di spato d'Islanda e descrisse negli *Experimenta crystalli islandici disdiaclastici quibus mira et insolita refractio detegitur. Danielis Paulli Reg. Bibl., Hafnia (attuale Copenhagen)*, 1669.

[11] Benjamin Martin (Worplesdon 1704-1782) è stato un linguista inglese. Produsse uno dei primi dizionari della lingua inglese, *Lingua Britannica Reformata* (1749). Era anche professore di scienze e produceva strumenti scientifici; la sua attività era fiorente e divenne noto anche come produttore di occhiali da vista. Continuò a dare lezioni di filosofia naturale e dal 1755 a 1764 pubblicò anche *Martin's magazine*.

[12] Christiaan Huygens (L'Aia 1629-1695), matematico, astronomo e fisico olandese, fra i protagonisti della rivoluzione scientifica. Studiò giurisprudenza e matematica all'Università di Leida dal 1645 al 1647 e successivamente al *College van Oranje* (Collegio d'Orange) di Breda, prima di interessarsi completamente alla scienza.

allora quella sua nuova teoria della Luce, cola quale, come ben vi è noto, intendeva di spiegare tutto per mezzo di certe emanazioni della stessa Luce da lui supposte a onde ora sferiche, ora ellittiche o piuttosto sferoidee; teoria, che non ostante la profonda dottrina matematica, e il grande sforzo d'ingegno, col quale da lui si procurò di sostenerla, non ebbe mai nelle filosofiche scuole alcun seguito; ed essendogli stato opposto, che i fenomeni del Cristallo d'Islanda distruggevano il suo sistema, egli si trovò impegnato a provare, che anzi questi, lo confermavano. Perciò nel 1690 mandò fuori in Francese il suo Trattato della Luce (9), che poi fu altri posto in Latino, ove il Cap. V *De miranda refractione Crjstalli Islandici* occupa quasi la metà del libro. Voi sapete, che eziandio l'immortale Newton[13] ne la sua *Otica*,[14] data per la prima volta alla luce in Inglese nel 1704, volle in tre questioni (10) trattarvi di questo Cristallo, e ancor egli si studiò di adattarne i principali fenomeni al suo particolare sistema. Parimente l'insigne Astronomo Filippo de La Hire[15] in una sua bella Memoria sopra certa specie di Selenite delle vicinanze di Parigi, che leggesi tra quelle dell'Accademia Reale delle Scienze per l'anno 1710 (11), vi espose varie sue considerazioni sulle proprietà del nostro Cristallo. A suo luogo citerò gli altri, che posteriormente l'hanno illustrato. Per ora basti il notare, che l'aver esso in principio avuto la sorte di esser celebrato da quattro sì grandi uomini fece sì, che dipoi quasi tutti gli Autori, che hanno scritto o della

---

Nel 1666 si trasferì a Parigi, dove lavorò come direttore presso l'*Académie des Sciences*, voluta da Luigi XIV. In Francia partecipò alla realizzazione dell'osservatorio della capitale, inaugurato nel 1672, di cui si servì per effettuare ulteriori osservazioni astronomiche. Huygens tornò a L'Aia nel 1681, in seguito ad una grave malattia. Tentò poi di rientrare in Francia, ma la revoca dell'Editto di Nantes, avvenuta nel 1685, gli precluse tale trasferimento. Dopo la morte, il suo corpo fu sepolto nel cimitero della chiesa di Grote Kerk de L'Aia. Christiaan fu il primo membro onorario straniero della *Royal Society* (a partire dal 1663). Si occupò anche di ottica, migliorando notevolmente gli strumenti astronomici, costruendo un oculare per cannocchiali formato da due lenti pianoconvesse, adatto a ridurre l'aberrazion cromatica, che oggi da lui prende il nome. Propose inoltre nuove tecniche di lavorazione delle lenti.

[13] Isaac Newton (Woolsthorpe-by-Colsterworth, Lincolnshire 1642-Londra 1727), fu un matematico, fisico, filosofo naturale, astronomo, teologo, ed è considerato uno dei più grandi scienziati di tutti i tempi. Fu Presidente della *Royal Society* di Londra. Noto soprattutto per il suo contributo alla meccanica classica, contribuì in maniera fondamentale a più di una branca del sapere. Pubblicò nel 1687 *Philosophiae Naturalis Principia Mathematica*, opera nella quale descrisse la legge di gravitazione universale e, attraverso le sue leggi del moto, stabilì i fondamenti per la meccanica classica. Condivise con Gottfried Wilhelm Leibniz la paternità dello sviluppo del calcolo differenziale o infinitesimale. Fu il primo a dimostrare che le leggi della natura governano il movimento della Terra e degli altri corpi celesti. Egli contribuì alla teoria eliocentrica. Nel campo degli studi di Ottica dimostrò che la luce bianca è composta dalla somma (in frequenza) di tutti gli altri colori. Egli, infine, avanzò l'ipotesi che la luce fosse composta da particelle da cui nacque la teoria corpuscolare della luce, in contrapposizione ai sostenitori della teoria ondulatoria, patrocinata dall'astronomo olandese Christiaan Huygens e dall'inglese Young e corroborata alla fine dell'Ottocento dai lavori di Maxwell e Hertz. La tesi di Newton trovò invece conferme, circa due secoli dopo, con l'introduzione del "quanto d'azione" da parte Max Planck (1900) e grazie all'articolo di Albert Einstein (1905) sull'interpretazione dell'effetto fotoelettrico a partire dal quanto di radiazione elettromagnetica, poi denominato fotone. Queste due interpretazioni coesisteranno nell'ambito della meccanica quantistica, come previsto dal dualismo onda-particella.

[14] I. NEWTON, *Opticks. Treatise of the Reflections, Refractions, Inflections and Colours of Light*, London, Printed for Smith & Walford 1704.

[15] Philippe de La Hire (Parigi 1640-1718), matematico, astronomo e architetto francese. Nel 1660 si reca a Roma e successivamente a Venezia per studiare pittura e per cercare un clima migliore per la sua debole salute. A Venezia studia prospettiva e questo lo conduce ad appassionarsi di Geometria. Al suo ritorno a Parigi, nel 1664, esercita la pittura, ma si occupa sempre di più di argomenti scientifici e rivela grande attitudine per la matematica. Nel 1678 diventa membro dell'Académie des Sciences e successivamente si occupa di astronomia, compila le tavole dei movimenti del Sole, della Luna e dei pianeti. Nel 1683 assume la cattedra di matematica del Collège Royale. Dal 1687 fino alla fine dei suoi giorni insegna alla Académie Royale d'Architecture.

Luce, o della Storia naturale de' Fossili, ne hanno fatto special menzione, e se ne vede un Articolo apposta anche nel Dizionario di Chambers,[16] e nell'Enciclopedia.
Reca bensì stupore, che essendo passato per le mani di tanti Filosofi, non ne sia per anche da alcuno stata fatta una vera analisi. Anzi per lungo tempo si è persino ignorato a qual classe di Pietre appartenga. Il Bartolino stiede in dubbio, se gli dovesse dare il nome di Cristallo, o di Talco;[17] ma considerando, che ha figura regolare, e costante, è bianco, lucido, e trasparente quasi al pari del Cristallo di monte o dicasi di rocca, e riscaldato collo strofinamento tira a se le paglie, le piume, e altri leggerissimi corpi, come fanno il Cristallo, il Vetro, l'Ambra, e la cera lacca (12), si determinò a piuttosto chiamarlo Cristallo: nome, che inteso nel suo significato generico in vero non gli disconviene, ma siccome lo più si prende nel senso particolare di Cristallo di monte o naturale, o fattizio, così ha cagionato qualche equivoco; ed io ho sentito molti, che non avendo mai avuto sotto degli occhi il Cristallo d'Islanda, dal solo nome se lo figurano come propriamente di una sostanza analoga al Cristallo comune, e conseguentemente una specie di Quarzo. Lo che non è vero, poiché il Quarzo è pesante, e duro, e nel fuoco si vetrifica; e per l'opposto il Cristallo d'Islanda ha lo stesso leggiero peso che l'Alabastro gessoso (13); è tenero a segno, che al pari del detto Alabastro si raschia, e taglia col coltello, e tenuto per uno o due giorni immerso nell'acqua perde alquanto dell'esterna sua Lucidezza, come ancora se per lungo tempo stia esposto all'aria (14); la sua superficie bagnata coll'acqua forte ribolle, e subito è corroso, e se prima riducesi in polvere sottile nel mortaio, allora l'acqua forte vi eccita maggior bollore, e immantinente la dissolve, ed essa di limpida divien gialliccia, e se sulla detta polvere così sciolta s'infonda lo spirito di Vetriolo, questo separa le particelle grosse dalle sottili, e fa precipitare al fondo una calce bianca (16); posto al fuoco, è vero, che lungamente resiste, e benchè divenuto rovente non perde la sua trasparenza nativa (16), ma però a fuoco violentissimo, e specialmente di riverbero, alla fine si riduce in calce viva, e questa aspersa coll'acqua fontana ribolle, e si converte in calce comune (17); se facciasi l'operazione in un crogiuolo, si osserva, che scoppietta, si divide in un'infinità di piccolissime fogliette romboidali, risponde un odore di fegato di Zolfo assai sensibile, e calcinatosi acquista la virtù di risplendere nelle tenebre come gli altri Fosfori (18). Ognun vede, che alcune di queste proprietà, e quelle particolarmente di ribollire cogli acidi, e di calcinarsi, sono caratteri non del Quarzo, ma dello Spato. Né mi si opponga, che il Bartolino n'ebbe alle mani dei pezzi, dagli angoli de' quali cresceva qualche altra materia più dura, che tagliava il vetro, e si accostava alla figura del Diamante (19). Ciò non prova altro sennonchè ivi una porzione di sostanza quarzosa erasi casualmente unita collo Spato: di che abbiamo altri esempj. Non solo si scorge alle volte, come nota il Targioni[18] ne' suoi Viaggi, che una stessa pendice è composta di filoni, all'impietrimento de' quali sono concorsi alternativamente

[16] Ephraim Chambers (Kendal 1680-Londra 1740), pubblicò a Londra nel 1728 un'opera che ebbe notevole successo, cioè la Cyclopaedia or Universal Dictionary of Arts and Sciences (*Ciclopedia o dizionario universale dei mestieri e delle scienze*), in due volumi. La pubblicazione di questa opera lo fece ammettere alla Royal Society di Londra.

[17] Il talco è un fillosilicato triottaedrico di magnesio [$Mg_3Si_4O_{10}(OH)_2$], che si presenta sotto forma di cristalli tabulari. È un minerale di origine secondaria, presente sia nelle rocce eruttive sia, frequentemente, in quelle metamorfiche. Si rinviene in scaglie, piccoli cristalli, masse compatte scagliose o granulari, lamine a contorno pseudo esagonale riunite in aggregati a rosetta, oppure in gruppi globulari stellati.

[18] Giovanni Targioni Tozzetti (Firenze 1712-1783) è stato un naturalista italiano, capostipite di una famiglia di studiosi la cui opera sarà intimamente legata allo sviluppo scientifico ed economico della Toscana. Dai suoi studi nacque l'opera *Viaggi fatti in diverse parti della Toscana per osservare le produzioni naturali e gli antichi monumenti di essa*, di cui esistono due edizioni: la prima in sei volumi (Firenze 1751-54), e la seconda in dodici volumi (1768-79). Fondò la *Collezione lito-mineralogica di Giovanni Targioni Tozzetti*, una collezione di circa 9000 campioni tra rocce e minerali; fu anche uno dei primi membri dell'Accademia dei Georgofili.

sughi quarzosi, spatosi, gessosi, ed altri tuttora innominati, onde ogni filone è diverso dal suo contiguo (20); ma qualche volta ancora, come osserva Mr. de Sauvages[19] nella sua Memoria sull'Istoria Naturale della Linguadoca (21), ed io stesso ne conservo delle mostre, una sola piccola Pietra si vedrà essere mezza formata dal Quarzo, e mezza dallo Spato, onde posta in una fornace per una metà si vetrificherà, e per l'altra si calcinerà; e ciò, che più fa al caso nostro, nelle alte Montagne di Massa, e Carrara, ove si mirano filoni immensi di candidissimo Marmo statuario, vale a dire di una specie di Pietra tutta spatosa e calcaria, e se ne traggono saldezze di una grana sì unitaria, che sembra non potervisi rinvenir nulla di eterogeneo; pur se n'incontrano di quelle, ove gli Scultori, quando meno se l'aspettano, vi trovano imprigionato qualche piccolo, ma lucidissimo Cristallo di monte, che schizzando fuori guasta il lavoro, ma per se stesso è tale, che brillantato a gran pena si potrà distinguere dal Diamante (22): ed io ve ne mostrerò alcuni della mia piccola Raccolta. Forse per alcuno de' riflessi da me indicati, ma più perché considerarono nel Cristallo d'Islanda per sua primaria qualità l'esser facilissimo a fendersi in lamine, l'Huygens, il Newton, Mr. de la Hire, e il Boccone[20] stimarono, che debba dirsi piuttosto una specie di talco (23). Ma è falso anche questo. Primieramente il vero Talco è del genere delle Pietre dette apire o refrattarie, perché al fuoco ordinario non si vetrificano, né si calcinano; e pel contrario si è veduto, che il nostro Cristallo vi diventa calce; dipoi, benchè di sua natura sia fissile, non lo è però nella stessa maniera che il Talco; questo si divide in lamelle o sfoglie, ma per una sola direzione, e che spesso troncandosi prendono qualunque figura irregolare; il detto Cristallo poi si fende per tutte le direzioni di lunghezza, larghezza, e profondità, e sempre in forma regolarissima (24). Altri, fra quali il Scheuchzer (25),[21] e Mr. Bourguet (26),[22] lo giudicarono non Quarzo, né Talco, ma Selenite. Anche questo però fu errore. La Selenite, che volgarmente diciamo Scagliola,[23] ha quasi, egli è vero, lo stesso colore di acqua limpida com'esso Cristallo, ma è assai più fragile, ed in sottili lamine è flessibile; si sfalda, ma di rado che per una sola direzione; al fuoco diviene non una vera calce, ma gesso, e questo non fa punto d'effervescenza cogli acidi (27); ed ha diverse altre sue particolari proprietà, per le quali da alcuni Metodisti non si ripone neppure fralle Pietre, ma fra Sali col nome di Vetriolo cretaceo. Finalmente alcuni de' più moderni, e dotti Naturalisti, come il Wallerius (28),[24] il

[19] Pierre-Augustin Boissier de Sauvages (Alès 1710-1795). Fu un naturalista francese; ammesso alla Società Reale Delle Scienze di Montpellier nel 1751 e all'Accademia dei Georgofili di Firenze.

[20] Paolo Silvio Boccone (Palermo 1633-Parco, Nocera Inferiore 1704), naturalista italiano, compì una lunga serie di viaggi in Sicilia, in Italia ed in gran parte d'Europa; è considerato uno degli iniziatori degli studi sistematici sulla flora europea, e come tale acquistò solida fama presso i contemporanei e gli studiosi del secolo successivo. Il granduca di Toscana lo scelse come botanico di corte; in seguito divenne lettore dei Semplici all'Università di Padova. La sua opera più importante, *Recherches et observations naturelles*, pubblicata a Parigi nel 1671 e riedita ad Amsterdam nel 1674, costituisce un testo in cui, sotto forma di corrispondenza epistolare (ventinove lettere) con i più illustri rappresentanti della scienza contemporanea, il Boccone tratta disparati argomenti: dell'eruzione dell'Etna, di problemi medici, della formazione, origine e anatomia del corallo e delle madrepore, dei quali sostenne la natura minerale.

[21] Johann Jacob Scheuchzer (Zurigo 1672-1738) fu un matematico, fisico e botanico.

[22] Louis Bourguet (Nîmes 1678-Neuchâtel 1742). Naturalista e archeologo, professore di filosofia e di matematica, geografo, geologo, mineralogista. Nel 1725 fondò a Ginevra la *Biblioteca Italica*, giornale letterario. Viaggiò in Italia ed ebbe il merito di avvertire, tra i primi, che l'alfabeto etrusco è un alfabeto greco arcaico.

[23] Tipo di gesso molto fine usato in scultura e n edilizia.

[24] Johan Gottschalk Wallerius (Stora Mellösa 1709-Uppsala 1785), è stato un chimico e mineralogista svedese. All'Università di Uppsala fu nominato, nel 1750, primo titolare di una nuova cattedra di chimica, medicina e farmacia; sempre nel 1750 fu eletto membro della Accademia Reale Svedese delle Scienze. Wallerius è considerato il fondatore della chimica applicata all'agricoltura, soprattutto per il suo ampiamente diffuso *Agriculturae fundamenta chemica* (pubblicato in svedese nel 1761 col titolo *Åkerbrukets chemiska grunder* e poi tradotto in molte altre lingue). Pubblicò molti altri testi di chimica, geologia e mineralogia; compiva gli esperimenti nel suo podere Hagelstena a Alsike, località a sud di Uppsala.

continuatore della Lithogeognosia[25] di Mr. Pott (29), [26] il Linneo (30), [27] Mr. Bomare (31), [28] e il Cronstedt (32), [29] si sono accordati a riconoscerlo per uno Spato[30] (lo che però io non sono per fare, non piacendomi di mutare i nomi già consacrati), e comunemente lo definiscono per uno Spato romboidale, trasparente, e duplicante gli oggetti (33).
Ciò supposto, conviene anche avere un'idea precisa di tutte le particolarità della sua singolare figura, perché da esse principalmente a mio parere dipende la spiegazione de' suoi fenomeni. Ogni suo pezzo, o grande o piccolo che sia, purché o dalle ingiurie del tempo, o dall'arte non sia esternamente stato alterato, è sempre un Romboide solido, e dicasi un Prisma romboidale, o Parallelepipedo obliquangolo, che ha 6 facce piane a due a due parallele fra loro, ognuna delle quali è un Romboide, avendo due angoli opposti ottusi, e due acuti, dall'unione de' quali ne risultano 8 angoli solidi, che due sono opposti, e formati ognuno per 3 degli angoli piani ottusi ed uguali delle facce, e gli altri 6 sono ciascuno compresi per un angolo piano ottuso, e 2 acuti. Si osservi in già centinaia di pezzi di varie grandezze dello Spato romboidale di Siena, che io vi presento per mostra, giacchè ha la stessa forma (34). In tante altre specie di Cristalli, come ancora di Sali, si vede continuamente una gran differenza, e irregolarità negli angoli; ma in questo nostro si osserva una costante uniformità, che reca stupore: ogni suo angolo ottuso è secondo l'Huygens (35), che lo stabilisce con rigorosa dimostrazione geometrica, di gradi 101 e minuti 52, ogni acuto di gradi 78 e minuti 8 (36). Inoltre è da notarsi con Mr. de La Hire, che l'inclinazione di ognuna delle facce alla sua contigua viene a costituire due altre specie d'angoli, de' quali i 6 ottusi sono di gradi 105, i 6 acuti di gradi 75: bensì gli acuti non sono sempre così bene determinati come gli ottusi.
Da tutto ciò è manifesto, quanto sia in parte inesatta, in parte falsa la definizione, che se ne fa nell'Enciclopedia, ove dicesi, che la forma di questo Cristallo è un Parallelepipedo composto di 6 parallelogrammi, e di 8 angoli, de' quali 4 acuti, e 4 ottusi. Non basta il dire, che le sue facce sieno tanti parallelogrammi, perché potrebbero alcuni essere parallelogrammi rettangoli, e allora ogni sua faccia non sarebbe più necessariamente un Romboide, come sempre è; è poi evidente, che supposta quella figura, non vi sono, né possono essere, 4 angoli solidi ottusi, ma solamente 2. Ogni pezzo si può facilmente fendere per qualunque piano parallelo a uno de' suoi lati; perciò si può un pezzo ridurre in modo ancora, che i suoi 6 lati sieno veri Rombi uguali, e simili (37); ma per lo più ne vengono tanti Romboidi o grossi, o sottili al pari della più fina carta, o bislunghi, o quasi riquadrati; e per quanto si dividano, e risuddividano, in qualunque grado di piccolezza rimangono sempre Romboidi, e colle stesse precise proporzioni d'angoli; ed eziandio pestandosi nel mortaio,

---

[25] Studio delle rocce sedimentarie.
[26] Johann Heinrich Pott (Halberstadt 1692-Berlino 1777) è stato un medico e chimico tedesco; insegnò chimica al Collegio medico-chirurgico di Berlino. Contribuì alla scoperta del manganese e del bismuto; eseguì numerose analisi sui minerali e sulle sostanze terrose. Scrisse fra l'altro *Continuatio disquisitionum chemicarum ad lithogeognosiam spectantium*, Lipsia, Gleditsch 1752.
[27] Carl Nilsson Linnaeus (Råshult 1707-Uppsala 1778), è stato un medico, botanico e naturalista svedese, considerato il padre della moderna classificazion scientifica degli organismi viventi.
[28] Jacques-Christophe Valmont de Bomare (Rouen 1731-Paris 1807) fu un naturalista francese, autore fra l'altro di *Extrait nomenclateur du système complet de minéralogie*, Paris 1759.
[29] Axel Fredrik Cronstedt (Ströpsta, Södermanland 1722-Stoccolma 1765), svedese, fu mineralogista e chimico che scoprì il nichel, nel 1751, quando lavorava come esperto presso la Direzione delle Miniere. Nel 1753 fu eletto membro della reale Accademia Svedese delle Scienze.
[30] Termine usato genericamente per indicare minerali che, sviluppati in grossi individui cristallini e presentando più di una direzione di sfaldatura, o di pseudosfaldatura, sono facilmente riducibili a solidi geometrici aventi la forma del solido di sfaldatura. Lo Spato d'Islanda è una varietà spatica di calcite, trasparente, birifrangente, impiegata per strumenti di ottica.

coll'ajuto del Microscopio si scorgerà costantemente ne' minutissimi grani di quella polvere la stessa figura romboidale (38).

Sfaldandosi in lamine, riescono queste piane, e polite, talchè sembrano quasi tante lastre di puro Cristallo artificiale: lo che più facilmente s'ottiene se d'improviso, come io pratico, facendo molta forza co' diti rompiamo un pezzetto de' più sottili (39). Quando si vuol battere col coltello, o con un martelletto, se ne staccano delle falde più grandi, ma non essendosi la forza impressa ugualmente per tutte le parti, spesso le facce riescono un poco scabrose, perché nello staccarsi con violenza una sfoglia dalla sua contigua il più rimane da una parte, e alcuni minutissimi frammenti qua e là dall'altra. Però si è cercato di uguagliarlo, e lustrarlo coll'arte. Il Bartolino crede (40), che ciò fosse impossibile, attesa la sua gran tenerezza, e fragilità. Infatti se vi si adopra il ferro, o la ruota come nelle altre Pietre, esso diviene anzi più ruvido, e meno trasparente. Ma l'Huygens dopo moltissimi inutili tentativi trovò, che si potea, sebbene con estrema difficoltà, ripolire col passarlo sopra a un vetro da specchio un poco rozzo, coll'ajuto dell'acqua, e di finissima sabbia, andando però lentamente, e usando sempre meno e meno di materia (41); e il Newton aggiunge, che forse riuscirà meglio colla pece, o col cuojo, o colla cartapecora, fregandolo di poi coll'olio, o coll'albume d'uovo pe riempiere, e spianare le raschiature. Conviene però credere, che vi si richieda qualche cosa di più, che non siasi voluto divulgare, poichè provati tutti questi mezzi non da me solamente, ma da migliori artefici della Toscana, non se n'è mai potuto ottenere l'intento. È ben vero, che lo stesso Newton ammette, che anche senza polirlo vi si posson fare ugualmente bene i più degli esperimenti. E di fatto il Bartolino fece più osservazioni sopra i pezzi naturali, che egli ne aveva, che non ne fecero in 80 anni dipoi tutti insieme tanti altri sopra pezzi ripoliti coll'arte (42). E' certo, che il polimento, fa vedere più chiari e distinti gli oggetti; ma insieme son di parere, che alle volte col volersi levigare un pezzo s'impedisca di notarvi alcuni altri fenomeni anche più maravigliosi, e certe minute particolarità, che avrebber potuto dare grandissimi lumi per investigare le cause; ognun si crede di osservar meglio con pezzi grandi, e ben politi, ma io per esperienza ho veduto, che i pezzi i più minuti, e nel suo stato naturale producono più bizzarri effetti, ed in maggior numero.

Su di tale Cristallo calcario d'Islanda si legge in più libri, anche recentissimi (43), che esso è fra corpi diafani il solo, che ha la proprietà di sempre duplicare tutti gli oggetti veduti a traverso del medesimo. Io però non sono così appassionato pel soggetto del mio discorso, che per celebrarlo voglia adottare espressioni così iperboliche. Ammetto, che secondo i comuni precetti della Diottrica, quando un corpo diafano ha le sue superficie superiore, e inferiore perfettamente piane, e con ammirazione scorgo di primo slancio nel nostro Cristallo due eccezioni di questa regola, cioè che a traverso di qualunque sua lamina piana e niente poliedra un oggetto vi si vede duplicato, e movendosi il mezzo si muove ancora una di quelle due immagini. È anche certo, che esso ha questa proprietà in grado eminente, ma non è poi vero che sia il solo ad averla. Tralascio, che tutti gli Spati romboidali trasparenti, che dopo la scoperta dei quello d'Islanda si sono trovati in varie parti dell'Europa (44), hanno qual più qual meno la medesima proprietà: poiché mi si potrebbe rispondere, che anche questi oramai si hanno da considerare per Cristallo Islandico. Ma sappiasi inoltre, che io nella Montagnuola di Siena ho rinvenuto ancora degli Spati non romboidali, ma o cresciuti in forma di mazzetti di raggi provenienti da un istesso centro, e sempre più dilatati nello alontanarsene, i quali si posson fendere obliquamente in lamine (45); o tutti spugnosi, e affatto irregolari scissili in alcuni luoghi (46); che tutti hanno a ogni tanto delle falde, che raddoppiano, o triplicano alcuni oggetti, come potrà ciascuno di Voi chiarirsi ne' saggi, che ne ho portati meco. Dipoi Mr. de La Hire notò un principio di duplicazione ancora in una sua Selenite; e il vivente Dr. Giuseppe Baldassarri,[31] chiarissimo Professore di Chimica, e Botanica nell'Università di Siena ve l'ha osservata intiera e distinta in altra presso Chianciano (47); io poi a suo luogo vi riferirò più di 30 diverse specie di moltiplicazioni curiosissime, che ho ultimamente scoperto in varie sorte di Seleniti. Parimente l'Huygens, e il Newton asseriscono, che eziandio il Cristallo di monte può raddoppiare gli oggetti, bensì meno chiaramente, comparendo le due immagini troppo poco distanti fra loro (48); anzi il celebre G. Beccaria[32] in un suo libretto di *Osservazioni sopra la duplice refrazione del Cristallo di rocca* (49) sostiene, che l'ultima asserzione di que' due grand'uomini ha d'uopo d'essere molto modificata, giacchè egli ha fatto col detto Cristallo dei Prismi triangolari equilateri, che presentano due distintissimi spettri: notando però, che per tal fine è necessario tagliare il Cristallo in modo, che il raggio l'attraversi in un piano perpendicolare all'asse naturale, e al piano delle lame d'esso Cristallo: poiché se il raggio fosse parallelo all'asse, si vedrebbe un spettro solo: dal che s'inferisce un utilissimo corollario per quei, che lavorano le note lenti di tal Cristallo, cioè doversi nel tagliarle usare grande attenzione, che non si prendano per quella parte, da cui ne risulti o una duplicazione, o un ingrossamento degli oggetti, che molto nuocerebbe ai fini, per cui sono destinate. Anche il Fromond ha fatto adesso per la R. Università di Pavia un simil Prisma di Cristallo di monte, e altro di Cristallo del Brasile (50): dal quale al riferire del D°. G. Beccaria il Gravesand[33] ne aveva uno, che ad ogni angolo faceva duplicazione, ma l'una di diversa specie dall'altra. Per di più il medesimo scrittore dubita, ed alcune sperienze glie l'hanno già in parte confermato, che mostrano essere più o meno dotate di una tale proprietà varie altre materie trasparenti, come la Pietra detta Occhio di Gatto,[34] il Rubino, e fors'anche il Diamante. Il dir poi, che il Cristallo d'Islanda duplica tutti gli oggetti, per una parte è un dir di troppo, per l'altra poco. In primo luogo è assolutamente falso, che sempre faccia veder doppio qualunque corpo. Un vetro poliedro, il quale abbia per esempio 4 facce, farà costantemente veder quadruplicare un oggetto; ma se col nostro Cristallo guardo di notte la fiamma di una candela, e gli altri mobili, che sieno sopra uno stesso tavolino, io rimirerò duplicata, o anche moltiplicata la fiamma, e qualche volta ancora la sua candela, o eziandio il candeliere, ma di tutti gli altri mobili non ne scorgerò duplicato neppur uno; per ottenere l'effetto converrà guardare alcune cose di notte, altre di giorno, altre al sole, altre all'ombra, altre da vicino, altre da lontano, e per alcune tenere il Cristallo in un modo, per altre in un altro, e certe non riuscirà duplicarle in alcuna maniera; non vi è insomma quell'uniformità, che il Newton si figurò per non avervi fatto bastante numero d'esperienze. In questo anzi consiste il suo mirabile, che non produce un solo effetto, ma più centinaia, che diversificano per ogni minima circostanza di ciascun pezzo, e per ogni minima varietà d'inclinazione, col quale si tenga. In secondo

---

[31] Giuseppe Baldassarri (Sarsina, Siena 1705-Siena 1785), si laureò a Siena in medicina, ma coltivò con profondità anche le scienze naturali, la matematica, la fisica e la chimica. Nel 1759 gli fu affidata la cattedra di Storia Naturale presso l'Università di Siena. Nella sua intraprendente attività scientifica, compì ricerche nei settori della botanica, della mineralogia, della geologia, della paleontologia e dell'idrologia. Si interessò a fondo delle acque minerali e termali, scrivendo il trattato *Osservazioni ed Esperienze intorno al Bagno di Montalceto*, Siena, Luigi e Benedetto Bindi 1779.

[32] Giovanni Battista Beccaria (Mondovì 1716-Torino 1781) fisico e matematico italiano. Fu l'autore del *Gradus Taurinensis* (misurazione di una porzione di meridiano terrestre che passa dal Piemonte) e un'importante personalità nel rinnovamento scientifico dell'Ateneo torinese del XVIII secolo. L'opera cui fa riferimento Carli fu pubblicata nel 1764 presso la Stamperia Reale di Torino.

[33] Willem Jacob 's Gravesande ('s-Hertogenbosch 1688-Leida 1742) è stato un filosofo, fisico, matematico, docente universitario e diplomatico olandese.

[34] Varietà di quarzo, che presenta riflessioni interne dovute a inclusioni fibrose, parallele e molto fitte, di amianto; è di colore assai vario, da grigio-verde a verde-oliva oppure giallo, rossastro e, raramente, azzurro e ha un riflesso mobile, sericeo, bianco tendente talora al giallo.

luogo molti pezzi non fanno soltanto comparire un oggetto 2, ma 3, 4, 6, 7, 12, e più ancora; ed inoltre lo coloriscono nelle più vaghe forme. Si rigetti adunque l'asserzione, colla quale comunemente lo qualificano gli Autori, e invece si dica, che esso ha questa proprietà, che in alcune date circostanze duplica, o moltiplica, e colorisce alcuni oggetti. Similmente da tutti gli Scrittori si pone, che ogni raggio nel passare per questo Cristallo vi soffre costantemente una doppia refrazione, o esso vi cada obliquamente, o perpendicolarmente: lo che è contro le comuni regole della Diottrica. Se ciò sia opposto colle dichiarazioni, e limitazioni, che vi hanno aggiunto il Bartolino, e l'Huygens, è verissimo; ma se dicasi assolutamente, come hanno fatto il Newton, e tutti quelli, che da lui solo hanno copiato (51), è un parlare inesatto, che dà luogo a troppi equivoci. Imperocchè è indubitato per tutte l'esperienze, che ogni raggio vi si divide, egli è vero, in due, uno de' quali fa vedere l'immagin reale, l'altro un'apparente; ma se il raggio sia caduto perpendicolare, quel raggetto diviso, che presenta l'immagin vera, vi passa adirittura irrefratto secondo in noti principj della Diottrica, e rifrangesi soltanto l'altro raggetto, che presenta l'immagin falsa; per l'opposto se il raggio sia caduto obliquamente, ma alla dirittura di una linea parallela, o quasi parallela a una delle facce laterali, allora il raggetto dell'immagin falsa non soffre alcuna refrazione, ma solo quello della vera; sicchè in questi due casi siegue una refrazione sola; bensì in tutti gli altri punti, ne' quali cade il raggio obliquamente, lì si verifica, che si rifrangono ambedue i raggetti: lo che è conforme alle regole. Dicasi adunque piuttosto, che lo straordinario delle sue refrazioni in ciò consiste principalmente, che laddove negli altri corpi diafani un raggio perpendicolare sempre passa irrefratto, in questo una metà del detto raggio si refrange; e al contrario, laddove negli altri un obliquo si refrange sempre, in questo alle volte la sua metà non refrangesi (52).

Queste furon le prime singolarità osservate nel nostro Cristallo. Varj hanno tentato di penetrare il mistero, ma fin qui non è stata prodotta una spiegazione, che appaghi: onde Fontenelle[35] ebbe a dire, che è questo un enigma inesplicabile per i Fisici (53). Vi si sono dipoi scoperte altre proprietà anche più rare, ma sempre caricate dalla Natura di uguali difficoltà, ed oscurità. Per altro se fossesi continuato a farvi dell'esperienze simili a quelle del Bartolino, a quest'ora se ne saprebbero più fenomeni, e forse anche le loro cause. Ma per lungo tempo piuttosto tornossi indietro: il libro di lui divenne quasi irreperibile, e l'Huygens, benchè indicasse (54) di voler riferire gli stessi esperimenti corretti, ed ampliati, di fatto ne tralasciò alcuni, o gli deferisce in modo, che non se ne forma l'idea; il Newton poi ne trascurò la maggior parte, sicchè il Martin (55) ebbe tutta la ragione di scrivere, che quegli non avea fatt'altro che un leggiero estratto dell'Huygens: quota di alcune di quelle bellissime esperienze sono andate in dimenticanza. Io sul principio sospettai, che fossero state lasciate indietro, perché ritrovate false. Ma avendole ripetute quasi tutte, mi sono chiarito, che sono verissime, ed inoltre le più istruttive; e ho riconosciuto, che unicamente a motivo di una di quelle piccole mal conosciute passioni, alle quali anche gli uomini Sommi pur troppo sono soggetti, l'Huygens procurò di nascondere tutto ciò, che vedea non potersi conciliare con quel suo sistema, che la Luce si rispanda per onde come il fuoco; e il Newton propenso ad attribuire moltissimo alle qualità originali della Luce, e poco alle modificazioni de' corpi diafani, non si curò di registrare quegli sperimenti, ne' quali scorgesi dipendere quasi tutto dall'interna struttura de' corpi. Giudico utile pertanto di riprodurli almeno io

[35] Bernard le Bovier de Fontenelle (Rouen 1657-Parigi 1757) è stato un avvocato, scrittore e aforista francese. Membro dell'Académie Française dal 1691, dell'Académie des Sciences dal 1697, divenne di quest'ultima il segretario perpetuo (fino al 1740); pronunciò celebri *Discours* ed *Éloges*, capolavori di penetrazione psicologica e di stile. Tutte le sue opere furono da lui raccolte in 8 volumi nel 1752-54. Le opere di Bernardo de Fontenelle furono tradotte in italiano da Vincenzo Garzia, Napoli 1765.

(56), bensì compendissimamente, e tralasciando le dimostrazioni in forma geometrica, ed invece collocandoli in miglior ordine, e apponendovi varie giunte, e opportuni rischiaramenti.
Non però temiate, umanissimi Ascoltatori, che io sia qui per abusarmi della vostra amorevole sofferenza. Io ho fatto la descrizione di tutti i fenomeni scoperti non solo dal Bartolino, ma da più altri Filosofi fino al presente giorno, e l'ho corredata delle necessarie Figure diligentemente disegnate, col notarvi le proporzioni fra seni degli angoli d'incidenza, e quelli degli angoli di refrazione, e altre minute particolarità diottriche: ma se ora vi leggessi tutta questa descrizione, la cosa anderebbe troppo in lungo, e quel confronto colle Figure da farsi a ogni tanto causerebbe molti nojosi interrompimenti; perciò supplico tutti quelli e Accademici, e non Accademici, che avessero tale curiosità, e volessero farmi quest'onore, ad intervenire alle solite private Conferenze, che ne' seguenti sabati si terranno in questo medesimo luogo dalle ore 24 alle 2 di notte, ove io reciterò la detta descrizione, e l'accompagnerò di mano in mano coll'effettive esperienze.
Per ora accennerò il risultato dei principali fenomeni.

1° Si prenda una carta bianca, e vi si segni coll'inchiostro un punto, o una linea; si ponga il Cristallo sopra la detta carta, vi scorgerete allora due punti, o due linee. Parimente se si faccia un piccolo forame nella carta, e si accosti la medesima al cristallo, e si volga verso la luce, in cambio d'uno si vedranno due forami. Nella stessa maniera, se si copra una sua faccia, e vi si lasci scoperto un solo punto, e s'esponga al sole in modo, che il raggio vi cada perpendicolarmente, questo raggio nell'uscire si dividerà, e farà vedere due immagini nella parete, o carta, che vi sia posta incontro.

2° Si guardi la superficie superiore del Cristallo sì obliquamente, che la linea procedente dall'occhio ad essa superficie le sia quasi parallela; si rimirerà una sola immagine, per esempio un solo punto nel qual caso il nostro Cristallo farà il solo effetto di un vetro ordinario.

3° Pel contrario, se si metterà il Cristallo sopra la carta in maniera, che il punto sia vicino all'estremità della superficie inferiore d'esso Cristallo; in tal caso guardando dalla parte superiore scorgeremo 6 punti. Si noti però, che 2 soli sono causati dalla refrazione, e gli altri 4 dipendono dalla reflessione. Poiché essendo situato il punto vicino a' uno de' lati inclinati, non solo si rifrange duplicatamente verso la superficie superiore, ma anche verso il detto lato, ove ognuna delle due immagini riflettendosi verso la superficie superiore, e al solito rifrangendosi duplicatamente, vengonsi a produrre 4 altre immagini.

4° In questa duplicazione, al dire degli Autori, si osserva costantemente, che la distanza di un'immagine dall'altra è di un angolo di gradi 6 minuti 40.

5° La seconda immagine corrisponde sempre a un determinato sito del Cristallo: cioè l'immagine vera sta sempre nel suo sito naturale, ma l'apparente è sempre dalla parte del lato inclinato del Cristallo, e precisamente è in una linea immaginaria, che si suppone dividere pel mezzo uno degli angoli ottusi, o in una linea parallela a questa. Perciò se si fanno sulla carta due linee in croce, e sopra vi si fa girare il Cristallo intorno a se stesso, è cosa curiosa l'osservare, che ora apparisce duplicata una delle due linee, ora l'altra. Il piano, che si figura stendersi perpendicolarmente dalla detta linea immaginaria della superficie superiore fino all'inferiore, chiamasi il *piano della sezione principale*.

6° Le 2 immagini, per esempio quelle di una linea, hanno sempre un colore più dilavato che la linea vera fatta con l'inchiostro sulla carta, ma se nel girarsi del Cristallo una di esse viene a rimanere sovrapposta all'altra, allora riacquistano il vivo color naturale: dal che si comprende, che il raggio nel dividersi reca a ciascuna immagine la metà del colore.

7° L'immagine seconda apparisce sempre un poco più alta: cioè par di vedere la prima sotto la superficie inferiore del Cristallo, come vi è realmente, e la seconda un poco dentro il corpo dello stesso Cristallo.

8° La detta seconda immagine è mobile: cioè girandosi il Cristallo essa muovesi in circolo non però perfetto. Questo sperimento riesce sopra tutto grazioso tenendosi in faccia al Cristallo un ago, perché allora se ne riguardano 2, uno fisso, e l'altro, che per lo lungo gli gira intorno, ma sempre in modo, che la punta dell'uno è più alta, o più bassa di quella dell'altro, sicchè fra amendue fanno la figura di due lati di un Romboide.

9° Artificialmente si può fare, che la prima immagine fissa diventi mobile, e la seconda mobile diventi fissa: basta tagliare un pezzo in un piano, che stia ad angoli retti di una delle facce laterali, e posa questo piano sopra l'oggetto.

10° Similmente si può fare, che sieno mobili l'una, e l'altra: per tal fine si tagli il pezzo in altro piano, che ne' sia parallelo alla superficie superiore, né ad angoli retti ad una faccia laterale; e movendosi il pezzo così tagliato, si moveranno ambedue le immagini.

11° Il raggio diviso, che produce l'immagine prima o dicasi vera, si refrange colla proporzione dal 5 al 3, ed il suo angolo d'incidenza si misura dalla perpendicolare secondo il solito negli altri corpi diafani, e perciò questa dicesi la refrazione solita o regolare.

12° L'altro raggio, che presenta l'immagine seconda e chiamasi apparente, ha diversa proporzione di refrazione, cioè dal 4 e mezzo al 3, sicchè è uguale a quella del vetro, che sta come il 3 al 2, e non si misura dalla perpendicolare, ma da un'altra linea obliqua, e parallela al lato inclinato del Cristallo. Esso pertanto ha due singolarità per questo riguardo, l'una di trovarsi in un solo corpo, e in un istesso punto due proporzioni diverse di refrazione, l'altra di avere una refrazione, che non dipende dalla perpendicolare.

13° Straordinarissimo è il seguente fenomeno. Se si mettono due pezzi di questo Cristallo l'uno sopra l''altro, ma in posizioni simili, il raggio, che nel superiore, si è diviso in 2 raggetti, passerà così in due raggetti nell'inferiore. Ma se i pezzi sieno collocati in modo, che i loro piani della sezione principale stieno uno all'altro ad angoli retti, il primo raggetto, che nel pezzo superiore si era refratto regolarmente, nell'inferiore si refrangerà irregolarmente, e il secondo, che s'era prima refratto irregolarmente, ora si refrangerà regolarmente. Se poi sieno i pezzi disposti in qualunque altra posizione diversa dalle predette, i 2 raggetti venienti dal superiore saranno risuddivisi in 2; e così nell'ultimo compariranno 4 immagini di un oggetto solo.

Tutti questi fenomeni nel sostanziale furono scoperti dal solo Bartolino, a riserva del 13°, del quale siamo debitori all'Huygens. Il Newton e Mr. de La Hire non aggiunsero di nuovo sennonchè delle riflessioni; e quando ne scrissero alcuna cosa Mr. de Sauvages nel 1749, e il

Beccaria nel 1762, non mostrarono di sapere, che il Cristallo d'Islanda producesse altri effetti. Per certo le riferite minute osservazioni fatte sì da Naturalisti, che da Matematici possono dar molto da meditare ai Fisici sulla natura della Luce, e de' corpi diafani; ma se ho da confessare il vero, mi sembra, che, quando posteriormente non vi fosse scoperto altro, quegli effetti per loro stessi, dal detto riguardo in poi, si ridurrebbero a molto piccola cosa. Gli Autori non riportano altri esempi di duplicazioni che di un punto, di una breve linea, di una lettera dell'alfabeto, di un ago, di uno spillo, di un raggio di sole passato per un piccolissimo foro di una carta; fin qui non apparisce, che questa Pietra con tutte le sue maraviglie sia di alcun uso per le Scienze, o per le Arti, come lo sono i Telescopj, i Microscopj, e tante altre specie di Lenti; e neppure ci presenta un bel colpo d'occhio, come almeno fanno i vetri poliedri, la Lanterna magica, la Camera oscura, la Camera ottica. Queste prime osservazioni per altro hanno il merito di esser servite di fondamento, e di stimolo per le ulteriori di maggiore importanza. In Inghilterra, per quanto mi vien supposto, anche prima del 1750, si era incominciato da Beniamino Martin, e da altri a scoprir nuovi fenomeni, che tutti poi nel 1768 furon da esso Martin divulgati in un Opuscolo Inglese, ma che è pochissimo conosciuto in Italia.

14° Fenomeno. Siccome le duplicazioni dell'oggetto state notate per l'addietro, a riserva d'una assai irregolare deferita dal Bartolino, erano tutte per superficie parallela solamente, si volle provare, se poi si ottenessero anche per superficie non parallela; se ne fecero adunque dei Prismi triangolari, e vi si trovò, che ancora in questi seguiva a maraviglia la duplicazione.

15° Per di più si vide, che questi Prismi di Cristallo d'Islanda non solo sono atti per tutti gli sperimenti, che si fanno con quei di vetro, e poi hanno il vantaggio di produrre 2 spettri in vece di uno; ma inoltre ognuno di questi due spettri è assai più largo, e di colori molto più vivi, che non è il solo di un Prisma di vetro del medesimo angolo refringente: onde con quelli si posson fare assai meglio le solite sperienze ottiche.

16° Il Martin lavorando dal se stesso di tali Prismi per uso delle sue pubbliche Lezioni, venne a scoprire un'altra proprietà, cioè che alcuni pezzi mostrano la refrazione non doppia, ma moltiplice. Primieramente n'ebbe uno, che divideva il raggio in 4, e tutti nondimeno ugualmente coloriti, e forti.

17° Ne fece dipoi altro, che divideva il raggio in 6, de' quali ciascuno (cosa veramente mirabile) era più chiaro che il solo prodotto da un Prisma di vetro. Ognuno poi sottintende, che questi tali Prismi doveano anche far vedere o duplicato, o quadruplo, o sestuplo ogni oggetto rimirato a traverso de' medesimi, bensì alquanto trasformandolo, come sogliono fare i Prismi.

18° Si conobbe anche dallo stesso Martin, che l'interna struttura del nostro Cristallo dee avere ad ogni tanto delle variazioni, benchè a noi insensibili: poiché vide per esperienza, che dallo stesso pezzo si traeva un Prisma di 2 raggi soli, ed uno di 6.

19° Non dice però quest'Autore di aver veduto lo stesso Cristallo ridotto artificialmente in forma conica. Ma il Canonico Fromond acquistò a caso in Inghilterra un cono formato da un pezzo limpidissimo, a somiglianza del quale egli ne ha lavorati ultimamente due piccoli. Se (come io medesimo, e due dotti Accademici, e Professori, che ora mi ascoltano, ne abbiamo veduto l'esperimento), lasciandosi una stanza totalmente oscura, sicchè soltanto per uno stretto foro circolare entrar vi possa un raggio di sole, si pone il vertice del cono in detto foro; appariscono nel pavimento o nella parete alla distanza di circa 12 piedi ora 2, ora 4 ovali colorati; secondo la diversa posizione del cono, l'uno dentro dell'altro, non però concentrici; la larga striscia ovale esteriore non avrà di diametro meno di dieci piedi; e i sette colori vi sono sì distinti, sì vivi, sì ben disposti, che io non ho mai rimirato cosa più vaga.

20° Si credeva, che questi colori dipendessero unicamente dalla forma prismatica triangolare, come accade nel vetro. Ma continuandosi gli sperimenti si venne in chiaro, che anche questa era una delle singolari proprietà del nostro Cristallo. É stata (dice il Martin) una massima generale adottata da tutti gli Scrittori d'Ottica, che un Parallelepipedo di una sostanza diafana, avendo la forza refringente eguale sopra ciascuna delle sue opposte, e parallele facce, dee perciò refrangere i raggi della luce senza sensibile colore. Ma questa legge generale non ha luogo nel Cristallo d'Islanda. Anche il Beccaria nel 1762 e 1766 credè, che questo Cristallo nella sua naturale figura di Romboide solido non fosse capace di alcuna colorifica refrazione. Ma a quell'ora già il Martin possedeva de' pezzi, che ricevendo per un foro un raggio di sole in una stanza oscura, tramandavano le immagini colorate. La qual cosa fu da lui giudicata la più straordinaria di tutte le strane proprietà del Cristallo d'Islanda.

21° Il medesimo trovò, che la stessa Pietra anche nella sua forma naturale sa più che duplicare gli oggetti. Un pezzo gli fece vedere 4 spettri di un raggio del sole, de' quali due non colorati, e due colorati.

22° Altro pezzo gli mostrò uno spettacolo, che egli chiama il sorprendentissimo fra tutti gli ottici fenomeni: cioè gli moltiplicò un solo raggio di sole in 12, facendo in mezzo 2 immagini bianche, e le altre intorno diversamente colorate, e disposte in guisa, che rappresentano un perfettissimo Romboide; muovendosi intorno a sé il Cristallo, tutte le immagini si moveano in giro; se si applicava al Parallelepipedo uno de' sopra detti Prismi, che solo raddoppia, le 12 immagini comparivano 24; se quello, che fa 4, divenivano 48; se l'altro di 6, erano 72; e non di meno la massima parte era molto distinta, e componeva una specie di naturae girandola infinitamente eccedente qualunque produzione, o imitazione dell'arte de' vetri. Il Martin ebbe ragione di rimanere tanto meravigliato, perché questo fu il primo fenomeno scherzoso, che vi si manifestasse. Del resto col mio Spato romboidale, come udirete in altro discorso, si fanno più di 30 simili giuochi di luce molto più sorprendenti. Ma il notissimo Priestley[36] nella sua *Storia delle scoperte relative alla visione*, pubblicata in Inglese nel 1772, si duole, che adesso non sappiano più farsi neppure in Inghilterra queste belle sperienze mostrate dal Martin, e nemmeno lavorarvisi i deferiti Prismi; dice, che se è raro l'acquistare un pezzo, che abbia una trasparenza sufficiente, più raro ancora è il trovar chi lo sappia ripolire, e non vi è poi nessuno al presente, che possieda

[36] Joseph Priestley (Fieldhead 1733-Contea di Northumberland 1804) è stato un chimico e filosofo inglese. Priestley ha dato un apporto tale alla conoscenza della chimica da farlo annoverare fra i maggiori chimici di tutti i tempi. Pubblicò nel 1767 *Storia e Stato attuale dell'elettricità* e l'opera gli procurò la nomina a membro della Royal Society; in quell'anno si stabilì a Leeds dove cominciò le sue ricerche chimiche. Nel 1772 fu nominato membro dell'Accademia francese delle scienze. Scoprì l'ossido di azoto, l'anidride solforosa, l'acido cloridrico e l'ammoniaca e soprattutto l'ossigeno nel 1774, che ottenne riscaldando l'ossido rosso di mercurio. La conoscenza di Benjamin Franklin, avvenuta durante un viaggio a Londra, lo indusse ad interessarsi all'elettricità, compilando una storia degli studi sui fenomeni elettrici.

la maniera di ripeterne le operazioni; ed esclama: *è un peccato che il Martin non si sia disteso più particolarmente sulle circostanze di tali fenomeni singolarissimi*. Per buona sorte però noi abbiamo in Italia il nostro valoroso Accademico Fromond, che molto apprese in Inghilterra a viva voce dal Martin. Egli sa eseguire tutti gli altrui esperimenti, e sa inventarne anche de' nuovi. Pare che il Martin non facesse uso di pezzi grandi, o riducendoli in Prismi, o lasciandoli Parallelepipedi tali quali, e che se ne servisse unicamente per moltiplicare in una parete gli spettri del sole. Anche tutti i precedenti osservatori aveano cercato, sempre dei pezzi più grossi, perché in questi meglio si scorge la diversità delle refrazioni. Ma il Fromond ha [usato] frammenti sottilissimi, che una volta soleano rigettarsi come inutili, ma che in realtà sono i più trasparenti, e producono maggior numero di effetti straordinari; gli ha ripoliti al pari del più terso vetro, o Cristallo; e gli ha legati in cerchietti di legno, o d'osso, come gli occhiali, e altre lenti, nella qual maniera si adoprano più comodamente, e tengono più raccolta la vista: e tali sono i 4, che ci ha mandati, co' quali e si posson fare in una stanza oscura esperienze simili a quelle del Martin, e altre ne riescono a maraviglia osservandosi o al chiaro, o all'oscuro la fiamma di una candela. Il primo pezzo non fa che un'imperfetta duplicazione, e questa non colorata: onde può servire per far formare soltanto un'idea delle prime cose scoperte in questo Cristallo. Ma negli altri tre io scorgo le 5 novità seguenti.

23° Fenomeno. Il secondo, e il terzo pezzo triplicano la fiamma, e sempre in linea retta; quella di mezzo resta bianca, le due laterali sono tinte dei più vivi colori prismatici, de' quali però i dominanti sono i soli rosso, giallo e turchino. Lo che sembra debba molto confermare il nuovo sistema su' colori dato fuori ultimamente dal Palmer[37] in Inghilterra. Chi non l'ha sperimentato non può immaginarsi, che magnifico, e grazioso spettacolo sia il rimirare con uno di questi pezzi una grandiosa, e ben disposta illuminazione, come sono quelle, che frall'anno si fanno in questa Città nelle Chiese di S. Pietro, e di S. Francesco: la triplicazione di ogni lume, e l'alternativa de' vaghissimi colori sono un vero incanto.

24° Quando sappiasi ben tenere il quarto pezzo presenta 7 fiamme, delle quali 6 colorate sono fra loro ugualmente distanti, e formano un perfetto esagono, avendo nel centro la fiamma vera.

25° Da questi pezzi si apprende, che il numero degli oggetti apparenti, non è costante. Avete udito, che il Fromond stesso nota, che secondo le diverse posizioni il secondo pezzo fa comparire anche 5 fiamme, e il terzo 4. Ma io aggiungo, che il secondo è arrivato a farmene vedere anche 10, e 16, e 20, né solo colle varie posizioni si posson crescere le solite fiamme, ma anche diminuire: a me riesce (ma non è sì facile ad insegnarsi ad altri), che se col quarto voglio rimirare una sola immagine, una sola ne rimiro, se 2, 2, e così per ordine sino a 11.

26° Non solo col girare il Cristallo vi si cangiano i colori delle fiamme, lo che era stato detto anche da altri; ma tenendosi fermo nella sola posizione, in cui la linea delle fiamme sia orizzontale, ad ogni minima inclinazione verso l'angolo destro, o sinistro dell'occhio, d'improvviso il color rosso diventa giallo, o questo turchino, o si uniscono tre colori in una fiamma, onde a ogni momento si muta il quadro.

---

[37] George Palmer (1745/46-Copenhagen 1826), conosciuto anche come George Giros de Gentilly, è stato un chimico inglese, che si è interessato di colore e pigmenti. É noto per le sue congetture sula visione del colore. Il testo cui fa riferimento Carli è G. PALMER, *Theory of Colours and Vision*, London, S. Leacroft 1777.

27° Per l'addietro non vi era esempio, che la fiamma di mezzo, cioè la vera, lasciasse il suo naturale color bianco. Ma ora il nostro terzo pezzo in una sua posizione fa prender qualunque colore anche alla fiamma di mezzo, bensì sempre diverso da quello, che di mano in mano han le sue laterali.

Anche da questa semplice esposizione, ognun vede che gli ultimi fenomeni scoperti dal Martin, e dal Fromond son bene altra cosa che quei primi. Almeno essi danno all'occhio un gran piacere, e sono di qualche uso per la Fisica sperimentale. Per altro, giacchè questa Pietra siegue sempre ad essere sì feconda di nuove maraviglie, par, che si debba fare altri tentativi. La moltiplicazione delle fiamme di una candela, o degli spettri di un sottile raggio di sole, son cose belle, e istruttive, ma hanno del piccolo; non servono alle Arti o liberali, o meccaniche; non illustrano alcun punto di erudizione. Si cerchi adunque di portar questi effetti dal piccolo al grande, e se ne renda l'uso più universale. E questo appunto è stato lo scopo delle mie investigazioni. Ma sebbene io abbia ritrovato nello Spato di Siena un numero grandissimo di nuovi fenomeni, e sia persuaso, che se avessi a mia disposizione ugual copia di Cristallo d'Islanda, verisimilmente li ritroverei tutti, o la maggior parte anche in questo; tuttavia, non essendone sicuro, non darò luogo nel presente Discorso che a 5 de' medesimi, i quali ho veramente riconosciuto, che si ottengono ancora dai pochi pezzi, che ho di tale Cristallo.

28° Fenomeno. Più anni sono io tentando colle scaglie di que' due piccoli saggi di Spato di Siena, e di Gubbio, de' quali in principio ho fatto menzione, se mi fosse stato possibile di avere una triplicazione in grande, ben distinta, e intiera, dopo molte prove riuscitemi infruttuose finalmente sperimentai conforme all'intento mio la maniera, che ora vi esporrò. Di chiaro giorno si ha da scegliere un sito irradiato dal vivo sole, ma che abbia da destra, e da sinistra vicina l'ombra: come per esempio è un trivio, o un quadrivio, dove una strada sia opposta al sole, e l'altra, che l'incrocia, ne sia a motivo delle fabbriche riparata; o come in una stanza è quel sito, dove da una finestra aperta, batte un lungo raggio di sole. Si prenda uno di que' pezzi, che prima si sia provato capace di triplicare la fiamma di una candela; e con esso lo spettatore, postosi nell'ombra, guardi verso lo spazio irradiato; vedrà, che si triplica tutto quello spazio insieme con tutti i corpi, che sono in esso, come uno e più uomini, cavalli, carrozze; né le figure rimangono trasformate come co' Prismi triangolari, né storte, o pendenti, o solo per metà, come più volte accade co' vetri poliedri, ma tutto è della sua giusta misura, e proporzione. Secondo la grandezza de' corpi dee lo spettatore mettersi in maggiore, o minor distanza: perciò nell'intersecamento di due strade, benchè possiamo veder tutto anche stando in terra, più bel colpo d'occhio sarà, se guarderemo dalle finestre di qualche casa della strada ombrosa. Vedremo, che quantunque la medesima non sia percorsa dal sole, nulladimeno i due suoi ultimi spazi da destra, e sinistra, contigui, ed uguali alla larghezza della strada illuminata, restano illuminati ancor essi al pari di quella; e se vogliamo, possiamo inoltre tingere il pavimento di detti due spazi di tutti i 7 colori prismatici ora unitamente, ora divisamente, e con più distinzione che negli sperimenti della fiamma di una candela. Sopra tutto riesce un bel divertimento l'osservare, come gli uomini, e gli animali, che camminando nella strada ombrosa entrano nell'illuminata, d'improvviso si moltiplicano in tre, e nell'uscirne di nuovo in un batter d'occhio ritornano uno. Nella striscia poi del sole in una stanza si possono con tutto comodo notare un'infinità d'accidenti: ma il tempo mi manca per riferirli.

29° Solo vi dirò, che specialmente in questo caso si riconosce, che il nostro Spato, o Cristallo è un vero Proteo: poiché quasi in un momento, col solo ajuto di piccolissime inclinazioni all'occhio, un solo istesso pezzo vi produce 8 diversi effetti, per ottenere i quali con altro mezzo converrebbe adoperare una dopo l'altra 8 o 9 lenti di vetro: se pure fossero bastanti fra tutte insieme, giacchè non so, qual lente via sia, che possa produrre sì bene gli effetti settimo, e ottavo. Figuratevi, che io stia a sedere al mio tavolino in camera, e che prima abbia posto sul pavimento nella striscia del sole una scatola, un candeliere, una stanga in rame, un disegno, una statuetta, un vero fanciullo. Mi pongo a guardarvi per mezzo del mio Cristallo. Voglio io vedervi una sola scatola? Vi rimiro una scatola sola, come farei cogli occhiali. Voglio, che sieno due? Due subito mi diventano. Le voglio tre? Sono tre, come mi comparirebbero con un vetro di tre facce. Non basta. Ho bisogno, che mi mantengano il loro color naturale, talchè sieno tutti e tre simili? Sono simili. Mi piace, che le due laterali vestano i colori prismatici, e sembrino aver intorno tante fiamme, come pare ne' corpi riguardati col Prisma? Eccole tutte di quel colore, che più vi aggrada, rimanendo quella di mezzo co' suoi colori consueti. Se poi vogliamo, che gli cangi anche questa, saremo tosto serviti. Fin qui abbiamo supposto tutte e tre le scatole nel pavimento. Adesso vi resti solo quella di mezzo, e le altre due si vedano sospese a mezz'aria in un piano inclinato. Anche questo si ottiene si abbiano per nulla tutte queste trasformazioni, perché non sono che una conseguenza delle precedenti scoperte. Ma l'effetto, che ora riferirò, è nuovo, ed interessante. Le tre scatole, le tre statuette, si scorgeranno di ugual grandezza. Ora poi per via di un'altra inclinazione quella sola dimezzo rimane qual era, la destra s'ingrandisce, la sinistra si diminuisce, ed io rimiro queste tre grandezze a scala in un istesso istante, e posso paragonarle tra loro. Vi sono i suoi limiti sì per l'ingrandimento, che per la diminuzione; questa scatola per esempio nella sua maggior piccolezza ha la misura dell'unghia del mio dito minimo; ma è un bel vantaggio, che sta in mio arbitrio il crescerla, o diminuirla a gradi a gradi, sicchè con un solo stromento all'occhio la posso far comparire di cento diverse grandezze. Ora i Pittori, e Scultori, gli Argentieri, e tutti gli Artefici anche Meccanici, che fanno qualche uso del Disegno, sanno per esperienza, che spesso un'opera, la quale come è vi appaga, non fa poi bene, se si metta più in grande, ovvero più in piccolo, e perciò alle volte o nell'esperienza conviene allontanarsi dal primiero disegno, o infine s'incontra biasimo da ciò, che in principio era stato applaudito. Un tale Cristallo adunque, che dia l'agio di contemplare nello stesso tempo un medesimo lavoro in differenti grandezze, può dare di bei lumi a un Artefice. Non si creda però, che a tutti riuscisse di primo lancio di fargli fare tutte quelle variazioni, che ho detto. Bisogna prima far qualche pratica nell'adoperarlo, ed aver pronte le inclinazioni, che gli si debbon dare: altrimenti vorrete, che un Modello, per esempio, vi comparisca co' suoi contorni precisi, ed esso vi apparirà quasi coperto da una nebbia colorata.

30° Vi è altra particolarità ancor più curiosa. Io dal mio tavolino vedo in terra quel puttello divenuto tre; mi nasce voglia di esaminare più da presso quello più piccolino; non ho da far altro che ritirare un poco la testa indietro, e abbassare un poco l'occhio, e immantinente, quasi che quel mio cenno fosse un incantesimo, il puttello grande, e il mezzano dispariscono, e il piccoletto alto un mezzo palmo, si slancia da terra, e vola sul mio tavolino; ed io ve lo rimiro graziosamente passeggiare, e me lo contemplo con tutto comodo; che se poi io giudichi necessario il far ricomparire il puttello vero per porlo a confronto con questo nano, ho il modo di vederli nel tempo stesso ambedue, l'uno tuttavia sul tavolino, e l'altro sul pavimento. Non è a mia notizia, che alcuno Scrittore faccia menzione di un istromento ottico qualunque, che unitamente produca tanti, e sì varj, e insieme sì mirabili effetti; e sopra tutto non si legge cos'alcuna simile agli ultimi due fenomeni neppure nella grand'Opera del Atanasio Kircher[38] titolata Ars magna lucis, et Umbra, sebbene l'Autore si dichiari di avervi riscontrato non solo tutti i fatti veri, ma anche i favolosi, e quelli da lui creduti effetti della Magia diabolica.

31° Quando ebbi fatto per la prima volta queste osservazioni, non mi curai d'inoltrarle di vantaggio, perché era mal saddisfatto della poca trasparenza degli Spati, che allora aveva. Ma adesso, trovati i nuovi più perfetti, ho voluto provarli anche in Cielo: al che mi ha dato stimolo l'aver notato ne' sopra deferitti sperimenti, a quanto gran distanza si possano le immagini laterali trasportar lontane dal loro primo sito. Prendendomi adunque il piacere di moltiplicare, ingrandire, e diminuire il Sole, la Luna, e le Stelle nella forma, che udirete in altro Discorso; mi sono chiarito fralle altre cose, che se io guardo, supponiamo la Luna, e la scorgo divenuta 3, o 7, tutte al solito ornate de' più belli, e vivi colori, che in quelle ampie, e rotonde figure fanno una comparsa vaghissima; io posso trasportare ciascuna di essa, a riserva della centrale, per una linea circolare fino a gradi 41; e fra le 3, o 7 Lune ve n'è sempre una, che si può far calare per una linea quasi retta fino a terra nella distanza di sette o otto braccia da nostri piedi. Ecco il modo. Si determini la Luna, che si vuol trasferire, e il sito, verso dove ella ha da portarsi, per esempio a tramontana; si giri il Cristallo finchè quella Luna non sia voltata a quella parte; allora si ritiri un poco il Cristallo verso tramontana, sicchè delle 7 Lune da noi non si veda più sennonchè quella sola, che si è già posta alla dirittura di tramontana; e per 41 gradi avrete quella Luna sempre in faccia, e muovendovi la vedrete muover sensibilmente, e se vi fermerete, ancor ella si fermerà. Una gran singolarità è questa: laddove colle altre lenti piane è necessario l'accompagnar sempre l'oggetto, che altrimenti non si rimira più; qui sembra, che l'oggetto accompagni la lente. Né si creda alcuno, che quando si trae la Luna in terra sia una medesima cosa come quando osserviamo noi la stessa Luna con un Prisma, e tutt'a un tratto lo rivoltiamo verso la terra, e veggiamo in questa un confusissimo spettro colorato. Col Prisma non si fa altro che lasciar di vedere la Luna in Cielo, e subito passare a vedere in sua vece sul suolo uno spettro, che non ha alcuna somiglianza con essa: ma col nostro Cristallo si scorge la medesima partire dal Cielo nella sua propria figura, e si contempla in tutto il camino, che fa finchè sia giunta alla terra.

32° Ho detto, che convien prima determinare quella delle Lune, che si vuol muovere. Questo non dipende però intieramente da noi: anzi su tal particolare vi si presenta un fenomeno sì inaspettato, e di tal conseguenza, che sarebbe stato desiderabile, che l'avesse saputo il gran Newton, che al certo col suo penetrante intelletto avrebbe sopra d'esso fondato qualche universale bellissima teoria su di alcune proprietà de' colori. Io per ora ne darò un cenno. Delle 6 Lune, che fanno un circolo intorno alla centrale, ognuna ha il suo colore, ed ognuna si può muovere; ma però ognuna ha la sua particolare direzione; quella del colore **A** non si tirerà mai verso la terra, ma si alza solamente verso il Zenith; al contrario quella del colore **B** non si manderà mai all'insù, bensì viene subito in giù, quando per altro sia stata prima

[38] Athanasius Kircher (Geisa 1602-Roma 1680) è stato un gesuita, filosofo, storico e naturalista tedesco del XVII secolo. L'opera di Kircher sulla geologia comprendeva studi su vulcani e fossili. Tra le prime persone ad osservare microbi attraverso un microscopio, fu talmente in anticipo sul suo tempo da proporre la tesi che la peste era causata da un microrganismo infettivo, e da proporre misure efficaci per prevenire la diffusione della malattia. Kircher mostrò inoltre un vivace interesse per la tecnologia e le invenzioni meccaniche: tra le invenzioni che gli sono attribuite vi sono un orologio magnetico, diversi automi e il primo megafono. Condusse uno studio sui principi inerenti la luce che espose nel suo trattato *Ars magna lucis et umbrae*, pubblicato in Italia, Roma, presso Tipografia Ludovici Grignani 1646.

collocata dalla parte di sotto (che se fosse di sopra, non ci riuscirebbe muoverla né in su, né in giù); l'altra dal colore **C** si trasporterà solo verso Levante; così quella del **D** a ponente, dell'**E** a tramontana, dell'**F** a mezzo giorno; queste direzioni possono un poco variare secondo la minore o maggiore altezza della vera Luna; ma sempre si scorgerà, che ogni colore prende un camino diverso. Or quale analogia troveremo noi fral colore E, e la tramontana?

Io non voglio stancarvi di vantaggio. Sentirete in altro giorno, a qual uso io abbia applicato una parte di quest'ultime osservazioni. Oggi mi basta l'avervi tessuto l'istoria del Cristallo d'Islanda dalla sua nascita, per così dire, e dal tempo, in cui dimostrava di non saper far altro che duplicare un punto, o una linea, sino al presente, in cui è giunto a scoprirci nuove maraviglie nel Cielo.

Note alla Dissertazione[39]

(1) Così almeno alcuni Islandesi riferirono al Bartolino, com'egli ha detto nella pagina ultima del suo Libretto, di cui vedasi la seguente nota 7. Quel golfo nell'Enciclopedia a Crystal Island con piccola varietà dicesi Rock Hoard.

(2) Bartolino nella detta pagina ultima.

(3) Di questa grandezza ne vide l'Huygens: vedi il suo trattato *De Lumine*, cap. V, n. 1.

(4) vedi Martin nell'opuscolo da citarsi nella seg. No.

(5) Nel I delle Georg. V. 30 eran nominati molti altri antichi, scrivendola in Greco Θούλη, in Lat. Thule o Thile, ma sono diversi nella situazione, e apparisce, che non ne aveano che un'oscurissima notizia per sola fama. Fralle diverse opinioni de' moderni a me piace quella [...] annotatasi alla Geografia del Cluverio dell'edizione di Londra, cioè che Thule sia da cercarsi nelle Isole Huthlandiche, che ancora in oggi dai marinai sono chiamate Thylensis, nel qual nome si scorge un chiaro vestigio di Thule: in fatti pare che Tolomeo, Plinio, e Tacito la suppongano poco sopra alla spiaggia settentrionale della Scozia, e che le assegnino un grado di latitudine, che ad un bel circa corrisponde alle dette Huthlandiche.

(6) Il Bartolino p. 1 [...] *Crystalli stranslucidi, quod ex Islandia nuper ad nos per lutus est.*

(7) Erasmi Bartholini. *Experimenta crystalli islandici disdiaclastici quibus mira et insolita refractio detegitur. Anno 1670* [...]

(8) Nella 1 p. del suo Opusc. sul detto Cristallo.

(9) Traité de la Lumiere, ou sont expliquées les causes de ce qui luy arrive dans la reflexion, et dans la refraction, et particulierment dans l'étrange refraction du Cristal

[39] Girolamo Carli allegò alla sua Dissertazione le note, numerate tra parentesi da (1) a (56); molte di esse sono scritte in forma abbreviata e talora presentano parole non comprensibili. L'insieme delle note risulta essere probabilmente un primo abbozzo e non una copia definitiva. Riportiamo qui di seguito quanto si può desumere dal manoscritto.

d'Islande. Par C.H.D.Z. A Leide, Chez Pierre Vander Aa, 1690. In 4°. Libro ora molto difficile a trovarsi, onde il Martin nel d. suo Opusc. ne ha fatto ultimamente estratto in Inglese. Io citerò sempre, perché più ovvia, la traduzione fattane da un Anonimo col titolo *Tractatus de Lumine*, che leggesi in principio del To. I. della raccolta *Christiani Hugenii Opera reliqua* f. Amstelodami, Apud Janssonio-Waesbergios, 1728, in 4°.

(10) Che sono le 25, 26, 28 dell Lib. III.

(11) *Observations sur une espece de talc qu'on trouve communement proche de Paris au dessus des bancs de pierre de platre*, par Mr. de La Hire ; da p. 341 a 352 del d. To., nel quale vi è anche un giudizio escritto dal Segr. Fontenelle da p. 121 a 125. Dell'esatta descrizione, che vi si fa di quella Pietra, chiaramente apparisce, che l'Autore dovea chiamarla Selenite, e non Talco.

(12) Bartolino nello sperimento 2; Huygens *De Lumen* Cap. V. n.° 5. Newton L. III, lust. 25.

(13) Huygens, ivi n.° 3.

(14) Bartolino sper. 3, 5. Huygens, ivi n.° 5. Newton ivi.

(15) Bartolino sper. 4. Huygens ove sopra. Il Newton appena ne dà un cenno.

(16) Huygens e Newton ove sopra.

(17) Bartolino sper. 3, 5. Huygens a d. n.° 5. Il Newton cit. asserisce che questa calce non si liquefà, ma io credo piuttosto al Bartolino, di cui avendo si fatto diverse altre esperienze, le ho trovate tutte conformi allo esposto da lui.

(18) Valmont de Bomare nella *Mineralogie*, T. I p. 166.

(19) Bartolino p. ult.

(20) Vedi il detto Targioni in più luoghi, ma specialmente nella p. 753 del To. III (della prima edizione) delle *Relazioni di alcuni Viaggi fatti in diverse parti della Toscana.*

(21) *Memoire contenant des Observations de Lithologie, pour servir à l'Histoire Naturelle de Languedoc, et a la theorie de la Terre*, par M. l'Abbé de Sauvages : negli Atti dell'Accademia R. di Parigi del 1746, a p. 735.

(22) Questi Cristalli dentro al Marmo degli Scarpellini di Carrara si chiamano Lucciconi. Io inoltre possiedo una scatola formata da un solo pezzo di Pietra quarzosa somigliante all'Agata trovata in forma di nodo dentro al detto Marmo: sono del Dottor Giuseppe Salvioni, Gentiluomo di Malta, il quale ha fatto molte utilissime osservazioni sulla Storia naturale, e l'Agricoltura di quel territorio, che meritano di esser date alla luce.

(23) Il Boccone per meglio individuarlo lo chiama *Talco romboidale*. Ma ciò non basta, perché se tutte le Pietre, che si fendono, potranno dirsi Talco, troveremo non solo una specie notissima di Selenite, ma anche una sorta di Lavagna romboidale similmente (come ne ho

osservato varj pezzetti disseminati presso ad Orgia, ed a Palli nella Montagnola di Siena): talché non si saprà che Pietra sia questo Talco romboidale. In tal confusione è caduto ancora Mr. de La Hire nella memoria citata nella precedente nota 9, avendo egli ivi supposto una istessa cosa lo Spato, la Selenite, e il Talco. Pare, che il Martin, il Grew, e il Rumfio abbiano inteso di conciliare le due riferite opinioni sul Cristallo d'Islanda, avendolo il primo chiamato Cristallo o Talco, e i secondi Talco-Cristallo.

(24) Per quest'ultimo motivo anche il Bartolino (sperimento 2) saviamente riflettè, che non gli si conviene il nome di Talco.

(25) Conspectus Chem. To. VII. Tab. X.

(26) *Lettres philosophiques sur la formation des sels et des cristaux*. Amsterdam.1724. in 12°. a p. 53. Posson dirsi dell'istessa opinione tutti quelli, che hanno generalmente considerato per una Selenite lo Spato romboidale, come lo Scheuchzer, Litograph. Helvet. p. 49. Bremal, Min. Succ. Cap. 5. Paragr. 5.

(27) Bomare, *Mineralogia* To. I.

(28) Nela sua *Mineralogia*, traduzione dal Tedesco in Francese.
(29) A pp. 226 e segg.

(30) Il quale poi sembra, che in principio non ne avesse una chiara idea: poiché nelle prime edizioni del suo Sistema Naturale divise lo Spato in lamellato, e compatto, e risuddiviso questo in opaco, e trasparente, e [...], che quest'ultimo è il Cristallo d'Islanda. Nelle posteriori edizioni seguì a chiamarlo Spato compatto, ma per altro colla giunta di fissile (che è un ritrattarsi per metà); forse sarebbe stato meglio il levarlo intieramente dalla specie degli Spati compatti.

(31) In d. To. 2. *Mineral*. P. 166.

(32) *Essai d'une novelle Minéralogie*. Trad. dallo Sved. E dal Ted, in Francese.

(33) Si posson porre nel numero de' sopra citati tutti quei Naturalisti, che parlando dello Spato romboidale in genere ne hanno assegnato i vari caratteri, i quali sono comuni anche a quello d'Islanda, come il Woltersd citato dal Bomare, il Cartheiis *Fund. Mineralog*. P. 12; e il chiarissimo Prof. Della R. Università di Pavia Gio. Antonio Scopoli nella *Crystallographia Ungarica*, Par. I. p. 61. n°. 217.

(34) Il Bartolino nello Sper. si asserisce, che qualche rara volta nel suol nativo se ne incontra alcun pezzo di figura di Piramide triangolare. Anch'io l'ho veduto in una delle due cave dello Spato romboidale di Siena. Ma questi tali pezzi non sono altro che uno degli angoli solidi del prisma, che o per ostacoli incontrati nel formarsi non ha potuto sviluppare il resto di sé (come si osserva in tutte le altre Pietre di forma regolare); o per caso si è rotto obliquamente, e staccato, giacchè per tale direzione ancora quello Spato può fondersi, sebbene con qualche difficoltà; di che si parlerà più distintamente nel Discorso I. Onde invano l'Huygens in fine del n°. 43 si fonda su questa figura piramidale per trarne conseguenze in favore del suo sistema.

(35) Al n°. 4 e in fine del 43.

(36) Il Bartolino nello Sper. 6 con sola misura meccanica avea posto gli ottusi digradi 101, e gli acuti di 74. Il Newton nella n. 25 conferma la misura dell'Huygens. Tuttavia il Fontenelle nell'estratto della Mem. Di Mr. de La Hire pone, mi suppongo per togliere i rotti, gli ottusi di gradi 101 e mezzo, gli acuti di 78 e mezzo; il Priesltey poi nella recente sua *Storia della Luce* da citarsi nella n°. 36. gli mette secondo il Bartolino 102, e 79.

(37) Huygens al n°. 4.

(38) Esternamente non si distinguono nel detto Cristallo tutte queste divisioni, [...] paro vi se ne vedono alcune, e che esse procedano all'infinito, si sperimenta col fatto. Le più comuni a osservarsi sono in questo nella Fig. II.

(39) Bartolino nella Sper. 5.

(40) Nella Sper. 3.

(41) Egli soggiunge, che con quelle ruote, di cui si servono i Giojellieri, si potrebbe tagliare anche obliquamente facce e formarsene Piramidi, e Prismi di più specie, e poi levigati nella detta forma, confutando però, che non per questo si ridurrebbero a una trasparenza perfetta. Solo in Inghilterra, ma molto dopo la morte dell'Huygens, si è trovato il segreto di dargli l'intimo polimento.

(42) È specialmente notabile per questo caso il suo Sper. 14. fatto per sezioni oblique.

(43) Fra gli altri il Martin, e il Bomare n' luoghi sopra citati.

(44) Che saranno indicate in principio del Discorso II.

(45) Ne sono in copia in più tipi presso la strada fra Pernina e Lucerena.

(46) Presso la strada fra Colsi e Pernina.

(47) Vedi il suo *Trattato delle Acque Minerali di Chianciano* a p. 45. 46.

(48) L'Huygens al n°. 20. dice, che avendone fatto tagliare de' Prismi ben politi per sezioni differenti, e riguardando per essi la fiamma della candela, o il piombo de' vetri delle finestre, tutto gli compariva doppio.

(49) Stato prima inserito nelle *Transfor. Filosof.* D'Inghilterra del 1762, e poi ristampato nel 1766 senza data di luogo in 8°.

(50) Come da sua lettera del 24 Genn. 1778, ove però mi dice, che il secondo spettro è molto debole, e appena discernibile. Ei crede, che quel del Brasile si possa tagliare per qualunque direzione, perché non ha alcuna figura singolare; ma quel di Rocca si debba tagliare obliquamente all'asse di sua natural figura: lo che non si accorda colle osservazioni del Beccaria, né oso decidere da qual parte stia la ragione.

(51) Come Pietro Martino *Philosoph. Natural. Impetus*. To. III. Nel Cap. di *Crystallo Islandico*, gli Enciclopedisti f.

(52) Bartolino Sper. 16., Huygens n°. 7, De La Hire ove sopra.

(53) Nell'estratto della citata *Memoria* di Mr. de La Hire.

(54) Al n°. 2.

(55) Al principio del suo Opusc. sul detto Cristallo.

(56) Tanto più che abbiamo Priestley, che nella sua stimatissima *Istoria della Luce* (*The History and present state of discoveries relating to Vision, Light, and Colours*) stampato in Londra nel 1772, ha riportato (nel To. II. Sez. VIII. a p. 548 e segg.) le sperienze del Bartolino, ma non tutte, e con metodo a fine diverso dal mio; ed inoltre quell'opera è da pochissimi posseduta in Italia.

3 marzo 1780	Volta Gio. Serafino	Esame di alcune cristallizzazioni calcarie che si trovano ne' Monti Minerali della Ongheria Inferiore

Archivio Storico dell'Accademia Nazionale Virgiliana di Mantova, Dissertazioni Accademiche, Storia Naturale, busta 44/12.

La proprietà, che hanno alcune Cristallizzazioni calcarie, di non far visibile effervescenza, allora quando vengono sciolte negli acidi minerai, ha fatto credere a qualche Orittologo, che queste non appartenessero all'ordine delle terre assorbenti. Ciò si è derivato principalmente dalla comune opinione de' moderni Naturalisti, che le Terre calcarie si sciolgano con effervescenza negli acidi, e che per questo motivo calcarie non si debbano riputar quelle pietre, le quali non manifestano la detta effervescenza nella lor soluzione.
Di questo genere solo le Cristallizzazioni tuberose, e fibrose, che si ritrovano nei Monti minerali dell'Ongheria Inferiore, delle quali alcuni saggi esistono nell'Imperiale Museo Ticinese.
Essendomi pertanto venuto in acconcio di esaminarle, ho trovato esser elleno di natura veramente calcaria, come apparirà dall'esperienze seguenti.

Esperimento I

Prima di tutto schierando a me d'innanzi que' pezzi, che dovevano formare il soggetto della proposta Analisi, li toccai esattamente in qualunque loro parte coll'Acqua forte, nè mai mi avvenne di ottenere da essi la benchè minima effervescenza. Ciò doveva portarmi a concludere, che queste pietre, annoverate dal Ch. Scopoli[1] fralle Cristallizzazioni calcarie,

[1] *Crystallograph. Hung*. Par. I, Ord. I e II, p. 4 e segg. Si riferisce al libro di G.A. SCOPOLI, *Crystallographia Hungarica. Pars I. Exhibens Crystallos Indolis Terrae Cum Figuris Rariorum*, Praga, Apud Wolfangum Gerle 1776.

non erano dunque di natura assorbente, e alcalina. Ma siccome il carattere genuino delle terre calcarie non consiste propriamente, come avvertiremo più sotto, nel far effervescenza cogli acidi minerali, così ho voluto procedere ad altre prove, prima di oppormi all'autorità del mentovato Scrittore.

Esperimento II

Ho preso adunque uno dei pezzi, il di cui peso era di 2 Oncie, una Dramma, e 13 Grani, ed avendolo collocato in un Vaso di Vetro, vi ho immerso quella quantità d'acido nitroso, che si richiedeva ad innondare il detto pezzo sino alla sua superficie. Dopo lo spazio di tre minuti all'incirca non avendo potuto osservare ad occhio nudo alcun segno visibile di effervescenza, o di mutazione nella suddetta pietra, la ritolsi dal Vaso. Nell'asciugarla m'accorsi aver essa acquistato una nitidezza assai superiore a quella, che dimostrava prima di essere immersa; dippiù osservai che il suo contorno era meno scabroso di quel che fosse innanzi, che la pietra venisse sottoposta alla prova.

Esperimento III

Volendo pertanto determinare speditamente, e con sicurezza, se qualche porzione di essa pietra fosse stata sciolta nell'acido, posi in un Bicchiere di vetro parte di quel liquore, ov'era stata immersa per tre minuti, e preparata una soluzione di alcali fisso, la versai sopra il detto liquore sino al punto di conveniente saturazione. Viddi in fatti, che nell'atto dell'effervescenza solita a generarsi dall'unione de' Sali acidi cogl'alcalini, il liquore agitato prese un colore bianchiccio, e depose in seguito un sedimento di minutissima terra, che trovavasi in esso effettivamente disciolta.

Esperimento IV

Una prova decisiva, che questa terra fosse veramente di natura calcaria fù quella di precipitarla dal rimanente dell'acido col aggiunta dell'Oglio di Vetriuolo. Risultò da tale processo una specie di Selenite in forma di piccolissimi cristalli d'irregolare figura: come accade di qualunque terra spatosa, allora quando coll'aggiunta dell'acido vetriuolico viene precipitata dall'Acqua forte.

Esperimento V

Per confermare viemaggiormente, che la pietra da me esaminata era di natura calcaria, tuttoche non facesse effervescenza cogli acidi minerali, rinovato il II e III Esperimento, decantai dal precipitato ottenuto in egual quantità tutto l'acido, nel quale era stato sciolto. Quindi dopo aver disseccato a fuoco lento il prodotto dell'acquistata precipitazione, sciolta in molt'acqua una Dramma di alcali vegetabile, passai ad infondere in essa il precipitato, che a poco a poco calò tutto in fondo del vaso. Il Liscivio filtrato tra non molto, e svaporato diede due denari di Caustico potenziale; e la terra rimasta nel Filtro divenne calcario crudo, come raccolsi nell'Esperimento seguente.

Esperimento VI

Posi in primo luogo la detta terra in un Vasettino, versandovi sopra dell'Acqua per osservare se in questa scioglievasi a guisa di calce viva. Rilevai, che essa era insolubile, mentre dopo alcune ore introducendo nell'acqua dell'aria fissa non successe precipitazione di sorte alcuna, e il fluido rimase limpido come prima. Provai all'opposto a bagnarla coll'acqua forte, e allora diede subito segni di notabile effervescenza: cosicchè crescendo la dose dell'acido a poco a poco tutta si sciolse.

Esperimento VII

Rilevata nell'esposta maniera l'indole calcaria della pietra in questione, mi applicai a determinare la quantità, che di essa fù sciolta nell'Esperimento II, e ciò ottenni pesando in primo luogo il pezzo estratto dall'acqua forte, che trovai aver perduto 11 grani del primo suo peso; i secondo luogo facendo precipitare dalla somma dell'acido solvente tutta la terra, che vi era disciolta, e decantandola in guisa, che porzione alcuna non se ne potesse perdere nel separarla dal fluido, che ad essa soprannotava. Asciugata quindi a fuoco lento passai al confronto del peso di questa colla mancanza di quello, che notai nella pietra dopo l'accennata immersione. Risultò, che questo era come 7 a 11, vale a dire 4 grani meno della perdita dell'altro. Pensando, che ciò derivar non potesse da altra cagione, senon se da uno sviluppo d'aria fissa esistente nella pietra da me esaminata, la qual aria, o fosse stata assorbita dall'acido mediante la soluzione, oppur resa libera si fosse dissipata per l'Atmosfera; non sapeva comprendere come l'uno, o l'altro avvenir potesse senza qualche segno di effervescenza.
Tornai pertanto a ripetere l'Esperimento II e di nuovo, benchè non mi accorgessi di alcuna visibile evoluzione di aria, rilevai lo stesso fenomeno nel reiterare il confronto del peso.

Esperimento VIII

Presi adunque per ultimo tentativo un pezzettino della stessa pietra, e dopo averlo intinto nell'acqua forte lo sottoposi a una lente per vedere se ad occhio armato si manifestasse mai l'accennato sviluppo. L'effetto corrispose in fatti all'idea dello sperimento, poiché appressando l'occhio al Microscopio, osservai, che il solvente, di cui era imbevuta la piccola pietra, agitavasi alla superficie di essa, ed era coperto di una finissima schiuma cagionata da frequenti bollicine d'aria, che si sollevavano dalla detta pietra durante la sua soluzione. Quando in fatti l'acido cessò d'agire sopra di essa per non potersene saturare di vantaggio, cessarono allora le bolle, ed insieme cessò l'agitazione di tutto il liquore.
Assicurato in tal modo dell'effervescenza, benchè ad occhio nudo invisibile, alla quale era sottoposta la pietra da me esaminata, rimaneva per ultimo a rettificarsi, se questa derivava da un'evoluzione di aria per parte della medesima, ovvero dell'acido, che la scioglieva; e se nel primo caso era l'aria dal solvente assorbita, o resa libera si dissipasse per l'Atmosfera.

Esperimento IX

Costruito pertanto l'apparato di due Bocce di vetro alla maniera descritta dall'Ill. Macbride,[2] collocai nella più grande alcuni pezzetti della pietra da esaminarsi, e nella piccola posi

---

[2] Essais d'Experiences p. 76, fig. 2. Si riferisce al libro di D. MAC BRIDE, *Essais d'expériences. I. Sur la fermentation des mélanges alimentaires. II. Sur la nature & les propriétés de l'air fixe. III. Sur les vertus*

l'acqua di Calce in quella quantità, che suolsi comunemente prescrivere. Versai quindi per l'apertura laterale della prima una sufficiente dose d'oglio di Vetriuolo, chiudendone tosto il pertugio per impedire l'uscita dell'aria, qualora si fosse resa libera nell'indicato sviluppo. Nessuna effervescenza visibile mi venne fatto di osservare sì nel cominciamento, che nel progresso della soluzione intrapresa. Sennonchè un leggier fumo a guisa di vapore sollevavasi dall'olio di Vetriuolo, che poi per il tubo di comunicazione scaricandosi nell'opposto vago cominciava ad intorbidare sensibilmente l'acqua di Calce, cosicchè in breve tempo precipitò da essa una polvere bianca, che poscia trattata cogli acidi agitavasi con notabile effervescenza. I pezzetti di pietra si sciolsero interamente, e allorchè fù compiuta la soluzione cessò il vapore, che tramandavasi dal solvente durante il processo. Conchiusi adunque, che il detto vapore altro non era, che lo sviluppo dell'aria da me ricercata, la quale precipitando l'acqua di calce, nè poteva esser prodotta dall'olio di vetriuolo essendo aria fissa, né da quest'olio assorbita, risolvendosi tutta ne' predetti vapori.

Esperimento X

Restandomi per ultimo a verificare se le altre cristallizzazioni, che mi proposi di esaminare, soffrivano in egual maniera l'azione dell'acqua forte senza esibire alcun segno di visibile effervescenza, collocai in altrettanti Ciottolini di Vetro, quanti erano i pezzi da esaminarsi in eguale porzione di ognuno di essi del peso di 20 grani. Passai quindi a versarvi sopra quella dose di acido, che stimai opportuna a scioglierli onninamente nel supposto che fossero d'indole omogenea, ed affatto calcaria. Nessuno di essi al primo infondervi il detto spirito diede indizio di effervescenza, ma dopo un minuto all'incirca osservai da qualch'uno dei detti pezzi costituiti nello stato di soluzione sollevarsi un vapore a guisa di nebbia, che attraversando il solvente vi cagionava alcune piccolissime bolle nella sua superficie, le quali passavano a radunarsi in cerchio ai lati del Vasellino. Non andò guari, che tutti quei pezzi, i quali nello sperimento manifestavano i predetti fenomeni, rimasero intieramente disciolti: gli altri poi, che non davano segno alcuno di visibile effervescenza, si sciolsero più lentamente, ma non in tutto, poiché lasciarono in fondo del vaso una deposizione di terra dell'ottava parte del loro peso, la quale trovai in seguito essere di natura marziale.

Corrolarj

È dunque dimostrato, che le cristallizzazioni sin qui esaminate sono veramente calcarie, sebbene la maggior parte trattate cogli acidi minerali non diano segno alcuno di visibile effervescenza: dalla qual dimostrazione passo a dedurre le seguenti istruttive illazioni.

1°. La generale caratteristica nota delle terre calcarie non consiste nella visibile effervescenza, a cui soggiaciono alcune, quando sono trattate cogli acidi minerali: poiché dalle addotte prove apparisce, che vi sono pietre calcarie, le quali non fanno effervescenza coi detti acidi. Ciò è stato anche avvertito dal Wallerio, ove dice: *Lapides calcarei ab acidis mineralibus integre, vel ad partem solvuntur, cum, vel sine effervescentia.*[3] Aggiungasi, che

respectives de différentes espèces d'antiseptiques. IV. Sur le scorbut, avec un moyen de tenter de nouvelles méthodes de s'en préserver & de la guérir sur mer. V. Sur la vertu dissolvante de la chaux vive, Traduits de l'anglois de M. David MacBride; chirurgien de Dublin, Par M. Abbadie, chirurgien de S.A.S le duc de Penthière, Paris, Avec figures. P.G. Cavelier libraire 1776.

[3] Mineralog., Tom. I, p. 121. Si riferisce al libro di J. GOTTSCHALK WALLERIUS, *Mineralogia eller Mineralriket*, Stockholm, Lars Salvius (1747); una versione in tedesco fu stampata a Berlino nel 1763.

il far effervescenza con qualunque acido minerale non è proprio soltanto della terra calcaria, ma conviene eziandio alla Terra di Magnesia, alla Serpentina, e a quella di Allume.

2°. Per questa stessa ragione non si dovrebbero caratterizzare le terre calcarie, come far sogliono la maggior parte de' Mineralogi, dalla proprietà, che hanno di sciogliersi in qualunque acido minerale. Tal proprietà è comune tanto al calcario crudo, quanto a qualunque altra terra alcalina delle sopra indicate, come anche ai Metalli.

3°. Ciò. Che proprio è soltanto della terra calcaria, e che forma il distintivo carattere della medesima, si è di venir precipitata dall'olio di Vetriuolo dopo essere sciolta nell'acqua forte, e ridotta nello stato di calce viva di render caustici i Sali alcanini. Perlocchè l'indole calcaria delle cristallizzazioni sin qui esaminate risulta principalmente da IV, e V Esperimento, piuttosto che dai due precedenti.

4°. L'effervescenza non è il solo indizio dello sviluppo di un fluido elastico dalla terra calcaria. Ogniqualvolta questa soffre col mezzo degli acidi unadiminuzione di peso, allora è cosa certa, che fù spogliata dell'aria fissa che dentro di sé riteneva. Quindi l'Esperimento VII fornisce di una non dubbia prova ciò, che viene in seguito dimostrato rapporto allo sprigionamento dell'aria dalla pietra, che forma il soggetto della quistione.

5°. L'Aria col mezzo deli acidi non si sviluppa da tutte le pietre calcarie in eguale maniera. Per lo più avviene, che esca con impeto. E per una serie di bolle continuate, dalle quali è costituita l'effervescenza; alle volte esce più lentamente, e in minutissime parti divisa: cosicchè l'ebollizione prodotta in tal caso appena è sensibile, ed apparente; in alcune pietre poi vi è così stemperata, che allora quando si decompongono, essa svanisce qual leggier fumo, e si disperde insensibilmente per l'Atmosfera. Così rilevasi ad evidenza nel IX, e X Esperimento.

6°. Quando le particelle componenti una qualunque cristallizzazione calcaria col mezzo della decomposizione si rendono atte a riprodursi in differente maniera, il nuovoprodotto, che sinteticamente si acquista, non è più solubile in egual modo negli acidi, ma diversifica più o meno i principali fenomeni, che rappresentava nel primo stato. In fatti quelle cristallizzazioni, che nel II, e IX Esperimento si sciolsero senza visibile effervescenza, restituite col mezzo dell'aria fissa allo stato di terra calcaria cruda, produssero notabile ebollizione nell'acqua forte. Ciò deriva probabilmente o dalla diversa tessitura del nuovo composto, più o meno atta ad essere investita con violenza dagli acidi, ovvero (ciò che sembra anche più verosimile) dalla combinazione in maggior copia del fluido elastico colla pietra rigenerata.

Questo è quanto rimane a conchiudere dalla serie delle investigazioni analitiche sul proposto soggetto.

I TERREMOTI

29 aprile 1780	D'Arco Gio. Battista Gherardo	Sui terremoti

Archivio Storico dell'Accademia Nazionale Virgiliana di Mantova, Dissertazioni Accademiche, Storia Naturale, busta 44/14.

Allorché in questa città sentita venne l'ultima scossa di terremoto, la quale così viva parve a molti che fu chi dubitò non fosse di solo consenso, a sgombrar dall'animo di alcun l'apprensione che mostravano che da altre maggiori scosse venisse quella seguita, lor dissi ridendo non vogliate temere, noi manchiamo come voi ben sapete di tesori, né alcuna notizia d'altronde abbiamo, che sotterra ve n'abbia; il quale scherzo allusivo alla tendenza dell'eletrico vapore ai metalli, non crebbi allora a vero dire valer potesse all'indicato fine se non in quanto io manifestava per esso di non trovarmi preso dallo stesso timore, giacché quelli cui fu rivolto ben poteano sapere che chi teme non scherza.
Ma ricorsomi non so come dappoi alla mente quel mio detto festevole, e riflettuto alcun poco, parvemi vedervi per entro non so una qual tenue e rimota luce, che alla scoperta di un vero quasi presentiva dovesse guidarmi.
Dal medesimo in fatti, senza quasi avvedermene, sonomi sentito condurre col pensiero ai filoni metalici nel seno della terra esistenti, e fissata la riflessione a questi, entrai quasi in speranza di poter forse conferire una nuova luce alle teorie di quelli che ripeton la cagione effetrice del terremoto dall'eletricismo; e in vero sebbene ingegnosa assai sembratami sia sempre l'opinione di coloro i quali sono stati d'avviso che allora formisi terremoto quando tolto l'equilibrio fra la materia eletrica, che racchiusa stà nel seno della terra con quella, che per l'atmosfera va vagando, la parte soprabondante di quella cerca di difondersi in questa; e quantunque io sapessi inoltre aver questa ipotesi avuto maggiore accoglimento dai Fisici migliori, pur tuttavia ho sempre dubitato, che qualche cosa di più lasciasse desiderare.
Io non ho mai infatti saputo comprendere, come in tale ipotesi possa spiegarsi perché in un luogo parziale questa terribile meteora a comparir venisse, mentre il cenato dell'eletrico vapore rachiuso nelle viscere della terra per uscirne alfine di restituirsi in equilibrio, par certo debba suporsi universale.
Meno poi anche per una seconda ragione ho potuto intendere, come in tal sistema spiegarsi possa la diversità de successi in mezzo all'indentità della cagione. In Roma, ed in Bologna, ed in altre parti dell'Italia un egual sicità si è osservata, vale a dire quella egual cagione cui vuol attribuirsi il sopradetto sbilancio e gli infausti effetti suoi; eppure si sa che Bologna ha sofferte oltre sessanta scosse di terremoto, mentre Roma ed altre Italiche città o esenti ne sono andate, o non hanno sentito che qualche lieve scossa, e di consenso.
Oltre parermi l'additata ipotesi non del tutto acconcia a spiegare chiaramente il modo secondo il quale dall'eletrico vapore producesi il terremoto, propria mi è sembrata ad istilar negl'animi più riflessivi medesimi, un soverchio, e fors'anche non ben fondato timore, e per questo ancora si fatta ipotesi meno mi piacque, imperciochè noi finalmente non abbiamo bisogno di chi ci renda timidi, e paurosi.
E certo se fosse vero, che in forza dello sbilancio frà la quantità della materia eletrica racchiusa ne recessi della terra e quella che libera va serpendo per l'aere nascesse il teremoto, quanto di sovente non dourebbe questo farsi sentire? Le costanti vicisitudini delle stagioni, le annuali diversità de gradi del diurno calore estivo, e quindi delle evaporazioni dell'eletrico vapore; i diversi gradi di costipazione, che la diversità de freddi invernali non pure ma delle notturne frescure estive producono nelle esterne parti del globo, e quindi i diversi gradi d'imprigionamento dell'eletrico vapore nelle interne parti del medesimo,

offrono una serie di combinazioni ed opposizioni di principj, à cui ricorrendo col pensiere qualche ipocondriaco improbabile non è che in ciascuna variazione de suoi barometri e termometri à ravisar non venisse una cagione infallibile di terremoto, per la qual cosa solendo infiamarsi la fantasia, negli ipocondriaci tanto fervida quasi quanto nelle donne, non è da dubitarsi, che non si moltiplicassero all'infinito le scosse immaginarie e quindi i palpiti e timori reali.
Io ho palesato le ragioni per le quali non ho saputo trovarmi pago intimamente dell'ipotesi più illustre e più accettata con cui si è voluto dimostrare l'eletriccismo cagione del terremoto; al che indotto mi sono non già perché io la creda meritevole di disapprovazione, che anzi di somma lode io la reputo degna, ma per questo solamente, perché mi è sembrato che più compiuta sarebbe e come tale applaudita, sempreche una dichiarazione alquanto meno astratta, e più perspiena ci offerisce del modo, secondo cui dall'azione dell'eletrico vapore si produce negli inferiori stratti della terra quelle concussioni undulatorie, o sussultorie, che propagansi con somma rapidità a quello sopra il quale posano gli abitatori della medesima, ne quali, quasi comunicatisi, introducono timori bene fondati, e non egualmente bene fondate apprensioni.
Ma innanzi di proporre l'ipotesi, che secondo a me pare, potrebbe forse voler sostituirsi a quella, quasi a retificazione sua, mi è duopo produrre due postulati; mi sia concesso prendere in prestito dalla Geometria questo vocabolo, giacchè io non mi allontanerò molto dal metodo geometrico nell'esporre le mie idee.
Il primo di tali postulati si è che niuno voglia argomentarsi che i sopramenzionati filoni metalici abbiano lor esistenza nella mia immaginazione soltanto Egli è un privilegio proprio e riserbato privatamente ai fisici più sublimi l'usar dello stile poetico, e poeticamente trattare le fisiche: io che tale non sono certamente, piuttosto che consigliarmi colla mia fantasia ho interrogata la natura e gli interpreti suoi, i quali ci assicurano concordemente e ad una sol voce, il che non voglion far troppo spesso, esistere realmente i sudetti metalici filoni nel seno di questo globo, ed anzi asseriscono avere essi diverse direzioni, e soffrire varie interruzioni; vale a dire li descrivono quali appunto io aveva mestieri che fossero per poter stabilire l'ipotesi mia, ed esposta quindi al cimento de fenomeni che quello intorno cui si aggira accompagnano, e di ciascheduno di questi esiggere dalla medesima una spiegazione facile naturale, e perspiena così, che proporre la potessi senza aver mistieri di ricorrere ad alcun artifizio o finzione, nel che non essendo io punto esercitato, sarei però molto male riuscito.
Il celebre Stahl[1] fu d'opinione che de filoni metalici racchiusi nel seno della terra propria ed esenziale sia una dirrezione ordinata e regolare così, che il diffetto della medesima qual prodotto ravvisar debbasi dall'azione di qualche principio alterante l'interne parti della medesima, analogo a quelli che in varie guise cangiata ne hanno la faccia esteriore. Comunque però siasi fatto stà, che nei recessi di questo globo non sempre in seguiti, ed

[1] Georg Ernst Stahl (Ansbach 22 ottobre 1659-Berlino 24 maggio 1734), fisico e chimico tedesco. Ottenuta la laurea in medicina all'Università di Jena nel 1683, diventò il fisico di corte del duca Giovanni Ernesto III di Sassonia-Weimar nel 1687. Dal 1694 al 1716 occupò la cattedra di medicina all'Università di Halle, e fu in seguito nominato medico del re Federico Guglielmo I di Prussia a Berlino. In chimica Stahl è ricordato soprattutto per la sua teoria del flogisto, i cui elementi essenziali, tuttavia, egli li dovette a J.J. Becher. Propose inoltre una visione della fermentazione che per alcuni aspetti assomiglia a quella supportata da Justus von Liebig un secolo e mezzo più tardi. In medicina, con la sua opera fondamentale intitolata *Theoria medica vera* (1708) sostenne un sistema animistico, in opposizione al meccanicismo di Hermann Boerhaave e Friedrich Hoffmann. In seguito ingaggiò una polemica con Leibniz, che aveva sollevato delle questioni critiche su alcune tesi della *Theoria* stahliana.

ordinati filoni disposti trovansi i metali, ma spesse volte interotti e dirrò così isolati; e talor pure frà i stratti della terra ramescolati incontrasi i metalici filoni; intantoche pare, che i seguaci dello Stahl dir potebbero, che nel lor disordine palesino la fattizia divergenza dalla lor primigenia direzione.
La seconda cosa ch'io desidero mi venga accordata si è di richiamare alla memoria di quelli cui non fossero presenti que canoni dirò così della teoria generale dell'eletricità, che allo stabilimento della mia ipotesi intorno al modo secondo il quale da quella producesi il terremoto vengono in soccorso, e ne sono in certa guisa la base, non già perché io creda, che da molti si ignorino, ma perché io non sono uno di quegli accigliati indiscretti, che esigono, che da tutti si ramenti, e si sappia, quanto di tutti non è dovere ramentarsi, e sapere.
Il fluido eletrico, siccome tutti gli altri, tende costantemente à mettersi in euilibrio; del medesimo è proprio quindi il difondersi per tutti i corpi defferenti; tali sono frà tutti gli altri in singolar modo i metali. Nel punto di interruzione del metalico conduttore ridondante di metalico vapore, sciegue lo scarico della porzione di questo sovrabondante; se quello nell'atto di scaricarsi s'incontra in corpi repelenti, si fa strada animoso quasi a cercare, ed invadere, corpi differenti, ed ove non riesca istantaneamente ritrovarne, o tali che vorrebbe che fossero, squarcia sdegnoso, e dissipa quanti a lui si oppongon nemici nel rapido suo corso.
Or s'egli non si vuol supporre, che diversa sia l'indole del fluido eletrico nelle diverse situazioni in cui trovasi: suposizione che oltre essere gratuita sarebbe a mio credere eziandio ingiuriosa alla natura, la quale nella semplicità de principj combinata colla varietà degli effetti palesa nell'opera sua la magnificenza del disegno congiunta coll'economia dell'esecuzione, se dico supòr non si vuole che l'eletrico vapore nel seno della terra rachiuso, leggi osservi differenti da quelle cui obbedisce libero scorrente per l'atmosfera, egli mi pare che impedir non mi si possa di argomentare, che ogni volta che avenga nel medesimo in quella carcere rachiuso un parziale bilancio, debba alfine di trarsi da tal situazione non naturale e violente, appunto come far suole sotto gli occhi nostri, volgersi ai corpi che per lor natura sono più acconcj, e disposti ad accoglierlo, quali appunto sono i filoni metalici, per i quali difusosi e sempre cupido di maggiormente difondersi sino al punto dell'intersecazion loro propaghisi, al quale giunto vengono a seguir lo scarico della parte soprabondante, che tanto maggior urto e sconvolgimento nelle terèe masse isolanti forza è che produca quanto maggiore si è la copia di corpi eletrici per natura, o come alcuni dicono repellenti onde quelle stanno composte. Ecciò à quella guisa appunto medesima, che ove frà condutore, e condutore metalico fraposto si trovasse un corpo impediente, la comunicazione del vapore eletrico dall'uno all'altro senza strepito non seguirebbe; ed ogni volta che in gran copia si trovasse radunata nel primo, da questo al secondo non passerebbe la parte soprabondante, senza una forte concussione ne corpi isolanti.
La scossa del terremoto non da altro procede adunque secondo a me pare, né in altro consiste se non che nella continuazione di quella correzione, che operata viene dal vapore eletrico nel seno della terra squilibrato, tendente a rimettersi in equilibrio, in que corpi repellenti, che intersecano, ed isolano i filoni metalici in cui quivi s'incontra. La qual correzione fonte così essere suole, e dee, da poter istantaneamente propagarsi dai corpi percossi, à quelli, che à grande distanza con essi comunicano.
Che se fosse alcuno il quale avvisar poter forse riguardarmi il terremoto qual turbine o temporale soteraneo, io non credo che dell'ipotesi mia essere potesse mal soddisfatto; imperciochè piuttosto che opporsi par, che giovi a si fata opinione. Il lampo, ed il tuono non scieguon essi in fatti allorchè le nuvole ridondanti di eletrico vapore stacate stanno frà loro, e disgiunte, in modo che quelle interruzioni par vi si possano ravvisare, che si è detto

trovarsi ne filoni metalici interrotti? Ciò non si ignora da chiunque fissato abbia l'occhio alle nuvole illuminate dal lampo, dalla cui sottoposta luce siccome realmente stacate si fanno palesi; e molto più da chi prodotta l'osservazione sino al cessare del temporale riflettuto abbia come allora i lampi, ed i tuoni cessato hanno dapoichè le nuvole congiunte così sono ed riunite, che sembrano formarne una sola. E quanto poi al fulmine dal cielo discendente può egli dubitarsi, che nell'esplosione non consista, che da una nuvola isolata fà l'eletrico vapore soprabondante nel punto di intersecazione di quel specie di filone o conduttore interotto, che dalle nuvole paralelle, e aderenti à quella può in certa guisa dirsi venga composto?
Una teoria, o vogliam pur dire un ipotesi la quale deve ogni altra via acconcia à vender ragione de fenomeni, che precedono scieguono ed accompagnano quello principale intorno cui si agira, sembra che oltre ogn'altra alla spiegazione più fondata s'accosti dell'occulto procedere della natura.
Tale appunto precisamente è l'attitudine, che nell'ipotesi ch'io propongo intorno la formazione del terremoto mi è sembrato poter ravvisare, dappoichè presi a scorrere i trattati sopra tal argomento fin qui usciti alla luce, ad oggetto di scoprire s'io mi fossi incontrato con la mia nell'opinione di altri; netta qual'occasione apunto raccolsi le diverse esposizioni de fenomeni, che preceduto hanno, accompagnato, o seguito quella terribile meteora.
Ciascheduno de medesimi al lume della proposta ipotesi ho veduto, non senza sorpresa e compiacimento, venir à spiegarsi con molta agevolezza, e perspierrità, intanto che mi è parso, che in niun altro sistema possa questo ottenersi egualmente. Io produrrò un saggio di queste osservazioni affinchè voi della rettitudine, ed esatezza loro vogliate esser giudici.
E certo l'origine della diversità delle concussioni, mercè cui tal meteora atterisce gli abitatori di questo globo in tale ipotesi si palesa agevolmente qual prodotto e conseguenza della diversità della posizione e direzione de filoni metalici interrotti nel seno della terra racchiusi. Il terremoto sussultorio tosto s'intende dover nascere sempreche i filoni metalici interotti in una direzione piegante alla verticale si trovino; l'ondulatorio all'incontro aver luogo, quantunque volte i sudetti metalici filoni interotti sieguano una linea accostantesi all'orizzontale.
Col presidio di tale teoria non è neppure disagevole lo spiegare così bene la cagione della diversità de gradi d'intensione od energia, con eziandio della ripetizione, frequenza delle scosse d'ogni maniera, e però tanto de sussulti, quanto delle ondulazioni. La forza della scossa in tale ipotesi sta in ragion diretta della collazione del vapore eletrico nel filone metalico contenuto, ed in ragione inversa della quantità de corpi deferenti che trovansi nelle teree masse che un filone dall'altro dividono; la maggiore o minore quantità di corpi vetriscibili in si fatte masse contenuti ne costituisce degli isolanti più o meno validi alla resistenza, ed in ragione diretta di questa stà la violenza della concussione.
Il numero poi così delle ondulazioni come de sussulti, sembra possa voler calcolarsi in ragion composta della quantità delle interuzioni de filoni metalici, dellabreve dimensione delle massedividenti, e quindi della propinguità de punti di intersecazione de filoni e del valore, od inettitudine de corpi isolanti.
Nella proposta ipotesi quasi spontaneamente si offre la cagione de colpi, e contro colpi, che ne muri delle fabriche sonosi alquante volte sentiti in Bologna da impavido filosofo osservatore. Tali colpi, e contro colpi ben si manifestano in fatti per conseguenza necessaria dello scarico violento della materia eletrica da un filone in molti punti e frà loro propinqui diviso contro di masse isolanti composte di pochi corpi repellenti o con questi molti corpi deferenti ramescolati, in forza di che il vapor eletrico non ha potuto scaricarsi se non dirò così in diverse riprese; ed in proporzione della ripetizione di tali scarichi, ed introduzioni

sucessive, ben s'intende aver dovuto farsi sentire in maggiore o in minor numero gli accennati colpi e contro colpi; i quali in sostanza altro a mio veder non sono, né in altro consistono,se non se nella sensazione della ripetuta azione dellamateria eletrica contenuta ne filoni metalici interotti, tendente a metersi in equilibrio, e delle corrispondenti reazioni de corpi repellenti.
Agevole in sifatta ipotesi riesce eziandio l'intendersi perché in una parte duna stessa città sentasi maggiore, ed in altra minore la scossa medesima, siccome dicesi esser intervenuto in Bologna; imperciochè al lume di quella scorgesi dover aver luogo una tale diversità di scosse e di sensazione, sempreche diverse sieno le interuzioni de fili metalici sottoposti al suolo di quella, ed in una parte maggiore, ed in altra minore sia la quantità de corpi deferenti, che coi repellenti trovansi nelle masse isolanti combinati; e maggiore parimenti, o minor sia la obliquità della direzione dello scarico.
Col pressidio della su detta ipotesi può pur venirsi a manifestare perché in seguito di una uguale sicità una città sia stata soggetta al terremoto, e non l'altra, benchè locata in situazione non molto diversa, siccome di Bologna e di Roma è stato osservato: in forza di quella ciò s'intende essere accaduto dal trovarsi nella prima un magior numero d'interuzioni ne filoni metalici sottoposti, e fors'anche una maggior quantità di questi, e dall'esser composte le masse isolanti, di corpi meno deferenti che nella seconda.
Palese in tale ipotesi si fa pure donde avvenuto sia che in alcune delle città intermedie tra Bologna, e Mantova, quali sono Modena, e Ferrara, non abbiasi talvolta sentita la scossa di consenso, o di molto più lieve sia statta di quello che qui è riuscita, impercichè al lume di quella comprende ciò esser potuto avvenire per questo che in cotal circostanza quelle città nella diritura non ritrovansi del filone metalico interotto al suolo di Bologna sottoposto, ma in una situazione ad esso obliquo e fuori dirò così della direzione del medesimo, mentre entro tal direione ed in una situazione più diretta trovasi questa nostra patria costituita.
Né in si fato sistema è pur mestieri di usare d'alcun sforzo per spiegare perché dopo la sopravenuta pioggia, tanto dai fisici augurata, infierito sia in Bologna il terremoto, a mortificazione de Fisici sudetti, ed a terrore universale: piu tosto che alle fermentazioni ed ebulizioni e tali altre simili chimiche operazioni, sembra naturale l'attribuirsi il radopiamento delle scosse alla formazione di alquanti acquei conduttori interotti, avvenuta nelle terre masse isolanti, che delle piogge posson dirsi conseguenza ed effetto. Dopo questa non è credibile che l'acqua penetri a stille per tutti i meati della terra equabilmente, ma verosimile è più tosto che in grazia della diversa natura e qualità degli stratti della terra, e delle terre stesse onde sono composti, di cui alterne più altre meno sono bibule e meatili, venga in filtrazione la pioggia a certa profondità pervenuta a riunirsi in rivoletti, i quali conservando la perpendicolar loro direzione o poco dalla medesima divergendo, ed arrestandosi a diverse altezze ne moltiplicano dirò proprio i conduttori, ed insieme con questi le interuzioni, le proprie aggiungendo a quelle de filoni metalici, ne quali in forza della moltiplicazione de corpi defferenti o conduttori, che nella formazione de sudetti rivoletti lor si offre, accrescesi e si radoppia il conato dell'eletrico vapore di protendersi e scaricarsi , mentre poi nella moltiplicazione delle interuzioni, che trà i medesimi, ed i rivoletti a diverse altezze arrestatisi si interpuntano gli ostacoli a si fatto scarico, e uindi conseguentemente le concussioni.
In niun altra ipotesi potrebbe per avventura siccome in questa rendersi ragione donde avenga, che più spesso che altrove presso ai monti sentir si suole il terremoto, e parimenti

perché forse niuna settimana passi nel Perù che qualche scossa non si senta, siccome riferisce il Bouguer.[2]
Chiunque non ignora come presso ai monti più che altrove in filoni metalici s'incontra; e quanto questi abbondano nel Perù, intende tosto al lume della sopraditata teoria la ragione di tanta frequenza di terremoto. Chi sa che se il potere avesse adeguata lingordiggia degli avidi Europei conquistatori dell'America, non fossero già esaurite le vene metaliche del Perù, e così dalla avvarizia stessa, che tanti danni ha arrecati a quella provincia non vi s'avesse apportato un vantaggio. Io non oserò aggiungere questa alle tante altre avverse a quelli date da molti scrittori, ma io confesso che non saprei come difenderneli ove tanta frequenza di terremoto Peruviano loro venisse imputata in grazia delle tante scavazioni mercè cui è verosimile che accresciuto abbiano il numero delle interuzioni de filoni metallici, per la qual cosa piutosto che in un fisico par dovrebbero cercare un apologista in qualche viaggiatore o missionario il quale provasse la frequenza del terremoto nel Perù anteriore alla irruzione, fattavi da popoli Europei.
Al lume dell'esposta teoria viene a farsi eziandio palese come, e perché le città marittime più di sovente che le meditteranee hanno sofferto il terremoto, la dove quelle frà queste che attornate stanno da acque più di rado al medesimo sonosi trovate esposte: in forzadella additata ipotesi le città poste sulla spiaggia o poco lungi dal mare più di sovente sentir vengono il terremoto perché quello forma da un lato una specie di conduttore, il quale non è dificile che isolato non trovisi e staccato dai filoni metalici al suolo della città, o poco lungi sottoposti; ed è naturale che attraendosi da quello il vapore eletrico difuso per questi, debba seguire concussione. Meno frequente si palesa poi da tale ipotesi dover esser il terremoto nelle città da acque circondate, impercioche facendo queste l'ufficio di conduttore non interrotto, suppliscono in certo modo al difetto di continuità dei filoni metalici loro paralleli. Io non mi dichiaro già per questo dell'opinione dell'Autore di quel libro, nel quale viene attribuito il terremoto che tanto ha intimoriti i Bolognesi al diseccamento di quel tratto di paese composto trà Modena, e Bologna, fatto colle incanalature, ed arginamenti del Po', quale si sa che in forza delle espansioni di tal fiume trovavasi circa il VI secolo ridotto a palude. Io che all'asciugamento di queste ho atteso fin qui con tanto impegno, che ha potuto ad alcuni parer passione, mal volentieri soffrirei che tall'opera di tanto reato venisse accusata, quantunque anche a vero dire la mia non potesse a tal riguardo voler condanarsi, imperciochè le acque prima stagnanti, essendosi per essa ridotte in questi nostri laghi sembra però abbia cospirato in qualche modo ad aumentarsi ne medesimi il sudetto pressidio. Ma lasciamo da parte quelle accuse, e queste difeseio passerò tosto acongratularmi e con me, perché nell'acque che c stanno intorno possiamo in forza della proposta ipotesi confidare di avere almeno un presidio verosimile contro le straggi d'una meteora, delle più terribili certamente.

[2] Pierre Bouguer (Croisic 16 febbraio 1698-Parigi 15 agosto 1758) è stato un geofisico, geodeta e matematico francese. Nel 1735 Bouguer si imbarcò con Charles Marie de La Condamine alla volta del Perù per una missione scientifica geodetica francese, al fine di misurare la lunghezza dell'arco meridiano a un grado di latitudine vicino all'equatore, ma approfittarono dell'occasione per tentare anche un esperimento di deviazione del pendolo ispirato da Isaac Newton nel suo *Philosophiae Naturalis Principia Mathematica*. Dieci anni furono impiegati per questa operazione, un resoconto completo della quale fu pubblicato da Bouguer nel 1749: nel libro *La figure de la terre*. In seguito fu riconosciuto a Bouguer il merito di essere stato il primo ad aver verificato la teoria di Newton e ad aver dato un contributo fondamentale, avendo per primo rilevato le piccole variazioni regionali nel campo gravitazionale della Terra derivanti da variazioni di densità delle rocce sottostanti, ai primi passi nella comprensione della composizione della crosta terrestre.

Siccome de fenomeni, che fomentano o diminuiscono la produzione del terremoto,così parimenti di quelli che lo precedono l'accompagnano, o lo sieguono rendesi da tall'ipotesi agevolmente ragione, e per tal modo tal ipotesi stessa ragio rende di se medesima.
La Romba, che non di rado associata trovasi alla scossa, spiegasi mercè tal ipotesi siccome effetto di quella rapida inpressione, che ne diversi stratti dell'aria resistente alla difusione dell'eletrico vapore si forma, allorchè questo tenta d'introdursi in quella nell'atto di sollevarsi, quasi a zampili sottilissimi dalle diverse e minute ramificazioni in cui sta diviso qualche filone metalico alla superficie della terra aderente, e dietro a que vapori per l'atmosfera nuotanti che a far l'ufficio di conduttore acconcj sono. Nel qualcaso s'intende gran che il rauco sibilo non altro è propriamente che la sensazione dell'agitazione dell'aere, che deriva dalla reazione opposta all'azione dell'eletrico vapore che quello nel suo trascorso incalza preme sbaraglia e disperde. Né vieta già tal ipotesi che in un'altra specie di sensazione ancora si creda consistere la romba qual si è quella delle oscillazioni o traballamento di que corpi, che ci stanno intorno, e più facili sono, e docili alle impressioni degli altri, e quindi più pronti a corrispondere colle proprie ondulazioni o rissulti onde agitato trovarsi, e comosso, il suolo sopra il quale poggiano.
Le esalazioni, che talor piombano, e talor rossigno tingono il cielo; il puzzo di zolfo, che non di rado accompagna il terremoto, effetti, e conseguenze in tal'ipotesi si palesano dello distacco di particole minutissime dai corpi così defferenti come repellenti, operato dall'eletrico vapore nel conato di propagarsi, e per il suo uscir per i meati della terra, e difondersi per l'atmosfera. Forse nell'odore zulfureo, e per parlare più propriamente nell'odor flogistico, l'effetto potebbe ravvisarsi d'un principio di calcinazione di alquanti corpi aderenti a filoni metalici, ed anzi pur di questi medesimi dalla forza del vapore eletrico prodotta; della quale calcinazione de metali operata dall'eletrico vapore, noi abbiamo testimonj, e riprove nella machina eletrica stessa; in questa infatti osservasi, che cavando lungamente dai punti medesimi di fili metallici le scintille, in tali punti il conduttore comincia dall'annegrirsi, e termina col calcinarsi. Or se si riflette, che la calcinazione de metali prodotta essendo dallo sviluppo, e perdita del flogisto in quelli contenuto porta seco costantemente l'odore zulfureo, che è l'odore carraetristico del flogisto medesimo, si intenderà tosto come dal puzzo zulfureo, che talor si associa col terremoto, si palesala calcinazione di qualche filone metalico, e si conferma la derivazione della meteora dall'azione dell'eletrico vapore imprigionatto ne metalici filoni dall'opposizione dei corpi isolanti, e tendente à mettersi in equilibrio col difondersi in altri corpi deferenti.
E qui non è forse inutile avvertire all'origine dello sbaglio di que fisici i quali hanno attribuita la cagione del terremoto alle fermentazioni di materie bituminose, e zulfuree raccoltesi nelle viscere della terra. Questi dalle cose sopra discorse ben si vede, perciò essere in tale eronea opinione incorsi perché confusa hanno la cagione coll'effetto: errore a dir vero che appena può credersi in casi riprensibile, si perché egli è verosimile che dall'effetto accrescasi non di rado la forza della cagione stessa, si perché ancora è uno di quelli che agevoli sono à cometeresi, dificili à riconoscersi comessi, e da cui chi volesse intraprendere di purgare le opere de Fisici a minor volume, direbbe qui qualche Aristarco, vedrebbonsi certamente ridotte.
Ove più presto, che in alquante ramificazioni diviso siccome ne casi sopradetti di un sol tronco composto si trovasse il filone metalico che alla superficie della terra ha suo termine evi poggia verticalmente, in tal caso siccome per esso farebbesi l'ufficio di conduttore, offrirebbe a mio credere l'indizio di un vulcano; e tale è probabilmente la cagione di quello,

onde ho io veduti segnali non equivoci presso di Pietramala.[3] Nel qual luogo io son d'opinione, che aperta già vedrebbesi una bocca vulcanica se lo stratto della terra sopraposto al filone metalico meno composto fosse di corpi defferenti, ed ove la raccolta dell'eletrico vapore e delle materie iritanti il medesimo fosse maggiore. Se avertito io non fossi stato contro il fascino della generalizazione de principj, onde tanti filosofi sonosi lasciati sedurre, avrei forse potuto inoltrarmi ad assumere che sempre che tal sia la mole o diametro del filone metalico verticalmente aderente al suolo, tanta la copia de corpi repellenti onde questo trovasi composto, e tale finalmente la ridondanza dell'eletrico vapore pel filone metalico diffusosi, debba nello scopiar suo squarciare il suolo aprirvi una bocca, e formarsi un vulcano non di rado del terremoto preservatore. Ma io fermamente propostomi sono di non avventurare una tale conghiettura, impercioche non mi è ignoto, che mentre egli è proprio dell'eletrico vapore il difondersi e scopiare istantaneamente, l'eruzione de vulcani successiva riuscir suole e diuturna; per la qual cosa se la cagione prima, ed effetrice della produzione de vulcani fassi ravisare nell'eletrico vapore dal filone metalico verticale scopiante, la cagione del continuato loro vomito non saprei certamente azardarmi a riconoscervi, ed aditarvi fintanto io non temerei asserire, che se fosse qui luogo potrebbe mercè dell'allegato scoppio voler agevolmente [...] l'opinione dell'immortale Marchese Maffej intorno l'origine dei fulmini della terra, imperciocchè egli mi pare che in un filone metalico di non molto ampio diametro verticalmente poggiato all'ultimo stratto della terra, ed anzi pur alla superficie della medesima aderente difficile non sarebbe rinvenire un argomento assai acconcio ed opportuno; e forse chi sa, che nella diversità de diamteri, delle distanze, e delle interruzioni così de filoni metalici come delle venute di que vapori nuotanti l'atmosfera, che per loro natura acconcj sono a far l'ufficio di conduttori, ritrovar non si potessero delle spiegazioni agevoli, e chiare degli effetti diversi prodotti dal fulmine dalla terra nascente. Ma lasciando questo da parte, e restringendo la considerazione alla conferma che dalla contesa realità dell'origine del fulmine dalla terra offre l'ipotesi mia, celar non posso che per ciò del tutto non mi dispiace, perché al sommo mi è grato d'aver in qualche modo contribuito al ravvaloramento delle sentenze, ed opinioni di un ingegno nobilissimo, cui in gran parte debbo l'amore, che nutro per lo studio, e conseguentemente di quel genere di occupazione, o distrazione se così alcuno volesse pur chiamare lo studio, che la più acconcia ho sempre esperimentata a rendere, ed a mantener tranquillo l'uomo, qualunque sieno le circostanze, e la situazione in cui trovasi costituito.

Dall'esistenza de filoni metalici aderenti verticalmente agli interni stratti della terra, ed in varj punti interrotti, vuol poi certamente ripettersi la cagione dell'apertura delle voragini, e del vomito di sabie, e sassi operata dal terremoto, come si sa essere seguito nel XIIII secolo presso Tripergole;[4] si fatti fenomeni effetti sono infatti delle stragi operate ne corpi repellenti contenuti nelle viscere della terra, dalla soprabondanza del vapore eletrico quivi

[3] Località dell'Appennino tosco-emiliano, in Comune di Firenzuola, famosa per i 'fuochi', ossia esalazioni di idrocarburi gassosi che al contatto con l'aria diventano luminescenti. Tale fenomeno nei secoli passati ha incuriosito le menti di molti studiosi ed affascinato la gente comune, e si trova spesso descritto nelle lettere dei viaggatori inglesi del XVIII secolo.

[4] Località dei Campi Flegrei distrutta da una eruzione. Il 29 settembre 1538, dopo una serie di fenomeni precursori (terremoti, ritiro del mare a seguito di una imponente sollevazione del suolo, boati sotterranei; ecc.) con una eruzione vulcanica durata appena cinque giorni, sorge *ex novo* il Monte Nuovo. L'eruzione cambia totalmente la topografia del luogo: cancella completamente il villaggio di Tripergole con tutti i suoi edifici civili, religiosi e militari, vengono totalmente distrutte le antiche sorgenti termali, e sepolti i rispettivi impianti di epoca romana che si trovavano presso il villaggio; distrutti per sempre anche i resti della villa di Cicerone chiamata *Academia*; scompare anche una grande sala termale romana, di forma circolare caratterizzata da sei finestre nella cupola, chiamata 'Truglio' e infine il lago Lucrino subisce un drastico ridimensionamento, riducendosi a un decimo di quello che era stata la sua estensione in epoca romana, così come appare ancora al giorno d'oggi.

rachiuso e sforzantesi di uscire per difondersi ne conduttori che le offre così bene la superficie della terra negl'alberi o tali altri corpi deferenti, con eziandio l'attmosfera ne vapori che tali sono esenzialmente.
Dallo squarciamento degli stratti interni della terra prodotto dai conati del'eletrico vapore per passare da uno all'altro de filoni metalici interrotti quivi esistenti, è pure secondo a me pare da ripettersi l'abbassamento del suolo, e la formazione de laghi, tanto frequentemente nell'Asia avvenuta, che al dir di Seneca navigavasi a tempi suoi sopra Città famose, e celebri. E parimenti lo sparire de laghi dietro il terremoto siccome frà gli altri si sa essere intervenuto del Lucrezio, Ne sopra indicati trapassi dell'eletrico vapore da una ad altra porzione del filone metalico interrotto apronsi o s'allargano volte o caverne sotterra, e queste quando profonde di molto non siano danno luogo al radunamento di fiumi sotterranej e de rivoli esterni, e quindi alla formazione di nuovi laghi; ed ove nelle parti più basse ed ime trovinsi o si aprino esse volte o caverne, alla caduta danno motivo, ed abbassamento di un lago già esistenteequindi al suo scomparire.
La separazione de monti come del Pellion[5] e dell'Ossa[6] narrasi esser intervenuto per opera del terremoto, non può altrimenti meglio spiegarsi se non mercè la proposta teoria, giacchè col presidio di essa si fatto spaccamento per effetto e conseguenza parimenti vi palesa di alquante cavità nella base di un monte repentinamente aperte,dal conato dalla materia eletrica fatto affin di passare da uno all'altro de filoni metalici a qualche distanza interotti.
Dalla esposizione genuina di quell'armonica corrispondenza, che passa frà i fenomeni additati, e la proposta ipotesi, in forza della quale così agevole riesce la spiegazione de medesimi, e perspiena quanto sono le leggi generali, la saggia economia della natura, egli mi pare che confermata, e ravalorata venga a rimanere l'offerta ipotesi stessa; intanto che io non so vedere quell'argomento indur possa a dubitare se il terremoto consista, sccome credo io, nelle concussioni prodotte nelle intestine parti del globo dai violenti conati che dall'eletrico vapore in quelle sbilanciato, e tendente a rimettersi in equilibrio, fannosi nel trapassar dall'uno ad altri filoni metalici staccati, ed isolati.
Ma egli potrebbe per avventura sembrare, e fors'anche a que dessi, che cortesemente convenissero, che dalla proposta ipotesi dichiarato alquanto più chiaramente rimane il modo secondo il quale dall'eletrico vapore producesi il terremoto, manchevole esser tuttavia e quasi tronca, perché dalla medesima la cagion effettrice non si additta dello sbilancio o squilibrio del vapore eletrico ne recessi della terra contenuto. Io stesso sono entrato in tale opinione, nella quale verosimilmente sarei tuttavia sempre che una più matura considerazione costretto non mi avesse ad abbandonarla.
Riflettuto alquanto all'esito, che aver possono i tentativi cui una tal opinione può eccitare, io ho infatti, direi quasi mio malgrado, dovuto riconoscere, che in genere di fisica egli non si può spingere tant'oltre l'analisi delle prime, ed elementarj cagioni indagatrice, e con altrettanto corraggio, e fortuna quanto può farsi rispetto alle altre parti della filosofia.
Egli è perciò, che anziché ad oggetto di estendere, ed ampliare l'offerta teoria intorno la formazione del terremoto, a confermarla più presto, e rassodarla vie maggiormente, io mi ristringerò
a far riflettere, e considerare, che ove attribuir si volesse il sopramenzionato squilibrio al diffetto di umidore equabilmente disperso per le viscere della terra da una lunga, ed ostinata

[5] Il Monte Pellion è uno dei più alti della Grecia, si trova nella parte sud-est della Tessaglia e sorge su una penisola posta tra il Golfo Pagasitikos e il Mar Egeo. É detto anche Monte Pelio, dal nome di Peleo, padre di Achille.
[6] Il Monte Ossa (oggi Kissavos) è una montagna alta 1978 metri situata nella prefettura di Larissa, tra il Monte Pelio e il Monte Olimpo.

sicità [...] potrebber nella proposta ipotesi agevolmente riscontrarsi non pochi argomenti plausibili, onde sostenere tale opinione.
Che molti terremoti in diverse età, eluoghi seguito abbiano una lunga sicità, così che da alcuni hanno potuto credersene effetto, non può voler recarsi in dubbio. Tale, e così straordinaria è stata la sicità cui ha tenuto dietro quello di Bologna, che d'una cagione straordinaria è stata creduta effetto. Egli è infatti all'uragano terribile de 31 ottobre 1778, che M^{r}. Poederle[7] ha pensato doversi attribuire la successiva sicità cui gran parte d'Europa è stata soggetta, dal medesimo ripettendo egli quella costante serenità del cielo dalla quale le contrade settentrionali di quelle sono state rese liete, e giulive durante il verno e la primavera dello scorso anno, mentre all'incontro le nevi e i ghiacci, e le pioggie passate erano ad arrecar noja, e dissagio ai non avezzi abitatori di Smirne Babilonia Costantinopoli, e tali altre Regioni verso il mezzo dì, e l'Oriente dell'Europa situate. Ma lasciando da parte la cagione di quella sicità, che ha preceduto il terremoto Bolognese, e supposto, che a questo abbiapotuto contribuire dando luogo allo squilibrio dell'eletrico vapore ne recessi della terra contenuto, io non temo affermare, che nella proposta ipotesi reagioni non mancano onde render verosimile una tale supposizione. Chi non ignora in fatti, o ramentasi quanto sopra sia già avvertito intorno all'attitudine propria, ed intrinseca delle particole acquee d'imbeversi del vapore eletrico e seco trasportarlo, e difonderlo, forza è, che al lume di questa venga a comprendere chiaramente come dal difetto di quell'umidità, che nelle interiori parti della terra viene dalle pioggie ordinarie mantenuta, il difetto proceder ne dee necessariamente di quella specie di naturale, e stabile conduttore che unisce in certo modo, e combina insieme i filoni metalici interotti quivi esistenti; dal presidio del quale conduttor naturale par possa crederi, che in una equabile espansione, e dirò così costante induzione mantenuto vengasi l'eletrico vapore.
Che se io non temessi d'indur alcuno in sospetto ch'io abbia mestieri di moltiplicare le occulte operazioni della natura per ispiegare come a tanto sbilancio giunger possa l'eletrico vapore contenuto nel seno della terra, a palesar le ragioni per le quali avviene che dopo un lungo volger d'anni afflitto vedasi dal terremoto un paese nel quale può dirsi in certo modo straniero edimentico, io aggiungerei oltre il raccoglimento progressivo nel sottoposto suolo dimaterie irritanti, e formatrici dell'eletrico vapore, la formazione pur anche di nuove interruzioni ne filoni metalici primitivi, e quella forse eziandio di nuovi filoni metalici interotti. Le quali supposizioni, chi mi consentisse di fare non crederei già pretender potesse di usarmi troppo grande cortesia, imperciochè non pochi sono gli osservatori, ed indagatori dell'occuto procedere della natura, i quali asseriscono, che i metalli formansi giornalmente nel seno della terra, ed anzi nella decomposizione loro ci additano la cagione della loro riproduzione; alla qual cagione riflettendo per una parte, e riguardando per l'altra all'uso immoderato, e per dir più vero all''abuso da molti fatto dell'argomentodi analogia, parmi quasi cosa strana che sorto non sia fin ad ora alcuno il quale tenendo dietro alle traccie di M^{r}. Robinet[8] preso non abbia a persuadersi come ne metalli eziandio ritrovasi una specie di vegetazione; il che se ripettuto si avesse, mancato non sarebbe probabilmente chi oltre alla riproduzione ed alla vegetazione preteso non avesse eister ne metali una specie di animalità; asserzione che non è da dubitarsi non avuesse ottenuto un pronto ed esteso apllaudimento,

---

[7] Poederlè (baron de) Eugéne-Joseph-Charles-Gilan-Hubert d'Olmen (Belgio 1742-1813). Autore di *Mémoires sur les grandes gelées et leurs effets ; où l'on essaie de déterminer ce qu'il faut croire de leurs retours périodiques, & de la gradation en plus ou moins froid de notre globe*, Gand, Chez P.F. De Goesin 1792.

[8] Jean-Baptiste René Robinet (Rennes 23 giugno 1735-24 marzo 1820) è stato un filosofo e naturalista francese, noto per essere stato uno dei precursori dell'evoluzionismo e uno dei continuatori dell'Encyclopédie di Diderot. Nella sua opera *La natura* (*De la Nature*), pubblicata nel 1761 Robinet formulò l'ipotesi che gli organismi viventi si trasformino in modo tale da formare una catena ininterrotta.

massime dagli avari che nell'oro ritrovano ogni perfezione, ed in tutti que moderni statisti, che dichiarano, e stabiliscono, ad onta di quanto gli antichi hanno detto, che dal denaro si costituisce l'anima del mondo morale, e politico.
Ma rivolgendo l'occhio da si fatte illusioni, ed erori aventurosamente rimoti dall'argomento che ho trattato, ed a questo dirigendo l'ultimo sguardo, io credo poter orrmai conchiudere, che qualunque sia stata la cagione occasionale del terremoto in questa ed in altre età avvenuto, verosimile è assai e probabile, che sempre, ed ovunque cagione effettrice del medesimo sia statta la concussione dell'eletrico vapore operata ne corpi repellenti situati ne recessi della terra, e frà un filone metalico e l'altro interposti, nell'atto, che la porzione sovrabondante di tal vapore dall'uno di que metalici filoni scaricatasi tende ad invadere l'altro, e così progressivamente fin a tanto che maggior sia la copia del medesimo alla quantità de corpi defferenti; cupido, e tendente com'egli è l'eletrico vapore di difondersi per questi, e così mettersi in equilibrio, a cui tendono tutti gli altri fluidi egualmente che tutti i solidi; ed al quale qualche discepolo del divino Platone potrebbe voler dimostrare esser per lor natura tendenti gli uomini ancora, giacchè ella è forse una specie di equilibrio la virtù civile e politica, così come il prodotto suo necessario ma egualmente che esser poco conosciuto, l'umana felicità.

1789	Vannucci Giuseppe	Delle cagioni del Tremuoto. Riflessioni ed Annotazioni alla memoria del P. Bartolomeo Gandolfi pubblicata su questo argomento

Archivio Storico dell'Accademia Nazionale Virgiliana di Mantova, Dissertazioni Accademiche, Storia Naturale, busta 60/26.

Nos et refellere sine pertinacia, et refelli sine iracundia possumus

(Cic. Acad. Quaest. II)

L'Autor delle Note a chi legge

Vidi ego quod fuerat quondam solidissima tellus esse fretum. Vidi factas ex aequore terras, et procul a pelago conchae jacuere marinae: et vetus inventa estin monthibus anchora summis. Quodque fuit campus, vallem decursus acquarum fecit, et eluvie mons est deductus in aequor etc

(Ovid. Met. Lib. XV)

La natura in questi ultimi anni scuoteva con funestissimi colpi di tremuoto l'Italia, e gl'italici ingegni con esito più o meno felice, non mai però proporzionato all'uopo, tentavano di sorprenderla sul fatto. Mentre essa crollava Bologna, devastava la Calabria e Cagli, riempiva di costernazione il Popolo riminese, sorgevano già alla luce del giorno le congetture dei Fisici bolognesi, i tentativi degli Accademici di Napoli, il Saggio del Professor Sarti, i pensieri del Filosofo riminese, la memoria del Padre Gandolfi, e molte altre Opere di minor grido, talchè un breve periodo d'anni vide la nostra Penisola non meno desolata dal fenomeno distruggitore che inondata insieme da una strabocchevole piena di scritti buoni e cattivi sul tragico argomento. Tra le fatiche più segnalate sì pel corredo della fisica erudizione che per la filosofica temperanza nel proporre le difficoltà ed opinioni si

può annoverar quella dello stesso Padre Gandolfi Lettore nel Collegio Nazareno pubblicata in Roma nel 1787. A tal produzione diè stimolo, non v'ha dubbio, il [mio] *Discorso Istorico-Filosofico* sul tremuoto di Rimini, il quale viene urtato di fianco; e siccome io sono al fatto non meno del Discorso che del tremuoto riminese, così ho creduto di servire in qualche modo alla Scienza, se, riducendo ad analisi l'Opera gandolfiana, io vi spargessi quelle riflessioni, che potessero dilucidar maggiormente una sì oscura materia, confinando nel regno delle Ipotesi tutto ciò che sembrasse sfornito di prove e men conforme alla ragione. Ed ecco l'origine di queste Note, le quali, come dirette non a moltiplicare il numero delle inutili riflessioni, ma unicamente a promuovere la verità, non vorranno, io mi lusingo, dispiacere al dotto Professore romano. Per ciò che spetta alla Parte elettrica, uopo è che io dichiari che mostrandosi l'Autore inclinato anzi che no alla ipotesi de' due opposti sistemi, io non prendo verun partito quanto persuaso dell'incerta sorte di codeste celebri teorie, altrettanto sicuro dell'innegabile intervento della potenza elettrica ne' tremuoti.
Il rimanente non è che il prodotto della riflessione sui fasti irrefragabili della Natura e sulle osservazioni de' più grandi Maestri del Secolo. Me felice, se mi è riuscito di indicare un solo errore e di promuovere una sola utile verità!

Memoria sulle cagioni del Tremuoto del Padre Gandolfi con Note critiche.

§ I. Voi troppo mi onorate, gentilissimo Monsignore,[1] nel chiedere il mio sentimento sulle vere cagioni del tremuoto sì fatale da un tempo in qua alla nostra bella Italia, come ne fa fede Bologna, la Romagna, Cagli colle sue adiacenze, la Calabria, Terni con tutti i Paesi vicini, ed infine Rimini col popoloso suo territorio, il cui danno e spavento mi partecipò prima per lettera in data degli 8 febbraio 1787 il dotto Signor Canonico D. Ottavio Zollio, e poi vidi espresso coi più vivi colori nel *Discorso Istorico-Filosofico* ristampato ultimamente in Faenza.[2] Ma io non so se mi verrà fatto di appagare le vostre brame in una materia sì intralciata e difficile, in cui hanno traviato per avventura dal diritto sentiero anche i più oculati osservatori; e temo forte di poter in ciò punto soddisfare al buon gusto, che voi nutrite per le più interessanti cognizioni di tutta quanta la Storia della Natura, pregio, che unito a quelli della nascita e del grado rispettabile che sostenete, vi distingue non poco fra le persone del vostro illustre carattere. E tanto più diviene per me malsicuro il buon esito dell'impresa, a cui mi impegna la vostra amicizia, quanto che le attuali mie occupazioni non mi permettono di svolgere a fondo e di esaminare con esattezza ciò che su tali materie hanno pensato e scritto finora i più rinomati Filosofi,[3] coi quali sembra che la Natura sia stata non restia ed avara di quegli arcani secreti, che alla corta vista della turba volgare suol tenere gelosamente celati. Se per altro questa mia Memoria non vi darà maggiori lumi, servirà almeno a contestare in faccia al Pubblico la mia sincera corrispondenza.

§ II. É impossibile (come ha osservato anche Bertrand dopo Lucrezio ed altri antichi Filosofi) spiegare un tremuoto co' suoi più formidabili e lagrimevoli effetti, se prima non vengano a rintracciarsi ad una ad una minutamente tutte quelle cagioni parziali, che poi insiem combinate amichevolmente cospirano al luttuoso spettacolo de' medesimi. Bisogna anzi per non confonder bene spesso a grand'onta e vergognoso traviamento l'effetto colla

---

[1] La Memoria è diretta a Monsignor D. Stanislao Sanseverino.
[2] Una edizione più completa di quest'Opera con note, appendice, e risposta a varie opposizioni è uscita dappoi dai Torchi di Cesena, 8°, 1787.
[3] Un tale lavoro intraprese ed eseguì con successo il dotto Professor Cristoforo Sarti nel libro, che ha per titolo: *Saggio di Congetture sui Tremuoti*. Lucca, 1783, 8°.

cagione camminar sempre dietro alla scorta dell'esperienza e dell'osservazione, perché solo col seguire le tracce della Natura si arriva a scoprire l'occulta sorgente delle sue operazioni: che però dove l'una o l'altra cosa ci manchi non dobbiamo avventurare ipotesi puramente precarie, ma contentarci di un rispettoso silenzio, intraprendendo intanto con maggiore impegno nuove ricerche per lasciare almeno alla posterità la gloria di spiegare un giorno que' molti fenomeni, che sono ancora per noi arcani impenetrabili della Natura. Se in tutto o in parte sia di tal fatta quello, di cui si tratta al presente, lo rileverete di leggieri da quelle poche riflessioni, che troverete sparse in questo mio scritto.

§ III. Spiegarono altri il tremuoto co' venti sotterranei, altri col fuoco centrale, altri col solo elettricismo, chiamandolo per ciò fulmine sotterra; ed altri infine ricorsero alle fermentazioni ed accensioni di materie infiammabili chiuse dentro le viscere della terra, riguardando l'elettricità, che si osserva talvolta in simili circostanze, or come cagione ed or come effetto delle accensioni medesime.

Mi restringerò ad esaminare brevemente le ultime due sentenze col passare affatto sotto silenzio non solo l'urto sotterraneo de' venti immaginato dagli Antichi, ma anche il fuoco centrale ed il perenne suo circolo divisatoci dal Padre Kinker, incapace di arrestar l'attenzione d'un Fisico di buon senno, il quale ben lontano dall'attenersi ai fantasmi d'una fervida immaginazione crede di dover seguitare costantemente per guida nelle sue ricerche i fatti somministrati dalla Natura.

§ IV. Per quel che riguarda l'Elettricismo, ognun vede che, essendo varii i sistemi sul medesimo stabiliti, e tutti spacciandosi per ben fondati e ben saldi dai loro fautori nonostante che in uno francamente si neghi ciò che nell'altro si asserisce con pari franchezza, dee sempre essere dubbia e vacillante la spiegazione del tremuoto,[4] finchè, ad esclusione di ogni altro, certi e stabili non si dimostrino i fondamenti di un solo sistema, in cui si renda chiaramente ragione d'ogni più minuta circostanza, che accompagni in qualunque maniera il fenomeno in questione.[5]

Ma qual sarà mai questo sistema sì ben fondato e sì caro all'imparziale Filosofo?[6] Quello forse della materia affluente ed effluente? Non vi è oramai chi nol riconosca per incoerente

---

[4] Questo raziocinio non mi sembra il più giusto possibile. Perché adunque i sistemi dell'Elettricismo son varii, né si è perfettamente d'accordo fra gli Autori nella maniera di spiegare gli elettrici effetti, ne segu'egli che la elettricità non concorra nella formazione immediata del tremuoto? Perché le teorie del fulmine non sono fra di loro concordi, ne verrà egli che il fulmine non nasce dalla elettrica materia? Certamente vi può essere qualche diversità nella spiegazione e nel detaglio; questa spiegazione può anche essere smentita dal tempo, ma perciò diverrà egli non vero che qualche tremuoto, per non dir tutti, sia accompagnato da manifesti segni di elettrico sconcerto; e sarà egli interdetto alla elettricità di concorrere alla produzione dell'orrendo fenomeno? Dico anzi di più: e se anche non vi fossero questi indizii, che è a dire, se la elettricità si fosse ricomposta nel consueto sistema di equilibrio senza produrre altri segni all'infuor di una scossa, sarebb'egli lecito senza un apparato di prove dirette escludere dalla cagione del fenomeno la elettricità? Mai no, come vedremo anche in seguito. I fatti decisivamente elettrici descritti nelle molte Storie de' tremuoti, quegli in ispecie del tremuoto riminese, non istanno eglino egualmente bene in qualunque sistema? Il sistema altera egli forse codesti fatti?

[5] Questa veramente è una pretesa un tal poco indiscreta. Qual è quel sistema così felice, che possa render ragione adeguata di tutte le più minute circostanze? E non sarebbe più ragionevole il contentarsi, ch'ei fosse bastevole per le circostanze principali? Ma manco male che le circostanze, che l'Autore intende, si spiegano opportunamente ne' due più accreditati sistemi della elettricità.

[6] Quando si convenga che nell'una ipotesi e nell'altra (parlo delle due più ricevute teorie elettriche) sotto certe condizioni l'elettrico fluido passa rapidamente da luogo a luogo, da sostanza a sostanza; che nelle stesse circostanze l'elettrica materia e per virtù di sua massima mobilità, ossia per innato elaterio, e per attrazione delle sostanze, che o ne sono mancanti o ne contengono dell'opposto sistema, dee sforzare gli ostacoli, che vi si oppongono alla legge dell'equilibrio; intenderemo che e nell'atto dell'incontro e per l'impeto, onde superare le opposte resistenze, a cui corrisponde il conato delle masse inerti, può produrre un effetto corrispondente a quello del tremuoto; né così

ed antiquato, sebbene (come osserva un grave Autore) siasi rimesso in campo, non ha molto, sotto altre speciose norme valevole a dargli una cert'aria di novità senza mutarne la sostanza ed il fondo.

A più sodi fondamenti era in vero appoggiato il sistema di Franklin: ma si trova attaccato di fianco e di fronte dalle due elettricità vitrea e resinosa da chi stabilisce vicendevole attrazione tra le elettricità contrarie e fuga o avversione reciproca tra le omologhe, talchè esso pure mal si sostiene a' di nostri, e quasi minaccia rovina.

§ V. V'ha inoltre un'altra circostanza, che prova o mal fondati o per lo meno mancanti assai tutti gli accennati sistemi, poiché essa a mia notizia non è stata finora plausibilmente spiegata dai loro valorosi partigiani, ed è quel serpeggiar capriccioso del fulmine, allorchè questo si porta o dalla nuvola alla terra o dalla terra alla nuvola.[7] Per verità io non ho mai

---

avrem bisogno d'imbarazzarci troppo prematuramente, se ciò succeda o perché da una parte l'eccesso dee per la legge dell'equilibrio riparare il difetto della parte opposta, come vuole il sistema di Franklin, oppure perché ammassi di sostanze dotate di un sistema di elettricità e per nativa repulsione o fuga delle parti omologhe, e per attrazione della sostanza attualmente ingombre dell'opposto sistema si corrano incontro rapidamente, onde nella prima ipotesi si restituisca il perduto equilibrio, nell'altra entrambi i sistemi di elettricità in un solo si ricompongono. Torno a dire: anche il fulmine nelle due teorie ricava diversa spiegazione; e per questo si dovrebbe inferirne che il fulmine non sia figlio della elettricità?

[7] L'obbiezione, che l'Autore con molto apparato reca in campo, è di niun peso. Vediamolo brevemente, Nel sistema di Franklin potrebbe imporre a chi non considera che la corteccia delle cose. Perché il fulmine in aperta campagna ove non sono determinabili le circostanze, che influir possono sulla sua direzione, non segue, a parer dell'Autore, la strada più breve, ne vien egli che si debba tener per falsa una tal legge stabilita sopra un buon numero di fatti, ne' quali si sono determinate tutte le circostanze? Niuno negherà che le leggi del moto stabilite in astratto, che tutte le verità matematiche sieno dimostrativamente vere: eppure secondo il ragionare del Padre Gandolfi bisognerebbe dubitarne, poiché in natura non si verificano pienamente, come vorrebbe la precision matematica. Ma nel nostro caso non v'ha bisogno neppur di tanto. Quando si vogliono paragonare i risultati delle nostre sperienze coi fenomeni in grande della Natura, fa d'uopo avere una somma considerazione alla parità delle circostanze, senza la qual cautela ragioneremo sempre alla peggio. Allorchè nella sperienza dall'Autore accennata (§ VIII. IX.) noi diriggiamo la scossa per due condottori l'uno tortuoso e l'altro retto, o per dir meglio più breve, è chiaro che non avvi ragione, per cui la materia fulminante debba prendere la strada tortuosa o più lunga, dove cioè l'affinità, che la richiama, si fa meno sensibile, e debba lasciar l'altra, per cui la spinge una forza maggiore. Ma in buona fede è egli questo il caso dello scoppio del fulmine in aperta campagna su di una torre? V'è egli pure il minimo sospetto di parità di circostanze? Tutt'all'opposto. Nel primo caso si presentano, è vero, al ridondante elettrico fluido due condottori, onde si possa portare al luogo, che ne manca; la cagione però, che lo determina a portarvisi, non è propriamente il condottore: esso non fa che diriggerlo: ma è oltre all'elaterio suo proprio l'affinità potentissima delle sostanze elettriche negativamente: ora quest'affinità, poste tutte le altre cose eguali, segue la ragione reciproca delle distanze, ossia del viaggio: dunque in tale combinazione tener dee il vapore il sentiero più corto. Ma il caso dell'aperta campagna, della quercia, della torre fulminata è ben diverso da quello del riferito sperimento. Qui non presento già al vapor ridondante un semplice condottore, ma sostanze anelettriche e sitibonde di quella quantità di vapore, che loro manca per rimettersi nel perduto equilibrio; né già un solo, ma molti condottori ad un tempo, lo stato de' quali non è determinabile. Quindi il vapore costretto ad obbedire alle varie affinità, che interrottamente con successione gli si appresentano, segnerà le tracce, che da quelle verranno determinate, così varie e indefinibili come lo sono quelle medesime. Si arroga a ciò che le nubi non formano già verso terra una superficie levigata. Laonde qual meraviglia che il fulmine sdruccioli qua e là a biscia-bova o, come i Francesi dicono, a zig zag? Che se in un luogo, ove un'annosa quercia abbia all'intorno una o più piante vegete e rigogliose, benchè di minor altezza, o un uomo, il fulmine a dispetto dell'altezza maggiore di quella ferisca l'uomo o la pianticella, ciò succede appunto per esser quella più povera a proporzione di succo e d'umore, e perciò meno anelettrica dell'uomo e della pianta; per conseguenza la scarica si determinerà piuppresto su questi che su quella. In una parola la strada più breve all'equilibrio avrà luogo soltanto, quando non si frapponga verun altra cagione, come succede nella sperienza dall'Autore accennata. Né voglio io già dire con ciò che nei casi riferiti, che sembrerebbero far eccezione alla regola, non abbia luogo una tal legge: quelle scariche fulminee non sono anzi che l'atto del ristabilimento dell'equilibrio in tutti quei punti, che a noi sembrano colpiti dal fulmine. Ed ecco l'equivoco, che una tal legge sembra aver fatto all'Autore. Lo stesso dicasi de' casi frequenti delle torri fulminate nel modo dall'Autore descritto. I differenti strati sì del materiale che dell'aria e de' vapori in essi contenuti, che (per servirmi di un termine adattatissimo consacrato già alla teoria del fuoco) sono forniti di una diversa capacità di contenere il fluido

potuto intendere, come, in supposizione che debba il fluido elettrico scorrere, poste le medesime circostanze, la strada più breve di tutte per ripigliare il perduto equilibrio, possa accadere che la piena dell'elettricismo, investita per esempio la sommità d'una torre, si determini da un muro all'altro vicendevolmente, anzi lasci talvolta l'investito edifizio per segnare vario e tortuoso quel sentiero, che dritto vorrebbe quell'eterogeneità medesima de'

---

elettrico, e molte altre circostanze indeterminabili possono indurvi tali variazioni, che sembrino a noi discordi dalle leggi stabilite, quando non ne sono forse che una continua verificazione. Infatti non è già la sola terra, cui ferisca il fulmine, che aneli a saturarsi della elettricità, che le manca, ma altresì tutti i corpi che si offrono al passaggio del fulmine, ne beono quella quantità, di cui in differente proporzione sono privi, non essendo altro il fulmine se non che l'effetto di queste successive dispensazioni ed allibrazioni del soprabbondante fluido elettrico. Ora io asserisco che l'equilibrio in tal caso ha luogo, e lo ha per la strada più breve possibile. E invero quante scariche fulminee non si distruggono ne' loro passaggi per le fabbriche prima di giungere alla terra medesima? Ed ecco svanita ogni larva di difficoltà su questo punto anche nel sistema di Franklin. Che se voglia ammettersi il sistema delle due elettricità, vitrea e resinosa, sparisce del pari ogni ombra di dubbio; su di che io non avrò che a rimandare alle Opere del celebre Fisico di Pavia il Padre Barletti. In esse, dopo aver dimostrato quanto sia frivolo l'error comune che nell'atto del temporale sia preparata sui corpi e sulle case nostre, e imminente la materia fulminante, cosicchè sia pronta e libera a scaricarsi tutta ad un colpo, asserisce di aver trovato che la virtù e forza condensante della elettricità non risiede realmente né entro le materie resistenti, né entro le condottrici, ma nelle stesse elettriche sostanze. (Sagg. Meteor. nella sua Fisica Gen. e Partic., Tomo II, p. 129). Il che varia per le variazioni delle predette materie. Stabilisce di più che queste sostanze non fanno scoppio, né prendono fulminea forma se non quando una specie di elettricità si trova unita o raccolta ne' limiti di una massa o superficie condottrice continua o quasi continua, e nell'atto che questa specie passa ne' limiti di altra massa o superficie similmente condottrice e continua, nei quali si trovi unita o raccolta l'altra, ossia la contraria specie di elettricità nell'atto che in que' limiti ambedue insieme si uniscono e si estinguono in fiamma (come sopra, p. 131). Il che viene avvalorato colla sperienza di un quadro magico, una faccia del quale sia frastagliata da molte linee in vario senso condotte. Per essa, quando si carichi il quadro, si veggono serpeggiare vere immagini di fulmini secondo ogni direzione (cit., pp. 133-34). Ivi le opposte elettricità incontransi in tante direzioni diverse, finchè si rendano dello stesso sistema. Perché adunque un fulmine ferisca un corpo, è necessario che questo s'incontri fra i limiti ed intervalli di due grandi masse di elettricità; è forza che desse siano raccolte del pari intorno a sostanze condottrici non molto interrotte e in parte continue, affinchè possano l'una e l'altra accorrere a que' limiti ed intervalli a formare lo scoppio: e che finalmente non vi s'incontri verun altra condottrice sostanza, che ne impedirebbe l'effetto (ib., p. 147). Ora per avere una esplosione fulminea sono del tutto necessarii questi punti discontinui fra le due elettricità. Dove la elettricità sia omogenea,non dovremo temer nulla affatto, e sarebbero totalmente inutili i fili di salute, se lemetalliche punte nons'incontrassero fra i limiti delle opposte azioni, per quanto fosse d'altronde pregno l'aere di vapore. Qual meraviglia adunque che un fulmine si scarichi piuppresto sovra di una sostanza che di un'altra,parlando di quella dello stesso ordine se ciò dipende dalla indeterminabile combinazione di questi punti e limiti fra gli opposti sistemi della elettricità? Che in una torre per la variazione delle stesse circostanze il fulmine segni una traccia irregolarissima senza curarsi di tenere una strada, che sembrerebbe la più breve? Forsecchè la elettricità non si ricompone nell'equilibrio se non se quando si disperde per la terra, o non lo fa se non se per mezzo e ne' luoghi, in cui fa di sé mostra colla scintilla e collo scoppio? Niente meno: l'equilibrio si ricompone ogni qual volta di due sistemi opposti se ne forma un solo ed omogeneo; ma ciò succede non nella sola terra, ma ovunque incontrinsi ne' dati limiti le due elettricità: finalmente questo succede anche ne' luoghi, in cui noi non ne abbiamo indizio veruno: poiché il più delle volte le elettriche (misture) comunque in se stesse capaci d'uno scoppio fulminante si estinguono del pari tacitamente senza notabile luce o calore (Barletti, cit., p. 197). Il caso della torre fulminata non è egli di molto analogo all'esempio del quadro magico frastagliato? Formiamoci adunque una idea giusta del fulmine, e vedremo svanire ogni difficoltà. Il fulmine non è già una massa continua di fuoco elettrico, che dalle nubi si scagli in terra, o all'incontro. L'opposto sistema di sostanze dotate di contraria elettricità, che nel sistema di Franklin fa le veci della elettricità negativa, non è già solo l'ammasso immobile di terrestri sostanze fisse ed inerti; ma il fulmine è una serie di successivi incontri e passaggi con luce e scoppio di una opposta elettricità nell'altra; il sistema, che sembra richiamare l'altro opposto, è soggetto a molte indeterminabili mutazioni, e come la forza che raccoglie la elettricità, non è nelle materie condottrici, né nelleresistenti, ma nelle stesse elettriche sostanze, quindi dalle loro condizioni e mutazioni dipendono le variazioni, che si osservano nel giuoco delle due specie di elettricità. E vedo con soddisfazione che anche l'Autore alla fine (§ 10) si è opportunamente apposto ad immaginare presso a poco egualmente l'andamento di questi fenomeni. Io però non posso lasciar di riflettere che comunque gli stessi fenomeni, che non riguardano che indirettamente l'assunto principale, ricevessero una dubbia esplicazione ne' ricevuti sistemi, in qualunque modo accadesse l'equilibrio della elettrica potenza, niuno vorrebbe fare a quest'agente attivissimo l'ingiustizia di escluderlo per ciò dal concorrere alla immediata produzion del tremuoto.

materiali, la quale è stata capace di ritener la piena suddetta nella strada pressochè retta per l'intervallo di più piedi.

§ VI. Non sono ancor quattro anni che, essendo io in Ravenna nel Collegio Barberini, cadde nei primi di Agosto sul Campanile di S. Giovanni, Chiesa nota colà sotto il nome della Sacra, un fulmine, il quale dopo di aver rovinata la metà dell'antichissima cupola formata a cono incendiò un legno più sotto nel muro opposto, donde poi, trascorsi alcuni piedi di tortuosa discesa, si ripiegò contro il muro sottoposto alla prima rovina della cupola per quindi attraversare un travicello (che similmente accese) pochi palmi, e passare dal campanile alla Chiesa. Attaccata quindi lateralmente, e curvata una ramata di questa, invece di scendere perpendicolarmente al suolo per qualche colonna della navata di mezzo, si determinò lungo un canale di latta, che, ricevendo l'acqua da una lastra di piombo, su cui vedevasi pure qualche segno del suo passaggio, la trasmetteva in un cortile. Arrivata la piena elettrica al muro maestro, che divideva la Chiesa dal Monastero, ripigliò per esso il capriccioso suo corso, e, lasciando qua e là sempre rovinose vestigia, investì dentro la Chiesa una colonna poco distante dal muro fino allo zoccolo, donde ritornò nuovamente nel muro maestro, e, rovinata in qualche distanza dalla colonna una porta, terminò nel pavimento della Chiesa collo scompigliare molti mattoni dopo aver recato a quel luogo pio un danno di circa mille scudi.

§ VII. Mi astengo dall'esporre in prova di quanto si è detto al § 5 altri fatti consimili da me osservati altrove persuaso che nessuno abbia mai veduto fulmine determinato per la strada più breve all'equilibrio, qualunque sia stato il materiale o pianta, che egli abbia servito da condottore nel quasi istantaneo passaggio dalla nuvola alla terra o da questa a quella. Anzi mancano forse per tutti coloro, che sono imparziali ne' sistemi, esempi di tal fatta negli stessi condottori metallici apprestati dall'arte, quando sia stata trascurata la circostanza d'isolarli dall'una all'altra estremità? E che sono mai i condottori, che diconsi troncati dal soverchio elettricismo? Come? Quella piena elettrica, che è liberamente passata per la strettissima estremità del condottore, non ha potuto poi scorrere lungo la parte più grossa del medesimo?[8] Oltracciò chi comprende come la detta piena, rompendo da per se il condottore, non debba seguitare a trascorrerlo anche dopo la rottura, giacchè ne tocca la parte non ancor trascorsa, e non la può in conseguenza abbandonare senza irragionevolmente supporre che la catena ancor da scorrersi si disimpegni dalla piena elettrica, e la sfugga con movimento più rapido di quello, con cui si porta in tutta la sua strada l'Elettricismo? Non basterebbe adunque questo solo a dimostrare che l'appoggiarsi all'Elettricismo nella spiegazione del tremuoto è un contraddire a se stesso in supposizione che la base fondamentale d'ogni sistema sia la strada brevissima all'equilibrio?

§ VIII. Ma io voglio esser liberale coi partigiani dell'Elettricismo: voglio in conferma dei loro riflessi somministrar loro una mia osservazione, che se non altro porgerà occasione di nuove ricerche, e forse anche di nuove cautele a tutti coloro, i quali non sogliono abusivamente isolare i fili di salute, i parafulmini che per una certa distanza dalla sommità de' medesimi. Osservino quelli, i quali, scaricando la boccia del Leyden col mezzo di una colonna metallica, pretendono di dare una vera idea del fulmine, che, se la catena è divisa in due rami, uno de' quali faccia comunicare l'armamento esteriore con l'interiore della boccia, e l'altro goda della stessa comunicazione, ma per strada tortuosa, la scarica si

[8] Su di questo proposito merita d'esser letto quanto ne scrive il celebre Autore de' *Saggi Meteorologici*.

determina costantemente per il primo ramo, e giammai per il secondo; e che lo stesso succede, se i due rami della catenella siano ugualmente interrotti da parti idioelettriche. Che se poi il secondo ramo metallico non sia in contatto immediato con una delle due armature, molto più allora si avvererà il passaggio per l'altro ramo della catena a preferenza del primo.

§ IX. Ciò posto, io dimando perché la piena elettrica del fulmine possa dispensarsi dal trascorrere la torre a perpendicolo, o per lo meno perché non debba sempre serpeggiare per lo stesso muro dal principio fino alla fine, quando i materiali delle fondamenta e del mezzo sono gli stessi mattoni e calce, che ne compongono la sommità? Similmente cerco perché nella stessa nuvola procellosa lontana da noi vedesi il fuoco elettrico strisciare qua e là vagabondo, a dritta a sinistra, innanzi indietro, ora scendere rapidamente a terra ed or sollevarsi in alto con eguale velocità? Chiedo la ragione, per cui il fulmine colpisca più volte un albero piccolo anzi che una delle vicine altissime piante della stessa specie ed età? E finalmente come accada che giunto al tronco vi descriva d'ordinario una spirale irregolarissima? Oltre di che spiegheranno forse gli amatori dell'Elettricismo coi loro sistemi come possa esser fulminato un animale per la strada in mezzo ad altissime fabbriche, oppure alla campagna circondato d'ogni intorno da annose querce?

§ X. In tutti questi fatti incontrastabili, che hanno tanto imbarazzato i sostenitori di qualunque sistema, parmi che sieno facilissimi a spiegarsi, purché le due elettricità positiva e negativa, contrarie od omologhe, si suppongano dotate della stessa mobilità per modo che la parte della terra, per esempio, che richiama l'esuberante elettricità della nuvola, non sia sempre la medesima, ma varii ad ogni istante egualmente che la parte, la quale ne è favorevolmente carica, talmente che nell'atto che la piena elettrica cerca da un lato l'equilibrio di quantità e di forza anche la corrispondente elettricità, che la richiama dall'altro per l'istesso effetto, cangi costantemente nel tempo medesimo di sito e di direzione. E qui mia sia permesso, gentilissimo Monsignore, dir qualche cosa sulla natura del fuoco elettrico[9] per poi poter meglio giustificare in qualche maniera anche coi fatti quanto io avanzo a favore degli avversarii, ma sempre senza pregiudizio del mio assunto, il quale è di provare che il solo elettricismo non basta a rendere adeguata ragione de' tremuoti e de' loro effetti terribili.

§ XI. Formandosi con l'aria infiammabile del fosforo, dell'aria nitrosa, fegato di solfo, e solfo,[10] ed essendo il flogisto il principale ingrediente di tutte queste sostanze,[11] è chiaro che

---

[9] Ciò che imprende l'Autore in questo luogo, comecchè estraneo all'argomento, per la sua importanza ci trascina a spargervi quelle difficoltà, che sono sempre opportune se non altro a promuovere nuove ricerche. Debbesi però avvertire che la quistione ricade su di noi un'altra assai più intralciata, che tiene oggi divisi i Chimici di primo scanno. Noi senza abbracciar la giornea in una lizza così scabrosa ci atterremo a quanto sembra additarci il vero spirito della Scienza.

[10] Se l'Autore avesse scritto questo paragrafo dieci o dodici secoli addietro, vi avremmo forse qualche volume in folio di Commenti, e la lite sarebbe fatta eziandio *sub judice*. Meno male che a questa età abbiamo anche noi il nostro Caduceo per isvolgere questo nodo gordio. Non è già vero che (si formi) coll'aria infiammabile del fosforo, dell'aria nitrosa, fegato di solfo, solfo, cioè che dall'aria infiammabile si ricavino tutte queste sostanze, come si potrebbe disinterpretare, ma bensì che l'aria infiammabile unita all'acido fosforico forma il fosforo, all'acido nitroso l'aria nitrosa, al solfo e all'alcali fisso il fegato di solfo, all'acido vitriolico il solfo, appunto come fanno tutte le sostanze infiammabili.

[11] Di questa così affermativa proposizione io mi appello ai Signori Lavoisier, Laplace, Mausnier, Berthollet, Hassenfratz, Fourcroy, Barletti, ecc., e potrò aspettare che gli zelanti partigiani del flogisto abbiano a dimostrarlo questo principio e atterrate tutte le validissime obbiezioni, che dagli accennati Autori sono state proposte (Mem. de l'Ac. des Scienc., 1777-1778, pp. 80-82, Nouv. Nomenclat. Chymique; Paris 1787: Foureroy, Elem. di Chim. et d'Hist. Nat.; Paris 1786: Barletti, *Principi di Termol*, Tomo I) come anche vedremo nella nota seguente.

l'aria infiammabile abbonda di flogisto;[12] il che viene anche avvalorato dall'evidente assorbimento dell'aria infiammabile dalle calci metalliche e loro riduzione, che ne è l'effetto: anzi, essendo la detta aria assorbita tutta dalle calci senza decomposizione, piacque a taluno di liberamente concludere che essa non fosse altra cosa che il flogisto medesimo sotto forma aerea. Ora siccome si possono ridurre le calci metalliche anche col fluido elettrico,[13] il quale è inoltre capace di condensarsi e di mettersi in prontissimo moto, cioè

---

[12] Che l'aria infiammabile abbia molte di quelle proprietà, che dai partigiani del flogisto si attribuiscono a questo ente proteiforme, più immaginato che comprovato, non avvi alcun dubbio. Ma per parlar giustamente le stesse competono a tutte le sostanze, che si chiamano infiammabili, né quindi ne risulta la conseguenza, che pur si vorrebbe, di un principio sui generis, a cui quelle riferir si dovessero. E in realtà che altro avvi di certo e di conseguente; in che altro mai consistono queste proprietà; che mai dimostrano i risultati de' numerosissimi tentativi se non se che l'aria infiammabile così come tutte le altre sostanze infiammabili, e come anche diconsi flogistiche, godono di una decisa e notabile affinità od attrazione coll'aria pura e respirabile? No che niun altra induzione necessaria risulta da tutti questi fatti se non che una tale alterna affinità, per cagion della quale unicamente accade che, per recare un esempio, l'acido fosforico venendo a contatto di una sostanza accensibile o dell'aria infiammabile semplicemente, l'aria vitale, ossia il principio acidificante, il quale col fosforo combinato formava l'acido fosforico, si va ad unire al corpo infiammabile, lasciando libera e sola la sua base acidificabile, ossia il fosforo, (v. Lavoisier et Laplace, Mem. de l'Ac. des Scienc. 1780, p. 399 & 1782; Morveau, Encyclop., Method. Part. Chimi., Tomo I, Edit. de Paris, p. 218). Lo stesso pure accade nella combustione del solfo. Sula produzione dell'aria nitrosa non si ha che a leggere le belle Memorie del Sig. Lavoisier, per le quali rimane provato che le sperienze, in cui si produce codesto fluido aeriforme, non dimostrano nulla di più se non che l'acido nitroso è composto d'aria nitrosa e d'aria vitale, la cui base entra per componente in tutti gli acidi; cioè per analisi, ogni qual volta l'acido nitroso si porta ad agire sopra una delle sostanze infiammabili; siccome queste hanno una più grande affinità coll'aria vitale, s'impadroniscono di quella dell'acido, lo scompongono, e l'aria nitrosa rimane libera: all'incontro nella distillazione del nitro rimane libera l'aria vitale, lasciando nel fondo della storta la nitrosa, che divien sensibile e rutilante all'accesso dell'aria esterna, come ha osservato il Sig. Cavendish (Philosophical Tran. for the year 1785, vol. 15). Per sintesi, perché qualunque volta l'aria nitrosa viene a contatto della respirabile, nasce effervescenza, color rosseggiante, e calore; le due arie spariscono distrutte a vicenda, e in loro luogo si trova rigenerato altrettanto acido nitroso capace egli pure di decomporsi nelle due arie suddette. In ogni caso è certo che, quante volte con simili mezzi otteniamo aria nitrosa, l'aria respirabile o si è fissata nelle calci metalliche, se si tratti di calcinare i metalli con quest'acido, o si è ridotta in combustione e fiamma, se l'acido stesso siasi applicato a sostanze infiammabili (Morveau, l. c. *passim*). Si avverta però che io con ciò non entro qui a parlare della natura dell'aria nitrosa, questione in oggi tanto agitata, benchè ora si sappia che il principio, il quale combinato coll'aria vitale forma l'acido nitroso, esiste nell'aria flogisticata (Cavendish, l. cit., vol. 15, 1785, pp. 372-376). Mi sono esteso in quest'esempio, perché può applicarsi a tutte le maniere di processi così detti flogistici dal Priestley (*op. cit.* e Philos. Transact., vol. 75), i quali io chiamerei più propriamente vere combustioni con fiamma o senza. Tutto il giuoco di questi fenomeni consiste in quest'unico principio che passa una marcatissima affinità, come si è detto, fra l'aria vitale e le infiammabili sostanze, la quale fa che, incontrandosi sotto determinate condizioni, si decompongono a vicenda. L'infiammazione qualunque, la calcinazione de' metalli, la produzione di aria fissa in molti processi, la respirazione, la formazione dell'acido vitriolico nella combustione dello zolfo, dello zuccherino in quella dello zucchero coll'acido nitroso, ecc. somministrano delle prove irrefragabili della identità della causa e dell'uniforme meccanismo di tutte codeste belle operazioni della Chimica d'oggigiorno. Ora quando si ripristinano le calci metalliche per mezzo dell'aria infiammabile che altro si fa che verificare anche una volta la esposta legge costantissima? Noi accostiamo una sostanza infiammabile ad un corpo, che contiene buona dose d'aria vitale: ma l'affinità, per cui la calce ritiene codest'aria, è superata da quella, che passa fra questa e la sostanza infiammabile: dunque, se di più vi concorra il calore esterno apprestato dall'arte, l'aria pura si svolgerà dalla calce e, combinandosi coll'aria infiammabile che rincontra, ne risulterà un nuovo prodotto, cioè o l'acqua o l'aria fissa, li quali due sostanze si sa d'altronde essere il prodotto o il risultato della combinazione di que' due principii in diverse proporzioni (Watt, Phil. Transact. Paris, Ed. presso de Luc Toleès, sur la Meteorol. 1784, vol. III). Ciò è che appunto accade sia nelle sperienze di Lavoisier, sia di Priestley in vasi chiusi per mezzo del fuoco di una lente. Ora su questo punto fa di mestieri che convergono i seguaci tanto dell'una quanto dell'altra teoria; le altre deduzioni, che da questi fatti si traggono a favore del preteso flogisto, sono del tutto precarie e gratuite (Barlett. e Fourcroy l. c.). Infatti nella celebre sperienza del Lavoisier il solo calore senza l'accesso di veruna infiammabile sostanza bastò a svolgere l'aria pura dal precipitato per sè, il quale in tal guisa si restituì in fluidissimo mercurio. Tanto è vero che è ben lungi dall'aversi veruna prova plausibile del preteso ricambio di aria vitale col flogisto nelle calci metalliche, che si riducono.

[13] Non si vuol negare il fatto della riduzione delle calci metalliche operata per mezzo della elettricità: ma sarà ben lecito di esaminarne le circostanze per vedere se sia giusta la conseguenza di Milli. Primieramente già si toccò

d'infiammarsi istantaneamente come l'aria infiammabile, così si avvisò il Conte di Milli che l'elettrica materia non differisce punto dal flogisto.

§ XII.

---

altrove (nota 12) essere proprietà di alcune calci metalliche di ripristinarsi col solo mezzo del calore. Ora l'elettrico fluido a parere del Sig. Achard (Journ. de Phisiqu., vol. XXV, 1784, p. 429) dal quale l'Autore ha preso tutto per esteso fino al § XIV, benchè non lo nomini, essendo condensato e posto in prontissimo moto, è suscettibile d'infiammazione; il che si modella sulla grande idea dell'immortale Franklin che, quando il fuoco elettrico «trapassa un corpo, egli agisce sopra il fuoco comune contenuto in tal corpo, e lo pone in moto, e, se vi è una quantità sufficiente d ciascheduna specie di fuoco, il corpo sarà infiammato» (Franklin's Works, P. II, p. 48 ecc.). Dunque in qualche caso la elettricità può produrre la riduzione per semplice eccitamento di calore. Il che viene avvalorato dal fatto notissimo che appunto per la stessa ragione la elettricità può produrre l'effetto opposto, quello cioè di calcinare i metalli. Così l'oro di Commus (presso Roux Journ. de Medicine; vedi anche Priestley, History of Electricity) e molti altri metalli Charta secondo la Matherie (Journ. de Phisiqu., vol. XXX, 1787, p. 433) videro calcinarsi per mezzo di una macchina ben grande; e quest'ultimo aggiunge: nell'aria comune del pari che nella infiammabile, nella nitrosa, nell'aria fissa, nel vuoto. In secondo luogo bisogna supporre che in simili sperienze non abbia avuto accesso la menoma quantità d'aria non dirò pura, ma di niuna qualità, attese le metamorfosi prontissime di tali sostanze, come è ben noto ai Chimici; altrimenti la riduzione non si potrebbe attribuire alla elettricità, come non si attribuisce al calore nella sperienza di Lavoisier. Ma passiamo oltre. Io non vedo veruna ripugnanza nell'ammissibilità del fatto. Abbiamo veduto che il mezzo necessario e dimostrato per ottenere la riduzione de' metalli si è lo sprigionar l'aria vitale dalle calci medesime, e che gli altri sono o non dimostrati o secondarii (nota 12). Per ottener questo effetto non si conoscono fino ad ora che due strade: o il semplice calore, che, scemando l'aderenza coll'aria vitale alla calce, la divella e la educa: o l'appresto di sostanze, le quali abbiano maggiore affinità coll'aria pura (o colle calci, il che qui non importa) che le calci stesse: queste sostanze fra le altre sono tutte quelle del genere delle infiammabili, come il carbone, gli olii, l'aria infiammabile, ecc. Ora l'elettrico fluido entra senz'alcun dubbio in questa classe, come oltre a questa stessa lo danno a divisare altre sue qualità: infatti per confermarlo con una autorità, che faccia per molte, potremo sentire gli Autori della Fisica del Mondo: «*Il ne faut jamais perdre de vue que le fluide électrique, et non pas le feu électrique, dénomination équivoque, est formé de l'union de la substance de la lumière au principe inflammable, que c'est ce mixte qui s'agit sur cette même substance de la lumière qui existe dans tous les corps, et qui dans tous y est plus ou moins combinée avec le principe inflammable, combinaison qui diffère par la quantité de ce dernier, et peut être aussi par la degré d'adhérence des deux principes, et que c'est ce même fluide combiné qui agit sur les molécules de l'air pur, tandis qu'il pénètre les pores des autres molécules qui nagent dans l'atmosphère*» (*Physique du Monde*, par M. le Bar. De Marivetz et Goussier. Paris, 1786, 4°, vol. V, p. 190). Io non pretendo di garantire tale opinione nè sulla prima supposizione e molto meno sull'altra, come da essi vien proposta; ma forse bensì a far palese che molti altri hanno collocata la elettricità nel novero delle sostanze infiammabili (vedi anche Macquer e Scop., *Diz. di Chim., Art. Flog.* ecc.). Ma l'essere infiammabile inchiude egli altro fuorchè avere affinità coll'aria pura? Quest'affinità inchiude alla illazione di un principio sui generis detto flogisto? O non piuppresto una particolar condizione o stato de' corpi? Se adunque le infiammabili sostanze ripristinano le calci metalliche; se la elettricità fa lo stesso; se in qualunque sistema ciò succede per la loro affinità coll'aria vitale contenuta nelle calci metalliche, ne segue forse che tutte queste sostanze contengano un principio comune, il flogisto, come se senza di esso non potessero avere la prerogativa dell'affinità coll'aria vitale? (vedi Barl. *Termol.* e Fourcroy, *Elém. de Chimie et d'Hist. Nat., passim).* Apparisce adunque che, se la elettricità è una sostanza anch'essa della classe delle infiammabili; se riduce le calci metalliche, è ben lontano con tutto ciò che la conseguenza dal Milli ricavata, che la elettricità contenga del flogisto, sia giusta, o in qualche modo ben appoggiata. Che se le proprietà dell'aria infiammabile e della elettricità si riscontrano apparentemente in quanto da noi rammemorato, divergono poi per tanti altri titoli che appena si può fra loro istituire un soffribile parallelo. Di vero anche la luce raccolta nelle celebri lenti di Parker potè nelle sperienze di Priestley servire alla riduzione stessa delle calci metalliche: pure io credo non siavi che volesse seriamente l'una sostanza con l'altra confondere, come sembra aver fatto Milli allorchè non contento di far del flogisto un elemento della elettricità, nel che sarebbe convenuto con altri Dotti, ha preteso anzi di identificargli insieme. Tante sono le metamorfosi, che ha dovuto far nella Chimica questo Ente proteiforme ed effimero! Reca infatti stupore che un principio volutosi di tanta importanza sia stato dallo Stahlio creduto il fuoco fisso, da Macquer la luce, da Milli la elettricità, da Kirwan l'aria infiammabile, ecc. (vedi anche Fourcroy l. cit. e Lavoisier, *Nomenclat. Chym.*). Ma, tornando alla ipotesi di Milli, sarà bastevole di rammentare ch'essa non è stata abbracciata neppur da un solo, e lo stesso Achard, dal quale il Padre Gandolfi ha ricavate queste notizie, confessa che tutto al più si può conchiudere che il flogisto entra nella composizione del fluido elettrico (Achard, Jour. Physiqu. l. cit., p. 430). Noi però abbiam fin qui già ripetuto e provato che un corpo può essere combustibile, e presentare perciò gli effetti donde gli Autori conchiudono la presenza del flogisto, senza che però contenga verun principio particolare nel senso, in cui dagli Autori si accetta il flogisto: però non avremo che a discutere brevemente le prove del Milli nelle note che seguono.

Che il flogisto entri nella composizione del fluido elettrico[14] lo prova forse anche la pioggia dirotta, che suol cadere dalla nuvola dopo gran colpi di tuono, ossia scarichi di elettricità, essendo proprietà dell'aria infiammabile sempre umida[15] di sollevarsi per la sua minor gravità specifica nelle regioni superiori dell'atmosfera, e di seco recare sulle ali del calore combinato co' suoi vapori la elettricità tolta ai corpi vicini, come sembrano indicare l'esperienza dei due valorosi sperimentatori De Saussure e Lavoisier.[16] Che poi la mentovata materia sia unicamente composta di flogisto lo negarono tutti quei molti Fisici, i quali per l'odor particolare che si sente nell'Elettrizzamento, e più particolarmente ancora allorchè si scarica la boccia di Leyden somigliantissimo a quello del fosforo, furono inclinati a credere che la materia elettrica fosse di natura acida o almeno che contenesse un acido[17] e che avesse moltissima analogia col solfo,[18] che non è altro che il risultato della combinazione dell'acido vitriolico col flogisto; donde parve loro che, siccome per l'infiammazione della materia elettrica l'acido separato dal flogisto deve agire come acido, quindi possa intendersi perché dopo il temporale le carni crude e cotte prendano comunemente un odor putrido, e si conservino meno del solito;[19] perché il grano destinato alla birra o acquavite messo a fermentare soggiaccia a prontissimi e sensibilissimi cangiamenti nel tempo burrascoso; perché in fine la fermentazione subito dopo un temporale sia sì sollecita che si duri fatica a cogliere il punto ove termina il primo periodo, essendo questo prontissimamente seguito dal secondo, cioè a dire dalla fermentazione acetosa.

---

[14] Come ciò debba e possa fin qui intendersi si è già dichiarato (nota 13).

[15] La proposizione mi sembra alquanto equivoca. Io sospetto che l'umido dall'Autore voluto nell'aria infiammabile sia stato dedotto forse dalla celebre sperienza, colla quale, scaricando delle scintille elettriche contro un miscuglio di aria tonante del Cav. Volta, si produce dal distruggimento delle due arie una quantità corrispondente di acqua: in tal caso, purchè mal non m'opponga, io non potrei convenire che d'indi ricavar si dovesse che l'aria infiammabile contenga dell'umido, mentre si sa che si produce nell'atto stesso della sperienza. In secondo luogo quanto di umido si suppone nella predetta aria, altrettanto fa d'uopo detrarre al minor peso specifico della stessa. Finalmente ha già osservato l'Autor del Discorso Istorico-Filosofico che a pochissimo di quest'aria dalla terra si solleva nell'atmosfera, e pochissimo o nulla infatti se ne ritrova sulle più alte vette delle montagne (v. Disc. His. Filos. Not. 22 p. 70).

[16] Non sono perfettamente d'accordo i Fisici sulla parte condensante della elettricità, se dessa risieda nell'aria oppure nei vapori (V. Barlett., l. cit., *Sagg. Met.*, p. 128). Comunque, non ha dubbio che l'aria stessa infiammabile possa servire di deferente al fluido elettrico: ma di qui io non comprendo come l'Autore possa dedurne la conseguenza che il flogisto entri nella composizione della elettricità. Qual rapporto v'ha egli fra un pezzo di metallo od altro, e il fluido elettrico, benchè l'uno dia ricetto e passaggio libero all'altro? So bene che tutti convengono nella generale qualità d'essere combustibili; ma se ciò includa la deduzione dell'Autore, si è già veduto altrove (nota 13).

[17] Non pel solo odore fosforico, ma (e dovea aggiungerlo l'Autore) eziandio per la sensazione, che fa sulla lingua un fiocco elettrico, opinarono alcuni che nella composizione del fluido elettrico entrasse un principio salino acido (v. Achard, l. cit. e Macqu. e Scop., Ibidem). Del che parleremo fra poco.

[18] L'Autore non si esprime chiaramente e con esattezza. Solfo chiamasi oggi in Chimica, oltre alla sostanza cui compete propriamente un tal nome, qualunque combinazione di un acido con una sostanza infiammabile. In questo senso fu chiamato un solfo l'aria nitrosa, il fosforo, ecc. Ora appunto in questa accettazione fu detta solfo la elettricità, non già che avesse verun'altra analogia di rapporto col solfo propriamente tale.

[19] L'Autore però dovea specificare che realmente il Sig. Achard si è assicurato che la elettricità accelera la putrefazione e la fermentazione delle sostanze, che ne sono suscettibili (l. cit. p. 434). Ma io non credo che gli Autori di tale opinione abbiano potuto valersi di un fatto, che prova forse il contrario, sapendosi che in generale gli acidi ritardano anziché promuovere la risoluzione de' corpi organici (Pringle, Memor. e l'Aut. de *l'Hist. de la Putref.*, ecc.).

§ XIII. Ma consta dalle più convincenti esperienze[20] che non si separa alcun acido nell'infiammazione dell fluido elettrico, e che non può per conseguenza un tal fluido essere annoverato tra la classe di sostanze sulfuree, ciò che favorisce non poco Milli. Né la riduzione de' metalli operata da scintilla elettrica è la sola esperienza, la quale provi che il fluido elettrico produce gli stessi effetti del flogisto. Ne somministra un'altra prova la decomposizione e la flogisticazione dell'aria comune ed anche dell'aria deflogisticata, che ha luogo allorchè si fa comparire sopra di essa un numero sufficiente di scintille elettriche.[21] Una terza prova finalmente ci viene somministrata dal nitro in fusione alcalizzato dalla scintilla elettrica, effetto, che è dovuto unicamente al flogisto[22] e questa appunto è la terza esperienza che il Baron de Servieres propone ai Fisici nella sua memoria, che ha per titolo *Projets de quelques expériences chimico-électriques*.[23]

---

[20] Instituito cioè dal Sig. Achard. Se queste sono convincenti per l'Autore, non lo sono per me, il quale in quest'affare non prendo altro partito che quello di ridurre ad analisi le prove. Le sperienze sono due: la infusione di Tornasole non cangia di colore per le scariche elettriche: l'alcali volatile non si neutralizza. La conseguenza di questi risultati è adunque che in queste sperienze non si separa verun acido. Ma non ne segue già l'altra che adunque non contiene nessun acido; per verificare una tale illazione sarebbe d'uopo dimostrare che in tal processo il fluido elettrico si fosse decomposto ne' suoi principi costituenti; il che non apparisce da que' fatti. Dunque queste sperienze provano che in certi processi semplici l'acido, se vi ha, non si separa: ma non prova che non ne contenga. Inoltre io rifletto che il principio ossiginio, ossia acidificante, che esiste nell'aria respirabile in proporzione di 37 per ogni 100 grammi d'aria secondo la estimazione del Sig. Berthollet (Memoir. de l'Acad. Royal de Turin, 1787-88, p. 388) non è secondo il Sig. Lavoisier in buona parte che la materia del fuoco e della luce (Mem. de l'Acad. des Scienc. de Paris, 1778) ora questa materia sembra essere un principio essenziale costitutivo dela materia elettrica, secondo appare dalle sue caratteristiche proprietà: che però ne nasce una ragionevole presunzione che se negli sperimenti di Achard non si è svolto verun acido, ciò è nato dalla imperfezione de' mezzi e dallo stato attuale dello stesso principio. Per lo che, se ciò non si ottiene per alcuni particolari processi insufficienti a decomporne il fluido elettrico, è egli lecito di dedurre che non possa succedere e non succeda in altri?

[21] Avvertirò di passaggio che nelle sperienze del Sig. Achard (l. cit., p. 436) la elettricità non altera punto la salubrità dell'aria comune, né comunica ad essa verun flogisto. Sia positiva o negativa non aumenta, anzi, dic'egli, ne diminuisce la elasticità dell'aria. Ma si dee confessare ad onor del vero che probabilmente il Sig. Achard si è ingannato in gran parte: poichà, secondo le esatte sperienze del Cav. Landriani ripeture da Bertrand (Morvcau, Encycl. Chim., l. cit., p. 88-89) con pari successo, la scintilla elettrica converte l'aria pura in aria fissa. Ma la produzione d'aria fissa importa alla flogisticazione, come vorrebbero e Milli e l'Autore? Se l'aria fissa è composta di un radicale infiammabile e della base acidificante dell'aria vitale ne viene egli che in tale processo la elettricità abbia somministrato il flogisto? Se le due sostanze si sono decomposte a vicenda, se sonosi combinate nella forma di un nuovo prodotto, ne risulta egli la conseguenza che la elettricità sia il flogisto nell'accettazione di Milli? (v. nota 13).

[22] La terza prova proposta dal Baron de Servières (v. Achard, l. cit., p. 431; Servier., *ibid.*, vol. XIII) è soggetta alle stesse eccezioni. Alcalizzare il nitro non è altro che privarlo del suo acido. Ora l'acido nitroso si toglie o si distrugge qualunque volta l'aria pura, ch'esso contiene, venga distrutta per la combustione con sostanze infiammabili, o attratta da una affinità superiore a quella, che la tiene unita all'aria nitrosa o al radicale qualunque nitroso (nota 12). Per tal ragione la elettricità può in due maniere operare un tal effetto; o servendo di meccanica scintilla qualora vi sieno a contatto altre sostanze infiammabili, o, come succederebbe nel vuoto, attraendo a sé l'aria pura contenuta nell'acido nitroso, e decomponendosi sotto forma d'aria fissa, appunto come accade nel fenomeno antecedentemente (nota 21) discusso. In entrambi i casi l'acido nitroso sarà distrutto, e rimarrà l'alcali a nudo. Che poi nel secondo caso della rispettiva decomposizione si ricomponga il nuovo prodotto dell'aria fissa, apparisce manifestamente dall'alcali residuo, il quale è aereato, ossia una vera mefite di potassa del Sig. Morveau risultante dall'aria fissa prodotta nello sperimento.

[23] Così Achard (l. cit., p. 431). Ma non posso dissimulare che nell'Autore si desidera una maggior dose di buona fede. Perché, riportando la terza sperienza proposta dal Baron de Servières, che ha creduto fare a proposito per Milli, tacere la seconda, che non gli è punto favorevole, se tutte stanno registrate nella stessa pagina? La seconda adunque è conseguente a questo raziocinio. Dopo la scoperta luminosa di Stuhl si produce per arte nel vero solfo ogni qual volta, per qualunque mezzo si unisca all'acido vitrolico qualche materia infiammabile, ossia, il che secondo esso equivale, una sostanza, che contenga del flogisto: dunque se anche la elettricità contiene del flogisto, e molto più poi se sia pretto flogisto, combinando la materia elettrica coll'acido vitriolico, si dovrà ottenere del solfo. Il raziocinio di Servières era giustissimo; ma il successo non ha corrisposto all'aspettativa, poiché una tale sperienza tentata dal Sig. Achard non è riuscita. Dunque l'opinione di Milli non è sostenibile: anzi da quanto si è

§ XIV. Qualunque però siasi la natura del fuoco elettrico, egli è certo che le principali ed immediate cagioni, che gli danno nascimento e fine, che lo raccolgono e lo dissipano, non potendo essere che attrazioni elettive unite quasi sempre a certe leggi d'un movimento tutto particolare, ed esercitando di continuo le suddette chimiche affinità il loro impero egualmente sui componenti dell'atmosfera che su quelli della terra, non v'ha ragione di supporre immobile la parte, che richiama l'Elettricismo,[24] nel mentre che a quella, che lo somministra, si accorda non solamente la più capricciosa licenza di comparire or qua or là, ma si lascia (perché così vuole la costante osservazione), pur anco che il torrente elettrico segni sì dubbiose le sue tracce che pare non aver meta determinata.[25]

§ XV. E per vero dire non si raduna nell'aria quasi istantaneamente in virtù delle violente collisioni originate dalle varie affinità e dalla loro maniera di agire una copia sì grande di Elettricismo, quale se ne richiede per formare strepitosi orribilissimi fulmini?[26] Perché adunque supporre inoperose in terra queste medesime affinità in tutto il tempo che si scarica l'Elettricismo da un luogo all'altro, quando sappiamo d'altronde coll'esperienza alla mano essere un continuo conato fra loro? È forse nuovo nella Fisica che la costituzione dell'atmosfera dipende principalmente dalla natura e stato attuale del nostro suolo?[27] Che le

---

fin qui esposto apparisce che dall'avere le qualità delle sostanze infiammabili non è lecito inferirne che la elettricità contenga del flogisto, ossia un nuovo elemento sui generis; e che finalmente non è dimostrato che la base della elettricità non sia un principio acido. Tali sono le riflessioni ed i rilievi, che una sì difficile indagine e la natura della questione mi ha somministrati, e che io espongo non ad altro fine che per servire alla verità.

[24] Vedi nota 7.

[25] Abbiamo già limitata questa idea (nota 7) verso la fine.

[26] Secondo la teoria de' due sistemi di elettricità, che sembra più gradita dall'Autore, non basta che nell'atmosfera o nella terra si trovi smossa e diffusa una copia quantunque grande di elettricità per doversi formar de' fulmini. Finchè questa non forma che un continuo sistema di una sola specie, finchè non s'incontra ne' convenienti limiti d'un opposto sistema, ben lungi dal produrre fulminei effetti, non imprime sui vostri sensi nessun segno della sua preferenza (Barlett., *Sag. Met.*, l. cit., Art. VIII, p. 145). Infatti non pendono sopra di noi dei tetri nuvoloni nel Verno, in buona parte della Primavera e d'Autunno, e in altre Provincie per tutto l'Anno senza verun apparenza di fulmine?

[27] Qui sembra che l'Autore voglia prevenire una difficoltà grande, che si suscita contro chi pretende escludere la elettricità dai tremuoti: ed è la reciprocazione delle vicende dell'atmosfera con le terrestri e sotterranee rivoluzioni così dichiaratamente manifesta fra gli altri nel tremuoto riminese. Ma ella è appunto questa corrispondenza, che dà un diritto innegabile alla elettrica potenza di concorrere alla produzione immediata del tremuoto. Infatti ben lontani dal riconoscere inoperosa in terra queste medesime affinità, che tanto influiscono sulla determinazione della direzione del vapore elettrico, ammettiamo anzi col Filosofo riminese in terra l'origine di questo disequilibrio. E non ha egli supposto con probabilissime induzioni un Vulcano sottomarino come la fonte della copiosissima elettrica materia, che poi dovea ricomporsi e rifondersi in terra a danno del sottoposto Continente? Vero è che le conghietture, che fecero sospettare al suddetto Autore la esistenza di questo Vulcano sottomarino nelle vicinanze del Quarnaro, benchè plausibilissime, non poterono andar esenti dall'essere poste in dubbio e giudicate da alcuni quasi gratuite; ma si sarebbero que' tali astenuti da un tal pensamento, se l'Autore del Discorso e gli stessi avessero saputo esistere in Rimini, e presentemente presso chi scrive derivato dall'eruditissimo Sig. Pietro Borghesi di Savignano un pezzo di scoria vulcanica, ossia pomice, ritrovata appunto nelle adiacenze del Quarnaro: fatto eccelentissimo a dare un grado di verità al sospetto ben giusto dello stesso Filosofo. Sieno poi d'altronde i fluidi aerei, sieno i vapori acquei entro d'essi contenuti che sprigionansi in gran quantità dalle voragini vulcaniche nel tempo delle loro eruzioni, egli è certo che per mezzo loro si svolge e si trasporta nell'atmosfera quella quantità strabocchevole di elettrico fluido, il quale è giuoco forza alla fine che in qualunque modo si restituisca nel primiero sistema. E qui mi sia permesso di convalidare in guisa questa mia asserzione che non rimanga soggetta a verun dubbio ragionevole. Già il Sig. Vairo, come anche riferisce altrove l'Autore, ha osservato che i fili di ferro esposti al fumo del focolare vulcanico divenivano elettrici. Secondo il parere dell'abilissimo Mineralogo il Sig. Dietrich: *«il parait que le feu du Volcan a une grande analogie avec le feu électrique. Dans presque toutes les éruptions un peu considérables on a sur le sommet du Vésuve et même au-dessous des torrents de laves des éclairs serpentants, que les Napolitains nomment ferilli accompagnés d'une explosion ou d'une sorte de tonnerre, qu'on n'entend que sur la montagne même»* (Dietrich, *Not. aux Lettres de M. Ferber sur la Miner. d'Italie.* Lettr. XI, p. 193). Il Sig. Duchanay ocularmente si è accertato che le folgori vulcaniche non sono altrimenti materie ignite lanciate dai

rivoluzioni dell'aria sieno soggette alle rivoluzioni della terra, sulle quali elleno influiscono con pari corrispondenza reciproca? Sarà forse men vera perché s'invola a' nostri sensi, quella quasi subitanea filiazione di nuove combinazioni a cui dà luogo costantemente il continuo moto intestino di tutte le sostanze finora a noi cognite, specialmente quando vengono attaccate dagli attivissimi mastini preparati nel gran laboratorio della Natura?

§ XVI. No che non si ha sempre ragione di attribuire a qualche negligenza usata nella consueta maniera d'isolare il condottore elettrico gl'infausti numerosi avvenimenti di fabbriche fulminate appunto perché armate di parafulmini.[28] S'isoli perfettamente il condottore dal tetto dell'edifizio sino a qualche profondità sotto il terreno medesimo,[29] cioè

Vulcani, come hanno voluto alcuni, ma vere coruscazioni fulminee. Plinio il Giovane lo ha osservato nel 79 dell'Era nostra: «*ab altero latere nubefatra ab horrenda flammarum figuras dehiscabat. Fulgoritus illae et similes et majores erant*» (Lib. 6, Ep. 20). Braccini afferma che le folgori della eruzione del 1631 furono vedute nello stesso tempo a Spoleti, vicin di Perugia, e in Calabria (*Descr. dell'Incendio del 1631*, p. 37). Nel 1737 si sono parimente osservate (vedi gli Atti dell'Accademia napoletana). L'Abate Bottis nel 1760, e Hamilton le ha vedute nel 1767 (l. cit., Hamilton, Campi Phlaegr.). Brydone osservò le stesse folgori nella eruzione dell'Etna, ed anzi ei crede che il fumo elettricissimo dei Vulcani possa paragonarsi ad un globo o cilindro riscaldato per mezzo dello sfregamento, che getta nell'aria scintille spontanee di fuoco senza l'attrazione o toccamento di verun condottore (Brydone, *A Tour through Sicily and Malta*, in a Series of Letters, Paris, 1780, 12°, Tom. I, p. 275). Gioverà aggiungere a tutte queste l'autorità del celebre Saussure «*les éruptions volcaniques un peu considérables sont accompagnées d'éclats de tonnerre, le feu, qui s'élève de la terre, semble allumer ceux du ciel, la colonne vaporeuse, qui sort des entrailles des Volcans, est continuellement foudroyé par des éclairs, qui tantôt semblent venir des plus hautes régions, tantôt semblent sortir de la colonne même*» (Saussur, Essais sur l'Hygrometr. IV Chap. II p. 388, Edit. de Neuchatel 1783). Ma vi sono su di tale proposito alcune altre belle osservazioni, che pongono un tal fatto in chiaro giorno. Una è del lodato Barone di Dietrich, il quale ha trovato che, stropicciando due pezzi di lava vetrificata l'un contro l'altro, danno scintille di fuoco al pari di due selci, ed esalano un forte odore di solfo; il che vien confermato dal chiarissimo Bergman (Dietr., ub., sup.). L'altra è di Nollet, il quale osservò che la lava era attraibile dalla calamita (Hist. de l'Ac. Roy. des Scienc., 1750, p. 88). A proposito di che il Sig. Porydone ha osservato che l'ago calamitato è agitatissimo sulla cima dell'Etna, né si ricompone così subito al Nord; anzi asserisce che il rinomatissimo Canonico Ricupero trovò che la Bussola posta sopra una lava calda fu da principio violentemente agitata, poi finì col perdere la sua magnetica virtù (Poryd., l. cit., p. 253). Il qual effetto si sa d'altronde essere prodotto dalla elettricità (v. l'Insigne Op. di Aepinus, *Tentam. de Theoria electr. et Magnetism.*). Ma ad onor del vero non posso dissimulare il mio sospetto sopra questa ultima osservazione, atteso che il solo calore ha potuto privare la Bussola del suo magnetismo. Un'altra osservazione finalmente ci viene somministrata dal Sig. Arthanay, il quale osservò che una carta rimasta per tre ore a' piedi di un monticello proveniente da una nuova bocca vulcanica era diventata luminosa (Memoir des Scav. Etrang., Tomo IV, p. 261). Di tale natura furono anche a parere del Sig. Hamilton le fiammelle di fuoco uscite da terra nel tempo del tremuoto di Calabria: «porto opinione», dic'egli, «che le esalazioni, che uscivano durante la violenta scossa della terra fossero piene di fuoco elettrico, appunto come il fumo de' Vulcani si è costantemente osservato essere nel tempo di violente eruzioni» (Hamilt., *An Account of the Earthquakes which happened in Italy from Febr. To May 1783*. Phil. Trans., vol. 73, 1783, Part. I, p. 194). Dalla esposizione di questi fatti ed altri molti, che si potrebbero riportare, e che noi toccheremo altrove (Not. 38) apparisce che nelle vulcaniche eruzioni si sprigiona realmente una considerabile quantità di materia elettrica.; dal che ne risulta: 1°) che nelle grandi eruzioni, nelle aperture di nuovi crateri, di nuovi Vulcani la quantità del vapore elettrico sprigionato sarà assai più grande di quella delle ordinarie eruzioni e di quelle che emettono i Vulcani sempre aperti ed accesi. 2°) Che è dimostrata la ragione e l'origine della straordinaria quantità di vapore elettrico, che accompagna ordinariamente le eruzioni e i tremuoti. 3°) Che è chiaro il perché fuori di questi casi non si raccolga mai in tanta quantità, onde poter produrre questi effetti così terribili ed eccedenti. Ed ecco la ragion per la quale le rivoluzioni dell'aria sieno soggette alle rivoluzioni della terra, e viceversa; e perché ad una mutazion d'una causa se ne risentano tutte le altre corrispondenti (V. not. 38 e 75).

[28] Quando qui dice l'Autore, se falsifica la teoria da lui seguita, è vero generalmente. Le scariche elettriche sono più grandi quanto maggiore reciproca azione s'induce fra le opposte elettriche potenze, avuto però sempre riguardo ai limiti, che le dividono (nota 7) e quando più agevole si prepara la strada alle medesime di riunirsi colla massima prontezza: perciò, se il condottore elettrico può soddisfare a quest'ultima condizione, non si può negare ch'egli non debba e aumentare la forza del fulmine, cioè il suo momento di massa e di velocità, e servire di mezzo più facile, onde le due elettriche potenze s'incontrino nelle dovute condizioni.

[29] Se il mezzo proposto dall'Autore possa servire all'intento d'impedire alla piena elettrica di portarsi più prontamente a contatto del punto affetto da contraria elettricità, lo vedranno gl'Intendenti.

s'impedisca alla piena elettrica di portarsi per la strada più deferente e più breve a contatto con quel punto corrispondente affatto in maniera diversa dall'elettricità contraria ed omogenea,[30] che cangia in ogn'istante sito e direzione, e si vedranno a mio credere in maggiore stima la Fisica ed i suoi amatori presso tutti coloro, i quali se non sanno interrogar la Natura, sorprenderla sul fatto, o violentarla a parlare, la fanno ben sentire ed intendere al pari de' Filosofi, quando, oltre al vedere rovinati i loro edifizi, miseramente s'avvengono che i fili di salute non sono stati che funesti fili di morte per alcuno de' loro amici o congiunti.

§ XVII. Ed eccovi, stimatissimo Monsignore, un breve ragguaglio del nuovo ramo d'Elettricismo, che mi pare necessario a render saldi i sistemi di coloro, i quali si attengono alla materia elettrica nello spiegare il tremuoto, la sua origine, ed i suoi terribili effetti.[31] Ma eglino, me ne sappiano grado o no, non trionfino per questo, perché se ho loro somministrato un principio, che forse molto interessa la teoria dell'Elettricismo, vi sono anche fortissime ragioni da poterli solidamente impugnare e combattere, allorchè ne vogliono fare l'applicazione per ispiegare la natura e le conseguenze del tremuoto. Vediamole brevemente.

§ XVIII. Già si toccò altrove[32] esser legge inalterabile comprovata evidentemente dall'esperienza che, se si scarica al solito nel tempo presso una boccia od una batteria qualunque con due simili condottori, ma in tale estensione che uno avanzi l'altro d'un sol pollice di lunghezza, tutto l'elettricismo passa per condottore più vicino di comunicazione nell'altro, se sia al primo contiguo e segua la medesima direzione; e che per lo contrario, se il condottore più vicino all'armamento predetto sia in qualche distanza notabile dall'altro, non è allora possibile di scoprire in questo più lontano dall'armamento il minimo vestigio di passaggio elettrico, determinandosi tutto l'elettricismo nel più vicino, ossia per quello che sol forma immediata comunicazione. Si disse parimenti esser cosa costante che, se si presentano insieme ad ugual distanza due condottori all'armamento interiore della boccia o batteria, uno de' quali però sia tortuoso, e debba in conseguenza il torrente elettrico far maggiore strada, se scorra per esso, non si osserva alcun segno di fuoco elettrico in quest'ultimo condottore: laddove nel più corto, e perciò di minore strada se ne scorgono i più sensibili contrassegni. Infatti a che mai servirebbero i parafulmini apprestati prudentemente dall'arte, se l'una o l'altra di queste due leggi potesse incontrare la minima alterazione?[33]

§ XIX. Vengano ora in campo i fautori del fuoco elettrico, e mi facciano vedere di grazia avverata ne' tremuoti queste due leggi da loro ricevute in tutta l'estensione possibile:[34] mi

---

[30] Contraria; sta ottimamente; ma omogenea! Se la piena elettrica incontra un punto affetto da elettricità omogenea, cioè a dire dello stesso sistema, noi non avremo giammai né scoppio, né scintilla, né fulmine (nota 7).

[31] Questo ramo può certamente servire o a render saldi i sistemi della elettricità: ma questa potenza, che agisce secondo il sistema o il piano della Natura assegnatole, può produrre e concorrere a suscitare i tremuoti senza curarsi né de' sistemi degli Autori, né del nuovo ramo dell'Elettricismo.

[32] Vedi il § V e segg. E la nostra nota 7.

[33] Le leggi sono giustissime, ma senza loro colpa alle volte sono rese frustranee da straniere circostanze. Abbiamo già detto altrove (nota 7) che i parafulmini sarebbero inutili, se non s'incontrassero fra i limiti dei punti affetti dai due opposti sistemi della Elettricità. Ora ricordiamoci che quei fili di salute sono isolati, cioè sono rimosse tutte le circostanze, che potrebbero alterare quelle leggi, per cui la corrente elettrica è determinata necessariamente pei medesimi. E la ragione, onde ciò asserisco, apparirà fra poco (nota 34).

[34] A questa formidabile diffida, con cui l'Autore provoca una schiera di Fisici preteriti e presenti, oserei io medesimo di rispondere con un'altra *ad hominem*? Se il Padre Gandolfi vuole che succeda nelle torri, negli edifizi

dimostrino il passaggio del torrente elettrico nella più alta torre d'una città e per altro di lei edifizio, se questo piuttosto che quello formava la strada più breve di tutte all'equilibrio: e nell'uno e nell'altra mi additino le rovine caratterizzate dalla piena elettrica nella stessa guisa che sogliono osservarsi nel tempo d qualche grande scarica di nuvola procellosa e fulminante: mostrino infine illesi tutti i condottori, ossia tutti gli edifizi, che sono collocati intorno a quello, il quale ha servito di passaggio brevissimo all'elettrico torrente incamminato all'equilibrio.

§ XX. E giacchè mio pensiero si è di sbandire dalla Fisica ogni ipotesi non comprovata da fatti come pregiudizievole ai sodi avanzamenti della medesima, ripiglio l'argomento sotto altro aspetto,e dimando a tai Fisici per qual ragione ad ogni fulmine, che cade interra o si slanci nell'atmosfera, non si scuota il suolo e noncrollino i monti alla distanza di centinaja e più miglia egualmente che succede nel tempo de' tremuoti?[35] Perché non si sperimentino del

---

in tempo di tremuoto ciò che vediamo costantemente accadere nei parafulmini o condottori comuni, mi dimostri di grazia che il caso sia eguale in entrambe le supposizioni: altrimenti pretenderebbe a torto di volere parità di successo in disparità di caso. Ora io, insistendo sopra quanto ho esposto altrove (nota 7) sostengo che passa un notabile divario fra l'uno e l'altro, e tale che dee in conseguenza indurre differenze assai riflessibili ne' risultati. Se alla torre altissima sia annesso un condottore isolato, è facile il comprendere che il fulmine dovrà obbedire alla legge costante, e prendere la strada del condottore non già quella della torre. Ma nella supposizione che codesta torre o l'edifizio più alto si ritrovino al solito privi di quest'aggiunto, la scarica fulminea potrà farsi tanto nella torre quanto negli edifizi più umili, se è vero che la condizione essenziale per ottenere il fulmine sia l'incontro delle sostanze dotate dell'opposto sistema elettrico in certi limiti determinati: poiché codesti incontri possono aver luogo egualmente nella torre altissima che ne' luoghi e fabbriche minori adjacenti, possedendo tutti specialmente presso a poco la stessa capacità condottrice. Ora egli è affatto eguale per la integrità di quelle leggi che ciò succeda o nell'una o nell'altra supposizione. Lo scoppio sarà sempre un indizio non già esclusivo del prontissimo passaggio dall'un sistema della elettricità nell'altro, che è quanto dire del restituito equilibrio. Dico non esclusivo, perocchè il fluido elettrico si ricompone nell'equilibrio e sempre per la strada più breve a cose pari, non già ne' luoghi, ne' quali appariscono i consueti fenomeni elettrici, né già in questa sola maniera, ma insensibilmente ed anche senza somministrare que' segni (v. Barlett., l. cit., nota 5), od anche la sola luce. Adunque non è punto esatto il dire che la torre più alta sia la strada più breve, per cui l'Elettricismo si restituisce in equilibrio. Che però il caso de' parafulmini è diverso da quello di una torre, di un edifizio fulminato. Trasportando adesso codesti principii, al caso di un tremuoto, di quello segnatamente di Rimini, osservo che codeste leggi rimangono intatte in mezzo alla diversità delle circostanze fra il caso limitato e preciso del condottore, e quello che ora noi supponghiamo. Fa d'uopo prima di tutto prescindere dalla idea imperfettissima che l'unico indizio, dal quale potremmo dedurre il naturale andamento della piena elettrica, sia lo scoppio fulmineo. Può l'esuberante quantità di fluido elettrico richiamato dalla terrea affinità niente meno che saturo portarsi con impeto proporzionato verso quella parte a guisa di una pioggia densissima senza produrre altro effetto che quello di qualunque fluido, che debba superare delle resistenze, e che sia dotato di forza capace di vincerle. Le condizioni in tal caso delle materie condottrici e resistenti non sono determinate o limitate, come lo sono nel caso del filo di salute. Alla variazione di queste condizioni debbono riferirsi le anomalie delle materie, sopra le quali la piena si scaglia. No, qui non ha luogo il paragone fra gli effetti del fulmine, e fra quelli che avvenir debbono ne' tremuoti: avvi la stessa proporzione, che sussiste fra le parti e il tutto: non è una massa di elettrico fluido, che possa confinarsi in una torre, in un edifizio. Per la qual cosa noi non abbiamo verun diritto di aspettarci delle rovine caratterizzate dalla piena elettrica nella stessa guisa che sogliono osservarsi nel tempo di qualche grande scarica di nuvola procellosa e fulminante, come pretenderebbe l'Autore. Né è già un solo l'edifizio, che ha servito di passaggio brevissimo all'elettrico torrente incamminato all'equilibrio. Io prendo la cosa assai più in grande, come conviensi alla grandezza del fenomeno, e considero non già una torre, ma un villaggio, le più alte fabbriche, od anche tutta una Città fare nelle grandi scariche di un tremuoto la parte, che una torre, un edifizio fa spesso nelle parziali scariche della materia fulminea. Questa scarica avrà luogo senza che però debba a noi manifestarsi necessariamente con altri segni che quelli di semplice luce elettrica, o senza di essa con gli effetti soltanto delle scosse e simili fenomeni del tremuoto. Adunque queste leggi, che la piena elettrica esservi costantemente in piccolo ne' condottori, hanno egualmente luogo in grande, a cose pari, nelle esuberanti scariche, produttrici de' tremuoti.

[35] Anch'io potrò dimandare all'Autore perché una palla di pistola alla distanza di dieci passi segni appena la superficie di un muro, che una palla a cannone spezzerebbe intieramente alla distanza di dugento? E più direttamente, perché una picciola scintilla elettrica appena uccide un insetto, quando un fulmine atterra una torre ed un elefante e passando alla ipotesi dell'Autore, perché da lui gratuitamente supposto in tanta frequenza e facilità di

pari alla scarica di un fulmine i formidabili movimenti ondulatori, e sussultori, e tutti gli altri effetti terribili, che sappiamo dall'esperienza andar detro al flagello del tremuoto?

§ XXI. Se dunque nel 396 crollò Costantinopoli per un tremuoto nel mentre che l'aria era infuocata dai fulmini; se il cielo di Rimini diede sensibilissimi segni di elettrica pioggia e prima e dopo, anzi nel tempo medesimo che il suolo minacciava orribilmente: se in fine accadde più d'una volta che i marinai (seppur deesi prestar fede ai loro racconti fallaci il più delle volte) abbiano sperimentati elettrici contrassegni ne' loro vascelli, non se ne potrà inferire giammai altro se non se che il fuoco elettrico può essere messo in moto dal tremuoto,[36] come pure somministrarne una prova diretta tutta quella gran nebbia, che nel 1783 dopo i tremuoti della Calabria coprì la faccia a presso che tutta la nostra Europa, e si sciolse poi in molte parti specialmente della nostra Italia in fierissimi temporali,[37] E tanto più volentieri m'attengo a questo parere quanto che il mio amico Sig. Abate Atanasio Cavallo, il quale in breve pubblicherà i suoi nuovi tentativi sull'elettricità, mi ha assicurato che malgrado le sue vigilanze e la perfezione delle macchine destinate a tal uopo non ha mai potuto scoprire alcuna intrinseca e diretta corrispondenza tra l'elettricità ed il tremuoto.[38]

---

sotterranee deflagrazioni, di serbatoi d'acqua, ecc. non abbiam sempre nelle piccole e consuete eruzioni vulcaniche de' piccioli tremuoti proporzionati?

[36] Vedi la nota 27. Il tremuoto a parer dell'Autore nasce da subita espansione de' vapori acquei prodotta dal fuoco sotterraneo come vedremo. Dunque, se il tremuoto non fa altro tutt'al più che porre in moto la elettricità, ne viene la legittima conseguenza che, siccome l'effetto è posteriore alla causa, non vi sarà ragione per cui debba precedere od accompagnare il tremuoto veruno sconcerto meteoro-elettrico. Ma nella maggior parte de' tremuoti descritti dalla Storia, e in particolare in quello di Rimini (v. Discor., pass.) come avrem campo di osservare in seguito, v'ebbero segni grandi manifestissimi un poco prima e nell'atto stesso del tremuoto di copiose scariche delle nubi. Dunque questo totale disequilibrio o sconcerto dell'elettrico e meteorico sistema non è nato altrimenti dal tremuoto. Che? Sopra questo raziocinio non sarà egli giusto di stabilirne un altro? Antecedentemente alla scossa, parlando dell'ultimo tremuoto, apparvero le nubi pregne di straordinaria quantità di vapor elettrico. Questo vapore non può essersi raccolto d'altronde in tanta copia se non se da qualche eruzione sotterranea di vapori acquei gravidi di elettricità: ciò vien dimostrato dalla stessa quantità insolita di materia elettrica adunatasi nelle nubi, e a posteriori dagl'indizi manifesti del Vulcano sottomarino. Ma nel tempo attuale della scossa v'ebbe una manifesta scarica grandissima di elettricità, come ha dimostrato l'Autore del Discorso. Dunque a produrre la scossa e il tremuoto è concorsa l'attuale azione dell'elettrica materia.

[37] Codesta gran nebbia conferma a parer mio l'origine da noi assegnata della quantità straordinaria del fluido elettrico, che si osserva in varii casi di tremuoti (note 26-35). I vapori sprigionatisi in quantità insolita furono pieni e gravidi di elettricità. Dopo il tremuoto, dopo le copiosissime scariche di questa stessa materia rimanendo sospesi nell'atmosfera e comunicando con la terra, bevettero d nuovo un'altra dose della predetta materia, la quale poi si sciolse coi vapori in fierissimi temporali.

[38] Io non so di quali mezzi siasi prevaluto il Sig. Abate Atanasio Cavallo. So bene che in percorrendo le Storie de' tremuoti, so da quanto è stato ocularmente osservato in quello di Rimini che la corrispondenza fra il tremuoto e la elettricità è come quella dall'effetto alla cagione. Se noi siamo giunti ad incarcerare una grande quantità di elettricità in un filo di ferro, se dessa è capace nonostante in questo caso di produrre de' grandi e terribili effetti, come non potrà sfuggire la nostra vista, e produrre con tutto ciò la più grande fra le crisi della Natura? Ma altre corrispondenze marcate e dirette le trovo nella natura stessa del fenomeno, vale a dire che gli effetti primari del tremuoto sono intimamente collegati coll'andamento e colle proprietà, che noi abbiamo fin qui nella sola elettricità rinvenute; cosicchè da essi non si può escludere la considerazione della elettricità senza mancare al buon senso e alla ragion delle cose. Imperciocchè, riflettendo in primo luogo a tutti i sintomi in grande de' tremuoti, non si può prescindere dalla idea di una cagione o potenza, che possieda al sommo grado la proprietà di movere e di moversi. Ella è una forza, che agisce all'istante, e scuote un tratto di terra di una estensione vastissima senza dirompern la superficie in modo ben sensibile alla vista o all'odorato; nel mentre che al contrario piccioli globi di fuoco scoppiando nell'aria mandano un odore sulfureo a molte miglia all'intorno. Ciò fu che suggerì allo Stukeley il primo l'idea di ricorrere alla elettricità per ispiegare i tremuoti di Londra del 1749 e 1750, il cui centro era Daventry nella Contea di Northampton (Stukeley, Philos. Transact. Abridged, vol. X, p. 520). Idea, che venne poi adottata in gran parte dal Beccaria (Lettere, pp. 226, 362), dal Priestley (*History of Electricity*) e da altri sommi nomi. In secondo luogo è noto già da molto tempo per costante osservazione che nell'atto del tremuoto i navigli sono urtati come contro uno scoglio, ancorchè ben lontani da terra, fino ad un'altura di dugendo e più braccia, dice

§ XXII. Ma io non debbo dissimulare più a lungo un dubbio imponente assai, e che potrebbe perciò sedurre i men cauti nel giudicare: ed è che in tutti i fondamenti gettati finora per eliminare affatto dalle vere cagioni del tremuoto il fluido elettrico si è sempre supposto che questo faccia passaggio dalla nuvola alla terra, oppure vicendevolmente; quando al contrario non fa il più delle volte che passare da un luogo all'altro sotterra in grandissima copia;[39] ed

---

Saw (Travels, vol. I, p. 103). Secondo il Gentile, «le navi vengono agitate con tal violenza che sembra vogliano scompaginarsi; i cannoni sbalzano da' loro appoggi; gli alberi rompono i loro cordami». Ciò non capisco si è quel movimento irregolare propagare ed imprimere entro un oceano d'acqua la scossa e l'urto ad un solido isolato come una nave. Questo movimento dee essere cagionato da una potenza che comunichi il moto con una velocità incomparabilmente più grande di quel che possa un innalzamento al disotto del mare cagionato da elasticità di vapori, i quali al più produrrebbero un gonfiamento graduale, né potrebbero comunicare all'acqua un urto sì forte per ferire i navigli alla maniera di uno scoglio. Ma a produr un tale effetto non solo è idonea la elettricità, ma è forse la sola capace (Stukel., l. cit.). Infatti l'acqua del mare, come è notissimo, dà libero passaggio alla materia elettrica; che per essere ben noto non cessa d'essere singolare e maraviglioso, può darci una idea di quanto possa influire la potenza elettrica ne' fenomeni più sorprendenti della Natura. Ella è questa la elettricità, che possiedono alcuni animali marini, quali sono la torpedine, l'anguilla tremante del Surinam (*Gymnotres electrica*) e un altro pesce del Nilo, tale che con essa possono dare la scossa ed uccidere gli altri animali, che loro si avvicinano: esempio non unico, che ci ammaestra ad apprezzare l'attività e il concorso della potenza elettrica anche là dove non avremmo diritto neppure di sospettarla. Un'altra osservazione, che prova la corrispondenza delle cause del tremuoto colla elettricità, si è quella del Gentile già citato, cioè che mezz'ora innanzi la scossa gli animali tutti sembrano presi da spavento; i cavalli nitriscono, rompono il freno e fuggono; i cani abbajano; gli uccelli timidi e quasi sbalorditi entrano nelle case (*Voy. du Mond*, l. cit.). nel tremuoto di Londra del 1749 fu osservato che le persone di debole complessione risentirono dolori di dorso, di matrice, di nervi ecc. come se fossero stati elettrizzati (Stukel., l. cit.; vedi anche Disc. Hist. Filos.). É stato inoltre osservato che la stagione secca è favorevolissima alle vibrazioni elettriche. Ed è per questo che le Regioni settentrionali sono meno soggette al tremuoto delle meridionali di un clima più asciutto. Alle volte la vegetazione è stata antecedentemente accelerata (Stukel., ub., sup.). É osservazione del dotto Childrey che i tremuoti sono sempre preceduti da pioggia e da ondate forti ed improvvise ne' tempi di grande aridità. In quello di Rimini, come parimente in quello d'Inghilterra, s'intese un rombo prima che le case cominciassero ad ondulare, appunto come il crepito elettrico precede la scossa. Altri osservano che il rombo precede ordinariamente la scossa in luogo che avrebbe dovuto accadere tutt'all'opposto, se la commozione fosse stata semplicemente cagionata da una eruzione o scoppio sotterraneo. Ma altre prove assai più convincenti e per così dire dimostrative ne porgono altri fenomeni, che ne' tremuoti si sono osservati da persone maggiori d'ogni eccezione. Fu osservato ne tremuoto di Faenza che i vegetabili tramandavano scintille elettriche (Sarti, Sagg., P. 94). Il Sig. Guadagni ritrovò che nel tremuoto di Monte Oliveto Maggiore comunicatosi fino a Pisa nel 1783 gli Elettrometri di per se stessi si erano caricati, e per due volte ben distinte poterono dare al dito i soliti moti di divergenza e convergenza. Nel tremuoto di Lisbona del 1755, come riferisce il Bertrand, si osservò uno sconcerto negli aghi calamitati e nella calamita stessa, tale che altre abbandonarono il ferro, altre richiamarono la limatura tutta da una parte, altre finalmente rimasero obliquamente pendenti. Al qual proposito può confrontarsi quanto abbiamo esposto di sopra (nota 27). Singolarissimo è il caso dell'ultimo tremuoto della Francia, che si trova nel racconto diretto a Monsieur de La Lande. Quattro minuti prima della scossa i corpi sospesi a dei fili con fremito d'aria furono attratti e respinti, né il giuoco finì con tremuoto, ma durò per altri quattro secondi. Il Co. Chabot narra lo stesso effetto del tremuoto bolognese del 1779. Infine le Meteore ignee sono certamente elettriche; ma queste seguono le direzioni della scossa, come racconta Ghisler nei tremuoti d'Angermania del 1692, 1739, 1744; di quelli di Lapponia del 1758, 1763; di quel di Londra del 1749; e del citato di Bologna. Di tal sorte furono le ignee coruscazioni del tremuoto riminese, e di mille altri, fra i quali è degnissimo di commemorazione quello accaduto nella Martinica ai 16 Agosto del passato Anno, che si ritrova in una lettera riportata nella Gazzetta di Venezia N. 94. In essa dopo una viva pittura del quadro tragico di quella terribile catastrofe, si dice «finalmente i più fortunati in questo spaventoso momento, quelli, la cui sorte pareva degna d'invidia, perché a coperto d'ogni rovina, furono abbruciati da una pioggia di fuoco, ciascuna goccia della quale pareva essere una puntura di dardo, e soffocati dalla violenza del vento». Ora tutti questi fatti, per tacer d'altri, dimostrano ad evidenza l'analogia di rapporto fra gli effetti o fenomeni della elettricità e del tremuoto, talchè non v'ha chi possa ricusarsi alla convinzione della grande corrispondenza e reciprocità fra la potenza elettrica e le cagioni del Tremuoto (v. Priestley, l. cit.).

[39] Questo non è stato il caso di molti tremuoti, come non lo è di quello di Rimini secondo la Storia che n'è stata pubblicata (v. Disc. Hist. Filos., nota 24, p. 72). So bene che il Sig. Priestley ha combinate le due contrarie dottrine dello Stukeley e del Padre Beccaria, formandone una terza generale, e secondo lui più probabile. Supposto che la materia elettrica, in qualunque maniera sia accumulata sopra una parte della superficie della terra, e che a motivo della siccità della stagione non si spanda facilmente, potrà, come suppone il Beccaria, farsi strada nelle più alte regioni dell'aria, formar delle nubi, attraversando i vapori, che nuotano nell'atmosfera, formare una pioggia, che

incontrando nel suo sentiero un corpo idioelettrico, ivi si addensa ed accresce istantaneamente la sua forza espansiva, la quale, dovendo esercitare l'enorme suo elaterio verso quella parte, che men gli resiste, scuote la prima volta il sovrapposto suolo, il che facendo in un secondo, terzo simile incontra ecc. di sostanza idioelettrica, scuote la seconda, la terza volta ecc. la terra, e cagiona così il tremuoto consistente in varie e disuguali scosse, se varie e disuguali saranno le incontrate resistenze idioelettriche.

§ XXIII. Il gran Dolomieu però chimico di gran fama, istorico esatto e fedele della Natura esclude nel suo viaggio alle Isole di Lipari dai tremuoti, che scossero sì orribilmente la Calabria, la elettricità, come quella che non può accumularsi in un anno di seguito in un luogo ove tutto concorre a mettere questo fluido in equilibrio. E per vero dire, come si concepisce tanta copia di Elettricismo radunato da potere scuotere massi sì sterminati di peso e di volume, quali si sentono crollare nel tempo de' tremuoti?[40] Quai fatti ce ne somministra l'esperienza? Ove se ne hanno esempi in Natura? Anzi quai monumenti non abbiamo noi dall'osservazione in contrario? Evvi alcuno, il quale trovandosi in palazzi colpiti dal fulmine da cima a fondo, abbia provato tai scosse cagionate dalla violenta espansione del fuoco elettrico, di cui supponesi effetto, sebbene abbia questo incontrate ad ogni tratto queste idioelettriche resistenze?[41] Si attaccerà per isnervare la presente decisiva risposta al dubbio poco sopra divisato la facile cedenza laterale de' muri? Ma appunto perché è poca la resistenza, ripiglierò io, dovrebbe sfiancarsi lateralmente il muro coll'esserne slanciate le parti più impetuosamente assai di quello che sia minuta mitraglia dal cannone; poiché la violenta e subitanea espansione del fuoco elettrico supposta dai suoi partigiani supera quasi in infinito la forza espansiva della polvere allora quando s'infiamma. E poi non sappiamo ammaestrati dall'esperienza che a quando a quando seguita l'elettrico vapore a scorrere raccolto per lungo tratto a traverso l'eterogeneo suolo sottoposto all'edifizio? Come adunque non ci venne mai fatto di scoprire non equivoche vestigia di

---

faciliterà il passaggio del fluido. Tutta la superficie così scaricata riceverà una commozione, come farebbe ogni altra sostanza condottrice, rilasciando o ricevendo una data quantità di fluido elettrico, il quale, scagliandosi, scuoterà parimente tutta l'estensione del Paese. In questa supposizione il fluido nella sua uscita seguirà naturalmente il corso delle riviere e approfitterà di tutte le eminenze per facilitarsi il mezzo di montare nelle più alte regioni dell'aria (Priestley, l. cit., par. X, Sect. XII). Io però porto opinione che come non in tutti i tremuoti ha la medesima parte la elettricità (vedi nota 78) così né tutti i tremuoti cadono nella categoria di quello di Rimini, né tutti possono assoggettarsi alla stessa spiegazione (vedi nota 38).

[40] Quando un fluido della natura dell'elettrico abbia per ogni dove investito un corpo, non tarderemo a concepire come possa imprimere un moto vibratorio a massi per quanto sterminati di peso e di volume. Piuppresto crescerà la difficoltà nel voler prescindere da una tale idea, non potendosi separare l'idea di un simil moto da quella di un fluido elastico, mobilissimo, che lo comunichi ed imprima. S'intende in tal guisa come l'effetto delle reazioni debba essere assai più marcato e sensibile.

[41] Abbiamo già rilevato in altre note la poca esattezza di simili raziocini. Non è la semplice espansione del fluido elettrico nell'atto di sua scarica, che produca la scossa; egli è il conato, con cui la potenza elettrica richiamata dalla affinità de' corpi dotati dell'opposto sistema di elettricità supera la resistenza, che si oppongono ai reciproci incontri e all'equilibrio: la somma di tutte queste vicendevoli azioni e reazioni corrisponde alla somma, all'intensione, alla durata e successione delle scosse, appunto come le vibrazioni di una corda sonora si alternano con quelle eccitate nella corda aerea corrispondente. Nel caso del fulmine, che è al tremuoto come la parte al tutto, potremmo avere una scossa nel luogo appunto ove s'incontrano le due specie di elettricità (e non ha dubbio infatti che i corpi esistenti in que' limiti non la risentano), ma non avremmo già per la semplice dilatazione della materia elettrica incapace per sé di produrre verun effetto consimile, se non se quando sia trattenuta da opportuni coercenti. Né finirò senza osservare che realmente, comunque alla fine accadano questi oscuri fenomeni, si hanno in tempo di tremuoto degli effetti, che alla sola elettricità possono ascriversi. Il celebre Halles nel tremuoto di Londra del 1749 sentì un rumor sordo nella sua camera, il quale terminò in una forte esplosione come di pistola (Phil. Transact. Abridged, vol. X, p. 540), efetto, come ognun vede, che alla sola potenza elettrica può ascriversi.

queste violente espansioni del fluido elettrico prodotte dalle incontrate resistenze de' corpi idioelettrici?

§ XXIV. Che se mai piacesse a taluno, come so essere stato scritto, di chiamare ne' tremuoti in sussidio l'Elettricismo, combinandolo con materie combustibili e sostanze infiammabili, gliene saprei grado, perché senza avvedersene si dichiarerebbe d'un partito molto diverso da quello, che sostengono i difensori dell'elettrica corrente:[42] poiché in tale ipotesi l'Elettricismo si riguarda come cagione immediata del tremuoto, come cagione, che operando da per sé sola sui corpi di differente natura e penetrando per mezzo a loro scuote orribilmente la terra, e ne scompagina le moli, che insultano orgogliose il tempo: laddove nell'altra supposizione non si assegnerebbe al fuoco elettrico altro uffizio nel tremuoto che quello che si assegna dal Capitano ai minatori, quando si tratta di far saltare in aria un riparo, di rovesciare un baluardo ed una fortezza; che quello che sappiamo aver esso avuto a dì nostri, allorchè si videro nella deliziosa Brescia porta San Lazaro, e tutte le fabbriche a lei vicine servir quasi universalmente d'infausta tomba a tutti quei Cittadini, che sfortunatamente le abitavano: che è quanto dire, si dichiarerebbe suo malgrado della terza sentenza, che io passo tosto ad esaminare per vedere se sia meglio fondata delle precedenti.

§ XXV. Prima però di discuterla direttamente non sarà mal fatto il vedere qual parte possano avere nel tremuoto le piriti tanto care ai Fisici moderni, i quali si sono applicati seriamente a rintracciarne le prossime e vere cagioni.[43] Lascio ai Chimici il decidere se debbansi le piriti annoverare più tosto tra i bitumi che tra i minerali per questa sola accidentale differenza che il solfo nella pirite è congiunto colla terra metallica del ferro e del rame; laddove nelle altre miniere è unita a quella di altri metalli. A me basta di ricercarne con essi le parti costitutive, ed analizzarne le combinazioni per quindi applicarne gli effetti al mio proposito.

§ XXVI. Sebbene formino le piriti una classe assai estesa non solo per la loro figura, che ora è regolare, ed ora irregolare, ma anche per la natura e proporzione delle sostanze, che le compongono, chiamandosi perciò altre marziali, altre arsenicali, altre piriti di solfo, ed altre di rame, secondo che o l'una o l'altra delle sostanze componenti è quella che domina: osservò nulladimeno molto saviamente nella sua *Piritologia* il grande Henkel che tutte le piriti sono universalmente marziali, per maniera che la terra ferruginosa ne è la parte fondamentale ed essenziale, avendo dato diciasette diverse specie di piriti, che sogliono adoprarsi nella bassa Ungheria nelle fusioni crude, 38 per 100 per media quantità di ferro. Vuole anche il citato Oracolo in queste materie che oltre la terra ferruginosa unita con altra poca non metallica, col solfo, o coll'arsenico, oppure coll'uno (domina però sempre il solfo in tal caso) o coll'altro non si diano altri principi prossimi o essenziali nelle piriti, talmente che tutte le altre sostanze metalliche e non metalliche, che vi s'incontrano, non sono che

[42] Ignoro se a produrre immediatamente il tremuoto concorra la sola elettricità; ignoro qual parte possano avervi esattamente le altre cagioni, come vedremo in seguito; ignoro finalmente, se anche si vuole, il meccanismo circostanziato di tal fenomeno, come ignoro per esempio quello dei movimenti animali; ma asserisco che in molti tremuoti, e segnatamente in quello di Rimini, per primaria cagione immediata dee riconoscersi la elettricità; come la causa immediata dei moti animali risiede nei nervi. Dal che apparisca che nel caso presente, di cui si tratta, la elettricità e ben lungi dall'aver ne' tremuoti la semplice parte di causa secondaria od accidentale nell'idea dell'Autore, benchè non si escluda l'influenza delle altre cagioni che verremo via via discutendo.

[43] Qui passa l'Autore a considerare la teoria di Lemery (Hist. de l'Accad. Roy. des Scienc., anno 1736) stabilita principalmente sulla celebre sperienza lemeriana, corretta dappoi da Sage (*Ibid*., anno 1766) e sui fenomeni della vitriolizzazione delle piriti. L'Autore combatte questa ipotesi quanto all'applicazione di lei allo spiegare i tremuoti; ma la ritiene in fondo per avere onde render ragione dei fuochi sotterranei, ch'ei pretende. Sarà nostra parte il non prendere altro partito che quello ne somministra il risultato delle migliori osservazioni.

parti puramente accidentali alle piriti, non eccettuandone neppure il rame, sebbene se n'abbia talvolta fin 50 per 100.

§ XXVII. La pirite giallo-pallida di figura or piana, or cilindrica, ora ovale, ora sferica ecc., e composta interiormente di aghi cospiranti o ad un centro o ad un asse è più comune della gialla e della bianca, incontrandosene quasi da per tutto; ed è di tutte due similmente più ricca di ferro, dandone più d'una volta 60 per 100; esclude anco non di rado interamente la presenza dell'arsenico e del rame, ed allora 25 delle 40 parti residue sono destinate per il solfo, e 15 per la terra argillosa.

§ XXVIII. Essendo la pirite un minerale sì brillante, sì compatto, e sì duro da dar vivo fuoco battuto che sia dall'accjaio, donde gli è nato il greco nome, che porta, equivalente alla nostra pietra focaja; ed avendo esso avuto un tempo la gloria di servire al Guerriero per le armi da fuoco, anzi servendo tuttora per li fucili da ruota in Germania, chi si sarebbe mai potuto immaginare che esposto esso all'azione dell'aria e dell'acqua fosse poi stato capace di coprirsi d'un fiore salino, d'un vapore molto aspro e stitico, e diventare un cumulo di vera materia salina, scura, grigia, e polverosa, di subire cioè quella totale decomposizione, che si chiama da' Chimici efflorescenza e vitriolizzazione, se non ne fosse stato assicurato costantemente dal fatto? Ma e donde mai nascerà un fenomeno che comunque strano ci sembri, non ne possiamo nulla ostante dubitare senza far toro manifesto e sfacciato[44] all'esperienza ed all'osservazione, trattandosi in particolare delle piriti giallo-pallide men compatte, meno pesanti, e men dure delle altre, ma di tutte molto più marziali e sulfuree?

§ XXIX. Lavoisier avendo osservato che, se la vitriolizzazione delle piriti si effettuava sotto una campana piena d'aria respirabile, flogisticava tal aria; giudicò che le piriti si scomponessero coll'assorbire ed impregnarsi di tutta quella quantità d'aria pura, che era necessaria per convertire il solfo in vero acido vitriolico. Ma si sarebbe forse astenuto da siffatta spiegazione,[45] se colla sua esperienza avesse combinata l'altrui osservazione sulle

[44] Le piriti marziali, che sembrano decomporsi più difficilmente, Contengono maggior quantità di solfo di quelle che si alterano e sfioriscono all'aria (Hassenfratz, Journ. Phisiqu., vol. XXX, 1787, p. 417). Per altre io non trovo verun motivo di far le meraviglie nella decomposizione di una sostanza salino-bituminosa. Altre meraviglie ben più singolari ci presenta il giuoco continuo degli elementi, ai quali coll'andar de tempo nulla resiste. Le stesse roccie o massi granitici i più refrattarii e compatti staccati dalla vena nelle miniere in breve si risolvono e sbiadiscono (Trebra, *Observat. sur l'Inter. des Montagn.*, p. 40). Ma che diremo se la stessa terra vitrescibile, la più semplice, la più inalterabile fra le terre primigenie, quella che a parer di grandi Scrittori ha dato l'origine a tutte le altre terre, per l'azione di questi elementi e delle stesse forze organiche, secondo alcuni celebri modernissimi Naturalisti, soffre una specie di decomposizione e si cangia in alcalina, cioè in aluminare, calcare, e baritica? (v. Gerhard, Mem. de l'Acad. Roy. de Berlin, 1784, p. 110. Parim nella sua Opera intitolata *Grundriss des Mineral. System*, Berlin, 1786; e Gussman, *Essay sur l'Antiquité du Globe et des Habitants*; Henry, *On the natural History and origin of magnesian Earth.* In Mem. of the Litterary and Phil. Society of Manchester, vol. I, Warrington, 1785, p. 448). Ma non finiremmo più, se vorremmo ad una ad una rammentar sifatte maraviglie.

[45] In questo luogo fa di mestieri che io rivendichi il Sig. Lavoisier e la verità della taccia ingiustissima appiccata ad entrambi dall'Autore troppo veloce nell'adurre delle conseguenze per teoria. Secondo lui codesto celeberrimo Chimico osservò che la vitriolizzazione delle piriti flogisticava l'aria respirabile: donde ne ricavò la cattiva conseguenza che una parte di tal aria si fissava nel solfo per formare l'acido vitriolico. Codesta sposizione è infedelissima. Primieramente il vocabolo di flogisticare è figlio della prevenzione per la ipotesi del flogisto, né è mai caduto in pensiero al Sig. Lavoisier di abusare di questo nome, né al risultato delle sperienze di confermare un tal significato. Tutta la flogisticazione consiste in ciò, che in luogo dell'aria vitale adoperata si è trovato dell'aria infiammabile. Se ciò importi l'idea di flogisticazione si è già veduto altrove (nota 12) e vi torneremo fra poco (nota 48); ma per qual ragione l'Autore passa sotto silenzio l'altra importantissima circostanza del risultato, cioè che seguiva una notabile diminuzione dell'aria respirabile? (Histoir. et Mem. de l'Acad. des Scienc., 1777, p. 398). Circostanza, che subito distruggeva l'illazione dell'Autore e confermava quella del Lavoisier, che adunque una

porzione qualunque dell'aria vitale dopo essersi decomposta, si è fissata nel solfo, il quale diventa acido vitriolico, come appunto succede nella calcinazione de' metalli tanto per umida quanto per via secca. E che? E non è servita questa bella sperienza a stabilire e fissare l'opinione de' più grandi Chimici di questo tempo che realmente v'ha in questo caso vero assorbimento d'aria vitale; e non convengono forse anche quelli, che ritengono il flogisto, che uno de' principii costituenti di tutti gli acidi si ritrova nell'aria respirabile? Non avvi che a svolgere, oltre le belle Memorie di Lavoisier ecc., che l'Opera insigne di Morveau (*passim* e p. 370 dell'Encyclop. Method., Part. Chym., Tomo I). Anzi lo stessissimo fenomeno ha luogo anche nella sperienza lemeriana, quando cioè si rinchiude in un determinato volume d'aria pura un miscuglio di solfo e di limatura di ferro leggermente umettata (Morveau, l. cit., p. 370, Edit. de Paris). Ed è tanto vero questo assorbimento e diminuzione d'aria pura che il grande Scheele si è servito di questo processo per un suo Eudiometro (v. l'Ediz. Francese delle Memoir. de Chimie de M. Scheele par Mad. Picardet), onde misurare la quantità d'aria vitale contenuta in un dato di atmosfera. E per dar qui in breve la vera teoria della vitriolizzazione non ancora, per quanto io mi sappia, bastantemente da alcuno coniata sulle ultime scoperte, secondo i veri principii della Chimica recentissima, codesto fenomeno cade nella categoria de' processi flogistici di Priestley; o per dirlo più giustamente, delle combustioni, e dipende affatto dalle stesse leggi e cagioni generali, per cui succedono la calcinazione, la putrefazione, l'infiammazione ed altrettanti molti fenomeni da noi altrove discussi (nota 12 e seguenti). E vi rimarrebbe forse alcun dubbio? Vediamolo. Il processo flogistico o la combustione non è altro che il risultato della vicendevole affinità ed azione fra l'aria vitale e le sostanze infiammabili. Gli effetti caratteristici ed essenziali di questa operazione comuni a tutte le combustioni sono la diminuzione dell'aria pura, la decomposizione tanto di essa quanto della sostanza infiammabile, e il prodotto di nuove sostanze (v. Cavendish, Morveau, l. tutti cit.; nota 10 e seguenti; e specialmente Priestley, Philos. Transact., vol. 15, 1785, p. 979). Ora la vitriolizzazione delle piriti ci porge la diminuzione dell'aria pura e la sua decomposizione contestata dalla sperienza di Lavoisier, da quella di Lemery e di Scheele; la decomposizione delle piriti e il nuovo prodotto dell'acido vitriolico e dell'aria infiammabile. Dunque la vitriolizzazione delle piriti è un vero processo flogistico, una vera combustione in tutto rigore. Questa è la vera dottrina indipendente da veruno de' due sistemi di Chimica, e stabilita sopra un numero innumerevole di fatti, di prove, di analogie. Ma con quali prove ha preteso l'Autore di darsi l'aria di riconvenire il Sig. Lavoisier di un risultato così legittimo di due sperienze? Con niun'altra affatto se non se con quella di trascurare una circostanza importante delle stesse, e con la meschina osservazione del Sig. Scopoli che «l'aria grandemente riscaldata dalla continua effervescenza delle piriti serve felicemente alla respirazione degli operai nelle miniere di Schmnitz». Da ciò veramente si arguisce la fretta di ragionare e il poco esame delle cose. Poiché realmente ivi appunto vivono impunemente gli operai ove non vi sieno e non sfioriscano delle piriti, altrimenti l'aria si corrompe e divien micidiale. Di ciò possono far fede gli escavatori del solfo nelle cave de' nostri monti della Perticaja, che attualmente non possono affacciarsi ai loro pozzi senza manifestissimo rischio della vita. Lo afferma parimente in generale il Sig. Hassenfranz (Journ. de Phys., Tomo XXX, 1787, p. 417) con molti altri. E nei luoghi ove non sono piriti vivono felicemente, perché vi ha libero accesso l'aria esterna, perché avvi luogo per l'aria di rinnovarsi, e perché le altre esalazioni trovan lo sfogo per l'immensa capacità di quelle vaste Gallerie. Ora con osservazioni di simil tempra si pretenderebbe di porre un dubbio i risultati delle sperienze de' più grandi sperimentatori? E tornando sul proposito di quella osservazione, per poco che siasi versato nelle prime linee della Mineralogia, della Pirotecnica, ognuno sa che realmente egli è nelle miniere, nelle vene metalliche che, se v'abbia accesso l'aria e l'umido, si producono quelle fermentazioni, quei movimenti intestini, i quali si annunziano per le esalazioni micidiali e per gli odori fetidi insopportabili. Io mi ristringerò all'autorità d'uno de' più grandi Maestri in questo genere, che ha condotti i suoi giorni in questo mondo sotterraneo, è a dire il Sig. Trebra nelle sue ultime lettere al Sig. Veltheim sopra l'interno delle montagne (*Observat. sur l'inter. des montagnes preced. d'un Hyst. Gen. de la Miner. avec un Disc. Prelim. et des Notes par M. Dietrich.* Paris, 1787). Secondo lui l'acqua e il calore, che si riscontrano ovunque nell'interno delle montagne (se vi si aggiunga l'aria, che penetra per le fessure e cavità delle stesse) sono gli autori delle non mai interrotte decomposizioni e risoluzioni continue de' corpi. Quindi è che le escavazioni delle miniere abbondano sempre di vapori e di esalazioni visibili ad occhio nudo. È conosciutissimo il fatto che i pezzi di macigni staccati dalle vene, per duri che siano, si decompongono e sgretolano in polvere. Da questo continuo movimento nascono le differenti specie di emanazioni aeriformi, che si svolgono nelle miniere. «*Je ne vous parlerai que de l'air inflammable et de l'air fixe. Ce dernier nous a fort tourmenté l'été dernière dans la suite principale des traveaux des mines de la Communion dans la fosse nommée la maison d'Hanovre et de Brunswick*». Un altro esempio ne reca dalle miniere di Weintraube nelle montagne del Bearbery, ov'era anche dell'aria infiammabile (Trebra, l. cit., pp. 39, 40, 44) e moltissimi altri, di cui è stato testimonio oculare. Chi non ha letti i casi de' lavoratori, a cui una fiamma improvvisa lambente ha abbruciato i capelli od altro? È celebre presso gli operai tedeschi la fiamma di questa specie detta *auswitterung* (Id. ib, segu.). Ma a che moltiplicare le prove sopra un fatto, di cui non può rimanere verun dubbio, che dimostra convincentemente che, se nelle miniere vi sieno delle piriti od anche altre mineralizzazioni, le quali pel concorso dell'aria e dell'umido vengano a sfiorire, se ne svolge un fluido aeriforme micidiale composto principalmente d'aria fissa e infiammabile? Si vizia adunque in tal guisa l'aria pura, come appunto si corrompe nelle sperienze di Lavoisier. Infatti senza il concorso dell'aria vitale non si producono questi movimenti intestini,

minere di Schemnitz nelle quali l'aria grandemente riscaldata dalla continua efflorescenza delle piriti serve felicemente alla respirazione degli operai egualmente che la comune.

§ XXX. Anche Henckel s'ingannò solennemente allorchè suppose che le piriti in effervescenza per cagione di qualche sostanza salina ed acida ricevuta dall'aria atmosferica;[46] perché cederebbe in tal caso ogni pirite all'azione di questo reagente aereo, e ne diverrebbe vitriolizzata: il che non vuole l'esperienza giornaliera.[47] Ma qual cosa mai dunque riceverà la pirite dall'atmosfera per iscomporsi e cadere in una efflorescenza sì maravigliosa?

§ XXXI. Forse niun'altra fuorchè l'umido, che nuota nella medesima.[48] Le due maniere di scomporre le piriti ci avvertono infatti non esser dotate della medesima unione le parti ferree

---

non l'efflorescenza piritosa. Quindi nasce la cura principale degl'Intendenti delle miniere fino dai tempi di Agricola e Delius, a Cramer, a Monnet, a Trebre, di procurare un libero accesso dell'aria nelle miniere, non già per solo comodo degli operai, ma eziandio per la utilità delle medesime e per dar luogo alle successive decomposizioni e nuove composizioni delle minerali sostanze. L'eccezione adunque dell'Autore fatta alla teoria di Lavoisier serve anzi a stabilirla maggiormente.

[46] A' tempi di Henckel era in voga l'opinione dell'acido universale, che si credeva fosse il vitriolico. Bisogna però far giustizia ai Chimici d'allora, che conobbero l'influenza di un acido disperso per ogni dove. Per lo meno errarono nel credere vitriolico ciò che era acido aereo: che avrebbero detto poi se questo principio acidificante universale loro fosse stato dimostrato nell'aria respirabile?

[47] Questa difficoltà ha luogo anche nell'opinione dell'Autore, poiché l'acqua penetra forse dove l'aria atmosferica non giunge. Certo è però che l'efflorescenza non ha luogo se non se nel caso di una certa proporzion di principii. Il solfo non è propriamente nello stato naturale decomponibile dall'acqua; se egli soprabbondi nelle piriti, anche l'aria non mostra che poca azione su di tale sostanza (nota 44).

[48] Abbiamo luculentemente dimostrato che la vitriolizzazione è un vero processo flogistico (nota 45) ossia una combustione. Ma la causa de' processi flogistici, delle combustioni non è già l'acqua, ma bensì l'affinità, che passa fra le infiammabili sostanze e l'aria pura; dunque non è la sola acqua quella che le piriti efflorescenti ricevono dall'atmosfera. Il principio che beono esiste nell'aria respirabile; egli è l'acidificante od ossiginio (note 12, 13, 45). L'acqua ha quivi la stessa parte, che ha in tutte le fermentazioni, in tutte le putrefazioni, ad ottener le quali certo è necessaria, benchè niuno abbia però mai preteso ch'essa ne sia la cagione; serve cioè di causa disponente le reciproche affinità ad agire vicendevolmente. «*Ce ne sont*» dice Dietrich «*point les eaux, qui fermentent, mais les substances, qui leur humidité pénètre et échauffe, occasionnent par le concours de l'air ce mouvement interne l'une des principales causes de la fermentation et de la décomposition des minéraux*» (Dietrich, Not ad Trebr., l. cit., p. 50); ciò però accenna, ma non dichiara abbastanza quanto noi abbiamo sopra solide fondamenta costituito. Ma mi sarà egli lecito d'illustrar questo punto anche maggiormente con fatti tali, che sembrino non ammettere verun dubbio ? E potrò io svolgere il meccanismo della operazione e trovar l'origine dell'aria infiammabile, che si sviluppa e rimane in luogo dell'aria pura nell'atto dell'effervescenza piritosa? Osservo che il Sig. Lavoisier in molti luoghi delle sue Opere, e segnatamente in una sua memoria sopra i fenomeni dell'affinità del principio acidificante col ferro (Hist. de l'Acad. Roy. des Scienc., 1782, p. 538) ha trovato con esattissime sperienze che anche l'acqua sola è capace di calcinare il ferro, che dessa si vien decomposta in ragione della quantità della calce etiopica, che si produce; e che di più si svolge dell'aria infiammabile; è poi notabilissimo che tant'acqua in tal processo si distrugge quant'è l'accrescimento del peso della calce, più l'ara infiammabile sviluppata e prodotta. Codesto fenomeno non ben conciliabile d'altronde colla teoria del flogisto è conseguente ai principii da noi accennati nel decorso delle note. Il principio d'ogni calcinazione è il principio acidificante dell'aria vitale: l'acqua è composta dell'aria vitale ed infiammabile; il ferro è una delle sostanze, che ha la maggiore affinità collo stesso principio acidificante (Lavoisier, l. cit., et *Mem. sur l'affinité du principe oxygine*, p. 535). Dunque in questo caso il principio acidificante dell'aria pura contenuta nell'acqua si porta a calcinare il ferro, restando libera una quantità corrispondente d'aria infiammabile, che è l'altro elemento dell'acqua. Infatti il principio ossiginio io lo ritrovo nella calce od etiope, e congiunto coll'aria infiammabile ottenuta mi dà il peso dell'acqua perduta e distrutta. Ora io applico codesti principii al nostro proposito e osservo che l'acqua nell'efflorescenza piritosa non può servire all'uso opposto, poiché il ferro si ritrova nelle piriti in istato di calce, cioè saturato già d'una notabile quantità di principio acidificante: dunque l'acqua non potrà agire né si potrà decomporre. Dunque sussiste quella teoria semplicemente, che noi abbiamo esposta (nota 45); e l'acqua non ha qui altro uffizio che quello che noi le abbiamo assegnato di sopra. Tutt'all'opposto accade nella sperienza di Lemery, nella quale io trovo verificarsi esattamente i risultati di Lavoisier. Essa, a mio credere, debbe aver luogo anche nel vuoto, come lo ha qualche distanza entro alla terra:

e sulfuree che principalmente le compongono: donde s'ha argomento di supporre che nelle piriti specialmente soggette a decomposizione, come è la giallo-pallida, o l'acido vitriolico non sia saturo a sufficienza di flogisto.[49] Oppure che il solfo abbia nelle medesime una debolissima unione colla loro terra metallica. É dunque l'acido sulfureo concentrato nelle piriti,[50] che non abbastanza saturo di flogisto attrae l'umido dell'aria, e si dilunga per esser così atto a portarsi in modo più particolare sulla terra metallica, scioglierla, e formare con essa il vitriolo.

§ XXXII. Essendo l'acido sulfureo concentrato nelle piriti disposto ad imbeversi dell'umido in ragione della sua affinità coll'acua meteorica, e non essendo in tutto le piriti egualmente sature di flogisto, anzi non essendo in alcune di esse flogisticato egualmente che lo è allora quando combinato col flogisto predetto forma un vero solfo, s'ha ragione di credere che in tanto alcune piriti sieno men pronte delle altre a scomporsi all'azione combinata dell'aria e dell'acqua, perché contengono un acido sulfureo più pregno di flogisto, e per conseguenza men pronto ad attrarre l'umidità dell'atmosfera per dilungarsi e sciogliere la terra metallica, onde dar principio e forma al vitriolo.[51]

§ XXXIII. Mi piace di trascrivervi su tal proposito le parole stesse di Macquer:[52] «Tutte le piriti, contenendo del ferro e del solfo, e le più comuni e più abbondanti di tutte le piriti non contenendo anzi che queste due sole sostanze con la loro terra non metallica, quando sono ben mescolati insieme e messi in azione da una certa quantità d'umido; tutto ciò è cagione che un grandissimo numero di piriti, cioè tutte quelle che contengono soltanto i principii, di cui ora si è parlato, provano una singolare alterazione, ed anche una decomposizione totale, quando sono esposte per un certo tempo all'azione combinata dell'aria e dell'acqua. L'umidità le penetra a poco a poco, dividendo ed assottigliando moltissimo le loro parti: l'acido del solfo si porta in modo più particolare sulla terra marziale, ed anche sulla terra non metallica: il suo principio infiammabile se ne separa anche in parte, e si dissipa».

---

quivi il ferro si riduce in calce dal principio acidificante dell'acqua la quale si decompone: i moto intestino, il calore svolto insieme ad una insigne quantità d'aria infiammabile, una dose d'aria vitale, tutte queste cause concorrono a produrre quella espansione, e alle volte quell'incendio, che porge un'immagine de' tremuoti effetti del tremuoto. Vero è che questo è un caso particolare, ma non lascia però di meritare tutta la considerazione di un occhio filosofico, onde rintracciare la vera origine di alcuni prodotti nuovi di tali operazioni. Solamente, per prevenire ogni equivoco di quelli che sogliono ricercare il nodo del giunco, avvertirò che anche questa operazione, in cui l'acqua si decompone, è una vera combustione o processo flogistico, come appare dal riflettere alla natura dell'operazione, ed è conseguente ai principii fissati (nota 45). Mi pare di avere stabilita sufficientemente codesta dottrina, onde passerò di volo sopra tutti i rilievi, che potrei fare agli altri punti di quella dell'Autore.

[49] Codesta idea, che suppone l'acido vetriolico esistente nel solfo bello e formato, è falsa evidentemente. Nel solfo non esiste se non che la base dell'acido vitriolico, o vogliamo dirlo il radicale. Gli manca un principio essenziale allostato acido,principio ch'esso riceve dall'aria vitale nell'atto della combustione (nota 45). Se non appgasse l'autorità di Lavoisir, ne convincerà quella di Morveau, ciè quella del fatto.

[50] Torno a ripetere: né l'acido sulfureo né il vitriolico non sono in istato d'acido nel solfo (nota 49) perciò sintanto chè le piriti non incominciano a decomporsi, ossia finchè l'aria non rilascia il principio acidificante al solfo stesso, non si può dire che l'acido del solfo attragga l'acqua meteorica, né che si porti a combinarsi colla terra marziale per produrre il vitriolo. Perciò l'effetto dell'attrar l'acqua è posteriore alla incominciata decomposizione delle piriti.

[51] Non già; ma bensì perché contengono maggior dose di solfo (nota 44) e l'acqua di per sé non attacca punto il solfo, finchè questo per l'azione immediata dell'aria non incomincia a divenire o almeno produrre il suo acido che si viene formando (note 49, 50).

[52] A' tempi di Maquer, benchè di assai poco a noi anteriori, non era ancora stabilito che nella combustione del solfo l'acido vitriolico ricevesse dall'aria respirabile un principio essenziale allo stato acido. Ora questa luminosa scoperta riservata al Sig. Lavoisier, e deovea poi dal Sig. Morveau mettersi in chiaro giorno (nota 45). Perciò l'autorità di questo grande Maestro è fuori di luogo in questo affare.

§ XXXIV. Non è dunque altra cosa la vitriolizzazione delle piriti gialliccie[53] che una certa fermentazione eccitata dall'umido tra le parti integranti della medesima con tale attività e prestezza che, se si trovino combinati in gran copia detti minerali giallo-pallidi, non solamente ne nasce una grandissima quantità di vapore sulfureo, ma si risveglia pur anche nella materia del calore sì gran movimento che il tutto sovente s'accende, e ne risulta un subitaneo e orribilissimo incendio:[54] fenomeni tutti, che voi potrete vedere a piacer vostro esattamente ripetuti, ogni qual volta vogliate degnarvi d'infonder dell'acqua in una gran quantità di limatura di ferro ben mescolato con giusta dose di solfo polverizzato; e persuadervi in conseguenza dell'assegnata maniera, con cui si generano, e ben intendere in fine l'influenza, che possono aver le piriti ne' tremuoti.

§ XXXV. Or che le prodigiose moli delle piriti, specialmente giallo-pallide racchiuse entro le viscere della terra possano contribuire non poco alla formazione del tremuoto, lo tengo per certo co' migliori Fisici moderni, ai quali piacque anche di saviamente ripetere dalla composizione delle medesime tutte le acque minerali, vitrioliche, alluminose, sulfureem fredde e calde, tutti i fuochi sotterranei inclusivamente ai vulcani. «*Lorsque les pyrites*» dice Romè Delisle «*décomposition lente, ont passé à la vetriolisation, les eaux chargées de ce vitriol, éprouvent diverses alterations, suivant la nature des terrains, qu'elles parcourent: delà les eaux minérales vitrioliques, alumineuses et sulphureuses: delà les mines de sal limoneuses*». Ma che poi si pretenda da taluno di rendere piena ragione de tremuoto colle sole piriti e con l'infiammazione del fluido aeriforme, che da loro si sviluppa nel progresso dell'efflorescenza, è questo un parere ed una ipotesi, contro cui parmi apertamente combattere non poche osservazioni sulla circostanza del proposto fenomeno.[55]

§ XXXVI. E in vero qualunque siasi la natura del fluido aeriforme sviluppato dalle piriti sotterra, e qualunque s'infinga la maniera, con cui succede un tale sviluppo; egli è cosa certa che abbisogna sempre d'un tempo assai notabile, affinchè se ne possa sprigionare e raccogliere tutta quella gran quantità, che giustamente si crede necessaria per cagionare il tremuoto, fenomeno così portentoso che non si dà l'eguale in tutto il globo. La ragione si è che, siccome le piriti anche giallo-pallide perché compatte non possono imbeversi di umidità che a poco a poco,[56] così l'efflorescenza, che è figlia di questo acqueo assorbimento, deve anche ella effettuarsi necessariamente a gradi; che è quanto dire, il principio destinato alla composizione delle piriti non si aerizza nella ricercata proporzione che dopo un lungo intervallo di tempo.

---

[53] Cosa sia lo abbiamo dimostrato di sopra (note 45, 48).

[54] Certamente; purchè s'incontri una sufficiente quantità d'aria respirabile coi vapori infiammabili che se ne svolgono; allora il calore stesso che si precipita, forse la elettricità che si risveglia, possono dar luogo ad un incendio. Per altro, se manchi l'accesso a questa dose d'aria respirabile, il fermento si risolverà senza sensibile infiammazione.

[55] In questo punto è d'uopo convenir coll'Autore, come vedremo in progresso. Per altro io non mancherò o di aggiungere o di detrarre secondo sembrerammi richiedere la verità.

[56] Non basta la umidità per ottenere la vitriolizzazione e lo svolgimento di un fluido aeriforme, come abbiamo dimostrato ad evidenza (note 45, 48, ecc.). L'umido penetra per entro terra fino agli strati piritosi, senza che però si ottenga notabile decomposizione di piriti: infatti anche entro i grandi ammassi e strati piritosi l'umido sìinsinua, senza che però vi si ritrovino Sali vitriolici se non se ov'ebbe un previo accesso l'aria comune. Ella è l'aria, e quella esclusivamente che si chiama respirabile, la causa primaria della efflorescenza delle piriti (nota 45). E come questa non può agevolmente penetrare che per accidente e in quantità sproporzionata al bisogno per entro a quegli ammassi, a quegli strati: quindi la difficoltà dall'Autore proposta cangia di aspetto e cresce di peso infinitamente più che non nella maniera da sé esposta. Infatti codesto svolgimento si osserva nelle miniere, negli antri e fessure della terra, ove ha l'accesso l'aria: ma lo sviluppo dee esser lento e successivo, comecche presentano codesti strati.

§ XXXVII. Si tenterebbe invano di snervare ed abbattere un tal raziocinio autorizzato nella miglior maniera dall'esperienza con infingersi prontissima abbondevol raccolta del divisato fluido aeriforme somministrato non già da piccole moli, ma da massi sterminati di piriti, quali ho anch'io supposto poc'anzi esser cosa molto probabile che si ritrovino racchiuse sotterra.[57] Imperciocchè io non nego che più è estesa la superficie delle piriti investite dalla umidità, men tempo proporzionatamente si richieggia per la necessaria raccolta del fluido in questione, specialmente se sia costretto a passare per angusto sentiero e radunarsi in opportuno recipiente preparato a tal uopo dalla Natura. Io pretendo soltanto che non possa esser istantanea la raccolta suddetta, ma successiva, perché successiva è la scomposizione delle piriti, comunque queste ed in qualunque copia vengano investite dall'umido. Questo e non altro io voglio, perché questo solo ame basta per dimostrare insufficiente la sola scomposizione delle piriti a produrre il tremuoto, di cui noi ora cerchiamo la vera e completa cagione.

§ XXXVIII. Sia pur dunque che questo fluido aeriforme sprigionato in gran copia dalle piriti, combinandosi dentro qualche vasta caverna della terra[58] con aria respirabile ed anche deflogisticata talvolta, possa accendersi da per se solo, o per mezzo di qualche estraneo principio, per esempio del fuoco elettrico. O una tale accensione si vuole successiva e lenta oppur quasi instantanea; se si supponga la prima, non si avrà scossa di tremuoto, perché, non essendo essa che un effetto prodotto dall'elaterio del miscuglio aeriforme racchiuso, gli sterminati massi del suolo sovrapposto gli faranno salda resistenza in supposizione che quello si spieghi a poco a poco: o tutto al più ne saranno scossi una sola volta, ma non già replicatamente, come succede d'ordinario nel tremuoto. Oltre di che mal si concepisce come possa essere successiva l'infiammazione del fluido aeriforme, se è vero ciò che ha asserito M. de La Metherie, cioè che la sola aria infiammabile sia capace di dar la fiamma, e che sia il solo principio infiammabile, come sembrano provare gl'igegnosi sperimenti del celebre Volta e di altri Fisici di non minor grido;[59] quando sappiamo d'altronde infiammarsi d'ordinario e distruggersi istantaneamente l'aria infiammabile racchiusa nel recipiente medesimo.

§ XXXIX. Che se poi si stabilisca momentanea l'accensione del fluido aeriforme racchiuso, come ci ammaestra la pistola elettrica contenente una data porzione d'aria infiammabile al passaggio di debolissima scintilla, si capirà benissimo la prima scossa, ma la seconda, la terza, ecc. come si spiegheranno? Come s'intenderà la durata di più secondi ne' tremuoti

---

[57] Supponendo ancora codesti grandi massi di piriti, l'Autore ha ragion di pretendere che la raccolta del fluido aeriforme non debba essere che successiva e lenta. Infatti ne' soli punti di contatto, che le piriti presentano all'aria (nota 56) un tal effetto può aver luogo. Ora s'intende bene che questi punti in sostanze poste a strati fissi e collegati da altri strati terrei, oltre il dover presentare assai poche volte la superficie all'aria, debbono essere pochi e successivi. Ripeto che questo fenomeno non può accadere se non se in luoghi pertigiati da spesse e grandi cavità, in luoghi per conseguenza ove le piriti non si rincontrano nella maggior quantità possibile.

[58] Vedremo più sotto a quante gravi difficoltà sia soggetta codesta supposizione.

[59] Il dilemma dell'Autore in generale è giusto: ma l'opinione di La metherie porta all'equivoco. L'aria infiammabile come qualunque altro combustibile ha bisogno per infiammarsi del contatto dell'aria comune. Non fa scoppio altrimenti se non se per la rapidità colla quale s'infiamma (v. Barlett. *Sagg. Met.*, p. 72). Quanto piiù è mista ed aggregata con l'aria respirabile, altrettanto è più rapida l'accensione e lo scoppio. Al contrario la medesima per sé arde con fiamma lambente, e solo ne' punti di contatto coll'aria comune. Lo ha già detto anche il Filosofo di Rimini (nota 22 del *Disc. Ist. Fil.*) che anche nella ipotesi del flogisto non è lecito confonder questo con l'aria infiammabile; e noi abbiamo già posto un tal fatto nel suo vero lume (nota 12 e seguenti). Adunque nel caso dell'Autore o lo scoppio sarà unico ed istantaneo, se le due arie sieno miste per modo di aggregazione nelle dovute proporzioni, o si otterà un'accensione lenta ne' soli punti di contatto fra loro, e allora non avremo giammai l'effetto del tremuoto.

riportati in tutti i tempi ne' pubblici Registri, quali epoche luminose della Fisica e della Meteorologia? Si supporrà forse nuova materia aeriforme infiammabile? Ma già si dimosrò non poter questa radunarsi in tanta copia da produrre nuova scossa se non dopo molto tempo, essendone lentissimo lo sviluppo dalle piriti, che la somministrano.

§ XL. Io comprendo benissimo che potrebbero in qualche maniera garantirsi nel loro parere i fautori delle piriti col supporre non una, ma molte capacità sotterranee tutte per strade più o meno brevi tra loro comunicanti, piene della stessa sostanza aeriforme, infiammabile, ma radunata e raccolta in dose diversa nelle caverne suddette; oppur coll'infinger questi medesimi ricettacoli ripieni contemporaneamente della sostanza summentovata, i quali, sebben non avessero tra loro vicendevole comunicazione, fossero almen soggetti ad accendersi l'un dopo l'altro e a dati intervalli per qualche combinazione fortuita, nella stessa maniera appunto che vediamo accadere in quei piccoli fuochi, che l'arte sagace prepara per nostro sollievo dentro tenue invoglio di carta ricoperta anche più d'una volta leggermente di opportuno catrame.

§ XLI. Ma tale risposta per quanto sia ingegnosa patisce sempre una eccezione, per cui ella diviene a mio credere chimerica in ogni sua parte; ed è che non si comprende come possano in tal caso le scosse essere in certi tremuoti costantemente dirette a malmenare per minuti, ed interpolatamente per giorni, mesi, ed anni una stessa Città, e sue vicinanze. No, Monsignore, che non s'intende in qual maniera la sostanza infiammabile chiusa dentro vaste capacità differenti tra loro di costruzione e di sito possa restar sempre in ogni sua nuova infiammazione subitanea nella stessa guisa il sovrapposto terreno; affinchè se ne presentino allo stasso Cittadino sempre simili le conseguenze sulla faccia della terra per tutto il tempo che gli crolla sotto ai piedi orribilmente il pavimento.

§ XLII. A qual partito dovrem noi dunque appigliarci per dare una spiegazione almeno probabile di tai tremuoti in ispecie, se ciò non si può chiaramente ottenere colla sola infiammazione del fluido aeriforme svolto dalle piriti nel tempo della loro efflorescenza? Non sarà difficile conseguire l'intento se prima fisseremo, un poco meglio di quel che si sia fatto finora, la maniera, con cui possono sotterra aver principio, e conservarsi lungamente quei fuochi, i quali, sebben soli potessero aprirci per avventura il varco alla bramata meta; qualora però sieno combinati coll'acqua diverranno per noi un mezzo men difficile e men incerto per giungervi.

§ XLIII. Vogliono alcuni de' Fisici moderni[60] che la materia del fuoco sia somministrata alla materia fermentata[61] dall'aria, la quale non potendo attraversare gl'innumerevoli strati sovrapposti alle piriti, non potrà investire questi minerali, e subentrare in essi al flogisto, che

[60] Incomincia qui l'Autore, dopo aver combattuta la teoria di Lemery, a proporre la sua; e per combatterla rammenta poi alla fine la teoria della vitriolizzazione nel modo presso a poco, in cui da noi è stata proposta e dimostrata (nota 45 e segg.). Noi avremo però poca pena di ribattere vittoriosamente le difficoltà, che vengono da lui recate, per farci quindi strada a snervare la base della sua ipotesi.

[61] Dovea dire con più esattezza, alla materia infiammabile. La sola materia infiammabile fermenta, e in tanto fermenta in quanto riceve la materia del fuoco o un elemento dell'aria respirabile. E perché? Perché questa è una combustione, ossia un processo flogistico, per dirlo anche una volta in termine improprio, la cui causa unica ed immediata consiste nella affinità, che ritrovasi fra le sostanze infiammabili e la base dell'aria vitale, come si è dimostrato di sopra (note 45, 48). Quest'è ciò che fino ad ora avvi di certo.

si aerizza soltanto durante la fermentazione risvegliata dalla suddetta materia del calore.[62] E però non solo mancherà il principio igneo necessario all'accensione, ma mancherà pur anco la sostanza aeriforme, che si dee infiammare ed accendere dentro alle veiscere della Terra: illazione, che viene anche avvalorata dall'esperienza, la quale ci fa sapere che nel vuoto boileano si estingue affatto ogni più vivo fuoco, anzi che eccitarsene del nuovo per la totale distruzione del combustibile, come accade se stia sempre esposto all'aria libera.[63]

§ XLIV. É questa una conseguneza, che io non posso in veruna maniera ammettere, comunque imponente sia sembrata a non pochi illuminati Naturalisti. Imperocchè è falso primieramente che il flogisto ficcato ne' corpi non possa acquistare la fora aerea senza il contatto dell'atmosfera. Si sprigiona benissimo secondo il Lavoisier dalle calci metalliche dell'aria dentro recipiente non comunicante coll'atmosfera col semplice calore del sole; in quella maniera appunto che l'aria fissa si sbriga dal marmo col solo calore apprestato dall'arte e da uno strato concreto, in cui s'avvicina alla densità dell'oro, passa ad uno stato fluido ed elastico permanente. Si dà dunque decomposizione ne' corpi senza il soccorso dell'aria comune; e si ha fluido aeriforme senza che la materia del fuoco sia discesa dall'aria ad occupare i luogo dell'aerizzato flogisto. Si mostrerebbe poi mal informato della natura de' mestrui e della loro attività che credesse di dar eccezione alla presente esperienza, perché s'è supplito alla materia del calore atmosferico con quella del Sole medesimo. Operano gli acidi sui corpi posti nel vuoto col Sole e senza Sole, di notte e di giorno; né mai succede che gli scompongono senza che se ne aerizzi un principio.[64]

---

[62] Ottimamente. Questa è pretta verità dimostrata a priori egualmente bene che a posteriori. Infatti, come si è detto di sopra (nota 56) negli strati di piriti a qualche profondità entro la terra, ove ha l'accesso l'umido, non già l'aria comune, non succede veruna decomposizione di piriti, niuna produzione in conseguenza di sali vitriolici; e se succede, ciò avviene in questi luoghi soltanto, ove quest'aria ha l'accesso. Il qual fatto finisce di ridurre a convinzione che né l'umido è la causa efficiente la vitriolizzazione, né senza il concorso dell'aria comune non ha luogo giammai un tal fenomeno (note 55, 58).

[63] Purché le sostanze poste nel vuoto non contengano in sé i materiali capaci, vale a dire l'aria vitale e le sostanze infiammabili. Poiché intanto le sostanze infiammabili cessano d'ardere nel vuoto in quanto lor manca il pascolo vitale, vale a dire l'aria respirabile, la quale si combini con loro, rilasciando la sua materia del fuoco; verità troppo nota perché dobbiamo fermarci sopra. Se la materia posta nel vuoto contenga ambedue quelle sostanze, potrà anche ivi incendiarsi egualmente bene.

[64] Qui è dove mi fa d'uopo ripetere la cosa da più alti principii, che ne presenti la Chimica moderna. Primieramente il flogisto non è finora che un ente di ragione. Già lo disse il grande Buffon (*Introd. à l'Hist. des Min.*, e altrove; Black gli diè un urto di fianco (*Essay on the Quicklime and Magnesia*); Lavoisie finalmente gli ha dato un crollo formidabile (v. sopra note 11, 12). Almeno è certo che la produzione de' fluidi aeriformi riceve una spiegazione egualmente buona e più semplice e naturale nella teoria che prescinde dal flogisto. Ma supponiamolo per ora. Quali prove adduce l'Autore onde far vedere che il flogisto acquista la forma aerea senza il contatto dell'atmosfera? Primo la riduzione delle calci metalliche in vasi chiusi col mezzo della luce, operata dal Lavoisier: secondariamente la produzione dell'aria fissa dalla terra calcare col solo calore operata: in terzo luogo la produzione de' fluidi aeriformi col mezzo degli acidi nel vuoto. La prima prova non conclude nulla affatto per l'assunto dell'Autore. Ciò che si sprigionava in quella sperienza del Lavoisier (circostanza taciuta dall'Autore) non era che aria purissima vitale. E ciò conseguente alla teoria della calcinazione, né poteva accadere altrimenti. Mentre per ciò solo si calcinano i metalli, perché l'aria pura per la sua affinità coi medesimi (Come sostanze infiammabili) va ad unirsi colla terra metallica per non esserne espulsa se non se o da una affinità superiore o per forza del calore (Lavoisier, Hist. de l'Acad. des Scienc., 1777-1782, p. 496); che per ora sia, se il preteso flogisto nel tempo stesso siasi combinato col residuo dell'aria vitale, formando dell'aria fissa; il che non altera punto il fatto esposto. Dunque, se, applicandovi il calore, qualche cosa si sprigiona, ciò non può essere che aria respirabile, come infatti succede. Ma in questo caso dov'è il flogisto fissato, che acquisti forma aerea? Qual relazione passa fra questo fatto e l'assunto dell'Autore? Qui si richiede produzione di fluido aeriforme, non semplice svolgimento di una sostanza preesistente, la quale poi d'altronde non ha punto che fare col flogisto. Lo proverà forse l'altro fatto recato dall'Autore, cioè l'aria fissa svolta dalla terra calcare per mezzo del solo calore? Niente di ciò: poiché l'aria fissa, come dimostra il Sig. Morveau, esiste nella terra calcare, nella magnesia, negli alcali, ecc. bella e formata, in guisa tale che fa le funzioni di acido e neutralizza queste terre alla maniera d'ogni altro acido, rendendole veri Sali neutri terrei

§ XLV. Se non che mi saprebbero i difensori di sì fatta conseguenza assegnare la ragione, per cui le piriti si decompongono all'aria umida, e non all'aria asciutta?[65] Io non trovo altra maniera di spiegare il fenomeno se non se che nel primo caso la materia del fuoco, che si suppone necessaria alla decomposizione delle piriti, loro viene somministrata in abbondanza dalle particelle acquee nuotanti nell'atmosfera, le quali contengono moltissimo fuoco elementare; laddove nel secondo caso avendosi pochissimi vapori sollevati sempre sulle ali del calore, come hanno provato valorosissimi Sperimentatori, manca per l'effetto l'opportuna quantità della materia del fuoco. Or vogliamo noi dire che le fessure della terra, le quali danno sì facile passaggio all'acque piovane e le trasmettono in quegl'immensi profondi serbatoi, donde hanno nascimento le fonti perenni, che sgorgano sulla faccia del globo a comun benefizio dei due regni vegetabile ed animale, ne sieno poi tanto avare colle piriti, che avidamente, per così dire, ne attendono l'immediato contatto?[66]

(Morveau, Encycl. l. cit., p. 87). Perché provasse qualche cosa sarebbe mestieri il dimostrare che in tal caso non si educa già semplicemente, ma che si produca, appunto come si produce realmente nella fermentazione vinosa, nella respirazione, ecc. cioè nelle combustioni e processi flogistici. Ma i processi così detti flogistici non accadono senza il concorso immediato dell'aria respirabile (note 45, 12). Dunque il supposto flogisto fissato non può prendere forma aerea, ossia non si ha produzione di fluido aeriforme senza il concorso dell'aria pura respirabile. Ciò ch'è direttamente contrario a quanto avanza l'Autore. Ma gli acidi agiscono nel vuoto anche senza luce sui corpi e ne aerizzano sempre un principio. Ed ecco la terza prova, su cui confida molto l'Autore: ma indarno; questo fatto serve anzi ad autenticar maggiormente i principii fin qui da noi stabiliti. Riflettiamo per un momento alla natura degli acidi, e ne rimarremo convinti. Qualunque acido in ciascuna teoria è composto indubitabilmente di un radicale o base acidificabile particolare e sui generis, e dal principio acidificante dell'aria respirabile (Morveau. l. cit., p. 27 e segg. *passim*). Tutti gli acidi hanno il carattere specifico della loro tendenza a combinarsi col maggior numero di sostanze, e principalmente colle infiammabili. Ora io nell'applicare queste verità al nostro caso mi servirò della stessa spiegazione dei partigiani del flogisto, lasciando a parte quella del sistema pneumatico, onde non lasciar luogo a replica. Che succede adunque quando noi applichiamo un acido ad una sostanza infiammabile nel vuoto? (prescinderò dal nitroso come quello ch'è dotato di qualità sue proprie; nota 12). L'acido e la sostanza infiammabile si decompongono. Se questa sia per esempio un metallo, l'aria vitale (o un suo principio, che per ora non importa) dell'acido si combina con esso e lo calcina. Se una sostanza oleosa, o ne succede una infiammazione, distruggendosi parte della stessa aria respirabile col rilasciare la sua materia del calore, o la rende una resina, facendo le veci di acido col combinarsi del suo principio acidificante dell'olio (Morveau, cit.). Così dicasi del rimanente dei casi. E questa è la parte dell'aria respirabile contenuta nell'acido. Intanto la base acidificabile dell'acido medesimo secondo i partitanti del flogisto si combina col flogisto della sostanza adoprata, il quale le dà le ali onde mostrarsi sotto l'aspetto di fluido aeriforme, ecc. In tal maniera una parte dell'aria vitale combinandosi colla base della sostanza infiammabile forma un nuovo prodotto nel mentre che dall'unione degli altri elementi delle sue sostanze ne risulta un nuovo prodotto aeriforme. La spiegazione del Sig. Lavoisier, senza considerar per nulla il flogisto, è assai più semplice e plausibile. Ma questo pure mi basta per dimostrare che anche tale operazione è un vero processo flogistico, ossia combustione, tutto il giuoco del quale è prodotto dall'aria respirabile contenuta nell'acido, di cui si fa uso. Dunque questo fatto prova e conferma la stessa cosa, cioè che non si ha produzione di fluido aeriforme senza il concorso immediato dell'aria respirabile. Che è quanto il dire ch'è falsa affatto la pretension dell'Autore contro alla teoria da noi esposta della efflorescenza piritosa.

[65] Lo abbiamo già detto altrove (nota 48). L'umido è necessario all'efflorescenza delle piriti per la stessa ragione che è necessario per ottenere qualunque fermentazione e putrefazione. E ne seguirebbe egli da ciò che la cagione di questi fenomeni sia l'acqua, ch'essi non sieno veri processi flogistici, cioè fenomeni, de' quali la causa efficiente ed esclusiva è l'aria pura? Non sarebbe ciò il confondere la condizion colla causa? L'umido è necessario, perché aiutato dal calore specifico, che contiene, serve a disgiungere le particelle integranti di tali sostanze, e diminuire la affinità di composizione delle sostanze combustibili e perciò ad accrescere i punti di contatto e la superficie, e disporre le parziali affinità ad agire sull'aria respirabile, e viceversa. Se la cagione del fenomeno è il fuoco elementare contenuto nell'acqua, perché non succede la vitriolizzazione ne' luoghi, in cui ha bensì libero accesso l'umido, non già l'aria comune? (note 45, 48, 56). La ragione è che il principio acidificante così essenziale perché dal solfo si produca acido sulfureo o vitriolico, e perciò segua la vitriolizzazione, non può somministrare se non che dell'aria respirabile, come abbiamo altrove dimostrato (nota 45).

[66] Il quale però senza il concorso immediato dell'aria respirabile non capace per nulla di scomporre le piriti (nota 65, ecc.).

§ XLVI. Ma sia pure che le piriti ricevano dall'aria oltre la umidità qualche altro principio, ovvero a lei piuttosto vengano a comunicarlo quasi in compenso del vapore ritrattone, e che si richiegga per l'efflorescenza delle piriti non aria sola né sola acqua, ma l'una e l'altra insiem combinate. E donde mai si proverà la ripugnanza sotterra di un mutuo contatto tra le piriti e quest'aria pregna di acqua?[67] Non ammettono smisurate caverne nelle viscere della terra i più profondi ed illuminati Naturalisti?[68] E di che saranno mai esse ripiene se non se dell'opportuno composto? Quanti fatti non ci porge la storia delle miniere in prova delle

[67] Dal non provarsi la ripugnanza di questo contatto ne vien egli che si debba ammettere? Ho detto fin qui che questo contatto fra l'aria comune e le piriti dee accadere, ove le piriti non sono il più abbondantemente diffuse, vale a dire nelle caverne e in que' luoghi, in cui l'aria e l'aria comune può penetrare. Ma appunto ne' luoghi, ove abbondano maggiormente le piriti, l'accesso dell'aria è intercettato dalla continuità, dalla densità, e impermeabilità degli strati od ammassi di piriti: s è detto parimente, e lo ha preteso lo stesso Autore, che anche ove le piriti sono a contatto dell'aria e dell'umido, lo svolgimento del fluido aeriforme sarà successivo, lento, ed interrotto; che esaminando gli strati, che abbondano maggiormente di queste sostanze, la vitriolizzazione è sempre superficiale ne' luoghi patenti all'aria. Aggiungo ora che la stessa crosta salina vitriolica delle piriti degenerate dee impedire che l'aria non penetri per la sottoposta massa, né si faccia ulteriore decomposizione. Dunque indarno si ricorre alla decomposizione delle piriti per avere quella sterminata quantità di fluido aeriforme infiammabile, con cui render ragione de' pretesi deflagramenti sotterranei. Infatti quelli che si avanzano tant'oltre colla forza della immaginazione entro ai più remoti nascondigli della terra, quelli che si fabbricano a tale rito altrettanti voti sopra vuoto e caverne, che poi riempiono a piacimento degli opportuni materiali, mi saprebbero questi, dico, dimostrare nelle viscere della terra un solo esempio di questa sterminata quantità non dirò già di piriti, ma di vitrioli belle e formati, che indicassero questa scomposizione di piriti, e il successivo sviluppo del fluido infiammabile? Inoltre mi saprebbero essi forse far vedere, con gli esempi sicuri e costanti che i Paesi, dei quali si ritragga la più gran quantità di piriti, o per meglio dire di sali vitriolici, sieno, come vorrebbe ragione, i più soggetti a questi sotterranei incendi, ai Vulcani, ai tremuoti? Se l'Autore ha preteso (§ XXIX) che nelle stesse miniere abbondanti di piriti l'aria non si corrompe, benchè esse si vitriolizzino, ma serva felicemente alla respirazione degli operai, come non si contraddirà ora col volere che dalla efflorescenza si svolga un fluido aeriforme infiammabile, il quale è micidiale nè può respirarsi impunemente? Né debbo lasciar di riflettere che il maggior fondamento, con cui l'Autore ha argomentato questa scomposizione di piriti, è stato che l'acqua, la quale si suppone penetrare per ogni dove, dotata d'una notabile quantità di calore specifico possa senza bisogno dell'aria operar per se stessa il fenomeno (§ XLIII-XLIV). Io ho dimostrato tutta la falsità di tale opinione (nota 64). E non pertanto si vorrebbe egualmente pretendere lo stesso effetto?

[68] Non è giusto che queste smisurate caverne sieno esagerate a carico della verità e della sana ragione. Infatti non mancano Naturalisti di sommo grido, che pongono con ragione in dubbio un tal fatto; fra gli altri il celebre Sig. Raumer, parlando dell'origine delle fonti, asserisce essere ripugnante la supposizione della terra cava e cavernosa; il nucleo della terra, che serve di base alle montagne, è composto di massi pietrosi solidi privi di caverne e fessure; l'interna figura delle montagne e la loro vera struttura è fino ad ora ignota per la più gran parte, né si hanno osservazioni sopra le pretese caverne onde poterle stabilire (Journ. de Phisyque., 1773, Novemb). Contuttociò non ha dubbio che fino ad una certa profondità non s'incontrino nella superficie della terra delle fessure ed anche delle caverne. E invece le montagne, non già le primitive e coetanee alla creazione, ma le secondarie, cioè quelle che i Naturalisti chiamano di seconda e terza formazione, comecchè prodotte dalle convulsioni del globo, dalle rivoluzioni della terra, non possono avere oltrepassato il livello dell'orizzonte senz'aver lasciato dietro e intorno di loro dei voti corrispondenti, come hanno lasciato delle valli. Infatti l'osservazione esatta serve subito d'appoggio alla giustezza del raziocinio. ‹‹*On sait que la plupart des Grottes souterraines n'ont été trouvées jusqu'a présent que dans le montagnes calcaires*›› (Dietrich, Not. ad Trebr., l. cit., p. 64). Ora già si sa che le montagne calcari, per quanto sieno estese sulla faccia del globo, come quelle che debbono probabilmente la loro origine ad un'epoca più moderna ed a cause secondarie, non possono essere profondamente radicate nelle viscere della terra. E non sono forse generalmente d'accordo i Naturalisti che queste montagne nate sieno e si vengano producendo tuttora dalle spoglie delle marine sostanze? Parimente queste montagne sono quelle che meno delle altre abbondano di minerali e di piriti. Sono le vulcaniche (*montes vulcanii*) (Valtheim, *Plan d'une Histoire de la Miner. ap. Trebr.*, l. cit., *Tableau des Gites des Fossiles*), nelle quali le materie sulfuree, i vitrioli, indizi manifesti della scomposizione delle piriti, le piriti stesse, e gli altri minerali si rincontrano a larga mano: desse sono che rinserrano entro di loro dei vuoti, delle caverne, dei ricettacoli, dei laboratori, ne' quali si prepara la materia che reca strage e desolazione. In tal guisa, come spiegheremo più sotto, si comprende l'origine delle vulcaniche deflagrazioni, ed anche de' piccioli parziali tremuoti: ma non sarà lecito di pretendere gli stessi fenomeni nelle montagne primitive e neppure nelle calcari, cioè nella più gran parte delle elevazioni del globo.

capacità sotterranee e della divisata materia, che le riempie?[69] I serbatoi medesimi destinati per le acque sorgevoli come potrebbero alimentare senza un circolo perenne d'aria sotto alle informi loro volte e i molti fiumi che inaffiano il nostro globo, ed i gran laghi che ne ricoprono di tratto in tratto la multiforme sembianza?

§ XLVII. Ebbi dunque ragione di non sottoscrivermi a quella conseguenza, con cui si voleva escluso dalle capacità interiori della terra l'infiammabile fluido aeriforme[70] nato in gran parte dalla decomposizione delle piriti, e combinato coll'aria vitale svolta in gran copia da' fossili[71] e con quell'aria pura e respirabilissima, in cui sappiamo convertirsi l'acido vitriolico stesso ed altri moltissimi mestrui. Resta ora a cercarsi come il composto suddetto si possa infiammare ed accendere, che era l'altra parte, che si credea far vacillare col raziocinio del § 43, e che io proverò forse più salda dell'altra con discorso meno prolisso.

§ XLVIII. Nulla importa che si rigetti la già data maniera, con cui si eseguisce l'accensione appoggiata all'oracolo della Chimica, la quale c'insegna risvegliarsi fuoco e fiamma attivissima, allorchè il flogisto sbrigato dall'acido sulfureo è cagione che si precipiti rapidamente ed in gran copia la materia del calore dall'aria.[72] Si lasci pur da parte una

---

[69] Nelle miniere certamente, cioè ne' luoghi, che contengono materie capaci di somministrare il fluido aeriforme infiammabile, qualora vengano a contatto dell'aria comune e dell'umido, se l'opera umana procura questo contatto e rimuove gl'impedimenti che vi si oppongono sotterra, qualche quantità del predetto fluido si svolge ordinariamente come c'insegna la Storia; ma né questo serve a produrre le grandi deflagrazioni, né quest'esempio si può trasportare ai luoghi, che o scarseggiano di questi materiali o, contenendone, mancano le opportune condizioni per ottenere uno sviluppo sufficiente di questo fluido.

[70] Quella conseguenza era giustissima e vera, come quella che escludeva la produzione di fluido aeriforme dai luoghi, ove non abbia accesso l'aria respirabile (note 45, 64); e su di ciò non cade verun dubbio ulteriore. Ma se l'Autore provi la combinazione sotterra delle necessarie condizioni, quella conseguenza non esclude tal produzione, e rimane contuttociò giustissima come prima. Ora abbiamo veduto (note 67, 68) che queste condizioni e il fatto preteso non sono verisimili nonché dimostrati, fuori de' casi de' luoghi vulcanici: di più anche in questi finora non abbiamo trovato che uno svolgimento e produzione di fluido aeriforme infiammabile, il quale se non basta a produrre verun incendio senza l'immediato concorso dell'aria stessa respirabile, che è essenziale del pari per produrre quel fluido infiammabile che per farlo incendiare. Abbiamo detto e dimostrato che la vitriolizzazione essendo un vero processo flogistico nel senso da noi esposto, vizia e distrugge, od assorbe la poca aria respirabile contenuta nella comune; che però non avremo diritto di voler trovare quest'aria in quantità sufficiente ne' luoghi, ove è seguita la decomposizione delle materie infiammabili, e che sono già ripieni di un tal fluido. Dunque è forza derivarla d'altronde. Vedremo nella nota seguente come ciò possa ottenersi a parere dell'Autore.

[71] Codesti fossili non sono altro che i Sali (non già il solfo, il cui acido sulfureo manca dell'elemento acidificante; note 49, 50) ossia la porzione acida de' medesimi o per dirlo più esattamente una parte di questi acidi. Ora io vedo ordinariamente che neppure lo stesso fuoco de' Vulcani è solito di decomporre codesti sali; testimonio il sale ammonio, che si sublima insiem con altri alle bocche de' Vulcani stessi. Ma sarà bene esaminare più da vicino codesta cosa. Per togliere alla base o terrea o alcalina o metallica l'acido, si richiede un'affinità superiore; e poi che n'avviene? Non si decompone in tal guisa che il sal maturo, e seppure l'acido stesso si decomponga, il principio suo acidificante, ossia l'aria respirabile si porta immediatamente in qualche altra combinazione col principio stesso, che servì a svolgerla, e rimane di rado libera. Adunque la via secca sarà l'unica forse capace di operarne lo scomponimento, a cui l'umida non basta. E costantemente il fuoco è la forza proporzionata al bisogno. Ma che? Dovremo adunque supporre un fuoco anteriore alla materia, che sola può alimentarlo, per avere onde mantenere e dar forza a questo fuoco medesimo? Chi non vede che quanto si potrebbe dire al contrario è del tutto gratuito e troppo ricercato per essere verosimile? Non è dunque questa la sorgente, da cui possa derivarsi la necessaria quantità d'aria respirabile al caso nostro essenziale. Nei Vulcani e ne' Paesi vulcanici certamente, come vedremo in breve, io ritrovo agevolmente la fonte dell'aria vitale necessaria, trovo abbondantemente l'opportuno materiale, e la face è pronta onde suscitare un incendio: ma fuori di questi casi, senza che ne convincano congetture e prove ben fondate, non è ammissibile questa serie di sotterranee deflagrazioni attesa la difficoltà di combinare sulla scorta del fatto e della ragione tutti i mezzi necessarii, onde essi debbansi suscitare, mantenere, e propagare a talento della ipotesi.

[72] É verissimo. Siccome il meccanismo d'ogni processo flogistico è presso a poco lo stesso, così ciascheduna di queste operazioni è suscettibile di prorompere in incendio, qualora vi concorrano le necessarie condizioni. La più

spiegazione per altro sì ben ragionata e sì chiaramente avvalorata dalla celebre esperienza di Lamery. A me basta che si accordi ciò che non è stato negato finora, cioè che possa attraversare anche il preparato miscuglio aeriforme una sola scintilla di fuoco elettrico prodotto pur esso dallo zolfo e da' bitumi, giacchè, come ha osservato il celebre Sig. Vairo, chiaro la presenza ne addita la elettricità, che acquista il ferro esposto ai vapori de' Vulcani: allora si avrà non solo quell'esplosione, che già si dimostrò incapace di render adeguata ragione de' tremuoti e de' loro effetti: ma ancora un fuoco attivo abbastanza per mettere in azione quelle immense sorgenti d'ignea materia, le quali devono necessariamente aversi in somma considerazione da chi vuol dare una qualche idea del proposto fenomeno, e delle sue conseguenze.[73]

§ XLIX. Non basta però l'aver fissato evidentemente sotterra una fiamma che principia: bisogna or trovare la maniera di farla continuare per giorni, mesi, anni, ed anche per secoli secondo il bisogno. Non è ciò per altro difficile ad intendersi, poiché, avendo già dimostrato come possa principiare l'opportuno fuoco sotterraneo malgrado la sua lontananza dall'atmosfera, non mi rimane che ad assegnargli il conveniente suo pascolo ed alimento, il quale non solo io ritrovo prontamente in tutte le sostanze oleose, animali e vegetabili, in tutte le materie bituminose comunemente ricevute ed ammesse sotterra, da tutti i Naturalisti di qualche grido,[74] ma lo ravviso pur anco col famoso Bertrand, Lister ed altri nelle piriti

---

essenziale fra queste però si è che vi sia tanta quantità d'aria respirabile, la quale non solo basti a produrre il processo, cioè fissarsi nella sostanza accensibile, espellendone l'aria infiammabile, ma di più a combinarsi col nuovo *gas* prodotto: inoltre che una causa esterna ne promuova l'accensione, se la materia del fuoco non siasi precipitata dall'aria pura o in quantità sufficiente o colla necessaria rapidità. In fine che si svolga aria infiammabile, non, come per lo più accade, aria fissa. Ora noi abbiamo sotterra appena trovato tant'aria respirabile, che basti a decomporre lentamente le piriti non che a somministrare tanta quantità di materia del fuoco quanta si richiede a produrre un'accensione (nota 67). Infatti nella sperienza di Lamery l'infiammazione non ha sempre luogo neppure al contatto dell'atmosfera (Sage, Mem. de l'Ac. Roy. des Scienc., ann. 1766).

[73] Da quanto abbiamo fin qui esposto apparisce chiaramente che fuori de' luoghi propriamente vulcanici il supporre codesti fuochi sotterranei non solamente è arbitrario e gratuito, ma eziandio contrario alla retta ragione e alla sperienza: verità, che verranno sempre più avvalorando nelle note che seguono.

[74] Vedremo altrove a quale sterminata profondità debbansi supporre codeste caverne, serbatoi, ecc. per conciliare la ipotesi dell'Autore coi grandi effetti del tremuoto. Per la qual cosa anche il pascolo, cioè le sostanze infiammabili, prescindendo sempre per ora dai luoghi vulcanici, che l'Autore assegna a codesto fuoco supposto, va soggetto a grandi eccezioni. In primo luogo le sostanze oleose, animali e vegetabili appena occupano la prima corteccia del globo. Infatti l'*humus* de' Naturalisti, il quale risulta dallo sfacello degli esseri organizzati e delle loro parti trasportate nel regno de' fossili, forma il primo strato superficiale delle campagne, né mai si ritrova che a caso a qualche profondità entro terra (v. Buffon, *Regn. Miner.*). Neppure sono altamente radicate le sostanze bituminose, le quali, a riserva forse del solfo, comecchè derivate dalla distruzione di sostanze parimente organiche, appena ne oltrepassano la prima corteccia ne' luoghi da essi abitati: alcuni, come il carbon fossile, ecc. si ritrovano a strati sotto la terra vegetabile o l'*humus*. Quanto agli altri è invalsa l'opinione di già presso i Naturalisti che questi esseri sieno prodotti la maggior parte per opera de' Vulcani, benchè altri sostengano che generati sieno per via umida a riserva dello zolfo: in entrambe le opinioni rimane certo però che non v'ha ragione di crederli radicati al di là della prima crosta della terra (v. Gerhard, Beytrage, Monnet, *El. de Min.*; Volta, *Min.* p. 191). Lo stesso zolfo, il quale si produce o per sublimazione ne' crateri vulcanici o per deposizione nelle acque termali, si stende anch'esso a picciole profondità. Lo stesso dicasi poi delle piriti medesime e forse di tutte le altre sostanze metalliche: quelle c'insegna la Storia mineralogica essere disposte in ammassi o strati depositati dalle acque quasi non mai o per accidente nelle montagne primitive, bensì vicin de' luoghi di seconda e terza formazione, e che contengono miniere. Queste che occupano per la medesima parte l'interno delle montagne di seconda formazione e di quelle a strati o letti, si stendono in vene orizzontali ad una profondità poco considerabile (Veltheim, l . cit.). Anzi non debbo lasciare di riflettere che molte sostanze metalliche sono del tutto probabilmente di seconda formazione, e che anzi si vanno successivamente formando ne' luoghi opportuni: tali sono per esempio il ferro, il piombo, ecc., come lo danno a diveder chiaramente fra le altre cose l'acido fosforico trovato nelle miniere di piombo, e l'osservato aumento del piombo stesso esposto all'aria atmosferica, e simili altri fenomeni (Dietrich, *Disc. Prelim.*), gli utensili e le monete trovate nel ferro, ed altre prove, che io taccio per brevità (Buffon, *Miner.*, Tomo V; Dietrich, l. cit.;

medesime; così parmi che avesse tutta la ragione di dire il gran Plinio di certe parti del globo: «*excedit profecto omnia miracula, ullum fuisse diem, quod non cuncta conflagrarent*» (Lib. 2, c. III).

§ L. Non sono dunque chimeriche, quali per avventura si sono riputate da taluno le piogge elettriche, queste sorgenti inesauste di fuoco nascoste entro alle viscere della terra, come è stato creduto anche a' nostri tempi da tutti coloro, i quali, non travando lamaniera di aver fuoco senza il concorso dell'aria, hanno pensato che i Vulcani solo fossero tali, quando le loro materie infiammabili venivano ad essere in contatto dell'atmosfera,[75] quasi che possa

---

Trebr., Lettr., ibid.), rendono una tale osservazione più che verosimile. Ora la parte grande, che hanno le organiche sostanze o qualche elemento delle medesime nella produzione di questi minerali, dimostrano ch'essi debbono stendersi poco al di sotto della corteccia della terra, né giammai se non se a caso ad insigni profondità. Né questi dettagli si abbiano per minuziosi e superflui, poichè certamente la Storia della Natura c'insegna che ne' luoghi, in cui la forza distruggitrice del fuoco non è giunta a capovolgere l'intera superficie della terra, i quali luoghi sono infinitamente più pochi, benchè vi abbiano signoreggiato le acque, tutto s'incontra collocato in un disordine simmetrico a strati od ammassi regolari privi di que' vuoti, di quel caos, che ricordar sogliono in mezzo all'orrore i funesti effetti dell'attivissimo elemento. In questi luoghi appunto le materie tutte infiammabili si ritrovano collegate insieme per continuo commercio, che dà poi l'origine a quelle svariatissime metamorfosi, per cui il fossile istruisce e somministra i primordii e la materia alla forza organica e questa riunifica in varii rapporti la stessa materia sotto moltiformi sembianze. Egli è appunto in questi luoghi che si avrebbe torto di voler ricercare de' vuoti, dele caverne, le quali sono soltanto proprie dei monti, e di quelli di un'epoca poco antica (v. Buffon, *Theor. de la Terr.*, Tomo I, p. 132; v. sopra nota 68); poiché i primitivi, cioè quelli che sonosi conservati quali presso a poco uscirono dalle mani della Natura, e tali sono le più grandi, le più alte, ed estese catene della montagna, che formano quasi l'ossatura della terra, le Alpi, i Pirenei nell'Europa, l'Altaischan, l'Uralian, il Caucaso nell'Asia, se si eccettuano forse le Ande in America, non sono posti a caso irregolarmente né lasciano fra le loro commessure e giunture veruno de que' vacui, di cui abbondano quelle che furono o sono pur anche signoreggiate dal fuoco. Quindi è che le vere caverne si riscontrano ne' luoghi vulcanici (Buffo, l. cit., Tomo II, p. 285-290). É vero che il Ray derivò le montagne dai Vulcani e dal tremuoto; ma egli non avea osservato che le picciole elevazioni prodotte da queste cause sono piuttosto ammassi irregolarissimi di materia vetrificata, di ceneri, ecc. non mai disposti in letti orizzontali come tutte le altre montagne, le quali, toltone le primitive, debbono essere opera del mare, intesocchè l'interno è composto di strati regolari e paralleli sparsi di conchiglie; l'esterno ha una figura, i cui angoli per ogni lato si corrispondono (Id. ib., p. 260-262). Ora ne' luoghi così comuni della Terra, che sono opera dell'acqua, tutto è disposto a letti densi non interrotti; quindi è che quanto più si scava nell'interior della terra tanto maggiore è la spessezza de' strati (B., V. I, p. 285).

[75] La relazione, che passa fra i Vulcani e i tremuoti e i fuochi sotterranei, pretese ragioni di questi ultimi, interessa di troppo la presente discussione perché non dobbiamo fermarci a rischiarare, se è possibile, un sì oscuro argomento. É di mestieri l'incominciare da alcune considerazioni preliminari, che meritano tutta l'attenzione. La prima si è che è assai ragionevole ciò che l'Autore asserisce che alla produzione e al mantenimento del fuoco dei Vulcani non concorre già l'atmosfera, ma che la necessaria quantità d'aria respirabile venga loro somministrata d'altronde. In secondo luogo si dee riflettere che i Vulcani tutti non si sono giammai aperta la strada per le montagne primitive (nota 73) composte di una roccia per lo più granitica e schistosa; ma bensì per quelle che sono di data più recente, cioè di seconda, terza ecc. formazione (Veltheim, Tables des Gites, des Fossil., l. cit.). In terzo luogo merita singolare considerazione un fatto costante e notissimo, a cui non sembra finora esservi fatta bastevole riflessione: egli è la distinzione, che d'uopo è fare fra i Vulcani del Continente, e quelli che signoreggiano le vicinanze del mare o il mare medesimo. Questi ardono senza interruzione dopo molti secoli, mentre che nel Continente si rinvengono indizi certi di Vulcani, che debbono essersi estinti dopo le migliaia d'anni, anche ne' luoghi, ove nuove rivoluzioni hanno in gran parte ricoperto le tracce delle loro eruzioni (Id., ib.). A queste che si possono tenere per verità generali e dimostrate, mi sarebb'egli lecito di aggiungere una conghiettura da due grandi Uomini avanzata, vale a dire che il fuoco de' Vulcani derivi piuppresto dalla sommità che dall'interna profondità delle montagne? Fu l'eruzione furiosissima dell'Etna del 1669, nella quale la cima della montagna si depresse notabilmente (Philos. Trans. Abridged, vol. II, p. 387) che fece sospettare al Borelli un tal fatto (*De incendiis Aetnae*); idea, che venne poi fra gli altri adottata dal Buffon e promossa ulteriormente (T. I, p. 129 ecc.). Io non dissimulerò che dessa è soggetta a gravi difficoltà, che ognuno può travedere (v. Ferber e Dietrich, ub. sup.); ma l'osservare che il fuoco si fa strada per l'interno della montagna piuttosto che alle radici e alla base stessa, dove la resistenza debb'essere infinitamente minore, se non prova nulla di ciò, potrà avvalorare alcune nostre idee che fra poco dichiareremo. Da queste riflessioni ne risultano alcune induzioni all'uopo nostro opportune. Primieramente riman confermato ciò che osservammo altrove (nota 74) che nelle montagne e ne' luoghi primitivi, lo stesso che

abbiam detto di quelle vastissime estensioni di terra, che il mare ha prodotte in gran parte, non si possono ammettere né le materie attive né le positive necessarie a produrre i fuochi sotterranei, e molto meno poi l'esistenza di codesti fuochi stessi, di cui non v'ebbe mai ivi verun indizio. In secondo luogo l'esempio de' Vulcani del Continente serve d'appoggio alle riflessioni da noi fatte (nota 67) sulle pretese sotterranee deflagrazioni: se hanno luogo, non v'ha esempio che abbiano oltrepassato quelle profondità, a cui abbiamo detto rinvenirsi combustibili materie, né fuori di alcuni monti di seconda o terza formazione, non mai però in luoghi piani o in valli, né mai, o di rado, nelle grandi catene di montagne. Se hanno potuto formarsi, si sono per lo più manifestate col farsi strada per le stesse montagne già dette e sotto forma di Vulcano, o di eruzione, o di sconvolgimenti e rovine de' luoghi, lasciandovi sempre gl'impronti manifesti de' spaventevoli effetti del fuoco. Ma questo fuoco stesso in mezzo a' suoi effetti terribili non ha mai prodotte vere montagne (v. nota 74), come non le ha prodotte, a parer di Buffon, giammai il tremuoto. Inoltre, siccome codesti Vulcani del Continente sono di breve ed effimera durata, così ciò dimostra chiaramente che, le molte condizioni onde avere un fuoco sotterraneo concorrono assai di rado anche ove noi troviamo sostanze combustibili e ricettacoli moltiformi e caverne, in cui l'aria stessa dell'atmosfera può forse comunque penetrare; o che se pure alle volte si uniscono, svanisce ben presto il fuoco per mancanza de' mezzi onde sostenersi. E non dovranno poi essere infinitamente combinabili le molte circostanze essenziali a più notabili profondità e in tutto il restante del Continente, dove noi non troviamo il menomo indizio, la menoma congettura di tutto questo? Se i crateri degli estinti Vulcani non si riaprono se non se con rarissimo esempio dopo i secoli e le migliaia d'anni, mentre pur tali luoghi, e per gl'idonei recipienti, e per le correnti d'aria, e per le sostanze infiammabili, che contengono, dovrebbero essere incomparabilmente d'assai più proprii ed opportuni degli altri luoghi, in cui la face distruggitrice del fuoco non abbia mai signoreggiato, a dar l'origine e la sede agl'incendi sotterranei, qual diritto e qual ragione abbiamo di pretendere sotterra per tutt'altrove di ristabilire e risvegliare a talento codesti fuochi senz'altre prove che quelle della non ripugnanza e del capriccio della volubile ipotesi? Ma quanto agli altri Vulcani, che si dicono perenni, i quali hanno una stretta relazione colle acque del mare, il tutto cangia d'aspetto. Quivi s'intende agevolmente in qual modo, raccoltasi in sufficiente quantità la materia opportuna, e sopravvenendo una causa esterna, specialmente l'elettrico fluido sì copioso ne' luoghi sulfurei, o per semplice meccanismo di ciò che appellano *fuoco oscuro* (v. *Physique du Monde*, l. cit. ecc.) possa ottenersi, come anche ne' luoghi accennati del Continente, Un incendio, il quale crescendo via via si faccia strada per l'interno d'una montagna, sforzando le sovrapposte masse incombenti, vomitando fuoco e fiamme, e slanciando nell'aria i fusi ammassi di terrea materia fra un teterrimo nembo di fuoco e di cenere. E questo fuoco e quest'incendio, che in mezzo al Continente svanirebbe ben presto, venendo meno l'opportuno pascolo abbondantissimo, potrà in questo caso per la sua comunicazione coll'inesauribile fonte del mare perpetuare e risorger sempre, qual novello Anteo, con forze nuove e con nuovo vigore. Non già ch'io creda che un qualche sterminato ammasso di piriti o d'altrettanta materia possa bastare a somministrare per ben lungo tempo il necessario pascolo e fucine così vaste e interminabili, né che un consumo così strabocchevole d'aria respirabile possa derivarsi da cagioni fortuite, da accidentali meati o correnti d'aria, quando sembra evidente che l'atmosfera non v'influisca direttamente; ma perché ella è l'acqua a mio credere, da cui fa d'uopo ripetere l'inesausta sorgente del perenne alimento de' Vulcani. Fa di mestieri confessarlo. L'origine della prodigiosa fiamma e fuoco vulcanico assegnata in varie guise da' Naturalisti non è stata mai soddisfacente, dappoichè in ispecie fu segnata l'epoca della scoperta dell'aria pura così essenziale alla combustione. Infatti perché mai il Vulcano insiem co' torrenti di lava non rigurgita egli se non se una tenue quantità di solfo, di vitrioli, di ferro; perché almeno non una immensa quantità d'ocra, se sono le piriti il principal pascolo delle fiamme vulcaniche? Perché per esempio il Vesuvio non avrebbe successivamente distrutto questa enorme ed inconcepibile quantità di materie combustibili, stendendo il cratere e le bocche nuove sopra una sì grande estensione di terra, quale avrebbe dovuto occupare quest'immensi strati e massi di tali sostanze? Non debbono anzi le sottoposte ed interne adiacenze essere pertugiate d'innumerevoli vuoti e caverne comunicanti in ogni senso fra di loro? Se adunque il fuoco vulcanico non si procaccia l'alimento se non se col decomporre codeste sostanze, se le sotterranee regioni ne sono per ogni dove ripiene, perché le fiamme, perché nuove bocche non hanno occupato tutto quel tratto? Vero è che tutte le finitime regioni all'intorno, parlando dell'Etna, del Vesuvio, di Stromboli ecc. sono tutte vulcaniche (Hamilton, *Campi Phlaegraei*, Napl., 1776; Fortis, Dolomieu, Farber, Saussure, ecc.); ma questo appunto fa vedere che in que' luoghi si è distrutta e consunta la massima parte delle materie combustibili, che poteano alimentar que' Vulcani, e che probabilmente lo stesso sarebbe avvenuto all'Etna, al Vesuvio ecc., se la loro interna comunicazione col mare (Dietrich ad Ferber, l. cit., p. 206) congiunta con quel poco di fluido aeriforme infiammabile, che pei sotterranei condotti possono gli adiacenti laboratori sotterranei loro somministrare, non formasse i fondachi della materia inesausta degl'incendii vulcanici. Né con ciò io nego già che per esempio entro al Vesuvio non esistano ancora delle materie infiammabili, come lo prova il ferro, di cui abbondano le lave, gli scarti vulcanici, ecc. Discendendo infatti al particolare, non è egli dimostrato e per analisi e per sintesi de' valorosi sperimentatori Priestley, Lavoisier, Cavendish, Fontana, ecc., e per la bella teoria di Watt o di Lavoisier (v. De Luc, *Idées sur la Meteor.*) non è egli convenuto oggi generalmente sulla grande verità che l'acqua o per la violenza del fuoco o col mezzo di qualche intermedia affinità è decomponibile ne' due elementi aria vitale ed infiammabile, dalla combinazione de' quali principii si può di nuovo ripristinare? Se adunque venga ottenersi senza l'azione del fuoco una sì gagliarda e meravigliosa forza espansiva da sollevare massi sterminati di volume e di peso, e spaccare per mezzo le montagne più alte e le più ben collegate, onde dar luogo alle spaventevoli eruzioni solide e fluide, che si estendono più d'una a volta a grandissime distanze dal cratere degli aperti Vulcani.

§ LI. Doveano pur riflettere che l'aria non discende per la canna del camino armato di viva fiamma; e molto meno per quella dello schioppo durante l'attuale esplosione; e che non poteano per conseguenza esser sì lunghe le eruzioni, e molto meno continuo il fuoco d'un Vulcano. Mi fa meraviglia come non abbiano mai osservato che nel vuoto succedono benissimo le corruzioni e fermentazioni de' corpi: che si converte il carbone in aria

---

per la pressione dell'atmosfera spinta l'acqua del mare per li sotterranei condotti contro l'aperta bocca del Vulcano e contro la fucina e le ignite concamerazioni della montagna che ne avverrà? Non altro a mio credere se non che lo strato d'acqua più vicino alla fiamma dilatato subito e ridotto violentemente in vapori scaglierà in alto lo strato superiore contiguo, parte di cui sboccherà fuori sotto forma d'acqua, come di fatti succede sempre nelle eruzioni più notabili (v. gli Atti dell'Accad. Napol. E tutti gli Storici delle insigni eruzioni); quella dilatata e ridotta in vapori, ripercossa contro le volte e labirinti della moltiforme fucina sarà dalla violenza del fuoco decomposta ne' due suoi componenti, i quali dotati per eccellenza delle qualità necessarie a produrre una infiammazione manterranno ed accresceranno la forza e l'intensione del fuoco. Quindi è che le acque del mare si ritirano e riscaldano nelle eruzioni (Braccini, l. cit.); e quindi è pure l'origine di que' diluvi d'acqua, che nelle grandi eruzioni hanno vomitato il Vesuvio e l'Etna; i quali furono a gran torto, comme osserva anche Dietrich (ad Terber, l. cit., p. 207), attribuiti alla pioggia dagli Accademici napolitani, dal P. della Torre, da Buffon, e da altri, che fra le altre cose non osservarono che sono salati (Braccini, ibid.) e che rinchiudono e trascinan seco fin anche le conchiglie di mare (Hamilton, l. cit.). Ma quindi soprattutto dee ripetersi la sorgente della sterminata quantità di materia infiammabile e d'aria vitale, che per tanti secoli e migliaja d'anni a stupore degli Uomini ha fomentate principalmente le fiamme dell'Etna, del Vesuvio, ecc., le quali probabilmente non avranno fine finchè non venga loro intercettato il funesto commercio del mare, o il mare stesso non inondi totalmente quelle sotterranee regioni, come leggiamo di molti laghi, che furono una volta crateri vulcanici. Quindi è finalmente la ragione unica perché i Vulcani del Continente (nota 74) all'opposto dei marittimi, comecchè privi di tanta copia di opportuno materiale, che l'acqua sola potrebbe loro somministrare, si estinguono in culla, quando quegli adulti sempre ringiovaniscono; riflessione, che avrebbe dovuto trattener tutti quelli, che credendo di dover ricorrere ai fuochi sotterranei per ispiegare i portentosi effetti del tremuoto, né trovando onde derivarli, hanno supposto con una analogia generica e fallace de' fenomeni vulcanici per ogni dove e caverne e vuoti e baratri ed abissi ed ammassi infiniti di piriti e di altre e tali materie combustibili anche ne' luoghi e a profondità, ove non avvi di loro il minimo sentore, quando tuttavia vedevano che laddove a fior di terra concorrevano le necessarie condizioni ne nasceva un Vulcano di breve e corta durata, il quale a dispetto delle circostanze le più opportune in questa ipotesi o non ha potuto rivivere o si è suscitato dopo molti secoli per ritornar bel preso nel suo nulla. Tale si è la maniera, con cui, riflettendo ai fenomeni de' Vulcani, alla natura delle sostanze che vi concorrono, io concepisco che si propaghi e mantenga l'inesausta ed orrida fucina de' Vulcani. Né dubito che i tremuoti, che sogliono essere i sintomi delle vulcaniche convulsioni, non dipendano in buona parte da una porzione dell'acqua ridotta all'improvviso in vapori, i quali sfuggendo il centro o foco dell'azione, per cui sarebbe stata decomposta, supera le opposte resistenze con impeto proporzionale, scuotendo il cedente composto suolo all'interno, come vuole l'Autore. Ma si debb'egli col medesimo in questo genere di tremuoto negligere l'influenza dell'elettrico fluido, il quale abbiamo altrove dimostrato (nota 27) accompagnare indivisibilmente i vapori e il fuoco vulcanico in gran quantità? E non è egli dimostrato che il solo calore basta a risvegliare la elettricità; che per le sperienze di Lavoisier e La Place si è scoperto che i corpi, passando dallo stato di solidi a quello di fluidi, e viceversa, danno segni di elettricità positiva e negativa, e molto più poi nella produzione di qualunque fluido aeriforme? (*Haüy Expont. Raison de la Theor. de l'Electr. et du Magnetism. Selon M. Aepinus*, § IX, p. 92). Infine non è egli certo per le sperienze di questi Accademici, e molto più poi per quelle del Sig. Saussure, che nel ridursi dell'acqua in vapori si produce una notabile quantità di fluido elettrico? (Sauss., *Voyag. dans les Alpes*, p. 227 e segg.). Avrem dunque avuta ragion di pretendere altrove che l'origine della enorme quantità di fluido elettrico manifestatasi in alcuni tremuoti, come in quello di Rimini, sia derivata in gran parte da una furiosa eruzione vulcanica: e finalmente che anche ne' tremuoti, che sembrano immediatamente prodotti da fuochi sotterranei e vulcanici, distinzione, che stabiliremo fra poco (nota 78) si dee far conto eziandio della influenza e concorso del fluido elettrico. Non è mio scopo di stendermi più a lungo sopra la teoria de' Vulcani, che ha stancata la mente de' più profondi Naturalisti, né di moltiplicare le prove di quella che abbiamo avanzata, pronti sempre ad abbandonarla qualora lo esiga la sicura guida della sperienza. Avvertirò soltanto che, se ho somministrato qualche principio in apparenza favorevole alla ipotesi dell'Autore, saprò prevenirne anche l'abuso in una maniera forse abbastanza convincente.

infiammabile: che ardono le due arie deflogisticata e infiammabile indipendentemente dall'atmosfera: che si fonde il ferro e si riduce in piccoli globetti nella sola aria deflogisticata chiuda dal mercurio: che i popoli infine, dirò così, delle miniere passano il giorno e le notti felicemente al pari di noi, se dobbiamo prestar fede ai Viaggiatori, malgrado l'angustia dell'ingresso e del sentiero, che guida senza il minimo incomodo il curioso Naturalista a quelle vaste gallerie illuminate a giorno.

§ LII. Ma intanto che uso si farà di questi fuchi sotterranei?[76] Si ripeteranno da loro unicamente con Pontoppidam e Franklin anche quei tremuoti di replicata scossa, che già (§ 41) dimostrammo non poter essere conseguenze della sola accensione dell'aria infiammabile? Ciò favorirebbe Wiston, che pretese essere ogni cosa lavoro del fuoco: ma se ne risentirebbe Talete, il quale pensò che tutte le pietre fossero generate dall'acqua, e sull'acqua similmente, al dir di Seneca, galleggiasse la terra. Io mi atterrò alla via di mezzo ben persuaso che, se alcune cose sono semplice lavoro del fuoco, ed alcune altre soltanto dell'acqua, il presente complicato fenomeno mal si spiega senza il simultaneo concorso dell'azione d'entrambi. Ciò si capirà fra poco, cioè quando avrò prima premessa altresì separatamente alcune poche osservazioni intorno agli strepitosi effetti dell'acqua investita a dovere dal fuoco.

§ LIII. Sarebbe desiderabile che i bagni russi s'introducessero anche fra noi, i quali sull'esempio d'altre nazioni ci siamo voluti scostare in ciò dalla provida costumanza degli Antichi. Soffrono ne' nostri bagni soverchiamente i fluidi del paziente, e, quel ch'è peggio, ne restano sempre attaccati ed estremamente rilassati i solidi stessi di tutta quanta la macchina: laddove ne' bagni russi l'energia, la forza, e la salubrità è sì grande che il corpo umano ne resta sempre rinvigorito e fortificato. Oltre di che il bagno russo è anche rimedio specifico e sicuro sopra ogni altro per li malori causati da violenti esercizi, per le contusioni, raffreddori, eccessi di cibo, di vino, di piacere ecc. il che non si può asserire né sì universalmente, né con egual sicurezza del bagno usato fra noi. Né ciò fia meraviglia per chi considererà consistere il bagno russo in un semplice attivissimo ed elastico fluido, che si ottiene dalla scomposizione dell'acqua operata secondo il bisogno in maggiore o minor copia, più o men rapidamente di 5 in 5 minuti dalle roventi lastre di pietra o di marmo, delle quali costa il pavimento sottoposto all'inferno.

§ LIV. Ma se questa portentosa conversione dell'acqua in fluido aeriforme è stata trascurata finora da' nostri Medici con pregiudizio gravissimo dell'Umanità, ella è però sempre stata l'oggetto della Fisica, ed ha fissato in ogni tempo costantemente lo sguardo di que' Genii sublimi, che furono sommamente cari alla Società, perché furono altresì sommamente fecondi d'interessanti scoperte e di utilissime combinazioni. Profittiamo pertanto delle loro indefesse fatiche e de' loro sudati cimenti.

§ LV. Che la forza espansiva de' vapori ottenuti dall'acqua opportunamente col fuoco sia di gran lunga superiore a quella della polvere similmente accesa dal fuoco lo provò il Musschenbroek, allorchè con 140 libbre di polvere non potè alzare che 30000 libbre di peso; e per lo contrario con 140 libbre di acqua ridotta in vapori ne alzò 77000. Hauhsbee, messe

[76] Ci infinghiamo d'avere nelle note precedenti dimostrato ad evidenza che non sussistono i pretesi fuochi sotterranei secondo la mente di Wiston e dell'Autore; e che se abbiano luogo, non producono al più che un vero Vulcano di corta durata nel Continente; più durevole e grande nei confini del mare; fuori de' luoghi vulcanici propriamente essi non sono che chimere e sogni (v. nota 78).

al confronto con ripetuto cimento le due dilatazioni suddette dell'acqua e della polvere, trovò che l'acqua si rarefaceva sessantatrè volte di più della polvere; donde risulta, dice M. Baumè nella sua *Chimica sperimentale e ragionata*, che, se si trovasse la maniera di ridurre subito in vapori una massa d'acqua, si avrebbero effetti sessantatrè volte maggiori di quelli, a' quali si estende un simil volume di polvere.

§ LVI. La macchina a fuoco usata nelle miniere di carbone per vuotare l'acqua ci somministra una nuova prova della portentosa forza espansiva dell'acqua ridotta in vapore. Secondo le osservazioni di un celebre Fisico l'elastico vapore sollevato in virtù del calore dall'opportuno ricettacolo esposto all'ultimo grado di fuoco spinge in alto il pesantissimo pistone dell'annesso cilindro con una forza eguale a quella del peso di una colonna di acqua di 22 piedi di altezza, e di una base eguale a quella del pistone medesimo, talmente che, supponendosi di un piede quadrato la base del pistone, se ogni piede cubico d'acqua si calcoli per 70 libbre di peso, la forza del vapore aerizzato e raccolto dentro al cilindro sarà capace d'innalzare 1540 libbre, agente sì smoderato che non è sì facile a trovarsi il compagno in Natura, specialmente se si osservi che i fondamenti del calcolo sono anche minori del giusto, come l'ha provato l'infausta occasione dei tubi di prova, de' quali suole in oggi munirsi detta macchina a fuoco.

§ LVII. Non ci sorprenderanno questi ed altri anche più portentosi effetti cagionati dall'acqua ridotta in vapore dal fuoco, se si rifletterà che nel vaso papiniano i vapori dell'acqua diventano sì caldi da fondere lo stagno ed il piombo. Anzi tai vapori potranno forse (Boerhciave, *Elem. Chy.*, P. II, p. 327; Musschenbroek, *Essai de Phyisique*, p. 434) riputarsi capaci dello stesso grado di calore del rame e del ferro in fusione, se si osserverà che l'acqua, essendo allora aerizzata, ha acquistato una gravità specifica 800 volte minore di prima; e dall'altra parte si sa che la elasticità de' fluidi è, al dire dell'immortale Newton, in ragione inversa della loro densità ed in ragione diretta della loro rarezza: ond'è che, dipendendo dalla forza espansiva dell'aerizzato vapore tutti i surriferiti risultati, ognun comprende che debbono essere immensi, perché immensa è la forza elastica acquistata improvvisamente dall'acqua nell'attuale scomposizione.[77]

§ LVIII. Ed eccoci, Monsignore stimatissimo, giunti insensibilmente al punto della proposta meta.[78] Richiamate pur ora alla memoria le epoche le più luminose di Fisica e di

[77] Non vuol negarsi la forza eccessiva dell'acqua ridotta in vapori; ma per produrre una esplosione è d'uopo che sia ritenuta da opportuni coercenti, e tali che possano essere superati dalla sua forza espansiva. Ne' Vulcani comunicanti col mare ne siamo convenuti anche noi; ma fuori di questo caso, non potendosi ammettere, come si è ripetuto le tante volte, i pretesi incendii sotterranei né i supposti ricettacoli opportuni, è chiaro che questa dottrina de' vapori acquei non può trasportarsi a spiegare tutti i tremuoti, come vorrebbe l'Autore. Peggio, se faremo vedere che in questa ipotesi le pretese forze e il materiale opportuno debbono ammettersi sotterra ad una profondità, in cui non può supporsi neppure la presenza dell'acqua stessa.

[78] Siamo al nodo principale della quistione. Io non pretendo di contraddire gl'ingegnosi principii di teoria del Nollet, di Dolemieu, dell'Autore. Farò vedere soltanto l'abuso de' principii medesimi nella loro applicazione. Né potrò meglio incominciare che colla grave ed autorevole sentenza di uno de' grandi Conoscitori viventi: «*Les Italiens usent de représailles; car si nos Minéralogistes cisalpins attribuent trop d'effet à l'eau, les Italiens expliquent tous les phénomènes des autres parties du Monde par les Volcans, dont ils étendent le pouvoir dans les pays, ou on n'en connaît point ou très peu*» (Ferber, *Lettres a M. de Born sur la Miner. d'Italie*, trad. par M. Le Baron de Dietrich, Strasbourg, 1776, p. 77). Codesto rimprovero cade tutto in acconcio nel nostro caso. Infatti la teoria dell'Autore è ammissibile nella spiegazione de' fenomeni dei tremuoti, che accompagnano le eruzioni vulcaniche, e noi ne siamo convenuti (nota 75). Ma il trasportare i Vulcani per tutt'altrove per ispiegare tutti i tremuoti questo è un abuso, un eccesso, in cui cade l'Autore non su di altro fondamento che quello di una fallacissima analogia; ed è ciò che io intraprendo a combattere. Primieramente io faccio una distinzione de'

tremuoti già prima dal Buffon accennata (II, p. 264) nella quale è forza che convenga chicchessia, cioè de' tremuoti, che accompagnano un Vulcano od una eruzione, e di quelli che non sono accompagnati da verun indizio di vulcanica manifesta eruzione; la distinzione non è arbitraria, ma è quella della Natura, per non avere atteso alla quale è nata molta confusione in questa materia. Il carattere de' tremuoti della prima specie, oltre quello di accompagnare le cause che producono i Vulcani e di derivar manifestatamente dalle stesse, si è che non si stendono che a picciole distanze, essendo interamente locali né oltrepassando mai al più i limiti del Paese vulcanico; inoltre essi si propagano presso che in circonferenza all'intorno del centro vulcanico; gli esempi di tali tremuoti sono così numerosi come le eruzioni notabili de' Vulcani, e buona parte de' casi dall'Autore accennati (§ LVIII-LVI) appartengono chiaramente a questo luogo; né dubito che i partigiani della elettricità e l'Autor del Discorso sieno per ripugnarvi: non avvi esempio, dice Buffon, che, per grandi che sieno state le vulcaniche eruzioni, si sieno giammai tali tremuoti fatti sentire ad una distanza di 300 o di 400 leghe. Ma l'altra specie è affatto dalla prima diversa e per gli effetti e assai più probabilmente per le cagioni. Essi non sono accompagnati da verun segno manifesto di Vulcano, o almeno negli effetti non si corrispondono, e si distinguono eminentemente pel loro terribile effetto di scuotere all'istante medesimo un tratto di terra vastissimo a differenza dei vulcanici. I più grandi tremuoti, che abbiano mai afflitto il globo terracqueo, quello dell'Asia e quello che i nostri Padri videro scuotere nello stesso istante l'Inghilterra, la Germania, e fin l'Ungheria (Buffon, l. cit., p. 265) e tanti altri, di cui rimangono i più funesti monumenti, appartengono a questa specie. Essi si stendono sempre per lo lungo, occupando come una zona o striscia di terra, e sono accompagnati da un romor sordo. Ma un'altra particolarità de' medesimi, che sembra meritar tutta l'attenzione, si è ch'essi non sogliono trascinar seco grandi rovine della terra, non uguagliando al piano le montagne né le valli spingendo in alto alla luce del giorno nuove Isole, nuovi Continenti, non producendo voragini o lagune smisurate, né mostrando insomma quegli effetti spaventevoli, che sono proprii degli incendii vulcanici, del fuoco, ma quelli bensì che si possono attendere da grandi crolli e scosse della terra, cioè atterramenti di Villaggi e Città, rotture di montagne, ecc. Codesti tremuoti sembrano comuni presso a poco indifferentemente alla più gran parte della terra. Vediamo ora che ne risulti da tali osservazioni. Se la causa de' tremuoti è uniforme, se tutti sono figli del fuoco sotterraneo congiunto alle acque sotto determinate circostanze, non dovrà il tremuoto essere più grande, più estesamente rovinoso ne' luoghi propriamente vulcanici di quello che in tutto il rimanente della terra, in cui non avvi verun indizio de' medesimi? Se i più grandi tremuoti debbono avere le più grandi cagioni, e perciò nella ipotesi i materiali più copiosi, i ricettacoli più vasti, ne viene che luoghi più opportuni, anzi unicamente tali per essere la sede de' più grandi tremuoti, saranno quelli che contengono le più grandi caverne, i più grandi vuoti, la più grande quantità di materie combustibili. Ora niuno è più ricco certamente di queste condizioni sulla terra del Paese vulcanico: dunque la sede de' più grandi tremuoti dovrebbe essere ne' luoghi vulcanici; eppure accade tutto all'opposto. I più grandi e tremendi sforzi di que' fuochi sotterranei non giungono appena generalmente a produrre il più piccolo de' tremuoti dell'altra specie; e questi nascono il più delle volte e si propagano per tratti immensi della terra, in cui non v'è vestigio, che pur li riavvicini in qualche conto all'apparato delle condizioni, che ne' Vulcani a larga mano si rincontrano. Dopo ciò si potrà egli sostenere e pretendere che le cagioni de' tremuoti sieno le medesime in tutti i casi? Si tenterà egli forse di eludere la forza di questa induzione col supporre che le cagioni sieno in quest'ultimo caso più profonde e lo sfogo minore? Indarno: perché se in questo caso il tremuoto, cioè l'effetto è più grande d'assai che non nell'altro, dunque anche la cagione debb'essere in proporzione più grande. In conseguenza a cose pari anche gli altri effetti corrispondenti, cioè quelli che sono proprii de' fuochi sotterranei o vulcanici, debbono essere più sensibili che non nell'altro caso. Quindi in questi grandi tremuoti dovrebbero, per esempio, insorgere nuovi Continenti, sprofondandosi gli antichi, là sollevarsi nuove montagne ed isole, qua sommergersi altre in voragini ed abissi, e spalancarsi sottovia qualche baratro di fuoco, ecc., quali sappiamo essere gli effetti de' fuochi sotterranei o vulcanici. Non mancheremmo insomma di rinvenire in ciascun tremuoto qualche eruzione semivulcanica, che indicasse lo sfogo del racchiuso elemento, né mancherebbe l'atmosfera di qualche intera provincia di riempirsi di quel fetore, ch'è proprio delle materie sulfuree, piritose, e combustibili, che si decompongono. Almeno poi dovremmo noi trovare sotterra a qualche profondità dei segni, delle reliquie, e degl'impronti, che il fuoco distruggitore lascia dovunque. In tale supposizione, giacchè i tremuoti sono comuni più o meno a tutta la terra, tutta la terra per conseguenza o quasi tutta dovrebbe essere più o meno vulcanica, e ciò non ammette replica. Ma non è questo un veleggiar contro la corrente, un estendere le forze di una potenza al di là de' propri confinii contro il buon senso e la sperienza? Non si verifica qui per l'appunto la sensatissima riflessione di Ferber? Discendendo ora a qualche particolare, sembra certo dal riflettere ai fenomeni di qualche tremuoto, e di quello di Rimini segnatamente, che un Vulcano possa dar l'origine alle volte a un tremuoto di questa specie, senza però esserne egli la cagione immediata; egli è la grande quantità di fluido elettrico, che insiem co' vapori rigurgita il Vulcano (Note 37, 75) la quale poi scoppia insiem al tremuoto. Ciò verificossi apunto nel caso di Rimini, e noi abbiamo già stabilita l'esistenza del Vulcano sottomarino (nota 27) congetturato dal Filosofo riminese. A proposito del quale tremuoto non debbo tacere una osservazione sfuggita in allora a questo Fisico, la quale assegnando al tremuoto riminese un luogo fra quelli della seconda specie, viene poi a confermare mirabilmente quanto abbiamo fin qui esposto. Ella è che il medesimo si è nella scossa propagato meridionalmente fino ad Osimo e Fermo, non già al di là, cioè fin dove incomincia il Paese vulcanico, non essendo la Romagna e la meteorologia, e di tutto ciò che si trova ne' pubblici fasti intorno alle rivoluzioni del globo cagionate da' tremuoti: la città di Lima, di Tauris, di Smirne, di Messina, di Norcia ecc. tante volte rovesciate presso che interamente: le montagne or fesse ora aperte in vaste e profonde voragini ecc.: gli Ossa e gli Olimpi in oggi disgiunti, ma uniti una volta; le informi scannellature che s'incontrano tratto tratto negli opposti dirupi altissime lungo le catene degli orridi Pirenei; il leggiero compenso d'un nuovo asilo agli abitanti della Danimarca dato all'impensata nei mari del Nord dall'irrequieta Natura, mentre che ella furibonda imperversa in quelli dell'Asia e devasta un'Isola fertile e deliziosa: le Santorini, che emergono dai flutti sotto agli occhi de' marinai, come riferisce Seneca, quando le antiche Isole popolose mancano sotto i piedi agli smarriti Mortali e restano sepolte profondamente dalle onde nei preparati abissi del sottoposto suolo fallace: i fiumi, che secco lasciando il profondo lor letto negano l'opportuno benefico influsso ai sitibondi vicini campi nel tempo stesso che i turgidi mari, sorpassando l'abbassato naturale riparo, investono qua e là per le sottoposte campagne le erte pendici, che lor sovrastano, e le affastellano rovinosi in un colle svelte querce. Né vi scordate dei popolati avanzi vulcanici del moltiforme arcipelago, degli spaventevoli Vulcani, che furono a quando a quando il fatale terror de' miseri Mortali, di quelle infocate piogge d'acqua, di cenere, di zolfo, di bitume, di liquidi massi pietrosi, che estendendosi lungi dal rovente smisurato cratere, portarono d'ogni intorno lo spavento, la desolazione, ed involarono la bella luce del gran pianeta alle sopraffatte pupille, che in pieno meriggio ne videro con ribrezzo annebbiato e sanguigno l'aspetto; che tutti questi ed altri moltiformi fenomeni, per istrani e portentosi che sembrino all'uman guardo indagatore, si spiegheranno facilmente a mio credere, purchè colle inesauste sorgenti di fuoco sotterraneo vogliamo noi combinare quel fluido maraviglioso, che falsamente gli Antichi credevano sempre suo capitale nemico.[79]

Marca per nulla affatto vulcaniche fino a quel limite; ciò che prova ch'egli non ha avuto veruna relazione coi fenomeni vulcanici né colle cause de' medesimi. Inoltre in questo tremuoto il luogo percorso dalla violenza dello scuotimento è stato quello, in cui non avvi il menomo indizio di caverna o di sotterranei condotti, ma che anzi, comecchè un litorale di mare, e perciò opera delle acque, è del tutto pieno per profondissimi strati deposti successivamente: quando all'incontro le montagne allo stesso littorale connesse e contigue, tuttocchè abbondantissime di piriti, di zolfo, di carbon fossile, non hanno risentito presso che nulla dalle scosse desolatrici, che devastavano intanto la sottoposta pianura. Non dee dissimularsi. Le grandi rivoluzioni della terra s sono estese ad una profondità, che quasi sparisce in confronto all'intero asse della terra. Eppure i tremuoti della seconda specie fanno man bassa quasi egualmente su tutta la terra, benchè le rivoluzioni operate se si vuole dal fuoco combinato coll'acqua si estendano a luoghi poco numerosi e a profondità esigue. Ora secondo il calcolo del celebre Stukeley un tremuoto, che possa muovere un diametro di 30 miglia di superficie, dee risiedere 15 o 20 miglia almeno al di sotto della superficie della terra, e in tal maniera dee muovere un cono rovesciato di terra solida, di cui la base è di 30 miglia di diametro, e l'asse di 15 o 20 miglia. Che sarà poi de' tremuoti, che possono scuotere all'intorno un diametro di 300 o di 800 e più miglia? (Stukeley, Phil. Trans. Abridg., l. cit., v. X). Ma cresce all'infinito la difficoltà se si consideri che a qualche profondità non s'incontra più neppur l'acqua stessa. Inoltre la resistenza del sovrapposto terreno non è già in semplice diretta ragione della sua altezza, ma bensì in quella che è composta dalla duplicata della coesione e triplicata dal peso. Una essapeda richiede una forza come 25:2 come 900; tantochè una resistenza di 5 essapede non è vinta che da una forza come 18250. Questa forza medesima lateralmente non è capace di vincere la resistenza di una sola essapeda. Per quanto sia grande la forza degli acquei vapori, per quanto si vogliano supporre opportune tutte le condizioni necessarie, per quanto si voglia prescindere dal riflettere alla difficoltà di conciliare i piccioli effetti de' nostri tentativi con quelli in grande della Natura, non si concepisce come possa imprimere ad un corpo inerte e discontinuo, quale è la terra, un moto così grande, così violento, e straordinario, quale fa d'uopo supporre in questa ipotesi. Sotto qualunque aspetto pertanto tale dottrina si riguardi, è manifesto che fuori del caso de' tremuoti vulcanici non si può trasportare a render conto di tutti gli altri tremuoti senza mancare alla ragione e alla osservazione costante de' fenomeni della Natura.

[79] Quanto l'Autore espone in questo e ne' seguenti paragrafi serve a spiegare i tremuoti vulcanici: ma non è applicabile in niuna guisa ai non vulcanici (v. nota 76). Di più le condizioni necessarie per produrre secondo una tale ipotesi i tremuoti, fuori de' luoghi vulcanici non si possono ammettere (v. nota 78).

§ LIX. E invero non è l'interiore del globo, al dir de' più profondi ed esatti Naturalisti, sparso qua e là come di gran laboratori di Chimica e pieno nel tempo stesso di serbatoi d'acqua piovana e non piovana? Ora qual ripugnanza v'ha di combinare insieme l'uno e l'altra per avere in grande quello che ci presentano in piccolo i nostri laboratori, allora quando si fa gocciare un poco di acqua nell'olio caldissimo o si gettano verticalmente due goccie tutto al più sopra del piombo o sopra del rame in fusione o meglio ancora allorchè si cola in un mortaio umido del sal alcali od ogni altro sale in fusione? Non getta l'acqua ridotta subitamente in vapori molto lontano le materie fuse ed i frantumi del recipiente, che le conteneva, con romore spaventevole e fatale agli astanti, come ne fa fede la storia lugubre di que' Chimici, che non furono abbastanza cauti nel cimentare? Supponiamo dunque senza pericolo di errare la somiglianza della causa composta, giacchè le parziali fuoco ed acqua sono le medesime, e spieghiamo con essa il tremuoto ed i fenomeni da lui originalmente prodotti.

§ LX. Nelle viscere della terra a diverse profondità vi sono caverne, gallerie capricciosamente ramificate in tutti i versi piene di un misto fluido aeriforme capace per li suoi componenti di dilatarsi prodigiosamente ed infiammarsi per mezzo del fuoco elettrico o delle piriti, che l'hanno somministrato o in gran parte. Risvegliata una volta la fiamma dee essa estendere il suo vigore e la sua forza su gli ammassi de' combustibili, che annidano in gran copia sotterra, ed investirli per maniera da formare un vero Vulcano sotterraneo, alla cui voracità se fia che ceda sottil parete di qualche opportuno serbatoio di acqua, si avrà la prima scossa per la totale e subitanea risoluzione della medesima in vapore sommamente sottile ed elastico. Nascerà poi la seconda e terza ecc. scossa, se vengano opportunamente consunte dal fuoco le pareti di un secondo, di un terzo ecc. piccolo serbatojo di acqua; oppur nascerà anche la seconda e terza ecc. scossa, se aprasi un secondo e terzo ecc. serbatojo per l'urto violentissimo della prima e seconda ecc. subitanea scomposizione dell'acqua, che ha scosso per la prima, per la seconda volta ecc. la terra: o infine la seconda, terza ecc. scossa, se il primo serbatoio che si apre sia assai grande e disposto in maniera da divider le sue acque non mai per altro in dose soverchia, ad un solo Vulcano sotterraneo diversamente ramificato, ossia diviso in varii cavernosi seni tutti pieni di rovente ed infuocata materia.

§ LXI. Le scosse cagionate dalla repentina immensa forza espansiva del fluido aeriforme racchiuso saranno uguali o disuguali, periodiche o non periodiche, secondo che uguale o disuguale, periodica o non periodica sarà la quantità o dell'acqua o del fuoco da essa incontrato.

§ LXII. Il nuovo elaterio del composto fluido aeriforme prodotto dalla scomposizione dell'acqua, dovendo spinger subitamente ed urtare con immensa violenza contro la minor linea di resistenza del suolo che sovrasta, non potrà non fare ondolare quegli edifizi, che corrispondono alla parte urtata improvvisamente e respinta, in quella maniera appunto che suole accadere in que' corpi molto lontani dal centro del moto di oscillazione. Che se nel tempo che si sta compiendo questa quasi regolare oscillazione, ossia moto *ondulatorio*, si effettui altra espansione sotterranea diretta ad urtare nel luogo medesimo e contro la stessa linea di resistenza, si avrà quel moto chiamato comunemente *succussorio*, ossia di *succussione*, il quale, trovando gli edifizi colla linea di direzione più o meno lontana dal centro, dee altresì più o meno scompaginarli in tutto od in parte, e ciò anche secondo che le loro parti si troveranno più o meno collegate.

§ LXIII. E siccome non è già lecito supporre tutto il suolo, che sovrasta alla caverna, composto degli stessi strati, e tutti egualmente coerenti in ogni lor parte, anzi neppur le volte medesime de' grandi serbatoi dell'infocato fluido aeriforme possono supporsi tali, dovendo esser molto informi e mal combinati in tortuosi seni; così la spinta cagionata dalla violenta ed immensa dilatazione del fluido aeriforme né potrà determinarsi con eguale veemenza verso ogni parte della volta cavernosa né potrà incontrare da per tutto eguale la linea di resistenza, Donde chiaramente s'intende come due Città, per esempio, molto distanti fra loro possano essere assai maltrattate dal tremuoto, nel mentre che i Paesi collocati fra le medesime sperimentano appena la presenza; siccome altresì a quante eccezioni ed equivoci possano essere soggette le osservazioni sismografiche per fissare la direzione e la sede di un tremuoto.

§ LXIV. Se succeda per avventura che qualche parte del suolo sovrapposto al sotterraneo Vulcano formi una brevissima linea di resistenza, come sarebbe una montagna quasi affatto vuota, il fluido aeriforme dirigerà allora la sua forza smaniante piuttosto contro questa parte che altrove, e si aprirà, quando l'igneo elaterio si aumenti per maniera da superarne la resistenza e la coesione, un libero passaggio attraverso la terra; e lasciando cadere nel cavernoso infocato seno una parte de' corpi incontrati, scaglierà il rimanente sulla faccia della terra a grandi distanze dal nuovo cratere vulcanico a noi visibile per la prima volta; cioè si avrà un vero Vulcano, il quale seguiterà le sue eruzioni, se meno non verrà il sotterraneo suo pascolo, e darà fine al tremuoto, come sappiamo essere accaduto più d'una volta, quando peraltro tutta l'ignea elastica materia spinta dal sottoposto centro del fuoco possa passare liberamente, a misura che si forma, per l'aperta voragine: perché in caso diverso converrà che seguitino le scosse, le quali potrebbero perciò chiudere nuovamente la bocca del Vulcano ed impedire, almeno per qualche tempo, ogni eruzione ed il fischio, che d'ordinario la accompagna.

§ LXV. Io non mi dilungo di più nell'esporre e spiegare colla combinazione del fuoco coll'acqua altre conseguenze del tremuoto, perché di minore importanza; e perché le dedurrete di leggieri voi stesso, gentilissimo Monsignore, da quel che si è detto finora, specialmente se osserverete che non può l'acqua combinata col fuoco rivolgersi improvvisamente in elastico vapore senza produrre un orribile scuotimento in tutta quanta la sovrapposta linea degli strati e degli edifizi corrispondenti al luogo della chimica scomposizione dell'acqua, in quella maniera appunto che sappiamo per esperienza accadere, allorchè s'infiamma l'oro o la polvere fulminante, o si dà fuoco ad una mina, a un'arma da fuoco, dal cui rinculamento piacque al Sig. Abate Colomb appoggiato all'esperienza di Baumè di ripetere unicamente il tremuoto e le fatali sue conseguenze: osservazione, che unita alle passate ed a quanto si trova registrato nelle storie di tutti i tempi dà in certa maniera qualche aria di tesi a quanto non si è finora portato che sotto aspetto ipotetico.

§ LXVI. Per verità quel tremuoto orribile, che scosse fieramente nello scorso secolo le vicinanze dell'Etna per lo spazio di tre giorni, e fu foriero di quel fiume di fiamma e di cenere, che videsi il quarto giorno impetuosamente sgorgare dal cratere di quel mongibello; quell'odor sulfureo, che esalava la terra l'anno settimo di Giustino Cesare nel tempo che crollava Antiochia con desolazione presso che universale degli abitanti; quei due monti della campagna modonese riportati da Plinio, che con istrepito orrendo saltellando e scostandosi a vicenda diedero libero passaggio ad una tetra infocata nuvola sotto agli occhi di molte Famiglie e Cavalieri romani, e di altri Viaggiatori radunati in pieno giorno nella grande strada Emilia; quella fiamma infine e quella materia bianca, fluida e bollente, che videro l'anno 1755 i pallidi, e costernati Cittadini di Lisbona scaturire qua e là da roventi seni profondi della terra prima scossa orribilmente e quasi scompaginata da ripetuti tremuoti, altro non mi sembrano che le immediate conseguenze del divisato igneo elaterio formato dentro ai gran laboratori della terra e preparato dalla Natura per annunziare di tempo in tempo a' miseri Mortali il terrore e la strage, e per ingojare i tiranni ed i malvagi, siccome dicesi essere accaduto anche il mese di Maggio 1784 al nuovo Pacha d'Erzerum in Armenia, ed a 500 soldati che lo seguivano.

§ LXVII. Anche Dolemieu Naturalista profondo e veramente illuminato, ricorrendo ai fuochi dell'Etna per ispiegare l'ultimo luttuoso quadro della Calabria, non mostra certamente di rigettare la somiglianza delle operazioni chimiche de' nostri laboratori e di quei della natura;[80] se non che in questi spiegano più ampiamente tutta la loro forza ed energia quelle leggi medesime, che ne' primi l'arte assoggetta sagacemente, tempera, e modifica per farle servire a talento ai nostri bisogni e piaceri. La descrizione poi del Vulcano di Stromboli fattaci dai più veraci ed oculati Naturalisti mostra esser troppo grande il rapporto, che passa tra certi risultati funesti de' nostri laboratori con quelli de' fuochi sotterranei per non adottare la dottrina semplice e naturale che gli spiega. Sentitene un breve detaglio.

§ LXVIII. Ha egli per passaggio della fiamma e de' corpi solidi e fluidi un'apertura cilindrica, la quale è chiusa quasi periodicamente di tempo in tempo dalla discesa verticale dentro al cratere dei massi pietrosi or duri e insiem collegati, ma molli e fusi, allorchè furono sospinti in alto dalla veemenza dell'infocato fluido aeriforme. Che il centro del suo gran focolare sia poco sotto al livello del mare,[81] e che da questo specialmente riceva nel tempo dell'orgoglioso e turgido flutto quell'acqua, che è necessaria a far nuove eruzioni ed a scuotere anche la terra se saldo sia il fortuito coperchio pietroso, parmi che lo decida francamente non solo quell'acqua sorgevole a' pie' dell'Etna non servibile, se non prima raffreddata, agli abitanti quando s'incontra verso la metà della montagna altra sorgente fredda, dolce, leggiera, e buonissima a beversi; ma ancora la varietà notabilissima osservata dal più volte lodato Dolomieu tra le eruzioni dell'estate e dell'inverno, tra il tempo della calma e della tempesta, passando una costante corrispondenza tra le viscere del mare e quelle del Vulcano.

§ LXIX. Il Vesuvio pure ha la sua comunicazione col mare,[82] e da lui riceve gran parte del suo alimento secondo le osservazioni del grand'Amilton e di que' molti Professori, che hanno mai sempre illustrato ed illustrano anche attualmente la bella deliziosa Napoli vostra Patria. Mi faccio un dovere di esporvi in conferma del loro parere e del mio assunto il risultato di alcuni Saggi su certo prodotto del Vesuvio suddetto, il quale mi procurò il Sig. Gioseppe Meli (Chimico di grande e giusta fama in questa Dominante) da *Mr. Albanis Beumont, Architecte ingènieur pensionè de sa Majestè le Roi de Sardaigne, et professeur de Mathemaque de son Altesse Royale le Prince Weillam de Gloucester*, dal quale però credo di

[80] Quando Dolomieu si appigliò a quella teoria egli aveva sott'occhio i fenomeni vulcanici e i tremuoti che gli accompagnano. In questa categoria non entrano tutti i tremuoti (v. note 76 e 78).

[81] Ottimamente: lo abbiamo già notato anche noi (nota 75) del Vesuvio ecc., e conferma mirabilmente i principii da noi stabiliti. L'Autore lo torna a confermar più sotto. Ed io tengo per verità dimostrata che il pascolo principale de' Vulcani venga loro dal mare somministrato (nota 75).

[82] Vedi quanto noi ne abbiamo detto di sopra, nota 75.

dovervi prima trascrivere la fedele traduzione, che mi favorì egli stesso di suo proprio pugno.

§ LXX. *J'ai monté le Vésuve le 14 janvier 1787, et malgré le jet de feu, qui était plutôt considérable ce jour-là, la lave s'étant ouvert un passage aux deux tiers de la montagne j'ai pu pénétrer jusque dans le cratère ou je n'ai pu rester que 9' seulement à cause du vent, qui ayant changé faisait pleuvoir une grêlé de pierres enflammées si proche de moi que je pus en percer une avec ma canne. Mais ce qui m'a frappé le plus ç'a été une grosse pierre jaune, qui tomba tout près de moi. J'en fis prendre par mon guide un morceau, qui etoit d'environ un pied cube. Arrivé a Naples a 2 heures du matin je mis ce morceau de pierre dans la chambre ou je couchis, et le lendemain j'observai que cette pierre avait perdu le farineux, qu'elle avait la veille, et le second jour elle était absolument humide, et depuis ce moment-là elle a jeté continuellement pendant 15 jours une liqueur jaune très riche, et m'en a donné deux pintes.*

§ LXXI. Lo zucchero di Saturno infuso nel portentoso fluido vulcanico diede un precipitato bianco, che non mutò mai di colore, sebbene sia stato da me conservato lungo tempo e lavato più volte coll'acqua. Donde mi parve di potervi inferire la presenza dell'acido marino già indicata chiaramente dall'odore caratteristico di un tal acido, che tramandava copiosamente la semplice dissoluzione vulcanica seguita senza dubbio per la grande affinità che aveva il suo acido coll'umido dell'atmosfera. Mi confermai vie più in questa opinione, allorchè, infusa la dissoluzione di nitro lunare nel detto fluido vulcanico prima dilungato con acqua distillata e feltrato, vidi precipitarsi costantemente l'argento in luna cornea. La scarsezza di un tal fluido mi vietò ulteriori cimenti al mio proposito, tanto più che se n'era già consumata una parte per dimostrarvi la presenza del ferro, che prontamente si ottenne coll'alcali flogisticato, che precipitò copiosamente in azzurro, e colla infusione della tintura di galla, la quale si depose in forma di polvere nera e diede il solito disgustosissimo sapor d'inchiostro.[83]

§ LXXII. Ma o si ripeta un tal acido immediatamente dal mare, in cui si ritrova saturo di calce, o combinato in forma di sal neutro con una specie di sal alcali e gli dà la salsedine; oppure si derivi da altre acque, che se non comunicano col mare, attraversino almeno le miniere di sal gemma, egli è certo che i saggi fatti avvalorati dalla costante osservazione che i più celebri Vulcani ardono mai sempre in vicinanza del mare e di altre sorgenti di acqua, e che molti dei già estinti si sono convertiti in laghi perenni, come è successo a Castel Gandolfo, a Nemi ecc., bastano per sempre più ampiamente convincerci della scomposizione dell'acqua operata dai fuochi sotterranei, ed a giustificare in conseguenza que' principii, che io ho assunti, per rendervi, gentilissimo Monsignore, men oscuro un fenomeno, che ha sempre imbarazzato i Fisici; assicurandovi per altro che quanto vi ho esposto in questa mia Memoria l'ho avventurato unicamente per compiacervi pronto sempre ad abbandonare quel che mi hanno permesso di scrivere le angustie del tempo, tosto che il richieda con ispargere nuovi lumi la non fallace esperienza.[84]

---

[83] Io stesso mi sono assicurato della presenza dell'acido marino in un pezzo di cenere, o scoria vulcanica, la quale edotta dal vaso, in cui era rinchiusa da qualche tempo, diventava deliquescente, imprimendo sulla lingua un gusto subacido e mandando l'odore dell'acido marino. Il che conferma i principii dell'Autore e i nostri proposti altrove (nota 75).

[84] Il fine primario di tutte le discussioni non è quello di garrire o illudere all'aspettazione del Pubblico con alterazioni polemiche e per lo più *ad hominem*; ma di rischiarare e stabilire delle verità, atterrando i pregiudizi e gli errori. Tale è stata la mente del chiarissimo Autore, di cui abbiamo preso a comentare l'Opuscolo, e tale è la nostra.

Indicazione delle cose più notabili
contenute nel Testo e nelle Note.
I numeri romani il Testo,
gli arabici indicano le Note

A

Quindi è che nel decorso di queste Note ci siamo attenuti semplicemente alla guida del fatto e della ragione, e che perciò ci vediamo in diritto di trarne alcune deduzioni generali, sul merito delle quali il Pubblico potrà decidere.

1°. Che non vi ha neppure una prova diretta con cui escludere dalle cagioni del tremuoto la elettricità.
2°. Che anzi ci sono degli argomenti d'ogni maniera diretti ed indiretti, che dimostrano il concorso di questa potenza nella produzione del fenomeno.
3°. Che si dee fare la distinzione di due specie di tremuoti ben diversi fra di loro, gli uni vulcanici e figli delle cause produttrici de' Vulcani, gli altri insigni per effetti massimi e straordinari, che alla sola potenza elettrica si possono riportare.
4°. Che né le piriti né i fluidi aeriformi svolti sotterra non possono ammettersi nel senso, in cui vorrebbe la ipotesi, né sono cause capaci a produrre i grandi fenomeni de' tremuoti.
5°. Che non sono né provate né ammissibili in verun conto le pretese caverne, baratri, e ricettacoli sotterranei, quali fa d'uopo supporre nella ipotesi pneumatica.
6°. Che l'Autore non ha soddisfatto al rigore e alla precisione delle dottrine chimiche su questo articolo, e che la vitriolizzazione è in tutto rigore un *processo flogistico* di Priestley, ossia una combustione ecc.
7°. Che la teoria di Nollet, di Dolomieu, dell'Autore è finora del tutto gratuita, e che si può ammettere soltanto la più nello spiegare i tremuoti vulcanici.
8°. Finalmente che la teoria delle deflagrazioni vulcaniche è connessa con quella della scomposizione dell'acqua, e che il principale pascolo de' Vulcani vien loro somministrato dalle acque del mare.

C

E

F

M

P

S

T

V

STRUTTURA
DELLE MONTAGNE

30 dicembre 1781	Galizi Deodato	Osservazioni sulle caverne naturali dei Monti dell'Istria

Archivio Storico dell'Accademia Nazionale Virgiliana di Mantova, Dissertazioni Accademiche, Storia Naturale, busta 44/13.

La Storia naturale ha tanti rami, ed ognuno di essi è sì ampio, ed esteso, che sarebbe una vana lusinga il pretendere di conoscerne profondamente ogni minima parte. Almeno per me sarebbe questa una troppo ardita pretensione. Quindi è, che sebbene le mie occupazioni siano per la maggior parte indirizzate a vagheggiar le bellezze della natura, non hanno mai avuto uno scopo sì alto, ed eminente, e sebbene non abbia trascurata occasione di procacciarmi la più perfetta notizia delle infinite cose, che la Storia naturale comprende, mi sono però applicato con più d'impegno a conoscere le rarità del paese che ho avuto ad abitare. Ma Ella già comprende, che io le voglia parlare di qualche singolarità osservata nella provincia dell'Istria. Così è per l'appunto. Sono ormai quattro anni, dacchè mi trovo in questa parte di mondo, e in tale spazio di tempo ho a varie riprese visitato la maggior parte della provincia in compagnia del Sig.^{re} Pietro Turini Tenente degl'Ingegneri, e noto già a Letterati per le sue opere di Matematica, e Fisica, avendo per principale oggetto la Mineralogia, ma senza trascurar le altre cose, che fossero degne di osservazione.

Una fra le molte delle quali mi riservo a darle conto in altra per me più commoda circostanza, sono le immense cavità simili a profonde voragini, che quasi ad ogni passo si incontrano ne' monti dell'Istria.

Queste nel dialetto del paese si sogliono chiamare <u>Foibe</u> con voce latina corrotta secondo il sentimento del Chiar. Sig. Abate Fortis espresso nella lettera crittografica, che a Lei diresse, e che ora si legge negli opuscoli scelti di Milano.

Una minuta e circostanziata descrizione di queste sotterranee Foibe dovrebbe precedere a tutto ciò, che mi sono proposto di parteciparle. Ma come ottenerla, se sovente sono per la loro struttura inaccessibili, e per l'oscurità che vi regna inosservabili? Ve n'hanno alcune, alle quali con qualche incommodo è libero l'accesso, ma di rado fino al fondo, perché vi sono alcuni siti, ne' quali lo spavento ferma il piede al più ardito osservatore. Anzi fa sempre d'uopo usar delle cautele per non inciampar in qualche periglio. Io, oltre la guida de' paesani, che ne hanno qualche cognizione, soglio servirmi di un sasso, che scaglio quasi radente il suolo a piccola distanza, sicchè o l'occhio, o l'orecchio possa discernere ove andò a fermarsi. Diriggo a quella volta il mio cammino, e tante volte rinovo questo procedimento, quante ne può esigere la condizione del luogo. In questa maniera posso talvolta penetrare oltre 110 passi, e giunto, ove mi manca il coraggio di procedere innanzi, ma non il desiderio di osservare, lancio un sasso, ponendomi la mano al polso per rilevarne meglio, che sia possibile la rimanente profondità. In una di queste il sasso urtò più volte ed impiegò quasi dodici secondi a percorrerla. Replicai l'esperimento, e il risultato non ebbe divario rimarcabile. Ora ammettendo la Legge Galileana, che i corpi in forza della loro gravità accelerino cadendo il loro moto in ragione de' numeri dispari, e che nel primo secondo percorrano uno spazio di 15 piedi, la profondità sarebbe di piedi 2095, e detraendo cinque secondi per il ritardamento, che i varj urti possono avergli cagionato, si ridurrà a piedi 720. Profondi abissi, esclamai allora fra me stesso, voi dovevate essere le delizie del faticoso Woodvard per ben architettare il sistema dell'interna struttura del nostro globo. Non è egli esso, Chiariss.^{o} Sig.^{re}, che dalla varia disposizione, ed indole degli strati avrebbe potuto trarre più solidi fondamenti al suo sistema. Non sono però tutte egualmente profonde, altre più, altre meno inabissandosi, ma trovansi in tutte de' ghiacciuoli petrosi, ovvero stalattiti con mirabile maestria disegnati da potersi a ragione paragonare a quelli, che si vedono nelle grotte di S. Servolo, di Verteneglio, e di altre celebri nella Storia. L'apparenza loro somigliantissima alle altre mi ha trattenuto dal cimentarle all'esperienza per conoscerne le parti componenti. Esca ora da queste cupe prigioni per rimirare esternamente uno spettacolo non meno sorprendente, che vero. In alcune situazioni i monti dell'Istria sono talmente disposti, che serrano da ogni banda la valle sottoposta, dove per conseguenza l'acque primarie si adunano in gran copia, e si formano de' laghi, che difficilmente potrebbero asciugarsi senza qualche sotterraneo emissario. Le Foibe sono a tal'uffizio destinate dalla provvida natura, la quale di queste si serve per assorbire l'acqua nelle valli raccolta, e lasciar libero l'accesso agli armenti, che vi pascolano. Fin qui nulla vi è, che meriti l'attenzione di Lei. Quando però l'acque piovane cadono precipitosamente da vicini monti, e quasi all'improvviso ne riempiono la valle, allora spesso accade, che l'aria addensata della Foiba reagisca con tal forza, che l'acqua anzi che precipitar al fondo resti sospesa sull'orifizio della Foiba, e vorticosamente agitata. In queste circostanze i pastori forse con miglior previsione di quella, con cui i Turchi, e Dalmatini adottavano il costume di presentar le punte delle loro spade ai Tifoni, e Trombe marine, sogliono scagliarsi de' sassi là dove l'acqua in giri vorticosi si muove. Il sasso col suo peso superando la forza della resistente aria, e sconcertando l'egualità dell'azione, e reazione dà adito all'aria di scappar fuori, all'acqua di penetrar al di dentro, e nell'istante medesimo cagiona un rumore simile ad una cannonata, che è un effetto dello sforzo dell'aria. La qual cosa serve di passatempo ai pastori, e nell'istesso tempo reca un notabile vantaggio per il sollecito asciugamento della valle.

Da qual causa poi ebber origine tante centinaja di profonde voragini? Questo è certamente un riflesso, che naturalmente si presenta ad un filosofo, il quale osservi l'Istria quasi tutta profondamente cavata sotto i suoi monti. Io non ho intenzione di stabilirla, perché non mi piace formare sistemi in Fisica, che siano soltanto giuochi d'ingegno. Pur troppo è vero, che i più plausibili raziocinj spesso vengono smentiti dal fatto, e che sovente la natura inesorabile ricusa di accomodarsi ai nostri male immaginati sistemi. Niun indizio, per quanto io sappia, si trova presso gli Storici antichi, e moderni della provincia, che tocchi anche di volo il tempo della formazione, non dico di tutti, ma neppure di un piccol numero di questi profondi abissi. In tanta oscurità di cose è al più premesso di congetturare, ma non mai di decidere. A me sembra, riflettendo principalmente sul luogo, ove esse cavità si trovano, che siano effetto di qualche violentissimo rovesciamento di questo nostro globo. Osservo in fatti, che di un numero quasi sterminato di simili Foibe, pochissime ve n'hanno sotto i monti principali dell'Istria, i quali, se ammetter vogliamo l'opinione di Monsieur Bufon, noverar non si possono fra i primitivi. I monti del Carso, i quali da una parte piegano verso l'Istria, e la Croazia, dall'altra verso il Friuli, sono di terra calcaria di varia durezza, e colore, e non d'indole granitosa, come esser debbono i primitivi secondo il sentimento del citato Autore nelle sue epoche della natura. La maggior parte delle sotterranee caverne incontrasi sotto il Carso da quella parte, che riguarda il Mare, e principalmente ne' luoghi più alti, e ne' monti immediatamente sottoposti. Questa osservazione mi guida a pensare, che un qualche gagliardo sconvolgimento del globo svellendo dal Carso vasti ammassi di pietre abbia nell'istesso tempo formato le vicine montagne e le sottoposte Foibe. Infatti quando uno scoglio smembrato, dirò così, dal suo tronco, per la configurazione sua, e del vicino terreno non combacci perfettamente, un vacuo restar vi deve proporzionato al difetto di unione, e combacciamento. Questa mi sembra la più natural origine di quelle immensità di cave, di cui ora favelliamo.

A qual tempo poi riferiremo cotali avvenimenti? Incertissima è in così fatte materie l'indagine nostra senza il soccorso di qualche istorico monumento, e perciò volendo qui rintracciare l'epoca della prima loro origine, dovrei piuttosto farla da indovino, che da ragionatore. Nulladimeno se fosse lecito azzardare qualche congettura io inclinerei a supporre queste interne cavità formate nell'universale innondazione di questo globo piuttosto che in qualunque altro tempo. La forza de' vulcani per quanto eccessiva ella sia, non può mai estendersi a cagionar un effetto così grandioso. La Giamaica, e molti altri luoghi, dove sono frequenti i vulcani, e violente le loro eruzioni, ne provano bensì delle funeste conseguenze, ma non soggiacquero mai ad una alterazione così estesa. La qual cosa se anche accader potesse per forza de' vulcani, come parve aver sospettato il celeberrimo Starvey colla ricerca, che fece all'eruditissimo Sig. Marchese Girolamo Gravisi, se si avessero notizie di antichi vulcani, non potrebbe aver luogo nell'Istria, dove non si ha alcun vestigio certo di monti ardenti, e solo si sospetta, che uno ve n'esistesse verso Albona su i confini della provincia. Forse potrebbero queste sotterranee caverne esser opera di qualche violentissimo terremoto. Non ignoro qual sia la possanza de' terremoti, anzi lo spirito innorridisce alla rimembranza de' suoi terribili effetti. Oltre gli altri tremendi fatti anticamente accaduti mi ricordo, che il Promontorio Flegio in Etiopia per un'orribilissima scossa di terremoto sparve all'improvviso, e la terra perfettissimamente si coprì di esso. Contuttocciò quando si abbia riguardo al numero grande delle cavità, che si osservano nell'Istria, e ai segni esterni del disequilibramento, e conseguente rovina degli strati, che da ogni passo s'incontrano, come egregiamente notò Abate Fortis, non parrà irragionevole il negare, che qualche terremoto abbia potuto influire alla prima loro formazione. Riconoscerei piuttosto i terremoti per causa di quegli sprofondamenti, che frequentissimi si vedono per tutta la provincia, ma principalmente viaggiando da Trieste a Duino, e da Dignano in Albona. Imperciocchè nelle gagliarde concussioni possono facilmente gli strati sconnettersi, e conseguentemente precipitar al basso là dove li chiama, e spinge il proprio peso ad occupar il vacuo sottoposto. Questi abbassamenti, che dagl'Istriani chiamansi Dolline, rappresentano cavità di figura conica in maniera che il vertice è al fondo, e la base verso la superficie della terra. La loro figura però non è perfettamente conica, ma piuttosto simile ad un cono troncato, ed avvi per conseguenza al fondo uno spazio ora più, ora meno esteso, coperto di terra, che da questi abitanti diligentemente si coltiva. Quel che più sorprende, vi è l'invariabile loro costruzione, e la fertilità meravigliosa di que' fondi, la quale può dipendere dall'indole della terra, che contengono, o dall'acque piovane, le quali scorrendo per i lati portino incessantemente al fondo qualche ottimo concime.

È poi cosa naturale il credere, che queste sotterranee cavità siano altrettanti Idrofilaij, ovvero magazzini d'acqua. Imperciocchè i fiumi, che inafiano le regioni o abitate, o abitabili nascono quasi tutti dal vuoto fondo de' monti. Il Reno, la Rhona, il Danubio nascono dall'Alpi, che sono i grandi serbatoi d'acqua in Europa. I monti della Luna piantati nelle ardenti arene dell'Africa danno origine al Nilo, al Negro, e ad altri grossissimi fiumi, che bastano ad umettare quella vastissima arsa regione, e nell'istessa guisa il gran fiume delle Amazoni, e gli altri immensi letti d'acque necessari al bisogno del vastissimo continente dell'America meridionale prendono la loro origine dalle montagne denominate les Andes. Nel caso nostro è certo intanto, che al monte maggiore avvi una Foiba di non piccola estensione, e che ai piedi di quel monte scaturisce l'Arsa fiume celebre nelle Storie. Sappiamo pure con eguale sicurezza, che in moltissime Foibe si ode un rumorio d'acqua sotterranea, e che nella pianura di Lanischie l'acqua piovana, che vi si raccoglie, svanisce in poco tempo per gli screpoli della terra. Vi sarà dunque qualche sotterraneo ricettacolo bastante a contenerla. Posto ciò, chi potrebbe ricredere al Sig.[re] Ab. Fortis, il quale così le scrive nella citata lettera orittografica: una tale costituzione sotterranea deve necessariamente produrre la totale mancanza d'acqua corrente, e di fontane ne luoghi elevati. Il raziocinio appaga, ma non vi corrisponde il fatto, che in simili materie è il più convincente argomento. Riuscirebbe e superfluo, e nojosa una minuta narrazione di tutte le acque correnti, e fontane sparse nell'Istria alta, perché ad escludere la totale mancanza basta far menzione di alcune poche. Il Quieto, ed il Risano sono pur tante acque correnti, che bagnano una gran parte dell'Istria superiore. Rispetto poi alle sorgenti, io posso assicurare il Sig.[r] Ab. Fortis, che nel territorio di Pinguente, e nel Marchesato di Pietra pelosa non vi è villa, la quale non abbia una o più fontane perenni. Così per esempio in Rajevaz due ve ne sono, una delle quali è così fredda, che riesce pericoloso all'economia animale il beverne l'acqua appena uscita. In alcuni luoghi sono le sorgenti così copiose, che bastano al bisogno di un'intera popolazione, come è quella che si trova in mezzo alla parrocchia di Lanischie. Anzi a Carniza, villa immediatamente sottoposta al Carso, due sorgenti si vedono così abbondanti, che servono anche di sovverchio al lavoro de' Mulini. Questi sono fatti così certi, ed incontrattabili, che non si possono in alcuna maniera rivocare in dubbio, e molto meno confondere col totale asciugamento del Lago di Jezero, di cui parla ne' suoi viaggi di Dalmazia il sopraccitato Scrittore. Mi lusingo però di non meritare la di lui disapprovazione, se mi sono fatto lecito di scoprire un suo sbaglio in materia di fatto. La sua induzione non era finalmente mal appoggiata (sebbene a ragionar con aggiustatezza avrebbe egli dovuto piuttosto dedurre la mancanza d'acqua ne' luoghi più bassi, perché le Foibe assorbendola nella parte superiore, e conducendola sotterraneamente fino al Mare debbono cagionare la penuria nella inferiore), e tutto il male consiste nell'aver in maniera troppo assoluta dedotta dalla costituzione dell'Istria la totale mancanza d'acqua corrente, e di fontane senza aver confrontato il raziocinio col fatto.

Trarrei piuttosto un'altra conseguenza, la quale, da quanto ho potuto rilevare, non discorda dalla Storia delle Istriane cose. Direi, che una tale struttura delle parti inferiori reca all'Istria il notabile vantaggio di non essere molto frequentemente, e violentemente molestata da terremoti. Se v'hanno de' luoghi, a' quali per la loro costituzione sono quasi familiari, non è improbabile, che altri ve ne siano difesi in parte per la medesima ragione. Qualunque sia la causa de' terremoti, facilmente si concepisce come un sito cavernoso possa influire a debilitarne la forza, e il vigore. Siano un effetto d'acqua, che impetuosamente si dilata lo sforzo, che ella esercita contro tutto ciò, che le resiste si aumenta in proporzione della resistenza. Portentosa, lo confesso, si è la dilatabilità dell'acqua, anzi è tanto grande, che supera quella dell'aria, come nelle fisiche sperienze si prova (Nollet, Tom. 4 p. 55). Da ciò nasce che l'Istria non può andar esente dal flagello de' terremoti ma sarà, sempre vero, che il vapor dilatato trovando minor resistenza in questi cavernosi monti pieni di spiraglj, e di comunicazioni coll'aria esterna, agir dee con assai minor gagliardia. Lo stesso dicasi, se si ripetano i terremoti dallo sforzo di un'aria rarefatta, e dall'accensione di materie infiammabili, perché anche in tal caso l'aria avendo maggior spazio, ove espandersi, e il fuoco minor concentrazione, dovranno e l'uno e l'altro premere con minor grado di forza le adiacenti parti. Meglio però sembrerà appoggiata la mia deduzione, quando si adotti il sentimento di Plinio (*Quid enim aliud est in terra tremor, quam in nube tonitra*), cioè a dire si riconosca per causa de' terremoti l'eletrico fuoco. Egli è vero, che queste sotterranee caverne sono in gran parte incrostate di Stalattiti, come di sopra ho notato, che essendo d'indole coibente potrebbero servire all'addensamento dell'eletrico sprigionato vapore. Ma nel caso nostro queste poco ostano al suo facile disperdimento. L'aria umida, che vi regna, e i numerosi spiragli di queste caverne possono dare all'agilissimo elemento un sufficiente sfogo. Aggiungo, che ad impedirne l'accumulamento moltissimo contribuiscono le correnti

d'acqua, che dal basso fondo di quelle voragini, si estendono fino al Mare (nel riflusso dell'acqua al lido del Mare molte sorgenti d'acqua dolce). Così per esempio l'acqua che corre nella Foiba di Pisino ha comunicazione colla valle di Leme. Per queste acque, che formano un continuato deferente, quale immensa copia di eletrico vapore non si disperde! Assai più dai fatti, che dai raziocini si avvalora la mia congettura. Pochissimi sono i terremoti, di cui ci fa menzione la Storia, e i loro effetti ci vengono rappresentati di gran lunga inferiori a quelli, che anticamente afflissero le vicine regioni. Ma senza rimontare a cose tanto rimote a me sembra, che basti riflettere sugli avvenimenti dell'anno corrente. Ella ben sa come in quest'anno infuriarono i terremoti nella Toscana, Nel Ducato di Urbino, e principalmente nella Romagna, la cui poca distanza da questa provincia ci poteva involgere nella comune disgrazia. Queste concussioni medesime che disturbarono la Romagna, si propagarono fino a Venezia, al Friuli, e ad altre parti più lontane conservando tanta forza da recare lo spavento. Noi qui fummo pure a parte di questi scuotimenti, ma vi si sentirono talmente deboli, che da molti si spacciò per sogno la verità del fatto. Io non niego, che questa differenza possa rifondersi nella direzione del terremoto piuttosto che nella disposizione delle interne parti. Ma vendo pur anche avuto la direzione dell'Istria, mi induco a credere esser stato questo un benefizio causato dalla sua sotterranea conformazione. Quindi se anche si concedesse al Sig.[r] Woodward, che i terremoti dipendano dalla rarefazione, e ringonfiamento, che subisce l'acqua dell'abisso, non potrà aver ragione la dove afferma, che gli effetti delle concussioni di questo nostro globo sono più intensi ne' luoghi montuosi, e cavernosi, e principalmente dove la disposizione degli strati è tale, che le caverne sbocchino nell'abisso.
Questi riflessi natimi dalla considerazione degli antri cavernosi dell'Istria io sottometto al di Lei profondo discernimento, e sarò tanto felice, se Ella li potrà scorrere senza noja, quanto io sono onorato nel potermi dichiarare colla più sincera stima, e rispetto.

4 gennaio 1786	Volta Giovanni Serafino	Discorso sopra la Storia Naturale di Monte Baldo di Verona e principalmente sull'origine, e sulle rivoluzioni di questo Monte

Archivio Storico dell'Accademia Nazionale Virgiliana, Dissertazioni Accademiche, Storia Naturale, busta 44/23.

Nell'angustia del tempo, in cui mi ritrovo, e molto più nell'impegno di coprire due Cattedre laboriose nella più insigne Università dell'Italia, corrisponderò come posso, Illustrissimi Accademici, al grazioso invito, che voi mi fate, di tenervi in quest'oggi ragionamento. La prima occasione è questa, che mi si presenta, in cui, sebbene lontano per un sacro dovere da questa antica, e sempre cara mia residenza, veggo aprirmisi l'adito a manifestarvi i sentimenti ingenui del mio animo, che professo all'onore accordatomi di essere ammesso nel rispettabilissimo vostro Ceto, come pure alla protezione, che concedeste ne' miei primi anni alle letterarie intraprese, a cui da voi soli, e dall'ottimo Segretario vostro venni non infelicemente educato. Forse questa incolta Memoria, che sottopongo in fretta al pregiatissimo vostro giudizio, non risponderà in tutto all'aspettazione che aver dovreste di una Persona formata secondo lo spirito della vostra Dottrina. Ma mi lusingo, che le presenti mie circostanze mi scuseranno bastantemente presso di voi, se per questa volta non potrò soddisfare, come desidero, le vostre brame.

La Montagna, di cui intraprendo a parlarvi, è troppo nota ad ognuno per non esigere un preliminare dettaglio della sua situazione e grandezza. Io provoco solamente il Naturalista per un momento alla di lei sommità, onde mostrargli in un colpo d'occhio le amenità naturali, che la circondano. In fronte alla medesima verso l'Acquilone vedesi l'eminente catena dei Monti della Svizzera; all'Occidente il Benaco e la Riviera di Salò ornata di ben architettati Giardini; dalla parte d'Oriente il Fiume Adige, il di cui profondo, e tortuoso Canale và serpeggiando per lungo tratto di strada in tutta la sottoposta campagna del Veronese; da quella per ultimo di Mezzogiorno un ampia ed estesa Pianura fertilissima d'Alberi e biade, in fondo alla quale dopo una catena di Collinette, sporgono in alto di un lato i Monti di Brescia, e di Bergamo, e dall'altro quelli di Piacenza e di Parma. L'aria che spira sulla vetta di questo Monte è deflogisticata in gran parte, conciliando a chi respira maggior vigore, ed un estrema appetenza di cibo.
Ma questi non sono gli Oggetti, che io vi propongo a considerare. Le delizie del luogo piano pur riservate al trattenere l'ammirazione dei Passeggieri: io debbo invece parlarvi della fabbrica di quel Monte, della di lui origine primitiva, e delle produzioni terrestri, che la natura ha sparse copiosamente nelle sue viscere.
Da molti piccoli Monti insieme a diversa altezza concatenati sorge in distanza di ventiquattro miglia dalla Città di Verona la grandiosa mole che chiamasi Monte Baldo, celebrata già da gran tempo per la copia de' semplici, ond'è riccamente vestita. Questa Montagna è tessuta di grossi stratti orizzontali, che si conformano in vari piani inclinati più o meno ripidi secondo la maggiore o minore elevazione delle pendici, a cui appartengono. Di fatti piani sono il risultato di tre diverse terre depositate ivi separatamente dall'acqua, forse per opera di quella terribile inondazione, dalla quale riconosce la propria modificazione la maggior parte delle Montagne. Uno strato di terra calcare più o meno dura copre l'intera superficie di questo Monte. Ad essa succede in alcuni luoghi una stratificazione di Argilla, in altri una striscia di Selce, poi di nuovo uno strato di Calce o di Tufo, e così di mano in mano procedendo dalla corteccia all'interno nocciolo di questa Montagna vedesi alla calce succedere novellamente la Selce, a questa l'Argilla, ed all'Argilla la Litomarga, oppure un altro strato di Piromaco, o di Calcina.
Tutto adunque il Monte a primo colpo di sguardo apparisce di organizzazione stratosa; e tutta la di lui corteccia, che ad una notabile profondità si diffonde, risulta da tre differenti specie di terre alteramente stratificate e sono la calcaria, la vetriscibile, e l'argillosa.
Si veggono però nel mezzo di Monte Baldo alcune piccole subalterne pendici, in cui gli strati, anziché trovarsi paralleli all'Orizzonte sono affatto perpendicolari al medesimo, e del tutto opposti al comune delle stratificazioni. In questi luoghi non avvi orma di strato calcare e quasi neppure di terra selciosa. Le striscie perpendicolari, che qui si mirano sono niente più che un puro aggregato di Argille, e di terra marziale flogisticata. La porzione verticale delle stratificazioni fu sempre un indizio della presenza di qualche Metallo. Da queste pendici infatti i Veronesi per qualche tempo travagliarono il Ferro, ed ivi si osservano tuttavia i vestiggi delle Fornaci, che servirono alla torrefazione di quelle Miniere.
Penetrando al di là della corteccia stratosa di questo Monte, e volgendo lo sguardo per entro alle inaccessibili fenditure, che dandonsi tratto tratto le sue pendici scopresi un ammasso infecondo di terra, che forma un solo macigno di color cenericcio tendente al rosso, per cui a certa distanza sembra di vedere il prospetto d'un antica muraglia dal tempo lacera e diroccata. In questa interna parte del Monte nessuna stratificazione apparisce, e come altrove diremo l'aderenza della pietra è sensibile per tal modo, che appena il martello può a replicati colpi staccarne qualche piccola e leggiera porzione. Il confronto di tal macigno coi

sovrapposti strati che lo ricoprono fa riscontrare fra l'uno e l'altro quella notabile differenza di tessitura, che passa fra il Legno e la corteccia di un albero di grossa mole.
Io vi ho già data in succinto un idea dell'organizzazione, e struttura di Monte Baldo. Ora passerò a trattenervi nell'investigazione della prima di lui origine: ciò che deve influire eziandio sulla teoria generale della formazione delle Montagne.
Mentre mi trovava per questa deliziosa pendice, la curiosità compagna indivisibile dei Viaggiatori mi conduceva sovente di balza in balza a rintracciare con attenta inquietudine, se mai qualche indizio nascosto fornir poteva di quella rimotissima antichità, che io sospettava competere a questo Monte. Se non che le lunghe stratificazioni marmoree che mi si affacciavano in ogni luogo, ricordavano a me sovente la teoria dei moderni Naturalisti pei Monti di seconda derivazione. Ma quai Monti, prorompeva allora fra me medesimo, saranno di prima origine, se non lo sono i stratificati?
Ciò che ha fatto credere a tutti i Litologi, che i soli Monti granitosi siano di origine primitiva, non sembrami troppo conforme alla verità, né per anche bastantemente provato. Questi Monti sebbene più duri e compatti, hanno però le loro stratificazioni non meno dei Monti calcarei e di quelli che chiamansi minerali. La Catena dell'Alpi da me visitata nell'anno passo fornisce una dimostrazione assai chiara dell'uniformità, con cui sono stratificati i Monti dell'uno, e dell'altro genere, che la compongono. Oltredichè non sembra il granite una pietra di prima origine, ma piuttosto un ammasso di frantumi di Quarzo e di Spato scintillante e di Basalte ovvero Mica. Le stesse parti integranti di questa pietra suppongono avanti di sé la preesistenza di altre terre. Lo Spato scintillante secondo le analisi del Sig. Bergmann deriva dalla terra selciosa mista all'argilla, e legata da una piccola quantità di Magnesia; e il Basalte poi dalla terra argillosa combinata intimamente con la selce a egual dose, e con un poco di calce: ciò che dimostra del tutto insieme essere il granite un composto di misti formatisi successivamente nelle viscere della terra, e condotti dal tempo a costituire questa durissima pietra nei limiti di una nuova combinazione. Sarebbero dunque piuttosto da tenersi per primitivi i Monti calcarei formati di stratificazioni simili a quelli di Monte Baldo, giacchè la terra da cui risultano è primieramente fra tutte le terre fossili la più pura, e vanta inoltre un origine ancor più rimota di quella degli Animali e dei Vegetabili, ai quali fin dalla prima loro costituzione ha somministrata la base.
Questi erano infatti i pensieri che mi si volgevano in mente nelle mie peregrinazioni di Monte Baldo. Se non che una nuova difficoltà insorgeva opportunamente a rendermi dubbioso per anche sulla primitiva di lui origine, e questa era per parte di quei corpi stranieri lapidefatti, di cui è fornito in tutti gli strati superficiali, e che sembrano altronde gl'infallibili indizi dei Monti di seconda derivazione. Non soprafatto però da simili obietti al primo contemplare che feci l'interno spaccato di Monte Baldo mi parve convenevole d'inferire, che se questo Monte era l'opera sola del tempo piuttosto che quella della natura, le stratificazioni che veggonsi alla di lui superficie dovessero dunque riscontrarsi egualmente alla base, e tutti quei corpi marini, dai quali è impastata la sua corteccia non potessero non esistere ancora nel più profondo inferiore delle sue viscere. Tentai adunque di verificare se il fatto corrispondeva alle congietture, oppure se la sola esterna apparenza condottomi aveva sinora per strade equivoche a giudicare degli anni di questo Monte.
Nell'accostarmi pertanto d'appresso a quella profonda voragine che tiene in due diviso il celebre Monte dalla corona osservai attentamente, che questo Monte veduto da capo a fondo era di due qualità: la parte superiore composta da varii strati orizzontali, che giù scorrevano quasi verticalmente del lato opposto del Monte; e l'inferiore di un solo impasto durissimo, ove non eravi il menomo segno di stratificazione. Non credendo quasi a miei occhij, la di cui illusione poteva facilmente sedurmi dal fondo della pianura bagnata dall'Adige, volli

arrampicarmi non senza grave pericolo su per la costa di Monte Brentino onde ripetere più d'avvicino l'osservazione. Gli stessi risultati di prima io ebbi da questa seconda prova. Vidi ed anzi toccai con mano, che quella Rupe scabrosa fin oltre alla metà dell'elevazione del Monte era formata di un solo pezzo esternamente compatto e niente stratoso. Laddove qualche piccolo banco sporgente in fuori dallo squarciato seno di quella pendice concesse libero il piede il riposo, io mi arrestai ad esplorare un momento con il Martello che meco aveva, l'aderenza di quella pietra, e ad esaminarne insieme cogli acidi la qualità. Essa mi comparve di una durezza superiore a quella delle pietre fabbricate dall'acqua per via d'incrostazione, e di sedimento. Con tutto questo non lasciava di fermentare sensibilmente nell'acqua forte, ed in qualunque altro acido sciogliendosi tutta a guisa delle terre assorbenti. In tal situazione non perdei il momento propizio di esplorare eziandio, se mai per avventura qualche impressione di corpi marini, e di piante lapidefatte avessi potuto riscontrare in mezzo al tessuto durissimo di questa pietra. Ma nulla neppure di tutto questo.
Giunto alle stratificazioni che incominciano a notabil distanza dalla sommità di questa pendice mi si pararono tosto d'innanzi una quantità di Corni d'Ammone, e diverse Chiocciole imprigionate ne grandi ammassi calcarei e selciosi di quelle Pietre. Fatto più d'avvicino un confronto fra la rupe poc'anzi descritta, e queste stratificazioni che la riccoprono, osservai una differenza a dipresso come da un muro antichissimo ad uno di meno rimota costituzione. Il macigno del quale è formata la rupe porta dappertutto impressi i vestiggi di una notabile antichità, nel mentre che le stratificazioni tinte di un colore più fresco e meno irruginito dal tempo lasciano travedere in ogni parte i monumenti infallibili dell'estemporanea loro derivazione.
Dopo simili fatti io non esito punto di riconoscere Monte Baldo per uno dei Monti primitivi dell'acqueo terrestre globo, accresciuto sensibilmente di tante estemporanee corteccie quante sono le stratificazioni che lo ricoprono. Quindi mi sembra di poter stabilire un nuovo criterio per distinguere i Monti primigenj da quelli che non lo sono. Non si devono a buon diritto giudicare figlie del tempo quelle Montagne che sono coperte di strati, perché i Monti che presentemente esistono sulla terra sono tutti sino ad una data profondità più o meno stratosi; e questa è probabilmente una conseguenza dell'universal Diluvio che li ha dominati. I Monti primitivi, ossiano questi di puro schisto come vuole il Sig. Arduino, o granitosi come pretendevano altri, stanno anch'essi nascosti sotto diversi estemporanei involucri, e non bisogna confondere la corteccia coll'interno della loro struttura. Il vero carattere primigenio, che li contraddistingue dai Monti derivativi risulta in primo luogo dalla forma compatta dell'intima loro fabbrica, e molto più dall'indole primitiva della terra che li compone, la quale non solamente è priva di stratificazioni e di corpi marini lapidefatti, ma è terra insieme preesistente agli esseri organizzati e comune ai tre regni della natura. Se vi saranno adunque dei Monti il di cui tessuto interno non sia per verun conto stratoso, né contenga de' corpi estranei posteriori alla creazione del globo, e che inoltre risulti da una terra d'indole primigenia, come appunto si verifica dalla terra calcare, questi secondo ciò che mi sembra dovranno riferirsi alla Classe dei primitivi.
Ma non tutti i Monti si possono interiormente vedere, nè le profonde aperture che danno adito in Monte Baldo a scoprire l'interna di lui struttura, si presentano egualmente nelle altre Montagne.
Così parmi, che possa con ragione obbiettarsi a riguardo del proposto sistema. Io però sono d'avviso che in simili casi la qualità delle stratificazioni superficiali debba supplire in qualche maniera alla mancanza dei primi indizj per determinare l'origine intrinseca di qualunque Montagna. Dicesi a cagion d'esempio, che questi strati abbondino come i calcarei di produzioni marine. Certamente i Monti, che sino alle massime loro sommità ne sono

coperti, non potranno essere meno antichi dell'universale Diluvio: giacchè per l'una parte da quel tempo sino al presente non sappiamo che alcun altra inondazione marittima abbia dominato sulle più alte sommità della terra; e per l'altra vi è tutta la verosimiglianza di poter supporre che questi Monti aumentati di sedimenti marini preesistessero alla stessa epoca del Diluvio. Insomma o si consideri l'esterno, o l'interiore delle Montagne di questo Globo terraqueo, pare che si possa stabilire generalmente, che i Monti calcarei tenuti sino ad ora per secondarj siano tali soltanto nell'apparenza, ma che altronde portino dentro di loro i veri e soli caratteri di primitivi.

Ma è tempo ormai di passare a render conto dei fenomeni naturali che si osservano per Monte Baldo. Il celebre Pallas nella sua teoria sulla formazione delle Montagne dimostra assai chiaramente, che sotto le vicende de' tempi andarono la maggior parte soggette a inumerabili mutazioni, e sconvolgimenti. E questa è appunto, se mal non m'avviso la vera sorgente delle singolarità principali, che la natura ci offre presentemente a considerare nelle peregrinazioni di Monte Baldo. In tutto questo Monte trovasi da ogni parte gli indizj di orribili devastamenti, e rovine: pendici qua e là dirrocate; balze disunite, ed infrante; profonde voragini ostruite, sassi rimpastati, e dispersi; valli coperte di stranieri, e rottolati macigni in una parola rivoluzione e disordine in ogni luogo.

Alla vista di questi ed altri somiglianti fenomeni prospettai da principio, che questo Monte fosse stato dominato un tempo da qualche estinto vulcano. Ma poiché ebbi trascorse ed esaminate le varie pendici che lo compongono, nessun'orma mi apparve, che manifestasse in esso l'antico impero del fuoco. Ho già indicato in altra memoria sui Monti presso Velleja, che i carboni di terra non sono produzioni vulcaniche e che soltanto i Zolfi e le Lave, oppure le sostanze vetrioliche ed ammoniacali derivano dai vulcani. Il Monte Baldo per quanto io abbia esaminato attentamente ogni luogo nulla riscontrasi che appartenga alla classe di sì fatti prodotti, quando non vogliasi falsamente riferire ai medesimi i carboni di terra. Le acque che scaturiscono in copia da varie Rupi esplorate colla soluzione dell'alcoli flogisticato, e della terra pesante non si tingono mai in azzurro né fanno sentire al palato alcun indizio di sale. In tutto questo Monte fra i grandi ammassi di varie terre stratose non apparisce neppure una vena di Pirite e di Vetriolo di Zolfo e di Lava, e molto meno di Gesso. Tutto ciò che avvi di estemporaneo, o è pura calce rigenerata, o piromaco, o argilla, oppure una mistura di queste tre terre, Forza è dunque conchiudere che in Monte Baldo non vi siano stati giammai vulcani, e che le tante rivoluzioni che nel medesimo si presentano non derivino, almeno immediatamente da sì fatta ragione.

Io non ho avuto molto a pensare nel rifletere tutte queste rovine da qualche portentoso tremuoto. Come può essere infatti che senza un forte scoppio di terra il Monte Brentino poc'anzi commemorato siasi diviso in due parti, ed abbia aperto quel vasto, ed orrendo seno, che guida al santuario della Corona? I Viaggiatori tengono presentemente per due distinti Monti la Corona e Brentino; ma le osservazioni da me istituite per questi due gioghi mi persuadono appieno, che costituissero anticamente un sol Monte. Esaminando infatti i nudi omeri di ambedue trovasi in ciascheduno la medesima distribuzione di terra, con ordine affatto corrispondente di strati, e quel che è più singolare le stesse particolarità naturali ed eguale elevazione, e livello. Per modo d'esempio nel Monte della Corona avvi a mezz'altezza all'incirca un strato di marmo rossigno impastato ovunque di Corni d'Ammone; e alla medesima direzione ed altezza vedesi lo stesso strato in Monte Brentino. Di più alla Corona sopra il predetto marmo si osservano varie stratificazioni di pietra focaja fraposte ad altre di materia calcare, e lo stesso si riscontra a Brentino, dove non solo il medesimo ordine fu da me osservato rapporto alla situazione di que' Piromachi, ma riguardo anche alla diversità dei loro colori. Tutto ciò dimostra bastantemente, che questi due Monti

erano un solo in origine; ed esclusa dalle premesse l'esistenza di qualunque Vulcano noi non possiamo, ripettere, che da una forte scossa di terremuoto la sensibile loro separazione.
Altri indizi, che sembrano comprovare che Monte Baldo sia stato soggetto a gagliardissimi terremuoti, sono gli sfasciamenti di varie rupi che lo compongono, specialmente dalla parte di Costa Bella ove osservasi un Monticello composto tutto di stritolati macigni, che rappresentano come gli avanzi di un grande edifizio atterrato e distrutto. La stessa pendice cognominata l'Altissimo tuttochè tessuta di durissima pietra, è però talmente diroccata in ogni sua parte, che nessuna forza naturale può immaginarsi capace di tanto scempio esclusa quella di un universale traballamento di questa rupe.
Le Valli inoltre in mezzo ai Monti della Ferrara, e Belluno sembrano anch'esse un incontrastabile monumento di siffatte vicende. In queste si veggono tuttavia ammassati gli avanzi delle antiche rovine, nei diversi ciottoli, e minuti frammenti staccati dalle rupi vicine, dei quali ridondano in ogni parte. Io certamente non esito a credere, che queste valli siano in parte piccoli Monti spianati da qualche forte esplosione, e in parte voragini aperte dalla sotterranea rarefazione dell'aria. Le pendici infatti, che le circondano, hanno gli stessi caratteri di somiglianza come quelle di Brentino, e della Corona, e il loro interno fianco porta tutt'ora impressi i vestiggi di quell'orribile scossa, che le ha separate.
Ma quanti altri argomenti di fatto non dimostrano che Monte Baldo è stato effettivamente soggetto alle accennate rivoluzioni. Chi mai nella discesa di Costa Bella può avere aperti tanti crepacci dentro alla rupe; e spezzati macigni durissimi sennon la forza del terremoto? Chi trasportati nei contorni di Val Fredda tanti sassi di smisurata grandezza? Chi spianata dentro ad un fianco del Monte Altissimo la disastrosa, e quasi inaccessibile Valle degli Ossi? Chi spalancata l'angusta ed orrenda voragine di Val Brutta? Chi insomma scompaginati tanti gioghi durissimi, se non se quell'elastica forza contro la quale non seppero mai resistere le più salde Montagne?
Da tutte le osservazioni adunque fin qui riportate chiaro rilevasi, che Monte Baldo è stato sottoposto a gagliarde scosse di terremoto, le quali hanno dato origine alla maggior parte delle sue Valli, e separati tutti quei piccoli Monti che rendono ineguale, e interrotta oggigiorno l'intera di lui superficie.
Ma i terremoti non furono certamente le sole vicende di questo Monte. Altre non meo grandi ne ha egli sofferto dalle acque del Mare, che fino all'ultima di lui sommità lo hanno occupato. Testimonj irrepagabili di siffatte alluvioni sono li strati calcarei impastati di corpi marini, che hanno dappertutto alterata, e accresciuta sensibilmente l'universale di lui corteccia. Noi non potremmo certo ripetere sennon dal Mare i vestiggi di Pesci lapidefatti, dai quali è seminato l'Altissimo in tutta l'estensione della formosa costa di Navole. I Nautili parimenti in si gran copia ammassati dentro alle Cave dei Marmi ci faranno sempre riconoscere queste terre per altrettante deposizioni marine fintantocchè una più verisimile ipotesi non renda ragione altrimenti dell'estemporanea presenza di questi corpi. Tutte le stratificazioni insomma sovrapposte con ordine progressivo alla massa primigenia di Monte Baldo ci persuaderanno costantemente della realtà di quell'alluvione, da cui congetturiamo adesso, che siano state prodotte. E infatti quall'altra causa seconda avrà potuto nel corso de' secoli tanti corpi estranei raccogliere e trasportare nella più alta, e scoscesa parte di questo Monte?
A rischiarare viemaggiormente la Storia dei corpi estranei, che si ritrovano per Monte Baldo, chiuderò il presente discorso coll'enumerazione metodica dei Fossili da me raccolti alla superficie di questo Monte, e recati in dono al Real Gabinetto di Storia Naturale dell'Università di Pavia.

I Fossili depositati dal tempo sulla pendice in questione si riducono a tre soli Ordini, e questi sono le Terre, le Miniere, e gl'Impietrimenti.
Fralle famiglie del primo Ordine la più ridondante di variazioni è quella di terre calcari. Si trovano queste rigenerate dall'acqua primieramente in forma di calce rozza stratificata:[1] e questa calce che trasparisce in vari luoghi della nuda superficie del monte ora è cenerina ora bianchiccia ed ora del colore di rosa; 2°, in figura di stalattite volgare,[2] ritrovandosi essa per lo più alle radici degli adulti Castagni vicino a quel disastroso viale, che dalla parte di Monte Brentino guida al santuario della Corona; 3°. In sembianza di Tufo[3] misto di argilla e di ghiaja, e depositato a foggia di sedimento sugli strati di altre terre; 4°. Finalmente in stato di marmo la di cui specie sono il bianco e rosso di un sol colore,[4] il bruno o giallo di Todi,[5] il marmo rosso con fondo bianco,[6] il livido con macchie rosse vicino a Pozzuolo,[7] il dendritico della Ferrara,[8] e per ultima il Marmo Lumachella cinerino di Peri.[9] Tutti quei Marmi dei quali non ho accennato l'ubicazione costituiscono dette stratificazioni cotanto lunghe e sparse, che per lo più si diffondono in tutta la superficie del Monte.
Alle terre calcari precedono le Argillose. Di queste ve ne hanno tre sole specie, che si ritrovano frapposte agli Strati del Piremaco, e della Calce. La più frequente fra tutte le Argille è quella a lamine divisibili,[10] che sta nell'interno di alcune pendici, e sfiorisce spontaneamente in piccolissime sfoglie compressa leggiermente sotto le dita. Dappertutto parimenti ritrovasi l'Argilla in macigno,[11] la quale o è bianca siccome quella che si presenta sulle pietre focaje, o grigia di colore, come l'Argilla che abita in vicinanza della Ferrara. Vi è per ultimo in alcune pendici la terra argillosa unita alla base di qualche metallo[12] degna per la qualità delle tinte di particolari economiche riflessioni. Delle varietà però. Che a questa specie appartengono verrà occasione di farne parola nell'Ordine delle Miniere.
Le Selci terza classe di terre che si ritrovano per Monte Baldo altre sono rozze ed irregolari, altre compatte e semipellucide, ed altre lamellose ed opache. Nel numero delle prime è da porsi la pietra arenaria,[13] che abita alla valle degli Ossi e nelle Colline presso Pazzengo in compagnia della pietra a rasojo di color grigio.[14] I Piromachi[15] copiosi tanto su questa Montagna sono della seconda specie. Se ne ritrovano di rossi, di azzurri, di neri, di porporini, di bianchi, di violetti, di gialli, e di scherzati a differenti colori. Ventiquattro furono le varietà da me osservate, e raccolte sulle diverse pendici di questo Monte. Vengono poi nella terza enumerazione le Petroselci,[16] le quali sebbene somiglino nella forma ai Piromachi, sono cionnondimeno assai più tenere e molli di tessitura, sicchè percosse contro l'acciajo appena fanno conoscere con leggiera scintilla di appartenere alle pietre selciose. Il Monte detto dei Masi dalla parte dell'Adige contiene diverse varietà di Petroselce, e

[1] Calcareus fossilis equabilis arenaceus Wall.
[2] Stalactites calcareus figura incerta Cronsted
[3] Tophus vulgaris induratus Scopoli
[4] Marmor unicolor album aut rubrum Wall.
[5] Marmor unicolor luteum Wall.
[6] Marmor maculosum rubrum Wall.
[7] Marmor maculosum lividum Wall.
[8] [?]
[9] Marmor pictorium figuris dendriticis ornatum Wall.
[10] Marmor partuculis crustaceis cinereum Linn.
[11] Argilla fissilis Wall.
[12] Argilla indurata Cronstedt
[13] Argilla mineralis Wall.
[14] Cos particulis arenosis Wall.
[15] Cos particulis mere glarcosis impalpalibus Linn.
[16] Silex semipellucidus Wall.

specialmente la nera, la giallastra, la lattiginosa, e la verde. Da queste non meno che dai Piromachi la natura per mezzo di una semplice efflorescenza genera l'argilla bianca, oppure la calce aereata e terrosa. E' molto probabile che tutte le selci risultino da queste due terre legate ad un acido singolare, di cui non conosciamo peranche le attrazioni elettive, ed i reagenti opportuni per svilupparlo. Forse il cangiamento delle pietre focaje in calce di argilla nasce dalla privazione di questo acido, e forse la conversione dei legni e delle conchiglie in maniera selciosa deriva dalla presenza del medesimo nelle acque, dalle quali riconoscono la loro origine siffatte trasmutazioni. Mi riservo altrove di proporre più chiaramente le mie congetture per questo punto.

La quarta ed ultima classe delle terre fossili di Monte Baldo viene costituita dall'innumerabile serie di pietre composte,[17] che nei promontori di Campara, e di Pazzengo, nelle Colline presso Caprino, nelle valli della Ferrara e di molte altre pendici si presentarono ad ogni passo. Fra queste avvi il sasso quarzoso seminato di mica,[18] il sasso steatitico con particelle di quarzo,[19] il sasso composto di spato scintillante, e diaspro,[20] il sasso argilloso e micaceo,[21] il sasso schistoso divisibile in rombi,[22] e per ultimo il sasso diversamente brecciato.[23] E' singolare fra i molti sassi la pietra gialliccia, che si ritrova tra Campara, Castelnovo in varj ammassi voluminosi sulla cima delle Colline, che l'ascesa preparano a Monte Baldo. Essa è formata a egual dose di argilla e di calce mista ad un poco di arena da cui riceve la sua coesione. Percossa gagliardamente con il martello si sfende tutta in tanti pezzetti di tessitura fibrosa che imitano esattamente il legno impietrito. Uno scherzo consimile per rapporto alle pietre mi si è presentato già in grande tra Schemnitz e Neüsol nell'ultimo mio viaggio alle miniere dell'Ungheria. Ho veduto ivi un intiera Montagna di selce fibrosa i di cui ciottoli seminati sulla pendice sembravano veri legni lapidefatti. E però per questo punto vi è molto da dubitare che qualche volta i Naturalisti credino troppo ai criterj esteriori, e si lascino facilmente imporre dalle apparenze. Non vi è regola più fallace di quella che insegna a specificare dai caratteri esterni le Produzioni, e massimamente quelle del regno di cui parliamo.

Le Miniere, secondo ordine dei Fossili estranei da me raccolti su Monte Baldo, sono di quattro sorti. La prima spettante ai Bitumi è quella dei Carboni di terra. Nella valle delle Rive al di là del più volte nominato luogo della Ferrara trovasi il carbone di terra in forma solida[24] ed anche in laminette sfogliacee:[25] e queste due variazioni poggiano dentro un sorgente d'acqua purissima, che scaturisce da un fianco di quella valle, tramandando esse un forte odore di zolfo, allorchè di fresco si estraggono dalla fonte.

Frapposta agli strati, che compongono la predetta miniera apparisce un argilla di colore celeste, dalla quale secondo la relazione fattami dagli abitanti di quella valle i Veronesi un tempo ricavavano dell'Argento. Per ora io la considero una seconda miniera di Monte Baldo[26] fintantochè avrò campo di analizzarla, e di verificare con esattezza, se essa contenga o no una porzione del prezioso indicato metallo.

---

[17] Petrosilex Wall.
[18] Saxa Wall.
[19] Saxum fornacum Wall.
[20] Saxum molare Wall.
[21] Saxum porphirites Cronsted
[22] Saxum trapezium Linn.
[23] Saxum fragmentis aliorum saxorum conglutinatis Cronst.
[24] Lithantrax petrosus Wall.
[25] Schistus aluminosus acer et brunescens Cronst.
[26] Minera Argenti cinerea Wall.

La terza miniera da me raccolta sul monte in questione è il Verderame di Brentonico,[27] che passa in commercio per tutta l'Italia sotto il nome di terra verde di Verona. Questa terra il di cui scavo nel giro di molti anni ha formato di tutta quella rupe una camera sotterranea è tinta in alcuni luoghi di azzurro,[28] in altri di pavonazzo[29] ed in generale poi del colore di cui porta il nome.[30] Sebbene la base dominante in queste tre variazioni sia l'argilla bolare; pure la calce del rame, che forma la parte colorante delle medesime vi è presente per modo, che ad onta della contraria asserzione del Sig. Arduino puossi dall'azzurra massimamente ottenere con i processi flogistici una conveniente quantità di metallo perfetto.
Per ultimo avvi la miniera del Ferro, e questa si ritrova a Monte Pozzuolo disposta in strati perpendicolari di varia grossezza, oppure in voluminosi macigni disseminati sul dorso di siffatta pendice. Riscontrasi tal miniera quando in forma solida e leggermente friabile,[31] e quando in figura di semplice terra compatta di color nero,[32] contenendo quest'ultima dei granati tre o quattro volte più grandi degli ordinarj, ma ridotti da qualche sotterranea fermentazione allo stato di calce. La terra marziale che forma la base delle predette miniere è talmente povera di flogisto, che non senza molta difficoltà si può coll'ajuto delle sostanze infiammabili ridurre all'essere di metallo.
Quanto agl'Impietrimenti, che presentano il terzo ed ultimo ordine dei Fossili di Monte Baldo, si riducono essi unicamente a corpi marini, che furono la maggior parte in varj luoghi del presente Discorso accennati. Eccone nullameno un breve compendio a riempimento della mia sistematica narrazione. In ogni parte del monte, dove vi sono stratificazioni di marmo, od altri ammassi di terra calcare vi si ritrova una prodigiosa quantità di Corni d'Ammone,[33] altri aventi la circonferenza nodosa, ed altri, compressa; chi con il disco sparso d'intagli ramificati, e chi colle spire rotonde; alcuni coll'orlo intiero, ed altri con questo stesso solo solcato: dimodochè tutte riscontransi in Monte Baldo le varietà Linneane, che riguardano quest'antichissima Chiocciola, abitatrice de' più profondi abissi del mare.
Nei Piromachi inoltre di color giallo, che stanno alla superficie di Monte Brentino bene spesso riscontrasi un echino di mare[34] il quale, sebbene intatto nella figura, ha però il guscio convertito intimamente in materia selciosa. Ivi pure ho veduto dispersa in alcuni ciottoli di marmo bianco la famosa Ostrica diluviana,[35] e inoltre diversi impronti di Pettini[36] con un Anomia di superficie levigata e convessa.[37] I tanti Buccini però, i Turbiniti, ed i Murici, dei quali abbondano i Monti Veronesi situati alla costa dei Vicentini, non hanno alcun luogo nelle stratificazioni di questo Monte.
Finalmente sulla sommità dell'Altissimo dalla parte di Navole in mezzo agli ammassi di una pietra calcare di color bianco veggonsi le impressioni di alcuni Pesci marini,[38] le quali esibiscono la figura distinta di tutte le loro vertebre non meno che della testa. Questi Ictioliti però non sono da paragonarsi per alcun conto a quelli di carne ancora vestiti, che si estraggono anche al dì d'oggi dal seno del rinomatissimo Monte Bolca.

[27] Minera cupri argillacea Wall.
[28] Minera cupri cerulea Wall.
[29] Argilla mineralis rubro-fusca Wall.
[30] Argilla mineralis viridis Wall.
[31] Minera ferri nigricans solida et friabilis Wall.
[32] Ochra ferri indurata nigra Wall.
[33] Helmintolithus Ammonites Linn.
[34] Echinus Edulis Linn.
[35] Helmintolithus diluvianus Linn.
[36] Ostrea pecten et varia Linn.
[37] Anomia farcta Linn.
[38] Typolithi Piscium Wall.

Io ho già terminata la Storia in compendio dei Fossili di Monte Baldo; e desidero vivamente che questa in compagnia delle Osservazioni generali che la precedono possa incontrare l'aggradimento dei Curiosi della natura, e l'approvazione insieme di Voi, Illustri Cittadini, ai quali mi sono dato l'onore di presentarla.

ACQUE SOTTERRANEE

E

SORGENTI TERMICHE

ottobre 1787	De Levis Agostino	Sopra un pozzo, in cui crescono le acque, quando si diminuiscono in Po, e si diminuiscono, quando nel Po crescono. Il pozzo Masetti

Archivio Storico dell'Accademia Nazionale Virgiliana di Mantova, Dissertazioni Accademiche, Idraulica, busta 45/12.

Prodigiosa, e di nuove produzioni sempre mai fuonda la Natura, non in un tratto, non ovunque; e non a tutti. Ma a quando a quando, e dove più le aggrada, e a chi più le piace; fa cadere sott'occhio vaghi Fenomeni degni non meno della meraviglia del volgo, che delle più mature, e più profonde speculazioni dei Dotti.

Allora appunto che le Leggi Generali stabilite dai Filosofi sulle ferme basi e della osservazione, e dell'esperienza dato hanno all'opinione, oltre a tutti i contrassegni del vero, una universalità, che non amette limiti, alla Natura le viene il Destro di produrre uno di quegli effetti maravigliosi, i quali mentre danno enessione alla regola, tolgono ancora all'opinione la troppo vantata sua generalità.

Opra fu della Natura che dai Monti della Numidia scaturisca un'Fonte, il quale resta asciutto nel ferico quanto tutti gli altri si gonfiano a segno di sovverchiarne le sponde. La particolarità di questa Fontana, fu cagione di Epicheja se non alla comune Teoria dell'Origine de' Fonti, almeno alla vecchia, ed universale opinione, che tutte le Fonti nel Verno assai più, che nella State abbondassero di acque.

Quale si fu lo scherzo della Natura in Numidia, tale a un dipresso è quello, con cui ella in Casale Monferrato si fa giuoco dell'opinione comune in ordine ai Pozzi scavati non molto lungi dai Torrenti, e dai Fiumi.

Si è sempre, e costantemente creduto, che i pozzi d'acqua sorgente debbano soggiacere o ad accrescimento o a diminuzione in proporzione, che si aumentano, o si diminuiscono le acque ne' Fiumi vicini. Nelle Leggi di Livello, e di Equilibrio, cui tendono le acque, trova questo sentimento tutto il suo appoggio, e le osservazioni concorrono del pari a riconfermarlo.

A fronte di tutto ciò, il Pozzo del Sig. Avvocato Giorgio Massetti ci offre un nuovo spettacolo, che in apparenza sembra affatto contrario alle Leggi de' Fluidi, perché fra le acque e del Pozzo, e del Fiume non serbasi quel Livello, che vi dovrebbe essere in ragione Idraulica.

La singolarità de' Fenomeni di questo Pozzo, in ciò consiste, che qualora il Fiume Po suo vicino è gonfio, rugge, minaccia, inonda, allaga, ruina, in un tratto per così dire, cessa l'acqua nel Pozzo, e quella poca, che sulla superficie del fondo vi rimane, addiviene viscosa, e piena di bitume, e di zolfo. Quando per l'escrescenza si diminuisce, e il Po fa ritorno nel suo Letto primiero, allora in abbondanza rifluiscono le acque nel Pozzo, e appoco appoco, perdendo lo spiacevole puzzo, riacquistano la Dioretica, e salubre qualità, che avevano dapprima.

Di tutti questi effetti non vi è più luogo a dubitare: imperciocchè la osservazione fu già fatta nella Primavera trascorsa, ed essendo stata reiterata nell'inondazione de' primi del corrente ottobre 1787, il tutto sempre seguì come fu finora ingenuamente esposto.

Se corressero ancora i Secoli deplorabili d'ignoranza, di superstizione, e di fanatismo, longi gli Uomini da ricercare dalla stessa Natura e la ragione, e la spiegazione di questi Fenomeni, ne trarrebbero anzi delle conseguenze a capriccio, e talora di essi si servirebbero per dare corpo ai loro menzogneri presagi tanto prosperi, quanto funesti, e talvolta li constituirebbero per base delle chimeriche loro predizioni, o di sterilità, o di abbondanza. Ma in grazia dei vasti lumi, che per ogni dove a pro delle Genti sparsero le molte, e luminose Accademie, e delle Scienze, e delle Arti, non v'è più a temere, che sulle oblique traccie de' Popoli in dense tenebre avvolti, i quali per la sorprendente intermitenza, e stupendo periodo delle sorgenti, e di Famara nella Galizia, e delle maraviglie in Savoja, e di Fontestorbe nella Linguadocca, baje vendettero, favole, e delirj, anche a questa pezza insorgere vi possa chi al di su della Natura scorrendo col pensiero tenti spacciare i Fenomeni del Pozzo Massetti per misterj, e prodigj sovranaturali, capaci o d'incuttere timore, o di destrare speranze al rozzo, e troppo credulo volgo. Dai Filosofi ora si tributa alla Natura ciò, che per tutti i titoli le è dovuto.

Come delle Fontane, e Intermittenti, e Periodiche, e Intercalari seppe la moderna Filosofia nella natura stessa rintracciarne la vera causa, così senza dipartirsi giammai dal corso intrapreso punto non tarderà a dare una soddisfacente spiegazione dei Fenomeni più volte già nel Pozzo Massetti osservati.

Ad ogetto però di spianarle la via, fa di mestieri esattamente descrivere il detto Pozzo, con tutte quelle circostanze, le quali e possono soddisfare la propria curiosità, che a tutti è comune, e possono influire alla spiegazione de' Fenomeni, che con impazienza si aspetta dagli amanti della Filosofia.

Si sappia adunque, che la Cascina del Sig. Avvocato Giorgio Massetti, la quale non sarà distante dalla Città di Casale, che trabucchi 450 allo incirca, è piantata alle radici di amene colline nella imboccatura della stretta Valle denominata il Ronzone, che ha il Fiume Po al Nord.

Secondo quanto risultò dalla Livellazione fatta dall'Architetto, e Misuratore Gio. Ant.o Vigna il Pozzo di detta Cascina ha di larghezza once 26 ed è profondo piedi Liprondi 27.

Detto Pozzo è distante dal Po trabucchi 114. Dalla corte della Cascina alla ghiaja del Po vi sono di declivio trabucchi 6, e piedi 3, sicchè deducendo li piedi 27 della profondità del pozzo resteranno piedi 12 di maggior profondità nel Po, e perciò sarà trabucchi 2 più basso del Pozzo Massetti.

La distanza, che vi è dal Pozzo al Fiume, e la maggior altezza, che ha il fondo del Pozzo sopra il livello del Po possono benissimo far dubitare, se al Fiume Po debbasi attribuire l'origine delle acque che nel Pozzo scaturiscono, oppure se le acque piovane, le quali dalle vicine Colline per condotti sotteranei discendono verso il Pozzo, che vi è alle falde, siano la cagione e dell'abbondanza, e della diminuzione delle acque nel Pozzo Massetti.

In favore di chi alla prima parte del dubbio si appiglia, allegar si potrebbero moltissimi esempli e di Pozzi, e di Fontane, che e dal Mare, e dai Laghi, e dai Fiumi traggono le loro sorgenti, tuttocchè fra loro vi sia maggiore distanza, che non vi è dal Po al Pozzo Massetti.

Per prova basterebbe addurre le Fontane, che non meno del Mare sono soggette al flusso, e riflusso, quale appunto si è quella di Ciotat nella Provenza, e quali sono le Fontane dei Litorali della Gotbia, e Westgotbia.

Chi poi ne poco, ne punto badando alle scoperte fatte di miniere di Sale e nel seno de' Monti, e nel centro delle Pianure, persiste ancora nella credenza, che dal Mare provenghino tutte le sorgenti salate, potrebbe anche dire, che nel Madagascar non molto longi dalla Valle di Ambrouse havvi una Montagna, sulla cui vetta sorge un'Fonte di acqua salmastra, quantunque ella sia trenta Leghe discosta dal Mare.

In questo sistema assai più dell'apparenza, che dalla verità sostenuta, come non osterebbe la lontananza del Pozzo dal Po, così la maggior profondità del Po, non impedirebbe, che il Pozzo Massetti sebbene più alto del Po, al Po sia debitore delle perenni sue acque; perché anche nel Messico vicino a Guatulco, vi è una rupe vuota al di dentro, la quale nelle

escrescenze del Mare e mena un orribile fracasso, e getta dall'alta sua cima dell'acqua abbondante, ad una altezza considerabile.
Il sanno gl'Idraulici tutti, che le acque per gli condotti sotteranei scorrono in distanze ragguardevoli, e che non frapponendovisi alcun ostacolo, salgono esse in proporzione della loro discesa; quindi non vi sarebbe a stupirsi, che a fronte della distanza del Pozzo dal Po, che è assai modica, e della maggiore profondità del Po in riguardo del Pozzo, che è un nulla a paragone dell'altezza e deii Monti, e dei Colli, da cui precipitano le acque, che arricchiscono il Po, riconoscere possa dal Po la sua sorgente il Pozzo Massetti.
E in questo caso si potrebbe dire, che la maggior quantità di acqua scorrente nel Po seco attragga per la maggior sua celerità tutti quei fii, che internavansi nella Terra per isboccare poi nel Pozzo, e che in proporzione della diminuzione dell'acqua nel Fiume ritornino le acque a filtrare nella Terra verso quella parte, che mena le acque al Pozzo.
Che finalmente questo Pozzo per la sua ricchezza, o penuria di acque dipenda dal Po immediatamente, potrebbe servire di non lieve conferma la osservazione più volte fatta; che nel Pozzo l'acqua non manca, quando il Po n'è sufficientemente dovizioso, e che a misura, che l'acqua nel Po si diminuisce, anche il Pozzo ne scarseggia.
Ma tutto questo lusinghiero apparato in un tratto si dilegua mercè l'ampia luce, che su di ciò spandetti il celebre Sig. Conte Buffon colle minute, ed esatte sue osservazioni, che leggonsi con piacere nella sua Storia naturale. Non vi è apparenza egli dice, che le acque de' Fiumi, e de Torrenti si stendono molto longi filtrandosi per le terre, ne parimenti loro deesi attribuire l'origine di tutte le acque, che trovansi al di sopra del loro livello dentro la terra, imperciocchè ne' Torrenti, e nelle Fiumane, che secano, e in quelle, che si deviano dal loro corso non trovasi, qualora scavasi nel loro letto, più acqua di quel, che trovasi nelle terre vicine. Una lingua di terra spessa cinque, o sei piedi basta per ritenere l'acqua, ed impedirne l'uscita; ed ho sovventi osservato, che le sponde dei rivi, e delle Lagune, non sono sensibilmente umide alla distanza di sei pollici: fin qui il rinomato Buffon, i cui detti quando piaccia di applicare al caso nostro, si sosterrà, che il Pozzo Massetti il quale è più alto del livello del Po e n'è lontano non poco, dal Po non tragga a sua sorgente.
Gli argomenti di Analogia non sono sempre i migliori in Fisica. Evvi troppo enorme differenza fra il Mare, e il Po, perché da quello a questo se ne possa dedurre una giusta conseguenza. Il serpeggiare de' Torrenti, e de' Fiumi, cui il Mare non è sogitto, quale, e quanta varietà di effetti non produrrebbe ne' Pozzi in Ipotesi, che da loro dipendessero? L'uniformità, e costanza del corso verso il Mare, che per legge di natura servano i Torrenti, e i Fiumi, come non si opporebbero alle oblique vie, che battere dovrebbono le loro acque per iscorrere nei Pozzi qua e là scavati in direzioni diametralmente opposte. Le mutazioni di letto, l'incostanza delle ramificazioni, la molteplicità degli angoli si entranti, che sporgenti, e il più, e il meno di acqua, cui soggiacciono e i Torrenti, e i Fiumi, quanti cangiamenti non apporterebbero ai Pozzi di loro supposta dipendenza! Sebbene e chi non sa, che anche sulle sponde del Mare quando Giulio Cesare nell'assedio di Allessandria, fece scavare de' Pozzi, vi zampillò in essi acqua dolce, che dal Mare non può provenire? Chi non sa, che nel Mare Rosso, vicino all'Isola di Benyn, e nel Golfo Persico ne' contorni dell'Isola di Baharen si esaurisce dell'acqua dolce, che non può essere effetto del Mare salato?
Bensì le nevi squagliate, le fresche rugiade, e le acque piovane filtrando e ne' Monti, e ne Colli, e per le valli, e per le pianure scorrono, e nei Pozzi si scaricano. Ma non già le acque del Po possono divergersi dal loro corso per precipitare nel centro della Terra tanto almeno, quanto è necessario perché possino poi rissalire nel Pozzo Massetti assai più alto del fondo del Po, mentre è la caduta del Po, e non quella de' Monti, che dovrebbe far ascendere l'acqua ne' Pozzi al Po vicini.

Non si niega già, che nel Pozzo Massetti manchino le acque quando il Po è molto basso, e che si aumentino in quello, quando questo è sufficientemente alto ma ciò non segue sempre, anzi l'effetto contrario è quello, che rende questo Pozzo singolare insieme, e maraviglioso. E poi mi si dica in grazia, quale è il tempo in cui manca l'acqua al Po e, mi si risponderà facilmente, che è il tempo della siccità. Se è così, io ripiglio, in tempo di siccità diminuendosi sensibilmente l'acqua nel Po perché vi manca e ai Monti, e ai Colli, e al Piano, perché non si dovrà piuttosto dire, che il Pozzo Massetti scarseggia di acque soltanto quando non piove?

Nottisi di più, che spirando il caldo sirocco, che su le Montagne fa dilinguare la neve, si moltiplicano nel Po le acque senza che vi segua alcun aumento nel Pozzo appunto, perché allora sui Colli vicini non piove. Finalmente se il Pozzo Massetti dal Po riconoscesse le sue sorgenti, finchè vi è acqua nel Po, non vi dovrebbe mancare l'acqua nel Pozzo; eppure nelle maggiori siccità, il Po resta navigabile, e il Pozzo rimane presso che privo di acqua.

E le acque dei Colli vicini, i quali sono assai sortumosi, dove mai dovranno inclinare, se non trassudano, e a goccie a goccie, e a fili a fili nel Pozzo, che loro serve di bacino per raccoglierle?

Non si può dubitare, che la Terra di queste colline, in mezzo alle quali è posto il Pozzo Massetti, non sia spongosa, ed assorbente, atteso che nel Verno, nella Primavera, e nell'Autunno piovoso, si vedono moltissimi sortumi qua e là sparsi sul colle specialmente, che è all'Ovest della Cascina Massetti.

Da questo Colle egualmente che dagli altri, i quali poco sono lontani dalla Cascina suddetta, in tempo di pioggia dirotta, e di soluzione delle nevi, le acque scorrono nel Rio, che è all'Est della Cascina, e che dopo avere serpeggiato alla radice delle Colline, sen corre mormoraggiando a metter foce nel Po. Questo Rio però non è sempre pieno d'acque, anzi spesse volte n'è affatto privo, anche allora che attraverso le Colline vi si ritrovano delle bolle, e delle picciole paludi. Ragion vuole adunque che una parte delle acque piovane, e delle nevi scquagliate a poco a poco filtrino nelle Colline, e poi sen vadino a terminare nel Pozzo Massetti.

Questa filtrazione continua e principiante perfino da' secoli, e secoli, quante fessure, quanti scavi, quante cavità, quante caverne non avrà prodotto nell'interno delle Colline?

Se la durezza de' Marmi, de Macigni, e delle selci cede alla forza penetrante dell'acqua, ne poco ne quanto vi sarà a dubitare, che alla stessa legge soggiacciano le Colline, di quelle assai meno dure, e compatte.

Vero è che a noi non consta esservi amassi di acqua nel centro delle nostre Colline, come nella Carniola presso Polpecchio vi ha una Caverna molto spaziosa, in cui trovasi un Lago sotterraneo. Vero è che noi non abbiamo positive memorie, che per cagione dei divallamenti delle Colline, più Borghi, Città, e Terre subito abbiano sgraziatamente la medesima sorte del Borgo di Piuro nella Valtellina, il quale restò interrato sotto le Rocche al piè di cui era situato. Vero è che negli antichi monumenti non leggesi, che per le dilamazioni di queste Colline, dal Monte al piano sieno drucciolati Paesi interi, come nell'Alvernia accedette a Pardino, ove il terreno di circa 400 tese di longhezza, e 300 di larghezza discese su d'una prateria molto lontana colle case, cogli alberi, e con quanto eravi sopra. Vero è finalmente che gl'Istoriografi nostri non registrarono giammai, che pel divallamento delle Colline, il Po abbia inuondate per la ragione stessa che nella Guascogna vi fu una grande innondazione, cagionata dal divallamento di alcuni pezzi di Montagna ne' Pirenei, che fecero uscire l'acqua rinchiusa nelle Caverne sotteranee di quelle Montagne Alpestri.

Non si può però negare (checchè ne sia stato delle antiche Città di Rondicomago, e di Sedula non longi di qui situate, delle quali non si ha più che il nome per memoria) che è

verso Torcello a più e più tese di profondità ammonticchiati si trovano moltissimi alberi sepolti sotto terra collinesca, intorno ai quali non è impossibile, che i Naturalisti col tempo vi possino rinvenire delle torbe, quali si trovano a Crove, a Bruneval, e nella Sciampagna, onde di questa combustibile materia qui se ne faccia uso specialmente, ove la legna si vende a caro prezzo. Che da S. Germano di Monferrato per andare verso il Po non molto lontano vi si ritrovano più e più stratti di terra, che sembra stata per un qualche accidente trasportata. Che or qui, or là, a quando a quando queste Colline si distaccano e dilamano a segno che per fino fanno divergere dai Pozzi le vive sorgenti di acqua, e qualche volta al Pozzo stesso fanno cangiar sito, come accadette alla Cascina del Sig. Guazzone, ove non è quasi, che un Pozzo di Colle da suo tutto si divelse, e per più trabucchi fu dall'impito trasportato verso la Valle, senza che la canna del Pozzo siasi rotta, e gli alberi sieno a terra caduti.
Tanto mi pare che basti per comprovare, che di screpolature, di cavità, e di caverne non sono del tutto prive le nostre Colline. In esse per conseguenza, come in riserbatoi caderanno le acque piovane, e per esse l'aria non potrà non raggirarsi, e produrre diversi effetti.
L'imbocatura esterna di queste fenditure, di questi screpoli, di queste cavità, di queste caverne in più luoghi vi può essere: ma là bisogna che vi sia, ove le Colline declinano, e i divallamenti sono più frequenti. Ora le Colline inclinano al Nord, cioè verso il Po, e rasente questo fiume per opera ancora delle corrosioni si vede verso il Colle un forte pendio, che serve d'argine al fiume, ed ha immediata communicazione colle Colline, di cui si può ben dire che è la base. A ragione adunque si può supporre, che moltissime Cavità de' Colli al Po vicini nel distretto della Cascina Massetti, oltre alla communicazione col Pozzo, abbiano ancora qualche apertura al Nord tanto più che qua e là si vedono screpoli, e delle fenditure assai profonde, le quali possono essere effetto non tanto della corrosione del Po, e dello esterno corso dell'acqua piovana, quanto dell'interno filtramento delle acque nel seno de' Colli, da cui poi sovventi volte si sforzano di uscire.
Non è già legge della Natura, che ove vi è un Pozzo tutte le acque debbansi a quello diriggere per ogni verso. Una porzione bensì, e forse la più picciola inclinerà a quello e l'altra porzione prenderà direzioni diverse, ed anche diametralmente fra loro opposte a seconda dell'inclinazione del terreno. Se perfino nelle Pianure si osserva il vario, e molteplice sotterraneo scolo delle acque, non vi sarà a dubitare, che a più forte ragione debba lo stesso seguire nei siti montuosi. Quindi è, che le varie linee descritte dalle acque filtranti nelle Colline non solo eccitare ci devono una chiara idea delle molte, e diversamente situate cavità, che vi devono essere al centro de' Colli, ma ancora se il loro principio, e il loro termine si vorrà esaminare, ci desteranno uguale idea di due aperture, una cioè donde principia il filtramento, e l'altra, ove l'acqua in grazia della sua fluidità, della sua gravitazione, della sua pressione a viva forza si forma un passaggio per l'uscita. Quantunque non sempre gli sforzi suoi le sieno utili, il più però delle volte sortiscono il loro effetto. Nelle Colline ritrova l'acqua minore resistenza, che nell Montagne, in quelle perciò si fa strada con maggior facilità, e in queste con maggiore ruina.
Tutto ciò premesso, non voglio io già decidere se al Pozzo Massetti sia o no adattabile la spiegazione, che presentò all'Accademia Reale di Parigi Mons. Rabellin del maraviglioso fenomeno osservato nel Pozzo di Plongastel nella Bretagna, il quale scarseggiava di acqua a Mare alto, e ne abbonda a Mare basso; ma sibbene attorno al Pozzo Massetti esporrò il mio debole sentimento, e a sommo onore mi arrecherò di sottoporle al giudizio di questa reale Accademia.
Il mio sentimento si è che il Pozzo Massetti non riconosca la sua sorgente, che dal filtramento delle acque piovane ne Colli vicini, e che il suo fenomeno e di abbondanza, e di penuria di acqua cagionato sia dal diverso corso dell'Aria, così che quando l'aria per gli

screpoli, per le fenditure, e per i piccioli meati e del piano e del Colle si concentra nelle sotterranee Caverne, allora pel suo elettrico, e per la sua pressione, da queste innalzi l'acqua, e in abbondanza con seco lei la spinga nel Pozzo. Allo incontro quando l'aria per gli meati, e per le fenditure o non vi può entrare, o da quelle l'aria già concentrata nelle Caverne sen fugge, allora per mancanza di forza premente, dalle Caverne non s'innalzi più 'acqua verso il Pozzo, anzi l'acqua già nel Pozzo entrata sia violentata a ripiombare nelle sottoposte Caverne tanto per mancanza di aria, che nel pozzo la trattenghi per di sotto, quanto per la compressione della colonna d'aria, che per di sopra longo la canna del Pozzo la preme, e la costringe a riffluire nelle Caverne, d'onde si era innalzata.

Che tanto possa la forza dell'aria, non è qui mestieri di prova, ognun sapendo, che la Teoria delle Fontane artificiali, e delle Trombe per gl'incendi è fondata sulla gravità, ed elasticità dell'Aria, e che la scesa, o discesa del Mercurio del Barometro dipende dalla maggiore, o minore pressione dell'Aria Atmosferica.

Tutta la difficoltà del nodo a sciogliersi se ne sta nel come, e nel perché quando il Cielo è piovoso, ed il Po ridondante di acqua, debba l'Aria nel seno de' Monti concentrata cessare dalla naturale sua opera, e intraprenderne un'altra del tutto contraria, quale si è quella di fuggirsene dalle Caverne, e violentare l'acqua del Pozzo a ricadere in esse. E quando si serena il Cielo, e nel Po si diminuiscono le acque, debba l'aria ripigliare il suo corso primiero, e di bel nuovo innalzare le acque sotterranee, e ridonare al Pozzo la sua sorgente.

Per ispiegare tutto questo, non avrò io già ricorso al vento che in tempo delle inondazioni, come osservai più volte, spira dal Sud al Nord, cioè dalla Valle del Ronsone verso il Po, e in tempo di serenità e di pacatezza nel Po, soffia dal Nord al Sud ordinariamente. Poiché il fenomeno del Pozzo Massetti è sempre costante, e il vento è troppo variabile. E poi se si volesse, che il vento del Sud da se solo avesse la forza di premere nel Pozzo le acque, e violentarle a ricadere nelle Caverne sotterranee, bisognerebbe calcolare la di lui forza con quella dell'aria, la quale dalle molte, e diversamente situate screpolature s'interna nelle stesse cavità. Se la forza di quello cede alla forza di questa, le acque del Pozzo non potranno mai rifluire: il che è contrario alle osservazioni. Se quello la vince sopra questa il fenomeno del riflusso si dovrebbe sempre vedere ogni qual volta spira il vento di mezzo di tutto che il Po non inondi e ridente sia il cielo. Il che non siegue giammai. Se poi la forza dell'uno sta a livello colla forza dell'altra, allora l'acqua nel Pozzo non potrebbe mai ne accrescersi, ne diminuirsi. Il che distruggerebbe la sostanza de' fenomeni esistenti. Il flusso adunque, e riflusso delle acque nel Pozzo Massetti non si deve ascrivere ai venti del Sud, e del Nord, quasi che questi ne sieno la principale cagione. Servito più che l'essere il Pozzo coperto, e tutto chiuso di mura, eccettuando la copertura, che con porta si chiude, estratta che se ne ha l'acqua, e l'avere il Pozzo la fabbrica e civile, e rustica di fronte, che l'uno e l'altro vento rompe, sono non lievi motivi da credere, che ne Pozzo i venti abbiano poca forza.

Non dirò parimenti, che in tempo d'inondazione la corente dell'aria seguendo la corente dell'acqua, quanto più questa è impetuosa, tanto più quella sia violenta, e capace per conseguenza di attrarre a se quei fili d'aria, per così dire, che diretti erano verso le screpolature per concentrarsi nei Colli, e che questi, i quali sono uniti a foggia degli anelli di una catena insensibilmente a se tirino, ed estraggano presso che tutta l'aria dalle sotterranee caverne. Poiché non tutti gli screpoli hanno la loro esterna imboccatura verso il Nord, e perciò non tutti sono soggetti, ad eguale metamorfosi.

Dirò bensì, che l'uno e l'altro de' succitati effetti non poco possono contribuire a scacciare, e ad estrarre l'aria dalle caverne. Ma la principale cagione io la ravviso nella stessa pioggia.

E secondo proprietà e del calore, e de' venti il disseccare, e restringere le terre in tempo di siccità, tutti gli screpoli, tutte le fenditure, e tutte le screpolature, che mettono capo nelle

sotterranee caverne sono sempre mai dilatate, ed aperto lasciano il campo all'aria per introdurvisi in abbondanza, e a suo bell'agio. All'oposto in tempo piovoso, ed anche per qualche tempo dopo, alcune di quelle fenditure, per effetto dell'umido assorbito, si restringono alquanto, ed altre, le quali più esposte sono all'intemperie de' tempi, si otturano affatto si perché la terra innumidita, che molto si gonfia, ne unisce le labbra si perché dal corso precipitoso dell'acqua che sopra le scorre, viene in esse trasportata della terra; come anche perché quello spazio di terreno, che resta occupato dall'acqua, la quale si prepara a filtrare, è tanto spazio, che viene tolto all'aria per introdursi nelle interne cavità de' Colli.
Quindi avviene, che in tempo di pioggia, e d'inondazione minore aria vi s'introduca e vi s'aggiri nelle Caverne, che in tempo di siccità. Questa poch'aria poi, che vi si trova non potendo stare nell'inazione perché agittata continuamente e dall'Aria Atmosferica, con cui per mezzo degli screpoli è in unione, e dalle goccie d'acqua, che nelle caverne principieranno a piombare, e non avendo forza sufficiente per ispingere verso il Pozzo le acque sotteranee, perché in proporzione, che si diminuisca la mole si scema la forza, e perché lo stillicidio delle acque rompe l'azione dell'aria a mezzo il suo corso, vuopo è che la poch'aria nelle caverne rimasta dopo varj tortuosi raggiri, come attratta dall'Aria Atmosferica; e come compressa dalla premente Colonna di Aria, che havvvi longo la colonna del Pozzo, e come respinta dagli ostacoli, che incontra in ogni dove, con violenza sen parta, sen fugga per quegli screpoli, che totalmente non sono restati chiusi.
All'opposto cessata la pioggia, calmata l'innondazione, e ritornato il sole a riscaldare la terra co suoi raggi calorigeni, riaprendosi per la evaporazione dell'acqua le fenditure, e gli screpoli, allora la Terra di bel nuovo addiviene assorbente dell'aria, e questa moltiplicatasi nelle Caverne, e riacquistata la sua forza primiera ritorna ad innalzare, e spingere verso il pozzo le acque rimaste finora stagnanti nel fondo delle cupe caverne. Chi ha una chiara idea della Macchina nominata Antlia, di cui dicesi inventore Creselej Matematico di Allessandria mi lusingo, che non troverà improbabile la spiegazione del primo fenomeno del Pozzo Massetti, su di cui ho finora ragionando esposto il debole mio sentimento.
Per rendere poi ragione del secondo fenomeno, che consiste nello spiacevole puzzo di zolfo, e di bitume, che tramanda l'acqua e quando è ridotta a poca quantità, e quando in abbondanza ricomincia a entrare nel Pozzo Massetti, non è già necessario di richiamare il pensiero alle epoche vetuste, e dell'interramento della Città d'Industria vicino a Monteu da Po, e della costruzione di S. Maria de' Cinerasco nel territorio di Coniolo. Imperciochhè sebbene e quella doviziosa Città si creda sprofondata, e sepolta per effetto di Terremoto, cagionatto dafilmente dall'eruzione diun qualche vulcano, e questa Chiesa dalla etimologia del suo titolo si scorga edificata in ringraziamento forse che Coniolo non sia restato preda infelice delle fiamme voraci, che molti altri paesi incenerirono (seppure là non fu innalzata, ove l'ignintoso vulcano si aprì, e vomitò bittume, fuoco e cenere) cionondimeno più evidenti, e più e più care alla Filosofia vi sono delle prove, che nelle vicinanze del Po tratto tratto ritrovinsi vestigj non equivochi di vulcani spenti, e di materie atte ad infiammarsi, e ad eccitare nuove eruzioni vulcaniche.
Se con occhio, Filosofico infatti si esaminano queste Colline. Si vedono qua e là disperse e sepolte e longo le Valli, e a mezzo ai Colli, e sulla superficie, e nel centro della terra moltissime pietre taglienti quasi sul modello di quelle, di cui i Romani si servivano per lastricare le strade, le quali atteso il disordine, la confusione, e lontananza, in cui sono le une dalle altre, ci fanno a buon diritto argomentare, che l'azione instantanea d'un qualche terribile vulcano abbiale divelte, e quinci, e uindi con violenza lanciate, e disperse. Quando a qualche Critico non piaccia il concedere, che gli antichi Romani per queste Colline avessero la spaziosa loro Strada costrutta per commodo degli Eserciti, che essi spedirono più

volte verso le Gallie, suo sarà l'impegno di dimostrare come mai nella Terra nascano queste pietre quadrate, e quadrilonghe, che si trovano negli strati di terra diversa, e che tutte sono della stessa materia, dello stesso colore, e della medesima spessezza. Poiché Montagne formate di questo sasso ora qui non si vedono, e se esistettero ne' secoli trascorsi, non vi è che i Vulcani, i quali abbiano avuta la forza di sradicarle, di ridurle in pezzi, e di disperderle per ogni intorno.

Se si esamina il Rio merdario, che così io credo chiamato per lo inepratissimo odore di zolfo, che anticamente tramandava, i frammenti di pietre pomici, di pietre calcinate, di pietre vetrificate, di pietre cinerognole, e di pietre fumicate, che a quando a quando vi si ritrovano in esso, ci danno ragionevole motivo di credere, che le vicine Colline sieno state un dì il bersaglio fatale del fuoco edace.

Se si osservano finalmente le molte miniere di Calce, la molta terra calcarea, e i varj indizj di carbon fossile, che si ritrovano in queste Colline, E se si riflette, che tratto tratto le acque di questi pozzi tramandano odore di zolfo, e che qua e là scorrono non poche acque minerali, non si porrà più in dubbio, che nel centro di queste Colline vi sieno delle materie atte ad accendersi, ed infiammarsi. E chi sa, che queste Colline non sieno una meschianza tra i Vulcani estinti, e quelli in azione? Chi à che a quando a quando nel seno di questi Colli non seguano forti effervescenze delle materie piritose, cagione poi di scopj elettrici, di fulgori sotterranei, di meteore ignile? Chi sà, che se si profondassero in certe Colline delle spranghe di ferro, dalla loro estremità puntata fuori della terra, non uscissero lucidi penelli di fuoco elettrico? Il tempo io spero rischiaravi ogni cosa: e questo tempo avventurato per gli Dilettanti della Storia Naturale a gran passi già mi sembra, che a noi si avvicini, mentre longo la nuova Strada Cispadana, che si va costruendo da Casale a Torino si ritrovò molta materia peregrina, da me non anco veduta, che poi si deciderà se sia Torba, o lava, oppure Basalto.

Ciò premesso porto io ferma opinione, che non vi mancando Zolfo, non vi mancando Fossili, e nel seno delle Colline, e nelle sotterranee Caverne, quando l'aria cessa come per sifone d'innalzare colla sua pressione l'acqua nel Pozzo Massetti, questa ravvolgendosi intorno alle materie bittuminose, e sulfuree a sua posta di esse si satura, e ne trattenga le molecole, finchè per la propria gravitazione sen ricadono al fondo. Ma se prima che le acque scaricate si sieno delle particelle sulfuree, bituminose ritorni l'aria a premere, e ad innalzare le acque; queste giunte nel Pozzo, come di quelle impregnate dovranno esalare il pozzo di zolfo, e di bitume, e non lo perderanno affatto se non se allora che quasi tutta sia stata estratta dal Pozzo. Imperciocchè nel Pozzo la evaporazione non può essere molto grande, e il continuo tentativo e dell'aria, e dell'acqua d'innalzarsi dalle Caverne verso il Pozzo, impedisce eziandio quando l'acqua nel Pozzo è in quiete, che le molecole zulfuree, e bituminose possano ricadere nelle sotterranee Caverne.

Qualche porzione però delle molecole e zulfuree, e bittuminose, delle quali l'acqua è impregnata al suo primo ingresso, che fa nel Pozzo, fa di mestieri, che nel fondo del Pozzo cadendo per loro propria gravitazione formino un sedime zulfureo, viscoso, e bituminoso. Questo sedime non può non essere cagione, che quando nel Pozzo si diminuiscano le acque, quella poca, che in esso vi rimane, sia viscosa, e piena di bitume, e di zolfo. Poiché come l'acqua del Mare è più salata verso il fondo, che verso la superficie, così l'acqua, che galleggia su di materie viscose, zulfuree, e bituminose, ed intorno ad esse continuamente s'aggira, e si ravvolge, assai più di questi ingrati effluvj dev'esser impregnata; che l'altra, la quale essendo alla superficie, e per mezzo dell'evaporazione, e per mezzo della gravitazione di quelle materie eterogenee presto si scarica, e intieramente se ne spoglia.

Questi sono i pensamenti miei, che per ispiegare i due vari fenomeni del Pozzo Massetti mi è caduto in animo di esporvi Ornatissimi Accademici. Tutti qui delineati io ve li offro in questo abozzato Quadro. Voi li esaminato, e quando non vi tornino a grado, godrò che altri sciolga in maniera più convincente i due proposti problemi, e quando il mio abozzo abbia la sorte d'incontrare il genio vostro, a voi non rimane che di lumeggiarlo con quei più vivi colori, che una tal materia esige.

1776	François Latapie	Esperienze fatte alla Grotta del Cane presso Napoli nei giorni 15, 22 e 25 gennaio 1776, dal Signor Latapie e dai signori Giuseppe e Bartolomeo Mozzi, redatta dal Signor Latapie.

Accademia Nazionale Virgiliana, Archivio Storico della Vecchia Accademia, Parte II, Dissertazioni Accademiche, busta 60/20.

Il signor Latapie supplica la vostra Illustre Accademia Imperiale di Mantova di degnarsi di ricevere l'omaggio di questa memoria come una fragile testimonianza della sua profonda venerazione e un pegno della sua devozione.

Esperienze del 15 gennaio

La Grotta del Cane è a circa quattro miglia da Napoli a partire dal Palazzo del Re, e a due miglia e mezzo dalla grotta di Posillipo. La sua distanza dal Lago d'Agnano è di circa 35 passi e di 50 passi se si misurano dalla strada maestra per la quale si arriva al lago. Essa è situata ai piedi di una di quelle colline che contornano circolarmente il lago d'Agnano e che sono interamente composte da materiali prodotti dai vulcani; tanto che la grotta è in parte costituita da tufo vulcanico, da terreno sabbioso e da qualche piccola pietra dura, somigliante a quelle che vidi a Pompei. Stimiamo che la grotta sia alta al di sopra del livello del lago circa 25 piedi, ci si arriva salendo su un piano inclinato d'una decina di passi dopo il bordo del cammino attorno al lago. I terreni al di sopra della grotta sono coperti da rovi e altre piante spontanee del paese. La sua profondità rispetto all'entrata, che è chiusa da una porta fatta molto grossolanamente, è di 11 piedi; la sua larghezza, che va aumentando all'interno, è generalmente di 3 piedi, e la sua altezza all'entrata è di 5 piedi e 5 pollici e diminuisce man mano fino a divenire nulla all'estremità opposta, dove la volta si riunisce al piano inferiore. Questa volta presenta delle fessure trasversali e verticali distanti circa 10 piedi l'una dall'altra. Anche le pareti sono profondamente fratturate in ciascuna parte, e d'una larghezza che va progressivamente diminuendo fino alla misura di un piede. Indipendentemente da questa grande fessura, ce n'è un'altra a destra che segna la parete fino al suolo, e non è che una estensione della prima.
Sul suolo, o piano inferiore di questa grotta si nota un vapore mofetico la cui altezza varia secondo le stagioni. Esso non è attualmente che di quattro pollici, e non è né più né meno elevato dell'ultima volta che l'abbiamo osservato, vale a dire il 2 gennaio.
Oggi c'era un così gran vento che il vapore era estremamente agitato e disperso talvolta totalmente, ma solamente dopo qualche secondo il suo effetto era pressochè nullo, e l'aria che noi respiravamo non era granchè diversa da quella atmosferica, soprattutto all'entrata,

dove noi mettemmo la bocca sul terreno medesimo; quando il vapore era nel suo stato naturale, esso appariva come una spessa nuvola che copriva tutto il fondo della grotta, e da dove può dipartire. Si alza lungo la parete al livello solito, e non contrae alcuna mescolanza con l'aria ordinaria dell'atmosfera che riempie tutto il resto di questo sotterraneo, come vedremo dalle esperienze seguenti. Questa nuvola trattiene una umidità continua nel terreno, ma poiché ci sono molte infiltrazioni di acqua piovana, non si può attribuire alla sola nuvola la totalità dell'umidità.

Le pareti della grotta sono umide per tutta l'altezza della mofeta, e sono coperte da una piccola muffa molto sottile, d'un bel verde, nelle posizioni che non hanno subito delle modificazioni. Queste posizioni sono assai rare a causa dell'affluenza degli stranieri che non vogliono mai lasciare Napoli senza aver visto questa famosa grotta. Questo fa si che sia impossibile verificare lo stato naturale della parete, del suolo e della volta, non solamente a causa dei continui attriti causati dai vestiti, ma ancora per il fumo delle torce che servono agli esperimenti. Noi abbiamo anche osservato sulla parte alta della volta delle efflorescenze biancastre molto sottili che messe sulla lingua si sciolgono e lasciano precisamente il gusto del nitro.

Il cane di cui il guardiano della grotta si serve per le solite esperienze (fatto questo che senza dubbio ha dato origine al nome di grotta del cane), è un animale così abituato agli effetti di questo vapore, che può essere esercitato anche a simulare più convulsioni di quelle che prova per essere pronto rapidamente a sbarazzarsi dell'amido, come gli è prescritto frequentemente 10 o 15 volte al giorno, e anche di più. Questo cane non vive, a fare questo mestiere, più di un anno o 15 mesi. Egli è molto più stupido e più lento degli altri cani, e verso la fine della vita sbava continuamente, tanto che abbiamo deciso di non farne alcun uso, e di portare con noi da Napoli un cane pieno di forza e di vita, di taglia media, della specie dei cani da caccia ordinari, e del tutto nuovo per l'esperimento a cui deve servire.

Abbiamo immerso il cane nel vapore e sul suolo ed egli ha fatto dieci guaiti acuti nello spazio di un minuto e mezzo, ed ha resistito un tempo un po' più lungo con forza sufficiente per alzarsi da solo. Ma dopo 2 minuti e mezzo è rimasto disteso, le sue convulsioni sono via via aumentate, e la sua lingua è diventata sempre più violetta, apriva la bocca con tutte le sue forze, la sua testa si portava continuamente verso il petto con degli scatti, le sue gambe si irrigidivano, e tutto il suo corpo era preso da un tremore continuo. Ha pure orinato abbondantemente. L'abbiamo lasciato in questo stato per 50 minuti, dopo di che l'abbiamo tolto dalla grotta e improvvisamente le sue convulsioni sono cessate, ed in meno di un quarto d'ora egli ha ripreso abbastanza forza per sostenersi dopo aver espulso in abbondanza escrementi molto liquidi. Ma i suoi occhi erano stralunati, sbavava ed emetteva qualche guaito, faceva sforzi per vomitare accompagnati da tremori.

25 minuti dopo averlo rimesso nel vapore della grotta, gli stessi fenomeni sono ricominciati. Questa volta abbiamo chiuso la porta e questa circostanza è stata funesta per il cane, che ha cessato di vivere dopo 9 minuti, non potendo l'aria fresca ridargli alcun movimento. Questo mostra come il vento e tutte le agitazioni dell'aria esterna diminuiscono gli effetti di questo vapore, probabilmente impedendo continuamente che si condensino, e di conseguenza non acquisiscano tutta l'energia di cui sono suscettibili. Così per provare i veri effetti, non solo abbiamo fatto chiudere la porta con attenzione durante gli esperimenti, ma ancora abbiamo fatto tappare il buco che il guardiano della porta ha praticato sotto, verosimilmente perché la mofeta potesse evaporare allorchè la porta è chiusa.

Un gatto molto robusto, immerso nel vapore contrae il naso e per la prima volta ha emesso un grande grido, si è dibattuto con violenza dopo 2 minuti circa, non si è più alzato e ha manifestato gli stessi sintomi del cane, ma con molte più convulsioni. Egli aprì la bocca e

tentò di respirare con forza, ma silenziosamente e senza movimento, e i suoi occhi sono diventati molto sporgenti. Egli ha molta meno resistenza che il cane, perché senza che noi avessimo chiuso la porta e facendo sì che l'aria esterna potesse entrare liberamente, è morto in 40 minuti.
Un pollo messo nella mofeta si è immediatamente molto agitato, aprendo la bocca, estendendo le sue gambe e le sue dita, e spandendo degli escrementi. Due minuti dopo l'abbiamo creduto morto, poiché non faceva più alcun movimento; ma le convulsioni sono riprese in tutto il corpo, e poi sono di nuovo cessate. L'abbiamo tirato fuori dalla grotta 3-4 minuti dopo, senza avere molte speranze sulla sua resurrezione, ma egli è rinvenuto poco a poco, e in meno di dieci minuti era accovacciato tra i cespugli. L'abbiamo ripreso e rimesso nel vapore. Dopo 7-8 minuti è morto.
Aperti questi tre animali sul posto, abbiamo trovato i loro polmoni pieni di sangue, così come le vene giugolari. La cavità destra del cuore del cane era molto ingorgata e annerita, mentre quella sinistra non aveva subito pressochè alcuna alterazione, né di volume né di colore. Il cuore del gatto punto con una forcina ha dato segnali molto forti di instabilità, quello del pollo un po' meno, e quello del cane non ha manifestato il minimo segno. Tuttavia Mr. Serrao,[1] il più celebre dei medici di Napoli, asserisce che i soli segni d'alterazione che egli ha visto comparire negli animali che aveva fatto morire nelle mofete consistevano nella flaccidezza dei polmoni.
Certuni hanno inserito delle blatte, delle mosche e dei ragni che non hanno resistito che pochi minuti.
Noi stessi abbiamo respirato abbondantemente i vapori mofetici con un tubo di vetro di largo diametro senza che qualcuno abbia avuto inconvenienti. Il vapore è innanzitutto molto pungente e oppressivo, ma noi ci siamo adattati presto. La sensazione più forte è al naso e alla volta del palato, e possiamo paragonarla a quella della senape quanto a grado d'intensità. Ma esso è molto diverso per quanto riguarda il gusto, che è di un pungente aggradevole, e che possiamo paragonare a quello dello spirito di vino debole, leggermente etereo, un po' acido e un po' sulfureo. Il vapore respirato mettendo la bocca contro terra è molto più forte, e allorchè facemmo questa esperienza solo dopo qualche secondo sentimmo il petto oppresso, e moltissima difficoltà a respirare; sebbene siamo stati buona parte della giornata nella grotta, più di undici ore, non abbiamo accusato difficoltà. I nostri piedi erano continuamente immersi nel vapore fin sopra le caviglie, ma non ci siamo trovati in difficoltà e non abbiamo perso la lucidità, nonostante qualche osservatore moderno abbia assicurato che la grotta produce costantemente l'effetto contrario.
A mezzogiorno 12 minuti e ½ abbiamo messo nella grotta due piccoli termometri a mercurio, graduati secondo la scala di Fahrenheit, l'uno ordinario di circa un piede d'altezza e la cui temperatura costante all'aria esterna è stata misurata in 51° ½ [circa 10,8 °C].[2] L'altro era un piccolo termometro inglese metallico fissato a un tubo di vetro con dei puntali in rame, di un pollice di altezza; il mercurio si è stabilizzato a 50° [10 °C] all'aria esterna. Abbiamo immerso quest'ultimo nel vapore mofetico verso la metà della grotta, e sospeso l'altro alla volta, dove l'aria mofetica è pressappoco insensibile alla respirazione; 9 o 10 minuti dopo il piccolo termometro inglese si è alzato nel cuore della mofeta a 80° e ½ [circa 26,9 °C], e quello appeso alla volta è montato fino a 67° [circa 19,4 °C]. L'uno e l'altro termometro non si sono più alzati, nonostante li avessimo lasciati per molto tempo. Così l'aria della grotta aperta è più calda di quella atmosferica esterna di 15° ½ [circa 8,6 °C] e

[1] Francesco Serrao era il medico del Re di Napoli.
[2] Per trasformare i gradi Fahrenheit (°F) in gradi Celsius (°C), si usa la seguente relazione: °C = (°F − 32) / 1,8.

quella del vapore mofetico di 30° ½ [circa 16,9 °C]. Addisson nel suo Viaggio in Italia,[3] e altri osservatori, hanno tuttavia sostenuto che la differenza di calore tra i due vapori è quasi nulla.
Quando la porta è stata chiusa, il termometro che misurava il vapore mofetico è salito a 82° [circa 27,8 °C] e l'altro termometro sospeso alla volta a 70° [circa 21 °C]; abbiamo osservato in quest'ultimo caso che il rapporto tra le differenze tra le temperature dell'aria e del vapore mofetico della grotta sono divenute minori, perché l'aria della grotta ha un po' influito sul calore e sulla natura del vapore inferiore.
Per mezzo di una grande e idonea siringa abbiamo fatto diverse esperienze su alcuni liquidi, e ciascuno di noi si è assicurato che lo strumento si riempisse col vapore mofetico col siringarcene nella bocca. Abbiamo versato i nostri liquidi dentro piccoli bicchieri di cristallo e, dopo averli versati nel vapore stesso, li abbiamo impregnati di esso con molti colpi di pistone. In seguito abbiamo confrontato una porzione di questo liquido con quello lasciato all'aria libera senza vapore iniettato, al fine di osservare con precisione le differenze.
Non ci è sembrato che il latte e il vino manifestassero alcun cambiamento.
L'acqua, ugualmente caricata di vapore, subito non ha dato alcun segno di acidulità, ma allorchè al posto di servirci di un piccolo bicchiere abbiamo riempito a metà una piccola fiala il cui collo è stato ben immerso nella moffetta medesima, con la stessa quantità di colpi di pistone, ha prodotto un debole gusto acidulo, assai somigliante a quello dell'acqua del paese a Napoli o, che è la stessa cosa, alle acque rese acidule tramite l'aria fissa.[4]
La soluzione d'argento non ci è sembrata alterarsi a causa del vapore.
Lo sciroppo di violetta non ha cambiato di colore.
Un ferro ben magnetizzato lasciato più di tre ore nella mofeta non ha perduto nulla della sua qualità.
Un pezzo di pane fresco ripulito dalla sua crosta non ha acquisito alcun gusto diverso.
Un Tornasole[5] distillato e sciolto in molta acqua non ha mostrato alcun cambiamento visibile quando lo abbiamo siringato con l'aria esterna, ma allorchè il piccolo bicchiere è stato immerso nella mofeta, dopo qualche colpo di pistone ha cominciato ad assumere un colore rosa-violetto la cui intensità è sempre aumentata in ragione della quantità di vapore con cui è stato impregnato, fino a diventare di colore del fuoco.
Abbiamo fatto queste numerose esperienze con molta soddisfazione, perché sono decisive al fine di dimostrare che c'è abbondanza di acido nel vapore della Grotta del Cane, e quali sono i procedimenti fisici che mostrano l'esistenza di questo acido.
L'acqua di calce, che abbiamo lasciato riposare per un lungo tempo fino al punto di essere diventata chiara e trasparente, si è perturbata sempre più, ed ha formato una nuvola molto spessa e molto bianca, allorchè l'abbiamo immersa nel vapore e iniettatandogliene a diverse riprese. Si è formato finalmente un precipitato di calce molto abbondante. Quando abbiamo versato dell'acido nitroso e dell'acido vetriolico[6] in diverse quantità nell'acqua di calce, per confrontare i risultati con la precedente miscela, essa non si è molto perturbata e non ha formato che una piccola nuovoletta, che si è tenuta continuamente nella parte superiore del liquido. Allorchè abbiamo versato nel bicchiere dell'alcali volatile, il liquido si è perturbato e addensato, ma meno considerevolmente e mostrando meno bianchezza rispetto al vapore

[3] Latapie fa riferimento al libro di Joseph Addison (1672-1719) *Remarks on several parts of Italy, & c. in the years 1701, 1702, 1703*, Londra, Printed for Jacob Tonson 1705.
[4] Per aria fissa si intendeva all'epoca l'anidride carbonica (o biossido di carbonio) CO_2.
[5] Il tornasole è un colorante di origine vegetale generalmente ottenuto per estrazione con alcali dai licheni del genere Rocella. Dal punto di vista chimico è una miscela complessa di varie sostanze; ha la proprietà di colorarsi in rosso in ambiente acido e in azzurro in ambiente alcalino.
[6] Così veniva detto l'acido solforico.

della grotta; questo ci è sembrata una conferma di quel che dice Mr. Malouin,[7] che la causa principale è della natura alcalina, contenente tuttavia qualche porzione di Sali diversi la cui attività si sviluppa allorchè si versa un alcali.
Questo fenomeno dell'acqua di calce condensata e precipitata dal vapore mofetico è molto interessante e sembra confermare, così come quella dell'acidulità dell'acqua comune prodotta dallo stesso vapore, se non l'identità, la grande somiglianza di questo vapore con l'aria fissa, che è stata oggetto del grande dibattito tra i fisici e i chimici, dopo le esperienze di Mr. Black[8] e McBride,[9] che per primi hanno illuminato gli scienziati su questo argomento.
Un elettrometro di Liegi fatto con una piccola palla di sughero sospesa a un filo di seta e immerso nel vapore della grotta, è rimasto immobile e non ha dato alcun segnale di presenza di elettricità.
Tutte le lampade accese, forti o deboli, si spengono allo stesso momento in cui toccano la mofeta. Abbiamo usato per essere bruciata della canfora, del nitro e dello zolfo, facendo prima l'esperienza con ciascuno dei materiali isolatamente, e successivamente mescolandoli assieme. La canfora si è spenta un po' meno velocemente che le torce da vento ordinarie, e lo zolfo è stato quello che ha resistito di più.
Abbiamo anche cercato inutilmente di infiammare della polvere d'archibugio col metodo ordinario, ma vedremo come ci siamo riusciti il 22 gennaio seguente.
Delle piccole bilance sono state caricate da una parte con pesi di rame, e dall'altra di neve, e messe in equilibrio con delle barre orizzontali [attaccate ai piatti della bilancia] di lunghezza uguale, e non hanno traballato. L'equilibrio si è rotto quando abbiamo raccorciato una delle barre orizzontali, così che una fosse nell'aria ordinaria e l'altra nella moffetta. Si è dimostrato che la densità di queste due sostanze non differisce di molto, se la maggior parte delle altre proprietà sono lontane dall'essere le stesse.
Abbiamo riempito due bicchieri l'uno con il vapore della mofeta, l'altro con l'aria esterna alla grotta. Entrambi sono stati pistonati con la stessa forza, e qualche giorno dopo essi non erano che un po' afflosciati e conservavano pressappoco lo stesso grado di tensione, fatto questo che indica che il vapore in questione è elastico almeno quanto l'aria. Da qui deriva la nostra conclusione, che è improbabile che sia una carenza di aria che fa morire gli animali nella grotta del cane, come hanno sostenuto celebri fisici, tra i quali Bernard Connor[10] che ha scritto espressamente un trattato per provarlo (si veda la sua dissertazione *De antris lethiferis*, Oxon, 1695, che è molto rara). Le esperienze barometrali di cui parleremo presto ridurranno quasi in certezza questa congettura.

---

[7] Paul Jacques Malouin (Caen 1701-1778), medico e chimico francese.
[8] Joseph Black (Bordeaux, Francia 1728-Edimburgo, Scozia 1799) è stato un chimico e fisico. A lui si deve la scoperta del calore latente, del calore specifico e dell'aria fissa, ovvero dell'anidride carbonica. Ha condotto esperimenti sul vapore assieme a James Watt. È stato professore di medicina all'Università di Glasgow, e gli sono stati dedicati gli istituti di chimica nelle università di Edimburgo e di Glasgow.
[9] David MacBride, (Ballymoney 1726-Dublin 1778), medico e chimico irlandese. In uno dei suoi saggi (*Experimental Essays*, London, Printed for A. Millar 1764) stabilì che la precipitazione di gesso dall'acqua di calce poteva essere usata come un test per individuare l'aria fissa, ma non fu in grado di decidere se l'aria fissa era una sostanza ben distinta dall'aria atmosferica o semplicemente una parte di quest'ultima modificata.
[10] Si riferisce al testo di Bernard Connor *Dissertationes medico-physicæ: De antris lethiferis. De montis Vesuvii incendio. De stupendo ossium coalitu. De immani hypogastrii sarcomate*, stampata a Oxford nel 1695. Connor (Kerry, Irlanda 1666-Londra 1698) fu un fisico e uno storico. L'elezione del successore di Re Giovanni Sobieski in Polonia, lo spinse a scrivere un resoconto della storia di quel pase, pubblicato a Londra nel 1698. Nel 1697 ha pubblicato a Londra *Evangelium Medici; seu medicina mystica de suspensis naturæ legibus, sive de miraculis; reliquisque en tois bibliois memoratis, quæ medicæ indagini subjici possunt*, nel quale cercò di dimostrare che i miracoli di Gesù potevano essere spiegati con fenomeni naturali: divenne per questo sospetto di eresia.

Esperienze fatte il 22 gennaio seguente

Le giornate sono state brutte, con un gran vento, ed è stata l'occasione per fare un intervallo, così la mofeta non ha subito delle modifiche.
Abbiamo dapprima esaminato due piccoli pezzi di carne simili, che avevamo sospeso nella grotta il 15 gennaio, l'uno presso la volta, l'altro nella mofeta. Essi erano molto corrotti, ma più particolarmente quello che stava immerso nel vapore, il cui odore era insopportabile. Questi pezzi avevano assorbito tanta acqua della mofeta che una gran parte della carne era divenuta come un patè molle. Il pezzo superiore era al contrario divenuto più secco, e di un nero livido, e così siamo stati molto felici di constatare l'avvenuta putrefazione per mezzo di questa specie di aria fissa naturale, mentre molti fisici si limitano a riportarla dalle esperienze di MacBride e di Priestley[11] con l'aria fissa artificiale.
Due anguille pescate nel golfo di Napoli, e che abbiamo conservate vive dopo due giorni, furono messe in un piatto profondo riempito d'acqua, e immerse nella mofeta sono rimaste inizialmente qualche tempo immobili, in seguito i loro movimenti sono divenuti frequenti, ma mettendo la testa fuori dall'acqua e uscendo frequentemente dal vaso. Dopo ¾ d'ora sono morte. Il cuore di quella che è morta per prima ha dato segni d'irritazione.
Un rospo messo nel vapore ha resistito più di un'ora, dopo averlo immerso più di una volta. Il suo ventre frequentemente si è gonfiato e circa nel momento in cui è morto saltò fuori dalla mofeta con tanta forza da portarlo ad attaccarsi a una parete. Dopo averlo aperto abbiamo trovato il polmone destro teso come un pallone e del volume di una grossa oliva, e tutto coperto di mammelloni, mentre il polmone sinistro non era più grande di un grano di lenticchia, rossastro e senza alcuna dilatazione.
Abbiamo verificato l'interessante esperienza che pare che Addison abbia progettato (viaggio di Addison, articolo sui dintorni di Napoli) nel suo viaggio in Italia e abbia ripetuto molte volte. Abbiamo diviso in due parti, secondo la sua lunghezza, un pezzo di canna secca di circa due piedi di lunghezza, e l'abbiamo messa obliquamente, in modo che una delle estremità fosse appoggiata sul terreno della grotta tramite un piatto e immersa tutta nel vapore, mentre l'altra estremità era appoggiata alla parete, fuori dall'atmosfera mofetica. Abbiamo riempito di polvere d'archibugio tutti i canali della canna fino al fondo del piatto, stando attenti a coprire anche il piatto attorno alla canna. Dopo di che abbiamo dato fuoco alla polvere superiore per mezzo di uno zolfanello. Non solamente la polvere è bruciata fino alla mofeta, ma ha continuato a infiammarsi lungo il vapore, di modo che non ne è rimasto un solo granello, né nella canna, né nel piatto, né sul terreno della grotta, dove ne avevamo lasciato cadere molti su certe zone umide di cui è formato.
Dopo questa deflagrazione di tutta la polvere, la grotta si è riempita di un denso fumo, che serviva da veicolo per innalzare la mofeta; noi distinguevamo molto bene, respirando questo fumo, il vapore estraneo che si era mescolato e che aveva tutti i caratteri della mofeta, ma molto indebolito. Queste differenze che abbiamo osservato tra le fiamme che si spegnevano alla superficie del vapore, e la polvere che si infiamma fino al fondo, deriva secondo tutte le apparenze dalla rigenerazione continua dell'aria ordinaria per la detonazione del nitro.

---

[11] Joseph Priestley (Birstall Fieldhead, presso Leeds, Yorkshire, Inghilterra 1733-Northumberland, Pennsilvania., U.S.A 1804) è stato un chimico inglese che ha dato un apporto tale alla conoscenza della chimica da farlo annoverare fra i maggiori chimici di tutti i tempi. Fu membro della Royal Society di Londra e dell'Accadémie Royale des Sciences di Parigi; nel 1767 si stabilì a Leeds dove cominciò le sue ricerche chimiche: scoprì l'ossido di azoto, l'anidride solforosa, l'acido cloridrico, l'ammoniaca e soprattutto, nel 1774, l'ossigeno, che ottenne riscaldando l'ossido di mercurio.

Questa esperienza fornisce uno dei migliori modi per rendere visibili (almeno per qualche istante) tutte le posizioni dove la mofeta rende pericoloso avvicinarsi, imperocchè l'aria dell'atmosfera introdotta di forza nell'aria mofetica ne indebolisce di molto, mescolandovisi, le qualità perniciose. Una prova di questo è che abbiamo provato noi stessi a respirare il vapore del fondo. Il cane del guardiano della grotta, messo nella mofeta immediatamente dopo aver infiammato la polvere, è rimasto esente da convulsioni, e ha respirato il vapore come se fosse dell'aria ordinaria.
Il Dottor Carli,[12] Segretario dell'Accademia di Mantova e ottimo osservatore delle stesse cose, ha conosciuto un uomo che, pur avvertito dell'effetto pericoloso delle mofete, vi si è immerso impunemente, ma mettendo sulla bocca una spugna imbevuta d'acqua, rinnovandola frequentemente. Questa esperienza così utile quanto semplice, merita di essere divulgata.
Abbiamo fatto una seconda esperienza dello stesso genere che è ugualmente ben riuscita. Abbiamo riempito di povere da sparo una canna più alta della mofeta, l'abbiamo posizionata verticalmente sul terreno della grotta e abbiamo dato fuoco. Tutta la polvere si è infiammata fino a quella sul terreno, e ha bruciato assai lentamente formando un bel getto di fuoco.
Prima che il vapore fosse agitato dalla polvere infiammata, abbiamo chiuso la porta della grotta e abbiamo provato che il calore era più considerevole, e quello che è prodotto dalla mofeta aveva maggiore energia sul palato e nei polmoni quando la porta era chiusa. Quindi ci siamo persuasi che si può resistere per un lungo tempo, senza morire e senza forti inconvenienti. Se è vero, come raccontano a Napoli, che due criminali che il Vicerè Piero di Toledo fece rinchiudere nella grotta morirono in poco tempo, e che l'asino che fu messo durante il soggiorno del Re di Francia Carlo VIII morì quasi subito, questo ci fa pensare che il vapore era allora molto più forte di quello che oggi ci sembra. Bernard Connor afferma che ci fu uno schiavo turco sul quale il Vicerè volle fare una semplice prova dell'effetto del vapore, senza alcuna intenzione di farlo morire, ma che questa prova fu mortale per lo schiavo. Va considerato che gli fu messa la testa nel vapore come noi abbiamo fatto con gli animali, e quindi l'effetto deve essere lo stesso, e l'aneddoto non ha nulla di semplice.
Noi avevamo un eccellente Barometro di circa tre piedi d'altezza, d'invenzione assai recente, e molto utile per osservare delle differenze molto piccole, fino ai centesimi, e per approssimazione fino ai millesimi delle linee. Il signor Giuseppe Mozzi l'ha portato da Londra, così come i due piccoli Termometri di cui abbiamo già detto, e l'Igrometro, di cui si discuterà. Il Barometro si è alzato velocemente nella mofeta a 29°, 2/10, 4/100 ed è sempre rimasto a questo livello. Sospeso questo fuori dalla grotta è diminuito a 29°, 1/10, 7/100. Una mezzora dopo che l'avevamo rimesso nella mofeta, si è elevato a 28°, 9/10, 7/100; esposto una seconda volta all'aria ordinaria, si è abbassato a 28°, 9/10, 2/100. Così, malgrado le variazioni dell'aria da cui dipendono quelle del Barometro, ci ha mostrato che l'aria della mofeta è un po' più pesante o più elastica dell'aria atmosferica, poiché nel primo caso il Barometro era più alto di 7/100 e nel secondo caso di 5/100. Se dei famosi italiani hanno assicurato che il Barometro non si alza per niente nella mofeta, è senza dubbio dovuto al fatto che si sono serviti di uno strumento imperfetto.
Abbiamo ripetuto le esperienze coi Termometri. Il piccolo Termometro si è elevato nella mofeta da 58° ½ a 83°, in altre parole di 24° ½; quello che è stato appeso alla volta della grotta è aumentato da 56° ½ a 60° ⅓, ovvero di 3° 5/6, Così la differenza di calore del vapore mofetico con quello del resto della grotta era oggi di 20° ⅓, più considerevole di quella del 15 gennaio ultimo scorso di 5° 2/3.

[12] Giovan Girolamo Carli (Ancaiano, Siena 1719-Siena 1786), letterato, studioso di arte antica e di scienze naturali, fu Segretario perpetuo dell'Accademia di Scienze, Lettere e Belle Arti di Mantova dal 1774 fino alla morte.

Un Igrometro di Londra il cui indicatore, fatto da un'arista di spica d'avena e chiuso in un cilindro di ottone simile a una bussola, è ruotato da 0 a 45° in ¾ d'ora dentro la mofeta; è vero che discutemmo al momento se lasciarlo ancor più tempo, ma poichè aveva fatto tutto il giro del quadrante, ci aveva fornito un'indicazione sicura sull'umidità naturale dell'aria. Non ci spingemmo comunque ad eseguire calcoli su questo argomento.
Una moneta d'argento, e un altra di rame non hanno manifestato alcuna variazione sensibile nella mofeta, dopo averli lasciati in terra per più di tre ore. Così la porzione solfurea del vapore, che noi pensiamo mescolato all'aria e ad altri elementi nella composizione della mofeta, deve essere molto piccola, o molto diluita, perché quella che esce dalle fumarole della solfatara posta a ¼ di lega dalla grotta annerisce l'argento e il rame immediatamente.
Abbiamo ripetuto in nostri esperimenti del 15 gennaio sulla soluzione del Tornasole; pur con qualche differenza abbiamo avuto gli stessi risultati. Un ventesimo colpo di pistone ha provocato nella soluzione del Tornasole un bellissimo colore rosso, ben diverso da quello violetto che il Tornasole assume quando viene sciolto nell'acqua calda.

Esperienze del 25 gennaio

Abbiamo esposto alla mofeta delle lastre di vetro la cui posizione inclinata permetteva alla porzione di vapore che vi si era fissata di colare goccia a goccia in piccoli vasi di maiolica. Estratta questa pozione, che avevamo creduto ci potesse dare un qualche segnale di acidità, ha deluso le nostre speranze quando l'abbiamo testata coll'alcali fisso e con la tintura di Tornasole. Sembra che ciò che si separa dal vapore e si concentra sul vetro sia proprio la parte più acquosa e insipida e priva d'ogni altro principio.

Conclusioni

Queste sono le esperienze che abbiamo fatto nella Grotta del Cane e di cui certifichiamo l'esattezza, e che contraddicono la maggior parte di quelle che sono state fatte prima di noi, vale a dire quelle che sono state rese pubbliche e di cui siamo venuti a conoscenza.
Dopo tali esperienze le conseguenze che ne deduciamo sono:

1°. Dal terreno di questa grotta si alzano o filtrano particelle nitrose.

2°. Per la natura del suolo nei dintorni della grotta che è tutto vulcanico e pieno di solfatare, per il gusto del vapore e per la sua proprietà di cambiare in un bel rosso la soluzione di Tornasole, questo vapore è realmente acido, e l'acido dolce e l'acido vitriolico puro sono combinati con una porzione di flogisto che forma un acido solfureo, ma molto debole visto che non annerisce i metalli.

3°. Tutti gli animali periscono rapidamente se tenuti nella mofeta, ma alcuni resistono più di altri, ad esempio il rospo. I coleotteri sono meno colpiti e possono vivere dei giorni interi come abbiamo potuto vedere.

4°. Uno dei principali effetti di questo vapore nelle parti interne degli animali è di produrre l'ostruzione dei polmoni, che può essere imputata alla mancanza di circolazione per l'intasamento dei piccoli vasi conduttori di aria, prodotta dalla natura astringente e acida di questo vapore.

5°. Questo effetto della mofeta è meno sollecito e meno attivo sui polmoni dell'uomo che su quelli degli altri animali.

6°. Il calore di questo vapore è considerevole, visto che i Termometri si elevano di una metà in su e anche oltre.

7°. Questo vapore si avvicina molto alla natura dell'aria fissa, per gli effetti dannosi, per l'acidulità che trasmette all'acqua, e per i precipitati che produce nell'acqua di calce.

8°. Ciò che differisce, tuttavia, dall'aria fissa, è per esempio che in certi casi accelera la corruzione delle carni.

9°. Non contiene elettricità o comunque non evidenzia alcun segnale con l'elettrometro di Liegi.

10°. La quantità di acqua pura che vi è mescolata è assai considerevole a giudicare dall'umidità della grotta, dal rapido spostamento dell'ago dell'Igrometro e dall'esperienza coi vetri.

11°. È elastico ed ha la stessa tensione dell'aria ordinaria.

12°. È ugualmente o un po' più pesante o un po' più elastico dell'aria atmosferica, visto che il Barometro si tiene un po' più elevato.

13°. La polvere può infiammarlo e diminuire di molto l'effetto pericoloso delle mofete.

Ci sono nel resto dell'Italia molte altre mofete più o meno simili per i loro effetti a quella che ci è servita per le nostre esperienze; tali sono quelle di San Filippo[13] che abbiamo visto nelle vicinanze di Radicofani in Toscana, e quelle di Latera[14] nei pressi del Lago di Bolsena; queste sono di un volume enorme e molto appropriate per fare esperimenti in grande. L'Abate Fortis,[15] abile naturalista veneziano, si propone di pubblicare qualche esperienza fatta nelle mofete che egli ha scoperto ed esaminato per primo. I risultati ci insegneranno senza dubbio dei fatti interessanti, utili a gettare una nuova luce sulla natura delle mofete vulcaniche.

---

[13] Località oggi denominata Bagni San Filippo, posta a circa 20 chilometri a NE del Monte Amiata, attualmente sede di rinomate terme che sfruttano le calde acque ricche di minerali disciolti.

[14] Località posta tra il Lago di Bolsena e la città di Pitigliano.

[15] Alberto Fortis (Padova 1741-Bologna 1803), letterato, naturalista e geologo italiano. Scrisse numerosi libri, frutto dei suoi viaggi di studio come geologo e naturalista, tra i quali il più noto fu *Viaggio in Dalmazia*, Venezia, presso Alvise Milocco 1774, pubblicato in due volumi, che ebbe risonanza europea. Pubblicò inoltre *Lettere geografico-fisiche sopra la Calabria e la Puglia*, Napoli, presso Giuseppe Maria Porcelli 1784; in questo saggio parla effettivamente della Grotta del Cane, definendone la mofeta come un miserabile scavo umano.

MINIERE

E

METALLURGIA

1783	Galizi Deodato	Struttura geologica e mineralogica del territorio di Sovignaco

Archivio Storico dell'Accademia Nazionale Virgiliana di Mantova, Dissertazioni Accademiche, Storia Naturale, busta 44/13.

Chiarissimo Sig.^{r} Segretario
Fin da quando indirizzai a Lei le mie osservazioni sulle caverne naturali dell'Istria, dette Foibe nel dialetto del paese contrassi l'impegno di renderla informata di altre particolarità riguardanti la Storia naturale di questa provincia, finora poco in questa parte conosciuta. Ciò fu nell'ottobre 1781, e quantunque sia sempre stato memore dell'impegno contratto, non ho potuto prima di ora soddisfare alla promessa per varie combinazioni, che a Lei poco giova sapere. Intanto per assicurarla, che ho presente l'impegno, comincio dal farle la relazione di una minera qui di fresco scoperta.
Sotto Savignaco Castello del territorio di Pinguente situato sulla cima di un monte di mediocre altezza, quasi a ¾ del pendio eravi una buca, la quale sebbene poco ampia, e pochissimo profonda poteva bastar ad un Intendente per rilevare la qualità dell'interna nascosta materia. Da questa estraevano i paesani una terra, di cui servivansi per tingere in giallo, rosso, e turchino le muraglie, i soffitti, le porte delle case, e delle chiese. Per questo acquistò a denominazione di terra da colori, e sotto questa passò sino a giorni nostri. V'era però stupore, che fra tanti, che la maneggiavano, nessuno vi abbia mai scoperto le particelle vitriolico-aluminose, che vi dominano in abbondanza. Quando abbia sofferto per qualche tempo l'azione dell'atmosfera, basta accostarla all'estremità della lingua perché anche un impedito si accorga contenevasi qualche cosa di più, che nelle ordinarie pietre. Tanto più io mi meraviglio, perché suppongo la menzionata buca esser opra dell'arte, e non accidentalmente formata per disposizione della provida natura, che abbia da se sola colà voluto manifestarsi. Mi è noto esser già stato altre volte, cioè 180 anni fa incirca preso di mira questo medesimo luogo, ma coll'oggetto di cavarvi oro, ed argento. Non è certamente probabile, che siansi chiesto al Serenissimo Principe le necessarie investiture senza qualche chimica sperienza, e senza qualche esame locale della profondità della materia, la quale era forse attorno, come presentemente si trova coperta da cespugli di ginepro, e da altri arbusti. Anzi grandissimo deve esser stato il fermento per intraprenderne il lavoro, perché la nobile famiglia Petronio di Capodistria fù già tempo decorata dell'onorificazzione alle minere della provincia, e perché non si ha nocumento, che alcun altra giammai sia stata scavata.
Io non ho voluto prendermi la briga di confrontare le date dell'investitura, e del Sovrano decreto, perché in sostanza questa notizia poco giova al fatto. Ad onta però di tutta la commozione che vi dovette essere alla scoperta di questa minera il progetto andò a vuoto, o per imperizia de' saggiatori, o perché non si calcolò, che per oro, e argento, nè mai più vi si pensò da alcun altro. Chi sa, quanti anni, e secoli avrebbe continuato ad essere inosservata, se ad oggetto di visitar questa provincia, e di conoscerne le naturali sue produzioni non avesse in Capodistria formato sua dimora il Sig.^{re} Pietro Turini Tenente degli Ingegneri di questa Serenissima Repubblica, giovine di spirito, e talento, e noto per alcune sue opere date alla luce. Appena qui giunto mi comunicò le letterarie sue idee, e la sua brama di aver qualche compagno. Il mio trasporto per i viaggi, il mio genio per la storia natura, la certezza di un cortese, ed erudito compagno non mi lasciarono esitare a farli la proposta della mia persona. Fatto così lo accordo non si pensò più ad altro, che al tempo della partenza, e ai

luoghi delle osservazioni. Si impiegarono alcuni giorni per prender voce, e per aver qualche indicazione.
La villa di Lonche situata nel territorio di Capodistria ci fu subito proposta, perché pochi anni innanzi si era sparso il rumore di una ricca minera d'oro esistente in quel distretto. Là ci indirizzammo nel primo viaggio, e colla scorta di quel parroco occupato dalla mania di trovar minere visitammo con commodo tutti que' luoghi. Io ne le farò una lunga descrizione di tutte le cose, che vi si osservano, e solo mi ristringerò a dirle potersi bensì scavare, forse anche con profitto, una minera di ferro. In molti luoghi, ma principalmente alle falde del lago presso un rigagnolo incontrasi una piccola eminenza composta di schisto molto ferruginoso, partecipante di spato calcario, e apparentemente pochissimo diverso dal Galestro, di cui parla il Sig.re Gio. Targioni Tozzetti ne' suoi viaggi di Toscana. Le colline sono poi di strati di una specie di marna indurita con delle abbondanti venature di ocra marziale di un bellissimo giallo aurato. Si incontrano altresì in alcune di esse colline in gran copia lo spato calcario. Bisogna però scusare quel Reverendo Sacerdote, e moltissimi altri, che prestarono fede alla vantata minera d'oro. Trovasi colà in gran copia alcune piriti, figurate tutte in sfera, o cilindri mediati dalla circonferenza nel centro, che oltre al loro gran peso hanno un'apparenza intieramente metallica, che facilmente può ingannare chi non ha pratica di Metallurgia. Parlando di somiglianti piriti il celebre Boile[1] scrive, che dopo la scoperta del nuovo mondo molti natii dell'Inghilterra abbagliati dal loro peso, e lucentezza si portarono in America, e vi consumarono in inutili escavazioni le loro sostanze.
Dopo aver visitato Lonche, Covedo, Pregasa, Sdregna, ed altre adiacenti ville, dopo aver esaminato l'inclinazione, andamento ed indole varia de' monti, e de' loro strati, dopo aver fatto qualche osservazione sulla sorgente sulfurea, che incontrasi andando da Montona a Pinguente[2] tutta la nostra attenzione si rivolse a Sovignaco. Una pirite durissima, feconda di allume, e vetriolo, di color turchinastro, e spesso macchiata di nero, e non una pietra da colori è quella, che forma il monte, su cui è fabricato il Castello. L'andamento di questa pirite è a strati di varia grossezza, i quali tengono una direzione formante angoli acuti colla verticale, e tra quali trovasi come incastrata una perfetta, bianchissima argilla. Questa allorchè piove sul monte, va dirò così gemendo tra gli intervalli di alcuni strati, si indura all'aria, come qualche volta è accaduto di osservare sul fatto. Io non mi arrischierò a dirle, qual sia la variazione di questa bianchissima terra porcellanica, che trovasi inceppata tra le fenditure, a strati petrosi. Non ho prove bastanti per assicurarle, che sia figlia di uno schisto disciolto, e che per l'azione di qualche vulcanico eruttamento siasi dalle interne parti sollevata in forma di liquido fango. Mi mancano pure gli indizi a crederla nata dalla medesima pirite in forza di qualche ignota natural separazione della parte alluminosa. Egli è vero, che esposta al fuoco perde la sua bianchezza, come succede alle più pure argille chimicamente spogliate del loro allume, le quali nel fuoco attraggono con somma facilità il principio flogistico,[3] e da bianchissime divengono oscure, e nereggianti. Con tuttociò qualunque sia presentemente la mia osservazione, sarà sempre troppo precipitosamente azzardata. Continuandosi le escavazioni, forse mi verrà fatto di scuoprire nella sua successiva disposizione, ed andamento qualche circostanza, la quale mi faccia con fondamento sospettare come abbia potuto negli interstizi de' strati raccogliersi, e formarsi. Fossero almeno queste argillose venature di sufficiente grossezza, perché allora il dispiacere di ignorarne l'origine verrebbe abbastanza compensato dalla utilità, che ne ricaverebbero i

[1] Robert Boyle (Lismore 1627-Londra 1691), chimico, fisico e naturalista irlandese.
[2] Località croate nell'Istria settentrionale.
[3] Il flogisto era una immaginaria sostanza che, secondo una teoria chimica formulata nel XVII secolo, era ritenuta il costituente specifico di tutti i corpi combustibili.

proprietari della minera, Tali e tante sono le qualità, che la rendono pregiatile nel suo stato nativo, cioè senza alcuna depurazione. La famosa terra delle colline del Fretto (?), che si adopera alla fabbrica di porcellane in Venezia, e Firenze, e quella scoperta non ha molto in una valle del [...] sono di gran lunga inferiori. Fra quante presentemente n'esistono in uso, niuna per quanto si sappia, può mettersi con questa a paragone per rapporto di bianchezza, finezza, plasticità, qualità tutte, che aver debbono le perfette argille porcellaniche. La disgrazia però si è, che la piccolezza di quei spazi argillosi, che chiudono i lapidosi strati non lascia luogo a sperare di poterne raccogliere una quantità sufficiente, che giunga ad [...] l'introduzione di un commercio. Io mi starei volentieri ripagato da questo breve dettaglio, se fossi stato certo di averne aggiunto qualche pezzo alle poche minerali produzioni, che due anni fa ebbi occasione di trasmetterle.
La superficie laterale nella maggior sua parte è ingombra, come già sopra il dissi, di cespugli di ginepro, e solo verso la sommità vi è qualche porzione coltivata. Non ho voluto omettere questa particolarità, quantunque poco, o nulla interessi nella presente circostanza. So che importa moltissimo a chi si applica alla mineralogia di ben conoscere, e di saper precisamente distinguere la terrestre corteccia, sotto cui giacciono i tanto ricercati sapori del Plutonico impero. Ogni pianta esige un particolare rudimento, ed ogni luogo non è capace di somministrarglielo. Ora siccome gli antichi Etrusci dal solo aspetto dei monti, e dalla specie di fiore, e terra de' quali eran composti argomentavano la profonda esistenza dei metalli, così potrebbero le piante col soccorso di lunghe osservazioni divenir un non sempre equivoco indizio delle sotterranee materie. Appare intanto, che in tutta l'ascensione di questo monte, ove regnano gli accennati cespugli, vi si asconda la medesima pirite, e non si diversifica, che in rapporto al colore, e alla lucentezza. Ma ne l'una ne l'altra di queste due modificazioni può alterar la natura, ed indole della sottoposta pirite. Sa Ella meglio di me, che la massima parte dei coloramenti, che si manifestano nei lapidosi, e terrei aggregati dipendono dalla terra marziale variamente combinata col flogisto secondo le ben dedotte dottrine del celebre Sig.r Giovanni Arduino. La lucentezza metallica, che in alcune piriti si scompare, anziché additarci una reale diversità di materia, serve a metterci in chiaro le metamorfosi varie, a cui col tempo soggiacciono. Non è già, che un tale splendore si produca dall'acido vetriolico, che separatosi nella decomposizione dello zolfo abbia investito la pasta argillosa della pirite, o che sia un effetto di uno schisto disciolto, che può in alcune circostanze esser l'origine di una lucente argilla. L'osservazione ripugna al primo caso, perché le metalliche squamette si manifesterebbero, non negli inferiori strati, come succede, ma nel superiore, che forma la superficie del monte. La materia esterna, che ha già provato per qualche tempo l'azione dell'atmosfera, è certamente più decomposta. Che quella, la quale giace ancora coperta. Tale è appunto l'indole della pirite. Al secondo capo si oppone l'esperienza, perché lo splendor metallico svanisce all'azione del fuoco, quando dovrebbesi mantenere intatto, ed illeso. Nasce bensì tale risplendenza dalle particelle metalliche, che nella pirite sono in particolar maniera unite al flogisto. Quando per l'azione degli elementi ne avvenga, che il flogisto nelle piriti contenuto si svincoli, il metallo comparirà sotto la forma di calce. Ed ecco perché in Sovignaco lo strato superiore si trova fatto ocraceo, quando gl'inferiori, e sottoposti sono piritosi. Si può dunque affermare con tutto il fondamento, che ciò che ora ci apparisce sotto la specifica forma di un'ocra giallo-ranciata ed ematitica, fu un tempo bella e schietta pirite.
É certo altresì, che la materia tutta formante la sequenza del monte oltre che esser ricca di allume e vetriolo trovasi in copia, e cavasi con facilità. Non vi è qui bisogno di gallerie, o sotterranei cunicoli per lo scavo della materia. Basta asportare i cespugli dalla superficie, e scostar la poca terra, che loro serve di alimento, perché essa si mostri da per tutto la stessa.

Cavasi perciò come suol dirsi a cava scoperta, e come si cavano i marmi, e lo scavo si è cominciato in A, luogo dell'antica buca poco discosta dalla strada, che conduce al Castello indicata dai puntini nell'abbozzo del disegno, che Le accludo. Nella scavazione si è adottato finora il metodo delle mine, ma in progresso si imiterà forse quello più economico, che è in vigore alle miniere di piombo presso Eoslav. Per distaccar dal monte la pirite metallica accendendosi colà de gran fuochi contro la roccia, e ciò affine che il calore penetri la pietra, e ne sprigioni lo zolfo che vi si racchiude. I vapori dello zolfo sviluppato si aprono la strada per mezzo alla pirite, la fanno crepare, la sciolgono. Estinto il fuoco col mezzo di adottati strumenti ottengono i lavoranti la caduta delle pietre, che ancora sono sospese. Questo metodo fondato sull'attitudine, che ha lo zolfo a volatilizzarsi, con risparmio, e buon esito potrà introdursi, ogni qualvolta si abbia a trattare una pirite, che una quantità sufficiente ne contenga. Quando in Sovignaco si sostituisca ad uso delle mine il metodo sopraccennato, oltre di conseguir il medesimo effetto, si avrà nell'istesso tempo un notabilissimo vantaggio. Ognuno sa, che raccolte le piriti stendonsi sopra un ampio letto, o particolar pavimento, ove si lasciano esposte all'azione dell'atmosfera, finchè non cadono in efflorescenza. Ora ad un tale stato non giungono così presto le piriti; tempo si esige, e spesso vi vuol anche lo spazio di qualche anno, come fra gli altri saggiamente avverte il sopracitato Arduini in una sua memoria relativa ad una minera di allume da esso scoperta nel Vicentino. Tanto ritardo deve, massime sul principio fortemente agitava i proprietarj della minera per le inevitabil sospensioni dei lavori, e non può non esser che di nocumento, almeno rapporto al lucro cessante. Ma quando la pirite per l'azione del fuoco abbia avuto un principio di calcinazione, non tarderà molto a screpolarsi, a sciogliersi per la ricercata separazione de' principj, che la costituiscono. Questi miei riflessi hanno luogo in ogni caso, ove si tratti una pirite pregna di zolfo, ma molto più, quando ne sia se non impraticabile, almeno incommodissima la calcinazione, come appunto per quella di Sovignaco, che esposta al fuoco schioppetta, e in minuti briccioli si scioglie. Egli è vero, che il fiorir dalle piriti ferruginose dipende principalmente dalla proprietà singolare, che ha il ferro di decomporre lo zolfo col soccorso dell'umidità. Questa efflorescenza però viene spesso ritardata, o perché le parti ferruginose, e zulfuree non sono intimamente mescolate insieme, o perché trovansi alcune parti terree interposte fra di esse, che impediscono l'azione dell'umido, e del ferro sopra lo zolfo. Onde gioverà sempre alterarne col fuoco l'interna disposizione e struttura, perché dissipata la pasta infiammabile dello zolfo nella sua decomposizione possa l'acido unirsi al ferro, e formar il vetriolo.
E se tra le particelle costituenti la piritosa sequenza trovansi anche i principi de' sali, che si dovrà dire di coloro, che credono, non ad altro oggetto esposti le piriti all'aria, se non perché da essa attirino i sali, che vi ruotano? Scorgesi a senso tra l'umido, e i sali una gagliarda affinità, ma questa affinità, quantunque reale, non immaginaria non ha in sé i caratteri dimostrativi dell'esistenza de' sali nell'aria, e molto meno della forza attrattivica delle piriti. E' vero anche, che si estrae nuovo vetriolo dalle piriti già dilavate, se tornisi ad esporre all'aria per un sufficiente spazio di tempo; e ciò non una, ma più volte. Nulladimeno conviene argomentare da questo effetto l'unione strettissima, con cui nelle piriti si combina l'acido agli altri principj, piuttosto che rifondarle nella immaginata forza attrattrice. Più strana però mi sembra l'opinione di coloro, che in somigliante guisa pensano della produzione de' metalli. Mi ricordo di aver letto (Giornale d'Italia, Tomo XI) che alla minera di Eisenhavtz[4] vi regna la opinione, che lasciandosi esposta all'aria la pietra spatoso-calcaria, entro cui è inviluppato il metallo, vengasi col tempo a produrre del ferro, che prima

[4] Probabilmente allude a Eisenerz, una località della Stiria. Antica città mineraria, si trova nella valle di Erzbach, dominata a est dal Pfaffenstein, a ovest dal Kaiserschild, e a sud dall'Erzberg.

non esisteva. Opinioni di tal fatta basta esporle per iscreditarle. Che se anche meritassero qualche riflesso, io non voglio trattenermi più a lungo su tali minutezze indegne affatto delle rispettabili persone, a cui scrivo. Toleri soltanto, che Le aggiunga, che il processo delle operazioni alla minera di Sovignaco per cavar il vetriolo, e l'allume non ha differenza notabile da quelli, che sono in uso in altre simili minere, e che il vetriolo rimasto dalle prime bolliture è di ottima qualità, come sarà pur anche l'allume secondo i saggi, che già si son fatti. Un ritrovato interessante dovea conciliarsi la protezione di questo Sev.^{mo} Principe, il cui Stato soffre annualmente un enorme commercio passivo per il consumo dell'allume. Ma già al momento, che Le scrivo, la Sovrana provvidenza ha con onorifiche ducali animati i proprietarj ad ingrandirne la fabrica, e a sollecitarne i lavori. Se fo punto per non tediarla di vantaggio, ma non prima di averla assicurata, che ardentemente bramo li incontro di poterle rattificare la perfetta stima, con cui presentemente mi dichiaro.

7 maggio 1785	Gualandris Angelo	Miniere del Derby

Archivio Storico dell'Accademia Nazionale Virgiliana di Mantova, Dissertazioni Accademiche, Storia Naturale, busta 44/6.

Strano non sembri a voi Dotti Accademici che dimentico quasi della fisica condizione del suolo mantovano, io mi permetto d'intrattenervi s'un argomento che nanti gli occhi richiamar vi deve alcune di quelle terrestri prominenze, che col nome di montagne costumar abbiamo di distinguere dalla parte piana della terrestre superficie; da quella che lungi dall'esser l'opra di un attivo e rapido forse lavoro della natura, alle operazioni lente di essa,

deve la sua origine. Gli oggetti dalla natura offerti, qualunque ramo di essa riguardino, sono fra di loro così affini, quanto essere lo possono cose derivate da una sola e comune sorgente.
L'attento e grave Naturalista che sulle vette passeggia di un'arida e nuda montagna, che i fenomeni varii della pietra esamina, le abragioni, gli screpoli, le cristallizzazioni, che le tracce metalliche insiegue, che le petrose spoglie degli animali un dì vivi raccoglie; su varii casi e disparati oggetti quell'attenzione richiama che lo mette di paro con coloro, che sepolti a mille braccia nel seno della terra, l'opra intatta della madre natura discoprono, che in riva di un lago le acquatiche piante, i pesci, gl'insetti ricercano, che in un ameno ed artefatto giardino i caratteri e le proprietà di straniere e non più vedute piante di conoscere s'affaticano; tutti in tal guisa per mezzi difformi, a fabbricar vadano quella pur sola catena delle fondamentali e primarie cognizioni. [...] l'esistenza e le più comuni qualità degli esseri, passano allora alle mani di coloro, che le proprietà affette alla massa degli stessi afferrare s'avvisano; la chimica tenta d'isolare l'indole delle componenti particole, la Medicina, le Arti scielgono allora ciò che più conviene ai bisogni ed ai commodi della vita, ed intanto che gl'individui profittano delle parziali cognizioni, fissata è già per il Filosofo la Scienza, non meno che il Diritto suo proprio di guardare dall'alto la perfetta ed armonica unione di parti, ch'estrinsecamente sembravano tanto disparate.
Su tanta dunque perfetta comunicazione di rami si varii di Dottrina, siami oggi concesso di porvi sott'occhio la relazione d'una delle più ricche minere di piombo della Contea di Derby nell'Inghilterra, situata nella parrocchia d'Ashover vicino ad Overton, detta Gregory-Land-Mine. L'esempio dei tanto benemeriti Jars, Gensanne, Monnet, Banks ed altri molti, che grandemente di simili visite e descrizioni si occuparono, sedusse non solo la mia volontà ad abbracciare ne' miei viaggi studiosi gli argomenti minerali, ma lasciò ancora nell'animo la fiducia di non aver reso un'inutile serviggio alla scienza qualora le combinazioni avessero portato di comunicare agli altri quello in che avea per iscopo d'istruire me medesimo.
Non entrerò a parlare della littologiche osservazioni che l'inuguale cammino da Londra a tale contea mi à largamente somministrato, osservazioni altrove riferite,[1] e nulla quasi relative alla minera di cui mi propongo di parlarvi. Al villaggio d'Old-bath situato al di là del ponte di Matlock fissato avevo il mio alloggio, come centro delle escursioni minerali, alle quali m'invitava la condizione dei contorni. Preso dunque cammino da questo punto all'indicata minera m'avenni sempre in fondi montagnosi calcarii, singolare sembrandomi che il villaggio di Matlock-Back che si attraversa, giaccia sopra una montuosa prominenza formata di frammenti quarzosi, insieme legati: fenomeno singolare quanto alla località, attesa la calcaria natura delle montagne predominanti.
Gli accidenti del contatto di queste scoscese montagne avrebbero potuto offrire delle interessanti osservazioni, che avrei avuto cuore di non trascurare se la neve sopraggiunta non avesse ricoperta di troppo quella montuosa superficie.
Accostatomi dunque alla montagna, che resta al Nord-ouest della minera, trovai essa tessuta di strati calcarj, e fra essi interposti altri strati di sabbia, non abbastanza però coerente per formare una dura e solida coltre. Nel lato di detta montagna che i minerali lavori rinserra, la pietra calcaria sembra continuare fino nel profondo. Ora tale montagna, sterile per la mancanza di terreno vegetabile, è arricchita da un filone minerale, che à una direzione d'ouest, presa alcun poco dalla parte del Nord.
Trasferitomi a quasi due terzi della sua altezza arrivai al piano, al quale è situato il pozzo per dove estraggono il minerale. Quivi favoriti del permesso del Sr Willam Millns, Capo agente

[1] *Lettere Odeporiche*, op. cit.

della minera, cominciai le mie disquisizioni dal pozzo suddetto, ch'era la prima delle cose che mi si offrivano.

Questo pozzo ch'è della profondità di circa 184 yarde ossieno 552 piedi inglesi, e che penetra attraverso le Gallerie, le une alle altre sovrapposte, à nella sommità la forma di un quadrilungo: esso, in vicinanza della bocca è, nelle pareti, rivestito di travi e tavole alfine di renderlo solido e permanente, ed è ciò che diciamo armato: più basso poi, a verso il fondo, è scavato nella pietra di modo, che non à bisogno d'alcuna armatura. È desso ampio abbastanza perché vi scorrano due piccole botti, quasi due grandi secchie, capaci ciascuna di 800 libbre di minerale. Sono queste alzate da una macchina esteriore, mossa da tre cavalli, mediante la cui forza le corde traenti e discendenti a vicenda, s'avvoltolano sul d'intorno d'una ruota orizzontale, e nel mentre che tratta una delle botti cariche sul piano, si vuota attaccandone un'altra, il conduttore dei cavalli non fa che farli rivoltare, onde, girando in senso contrario, la botte vuota, nell'ascender dell'altra già nel basso riempita, discenda. È così considerabile il peso alzato a vicenda in questo lavoro, che la di lui lentezza non saprebbesi facilmente trovare viziosa. Vuotato dunque il minerale sul piano dinanzi al pozzo, vi sono pronti due o più uomini, che raccogliendolo parte a parte, lo portano entro a delle piccole ceste pochi passi lontano, quivi ammontichiandolo, intanto che due altri uomini muniti di grossi magli di ferro, lo vanno spezzando, riducendolo in pezzi più piccoli, e facendone ad un tempo una grossolana separazione. I pezzi quantunque grossi di puro minerale vengono da altra gente portati a delle donne che restano in un magazzino accanto, non d'altro occupate che d'infrangerlo più minutamente: ad altra partita di donne e ragazzi viene trasferito quel minerale, che, misto ancora alla pietra, traggono dal luogo, dove lo spezzano grossamente: questa partita di gente lo infrange, lo separa dalla pietra, facendone così una scielta più diligente, e rigettando le blendi e le piriti, che seco fossero rimaste nella prima grossolana separazione. Bene infranto e sciolto il minerale, lo mettono a poco per volta entro a delle specie di vagli, coi quali gran numero di gente è destinata a lavarlo in alcuni tini d'acqua, de' quali sonovene ben molti, collocati sotto un addattato coperto. Questa operazione che fatta in altra guisa, e medianti certi lavatoj, spesso usati dalle minere, e molto opportuni, è della maggior congruenza nella separazione de minerali intimamente misti colle pietre e col terreno; non lasciò in questa minera di sembrarmi per lo meno superflua. Ale lavature dei minerali è necessario premettere una tale ammaccatura che metta in polvere il minerale impuro, ed il tutto riduca ad una triturazione uniforme. Questa premessa, e portato l'impuro minerale a render torbida l'acqua che vi s'induce a correr sopra, dal diverso specifico peso del minerale miscuglio, viene operata quella separazione, che troppo costerebbe il farla altrimenti, ed anche sarebbe non di rado impossibile. Ma nel caso di questa minera, la preliminare triturazione è così grossolana ed ineguale, che per ciò solo riesce per lo meno superfluo il passare tutto il minerale stesso alle lavature, alle quali invece bastar dovrebbe riservare il più impuro, quando sempre si volesse antecedentemente polverizzarlo.

Parvemi dunque che avute in mira le viste economiche delle minerali intraprese, copia di mani lavatrici si sarebbe potuto risparmiare in codesta miniera, sulla quale d'altronde trovai plausibile la distribuzione dei rispettivi ufficj, la consegna d'un sempre uguale lavoro agli operatori, la scielta in età e qualità delle persone, introducendo in tal guisa ed il risparmio possibile, e l'abitudine d'affezione per si fatti lavori, distribuiti con criterio ed uguaglianza di età e di sesso alle rispettive lavoratrici Famiglie.

Passai indi più basso del monte, là dove, a non molta distanza dal pozzo capitale era situata la macchina a trombe prementi,[2] che trovavasi in attualità di lavoro. Sono i vapori d'una grande caldaia d'acqua tenuta in ebullizione col carbon fossile, che mettono in attività questa macchina. La solidità della sua costruzione, col'effetto considerabile che ne vidi io stesso, merita tutta la considerazione. Una robusta bilancia, munita di emboli nelle due estremità, forma l'essenziale della macchina. Uno d'essi scorre entro un tubo cilindrico di ferro del diametro di quarantadue pollici,[3] e dell'altezza di sei piedi; l'intrusione dei vapori acquei, ed il successivo loro addensamento, mediante poca acqua fredda introdotta, operano a vicenda il rialzamento dell'embolo, e la sua immersione nel tubo. All'estremità opposta della bilancia sta attaccata una catena, formata di travi, e la quale profonda circa cento yarde nella montagna, ossieno 300 circa piedi inglesi. Un embolo forma l'estremità della catena, il quale scorrendo in un tubo di sei pollici di diametro, ed immerso nell'imo delle acque confluite da tutta la minera, alza, premendo l'acqua una rispettiva colonna di essa e l'obbliga ad ascendere 28 yarde d'altezza, dove diffondesi in un'appostovi riserbatoio. Ivi un nuovo tubo uguale, munito del suo embolo, a mezzo della stessa catena, ripiglia l'acqua, e l'alza 33 yarde, versandola in una galleria, destinata a dar ivi uscita alle acque. Da ogni immersione dunque dell'embolo principale, s'alzano dalle indicate profondità due colonne d'acqua, della lunghezza ciascuna di sei piedi, del diametro di sei pollici. Dicevasi sul luogo che ad ogni minuto di tempo seguivano undici immersioni dell'embolo principale, ed altrettante rispettive degli emboli estrattori; ma sette immersioni, e rispettivi rialzamenti degli emboli li vidi io stesso; grandiosa operazione, ed applicazione insigne del peso dell'aria.

Da questo luogo della macchina passai più basso, dove resta il pozzo che dà l'adito ai lavori sotterranei. Esso è di forma quadrata sopra tre piedi circa di larghezza, e va retto e perpendicolare a mettere in una Galleria, che resta circa 66 yarde lontano dal giorno. Vi si discende mediante una serie di scale verticali, la lunghezza di cadauna delle quali limita la distanza dei varii reppiani che l'altezza del pozzo dividono; sistema ordinario onde prevenire le troppo alte, possibili cadute.

Disceso in tal guisa alla prima galleria, situata sull'Ouest alquanto Nord, la trovai lunga 150 yarde, scavate nella dura montagna, per la maggior parte calcaria, abbastanza solida per sostenersi da se medesima. Non si vede fatta questa galleria con certa altezza, sembrando che siensi soltanto occupati a rintracciare il filone minerale, ed a formare una strada per l'interno tragitto della minera. Si veggono nelle pareti degli strati non calcarj, di una pietra sfogliosa bigia, come incontrasi ancora dell'argilla. Non vi sono traccie di filone minerale, che non si è trovato, dicevasi, che nella seconda galleria, che resta 11 yarde più sotto. Si discende in questa per un pozzo quadrato, sopra due piedi e mezzo circa, nel quale in luogo di scale, sonovi nelle pareti delle trasversali armature, distanti fra loro quasi due piedi, e sulle quali, discendendo, s'appoggiano alternativamente le mani e i piedi, ciò che rende alquanto faticoso il discendere, nella necessità singolarmente d'aver una mano occupata dal lume. Pervenuto a questa seconda galleria trovasi il posto che occupava il filone minerale dell'anzidetta direzione; ma avendolo essi allora trovato molto tenero per essere nel suo principio, preferirono di discendere con un pozzo altre 15 yarde, per far ivi una galleria, che

---

[2] La tromba premente è costituita da un sistema di due trombe accoppiate che agiscono alternativamente. Le due trombe sono mosse da uno stesso bilanciere, si immergono in una vasca che rimane piena d'acqua per tutto il tempo in cui funziona l'apparato. Le due valvole sono disposte in modo che quando una delle trombe aspira l'acqua dalla vasca, l'altra la spinge in un serbatoio d'aria centrale dal quale passa poi, attraverso un'apertura, in un tubo di cuoio.

[3] Le misure lineari inglesi, usate da Gualandris, corrispondono a: 1 pollice = 2,54 centimetri; 1 piede = 30,4801 centimetri; 1 yarda = 91,4402 centimetri.

prender potesse il filone nella sua maggiore grossezza. Disceso a questa galleria nel modo indicato, la trovai formata per la più gran parte nel corpo medesimo del filone. Dessa era lunga allora 630 yarde dal pozzo d'ouest, che serve all'estrazione del minerale dai sotterranei. I lavori d'allora erano nell'estremità Est di essa, e si occupavano ad estrarre ricchissimo filone, ch'era ivi della grossezza di otto a dodici e più piedi. Prolungavano ancora questa galleria, ma il filone andava da questo lato a così restringersi, che molto saggiamente distratta avevano copia di gente. Altrove impiegandola in ricerche come è costume, nuovi ricchi lavori da intraprendere in mancanza degli attuali. Fu da questa galleria che trassero le più grandi ricchezze della minera, ed era da essa che le traevano ancora.
É stata costante, a ciò che ancor vedevasi, la direzione di questo filone, avendo in un punto solo di esso trovato altro filone più piccolo, che derivato dal Nord, veniva a metter nel filone capitale senza traversarlo. Era certo molto osservabile la incostanza della grossezza di questo filone capitale, poichè vedevasi che al livello medesimo, cioè nella medesima galleria, quando era della grossezza d'un piede, o d'uno e mezzo, quando di quattro di sei di dieci, spesso così alterandosi di grossezza, senza uota naturale gradazione. Giaceva sempre affatto perpendicolare, ad onta che alcuni strati di pietra sieno perfettamente orizzontali od inclinati il più spesso alla banda del Sud. Vedesi dippiù in questi strati una singolare incostanza di posizione, senza che, a ciò che sembra almeno, possansi dire infranti. L'estrema dunque sottigliezza del filone nella parte superiore, la grossezza quando a quando enorme ed irregolare del filone medesimo nella parte inferiore, la sua continua verticalità in mezzo a strati orizzontali ed obliqui, l'ineguale posizione di questi; tutto insieme forma una serie di fenomeni, che se poco influiscono sull'oggetto del metallurgista, non di poco socorrono la contemplazione del Filosofo sulla singolare giacenza di questa metallica materia, eterogenea agli strati puramente pietrosi preesistenti.
È questo filone minerale composto di Galena, tutta fendibile in cubi regolari, frammischiata poi di spato fusibile e talvolta di spato calcario[4] cristallizzato in piramidi, e di quella varietà, che i Francesi dicono a denti di porco. Lo spato tuttavia fusibile o fosforico si è quello che predomina come nelle altre minere dei contorni ch'ebbi motivo di visitare, e dalle quali loro potei inficere bastevoli osservazioni per sospettare, che lo spato di tal sorta, posteriore alla pietra calcaria depositata, debba semplicemente ad essa la sua origine. Si trova spesso in questo filone della Blenda rossiccia, e belle piriti, il più delle volte in masse cristallizzate a guisa di creste. È però il filone a lunghi tratti affatto scevro di queste inutili o dannose metalliche materie. Allora ch'io lo visitai non si vedevano in esso grandi cavità, come dissermi esser ciò stato talvolta; ne rinvenni nondimeno, e potei raccogliere della Galena in cristalli ottaedri, formati di due piramidi, poste base a base, e fessati di lamine orizzontali, come vidi altrove, e nella minera ancora di Piombo, visitata nel pozzo di Lord Fervey, poche miglia lontano dal pozzo di Coningdon: rinvenni ancora nella detta cavità de' cubi allongati, ossia parallelepipedi, tagliati lungo le coste. Dalle traccie rimaste lungo le pareti di questa Galleria, laddove il filone non eccedeva, o di poco, la grossezza di un piede, vedesi che la galena ivi era tutta massiccia, avendo lasciato l'impronta sulle pareti medesime, levigate ed uguali, o scarrellate, formate come all'ordinario, di una terra argillosa, che à la coesione di una pasta alquanto indurata. Vedesi chiaramente esservi essa col mezzo dell'acqua intrusa lungo la parete della fenditura, dirò così, della montagna, pria però del collocamento del filone minerale; poiché, suppongasi esso in origine molle o indurato, ritenuto esso sempre avrebbe nella sua verticale superficie o l'irregolarità propria, o la acquistata dal contatto della superficie scabrosa degli strati spezzati.

---

[4] Cristalli di carbonato di calcio.

L'escavazione di questo filone minerale loro à, quasi sempre, dato nel medesimo tempo la Galleria, la quale allora non eccedeva due piedi in larghezza; ciò tuttavia che non è frequente nel corpo di tutta la stessa Galleria, che tall'ora è di sei di otto e di dieci piedi, rade volte resa più ristretta da degli ammassi di pietre inutili, stivate sui lati della medesima: nuova prova, che tutta quasi la materia estratta nell'atto di far sbalzare il filone, meritava la spesa del trasporto fuori della montagna. Copia già poi di queste inutili pietre staccate per ventura insieme al filone, erano adoperate per ricondurre all'opportuno livello il piano della galleria, bene spesso oltremodo profondato dall'escavazione del filone medesimo per staccarlo fino al suo termine, giacchè la mancanza di stillicidj, od acque confluenti, loro lo permetteva. Spessissimo ancora ànno continuato

l'escavazione del minerale al disopra dell'altezza destinata alla Galleria, segando il filone senza osservare altra legge o regolarità che è professa dal filone medesimo, il quale vedesi estratto in molti luoghi della galleria fino dal suo principio, dove aveva la grossezza di qualche pollice.

In questi vuoti che danno l'idea di una fenditura irregolare non vi aveano introdotto che dei pezzi di legname, affine di assicurare la sussistenza di quelle pareti, Come dissi tutt'ora, profondano le loro escavazioni sotto il livello della galleria finchè trovino filone da poter agevolmente scavare. Nel sito dove lavoravano quando mi trovavo presente, e dove il filone era di circa 10 piedi di grossezza, avevano profondate le scavazioni sei piedi sotto il livello della Galleria, ed erano disposti a continuarla finchè trovavano minerale: era però il filone divenuto della sola grossezza di qualche piede, essendo ancora imbrattato da molta inutile pietra, in esso, per dir così, immedesimata.

Di tempo in tempo dunque abbandonano questi luoghi e li riempiono di materiali fino al livello del piano del resto della Galleria, e ciò per il commodo dei vaghuinj, che essi chiamano ancora que' piccoli carri, usati al trasporto del minerale.

Non adoperano la polvere da schiggio per far saltare le masse minerali, e pietrose se non allora quando li pietri non sieno per ragione di screpoli o di prominenze, utensili più opportuni. I foratoy per la formazione delle mine sono semilacerati nel faglio, e conducono il fuoco alla sepolta cartuccia mediante una paglia, di polvere riempita, in luogo di vuotarla libera nel foro lasciatovi, cauto ed economico mezzo.

Ora, intanto che una parte dei lavoratori si occupano a distaccare il filone, degli altri lo ammonticchiano per lasciarlo commodo a quelli dei carretti, che condur lo devono appiedi del pozzo, per dove lo traggono al giorno.

Non ànno questi carri bislanghi di particolare se non se il collocamento degli assi destinati a sostenerli sulle due paja di ruote. É comune nelle minere che gli assi formati di ferro di getto in simili carri, e fermi nelle ruote, girino essi medesimi, insieme colle ruote stesse: ma in questi casi gli assi non sono fra loro distanti che alcuni pollici, facendo centro la metà della lunghezza del carro. In tal modo, restando quanto più si può lunghi i due tratti del carro medesimo, esterni al collocamento delle ruote, essi costituiscono due leve più lunghe, e più efficaci dietro la forza d'un uomo che trae, e dell'altro che spinge. Del resto nella guisa dessa di molte altre minere battono questi carri una strada a bella posta formatavi da due corpi paralleli di piccole travi quadrate, e longitudinali al piano delle gallerie: gli angoli interni di queste due travi perpetue ricevono i limbelli[5] infusi delle ruote dei carri, e essi non solo è piana la strada, ma diventa tale che le ruote dei carri non possono uscir mai dalla linea loro prescritta, qualunque sia la velocità dei conduttori.

[5] Piccolo lembo, ritaglio di pelle, di cuoio

In questa galleria d'attuale estrazione e condotta del minerale, trovansj ancora qua e là sparsi alcuni pozzi che profondavano al più 15 yarde, senza però che a tal profondità fossevi per anco praticata galleria. Eranvi nondimeno occupati, ma senza pensare a far altro che un vuoto regolare, quando il filone non fosse continuato ricco nel profondo, ciò di che già temevano, dacchè costantemente il filone stesso mostrava impoverire a misura che discendeva. Sula metà circa di questa stessa Galleria corrisponde verticale la macchina a trombe prementi, i cui tubi mettono alcune yarde più basso dei lavori che sono al disotto di questa galleria medesima, ivi in preparato riserbatoio mettendo le estremità loro, e l'azione dei loro emboli.

L'acqua però non è comunemente diffusa in tutta la montagna essendovi qualche centinajo di yarde della stessa terza galleria, presa dalla parte dell'Est, priva affatto di stillicidj di acque confluenti. Avrebbe nulladimeno dovuto il piano di quella galleria condurre d'altronde le acque al centro comune, se saggiamente non avessero preferito di condurre le acque medesime con un tubo di piombo, sostenuto ad ogni piede e mezzo nel tetto della galleria: ottennero in tal guisa di mantenere asciutto il piano degli attuali lavori, e poterli così profondare a piacere, preservando ad un tempo le travi impiegate a formare la strada dei piccoli carri.

Tale è il complesso delle osservate cose che insieme riunite devonmi occasione oggi parlarvi della condizione fisica ed economica dei lavori di questa Minera.

A compimento però di tale relazione concedetemi, ve ne priego, d'aggiungere un cenno del metodo usato alla riduzione del piombo. Quattro miglia lontano dalla situazione di questa minera resta collocato il Forno, che oro serve di fusione; né poterono averlo più davvicino, giachè il trasporto alora dei carboni fossili che adoperano, sarebbe, in ragione del maggior volume, riuscito più dispendioso del trasporto del minerale. Non è tuttavia del forno che serve a questa minera, che io potrò parlarvi: non trovavasi esso allora in attualità di lavoro; ma di quello bensì di Cromford nella Parrocchia di Mattock, un miglio circa lontano da Oldbath, a cui trasportano il minerale della non lontana minera Hagge, con altre pure da me visitate, e dalla quale il ricavato minerale è una vera Galena, in niente dissimile da quella, della minera di Gregori descritta.

Questo forno che diciamo di [...] dir si potrebbe i medesimo con quelli descrittici da molti metallurgi, e fra i meno rimati dai Signori Jars e Gensanne,[6] dir si potrebbe [...] il medesimo, se la posizione del camminetto e la situazione del bacino, non fossero alquanto cambiate, e perciò l'insieme non risultasse, dicon essi, preferibile a queli di più vecchia costruzione.

L'esteriore sua forma essendo quella di un quadrilungo, alquanto ristretto verso l'estremità che corrisponde al camminetto: la lunghezza di esso è di circa 13 piedi, sopra la larghezza di dieci e mezzo, alzandosi dal suolo quattro piedi e mezzo circa. Tutta la di lui costruzione appoggia sopra una volta che ne percorre la lunghezza, affine di discontinuarlo dal suolo, che potrebbe condurre il calore e comunicargli l'umidità. Nell'estremità opposta a quella del camminetto vi è la graticola, che ne forma il focolaio, posto così tra la muraglia del dintorno della camera e la testa del Forno; necessaria situazione, onde al livello della graticola eseguire una trasversale fenditura, che dia accesso all'aria esterna per violentarne il fuoco. Questo focolajo non occupando tutta la lunghezza del lato del forno, lascia uno spazio bastevole per esservi collocato un camminetto che corrisponda al dinanzi del cenerario e destinato solo ad asportare il fumo delle bragge, che cadute dalla graticola, estinguono, per

[6] Antoine de Gensanne, ingegnere delle miniere di Alsazia e Franche-Comté, poi in Languadoc, dove fece l'inventario delle miniere e delle sostanze utili della provincia. Ha pubblicato nel 1776 *Histoire naturelle de la Province de Languedoc*, in 4 volumi.

venderle come minuto carbone, adoprato il più spesso a farne delle piccole calcare per concimare la terra.
Sulla linea che corrisponde quasi alla metà della capienza di questo forno sonovi otto piccole finestre, tre delle quali restano in ciascuno dei due lunghi lati, e due nel lato più piccolo, sottoposte al condotto di comunicazione colla canna del camminetto principale. Sono queste finestre all'uso di mescolare e distendere nel forno il minerale, siccome di espiare il progresso della fusione. Sopra il tetto della capienza vi è nel mezzo praticato un foro, sul quale stavi a guisa d'imbuto poggiata una Tramoggia, utile alla facile introduzione del minerale. Questo, a Cromford, lo conferivano in una stanza rialzata alquanto dal suolo, per formare da essa al tetto del forno, e mediante una grossa tavola un ponte, su cui trasferire agevolmente dalla stanza alla tramoggia il minerale. Chiamano misura cesta piccola cassa bislunga, capace di 100 libbre di minera, che pesano ad un tratto con una ben immaginata stadera, essere 18 la misura che ad ogni fusione ne introducono. Sta chiuso il fondo dell'imbuto fino che non sia trasferita la dovuta quantità, poi ritirando una lamina che ne impedisce l'uscita, precipita ad un tratto nel forno stesso.
Il didentro di esso à una forma ovale, alquanto più schiacciata superiormente, e nel piano inferiore, che diciamo bacino, profondata alquanto sotto alla seconda finestra d'uno dei due lunghi lati, ad effetto di poterne far uscire commodamente il metallo.
La fabbrica di tal forno è fatta di mattoni d'una terra però abbastanza refrattaria per resistere alla violenza del fuoco. Il fondo vi è formato di scorie mezzo vetrefatte, ch'altro non sono che fondi di vecchj forni, misti a della calce. Delle robuste finalmente e verticali barre di ferro giudiziosamente distribuite e legate superiormente dalle corrispondenti catene, ne rendono resistente e robusta la costruzione, inoltre a delle fra lor continue lamine di ferro che trasversalmente rivestono quella porzione di parete esteriore, che all'interna capacità corrisponde.
Bene acceso il fuoco e fatto arroventare il forno lo caricano nel modo detto più sopra, e distendesi il minerale, che di tratto in tratto si rimescola per agevolarne la fusione, Dopo un impressione di fuoco violento continuata per qualche ora, tutta la galena si trova divenuta, all'aspetto, di un rosso colore, dipenda ciò dall'azione dell'acido solforato, che vi si separa essa rovente, ossia l'effetto dell'illusione, che la luce può produrre colla ripercussione di questo fuoco violento. Desso è poi tale che non può mancare di non convertire allo stato di calce una qualche porzione di piombo, come lo prova, sembrami, il piombo convertito allo stato di minio, che immedesimato trovasi nel fondo del bacino. Fui perciò sorpreso che se non si rimescola al minerale pria d'introdurlo qualche porzione di carbone di legna in polvere, non se n'introduca alcuno durante il periodo della fusione, o allora quando il piombo in bagno porta a nuoto quella qualche parte di esso, già divenuta fluido vetro.
Senza perciò alcuna addizione, dall'enunciata massa di minerale trovasi ridotto il Piombo in questo forno dopo lo spazio di quasi ott'ore. Allorchè dunque la fusione e riduzione insieme siasi compita, apresi il foro che corrisponde al fondo del bacino onde il piombo n'esce nel sottopostovi recipiente di ferro, d'onde con dei grandi cucchiaj lo trasportano entro a delle forme per modellarlo quale egli corre in commercio. Nell'atto però che danno uscita al metallo, introdotta per una delle finestre laterali qualche copia di calce, la spargono sopra al piombo fuso; a questa su d'esso formando una crosta in parte rappresa, preserva il Piombo sottoposto dall'azione dell'aria, e dalla progressiva sua calcinazione che altrimenti s'avvanzerebbe, e fa che le scorie seco rapprese, uscir così non possano insieme al metallo. Uscito questo per intiero, introducono dei raschiatoj di ferro, e con essi distendono le scorie nel bacino rimaste, ed ancor pastose, e riattano in tal guisa il fondo del bacino medesimo

coll'aggiungervi nuova calce polverizzata, se per riattarlo ne fosse d'uopo. Rimettesi senza dimora il forno in lavoro con nuova quantità di minerale.
Ottengono così mi dissero milla circa e duecento libbre di piombo da milla e ottocento di scielto minerale, col consumo di milla e duecento libbre di carbone di terra, però della miglior qualità, giacchè tale è quello che trovasi nei contorni di Derby. Il confronto di questo prodotto con quello che d'ordinario, in pesi fittizj, ottienesi al fuoco docimastico[7] della pura Galena; un tale confronto basta per fare i giusti encomi a questo genere di forni, in paragone ai forni lunghi, detti a Manica.
L'aver io poi rinvenuto come accennai più sopra qualche variazione di forma in questi forni medesimi rispetto a quelli il sempre benemerito Sr Jars ci à reccati nella sua opera dei viaggi metallurgici, fa il motivo che io ne traessi dissegno, siccome della macchina idraulica, del piccolo carro da trasporto, e dell'indicata stadera ivi usata a pesare il minerale, oggetti tutti, i quali uniti insieme potendo esser utili ai mineraloghi, non devon riuscir meno grati agli altri Eruditi.

[7] Il fornello, o fuoco, docimastico serve per fare saggi nelle miniere.

TERRENI DI FONDAZIONE DEGLI EDIFICI

Sec. XVIII, post 1771	Anonimo	Senza titolo (Dissertazione riguardante le tecniche costruttive di fondazione degli edifici)

Archivio Storico dell'Accademia Nazionale Virgiliana di Mantova, Dissertazioni Accademiche, Arti e Mestieri, busta 46/8.

For dogni dubio si admette che bella a viaggiatori sembrerà quella città che di fabriche ben architetate ed eseguite sarà a dovizia fornita, quella in cui più d'ogni altra nazione fu ammirata l'antica Roma, nelle tante magnifiche operazioni d'Archi, di Terme, di Anfiteatri, di Templi per strotura e per mole venirande fra tante ne riporta il vanto.
Valenti profesori d'architetura concorsero allo studio et atenzione all'inalzamento stupendo di tante e si pregevoli invenzioni facendo una consonanza del gusto grecco ed Egiziaco, da cui trasero un misto d'architetura soda e robusta, qual la dimostrano la reliquia di tanti monumenti ancor vivi testimoni della grandezza di quel popolo, e dell valore deli architetti che li produsero, necessariamente abelita da que diversi ordini a cui da nuovi ingegni fin qui fu ampliata de quali qua e là sparsi pel mondo quasi a ricamo se ne amirano le produzioni.
A mantenere viva un arte utile e diletevole vi concorsero in ogni tempo Sovrani impegniati a promoverne la susistenza, tutti i quali però sorpassa la magnanimità, e la incomparabile magnificenza verso noi dell'Augusta Real Sovrana, la quale in mezzo alle cure dell governo de suoi vastissimi Stati né favorise col'aprire in patria un Liceo in cui ciascheduno a misura del suo talento può avanzarsi e trarne profito in ogni sienza et in ogni arte e singolarmente nell'architetura.
Parte di questa è l'invenzione dell'autore che pria formato dell'edificio la pianta et il disegno, resta alla cura de cappi muratori la direzione la quale consistendo in asodare in primo la pianta ne fondamenti per indi inalzarvi sopra l'architetate molte, son que dipartimenti che corispondono all'idea formata, all'ordine o semplice o composto delli ornati.
Ma terò a favelare della strotura necesaria de fondamenti a cosa si ricerca per renderli durevoli giachè da questi soli dipende la durevolezza di qualunque edificio, e più sodisfare nel tempo stesso i zelanti impulsi di dire su questa materia di chi alla presente unione lodevolmente, a maggior perfezione dell'arti et utilità di una Città felice per la materna provida dell'augustissima sovrana che a noi fedelissimi suditi sveglia l'emulazione per la perfetta esecuzione dell'arti nostre.
Essendo adunque le fondamenti il sostegno esenzialisimo della fabrica, for d'ogni dubio ricercansi che sieno di solidisima consistenza, a formar questo solido è necesario ed indispensabile che vi concora competente ampiezza, sufficiente profondità, sodezza di letto, e perfezion di strotura.
Competente ampiezza sintende che a proporzion della fabrica debansi misurare tale ampieza poichè altro è fabricare su fondamenti ristretti altro è su fondamenti più dilatati, la prima diventa perpendicolare et a pericoli sogietta, la seconda posata non temente nisun risentimento come che riposa su spazioso apogio che da ogni latto lasicura, il primo si dona alle fabriche più civili la seconda si pratica colle più robuste. Comendevole sarà però sempre il fondamento più dilatato che formi piede a tutto l'edificio a proporzione della magiore e minore sua altezza.
Suficiente profondità questa pure deve calcolarsi a misura della magiore o minore altezza, e grosezza delle fabriche che devono sostenere le fondamenti. E li alberi stessi esse

sominístrano la ragione naturale, poiché a misura che essi crescono d'altezza e grosezza, ciò fossero le loro radici dali quali sostenuti resistono alli urti de venti più imperversanti; il oposto se per benignità del clima cresca al di sopra dela tera, e che per indaenza crudele dell fondo non possa profondar le radici, per bella ed elevata che sia la pianta un sofio di vento la spianta e la gietta a terra; onde la dove ne fondamenti non sia esatatamente operato l'ichilibro della fabrica, sarà sempre esposta a risentimenti.

Tralasciando molte altre, una sola esperienza succeduta qui in patria me ne assicura la fabrica del publico Archivio, non son molti anni che minaciava evidente rovina, fu esaminata causa da cui procedeva, con rieserati scandagli, da quali risulta che derivava dalla sproporzione de fondamenti ereti con base niente profonda, in confronto della sopraposta machina, cosichè a riparare il disordine vi vole tutta l'industriosa atenzione dell'arte.

Congiunto alla suficiente profondità vi vole una sodezza di letto che renda inconcasi li fondamenti, ove manca tale solidità cederano sempre sotto il peso che esi sostengono, come pur troppo hanno stato frequenti i casi funesti che per mancanza di tale solidità a giorni nostri avenuti, onde non sarà mai troppo la vigilanza dell'esperto capo Mas(tro). Per render forte una tale solidità, e col impiegarsi materiali sielti ed oportuni a renderlo consistente al peso che vi si può sopraporvi.

Queste condizioni prese dipendono dalle cognizioni del Cappo Mas(tro) e dell'architetto in fine che ne avea disegnata la pianta, queste cole misure. Si dà l'idea della machina, et il Cappo Mas(tro) la eseguise scandagliando il terreno, su del quale deve piantarsi.

O il trova fracido o paludoso nel fondo, opure sabioso o giaioso, fondi per lo già comuni a questa patria. Li primi abisognano di magiore più dispendiosa e laboriosa operazione, il secondo giusto l'esperienza è atisimo a ricevere e sostenere qualunque fabrica.

Per render consistente il terren fracido e paludoso, e perciò capace dell lavoro progietato, dovrà palificarsi tale fondo doppo scavate che se ne abbia le fosse, secondo il disegno, esse palificate devono comporsi di rovere ben acomodate con punte, e tagliate a tempo proprio da descriversi da falegniami esperti e conoscitori delli efetti dell legno di tal natura e doppo profondate le fosse a quella profondità necessaria secondo le diverse parti della fabrica, de soteranei e simili, si deve palificare tutto il fondo.

La costruzione di dette palificate devono esere di tre diverse lunghezze, una parte lunghe, sabia mediocre, et altre più corte preparato che se ne abbia le fosse secondo la pianta come sopra disegnata proporzionatamente alla larghezza del fondamento, si devono piantare le lunghe, in guisa che in ogni parte formino come corona alle altre di minore lunghezza, con avertenza che queste sieno piantate e fitti in tera in magior estensione del fondamento cui dovrano servire di labro e rinforzo all medesimo; la grosezza de palli deve esere la duodecima parte della rispetiva lunghezza, la lunghezza delle prime devono esere così discortte tanto che giunger posono ad interrarsi nel teren sodo e costante e dovrano eser piantate l'una vicina all'altra nel più possibile modo, nel mezo di queste vi si conficano altre di ugual lungheza con alquanto di vacuo l'una dall'altra per far luogo fra esse alle altre mezzane e piciole, così seguendo di mano in mano con ordine, finchè dalle palificate si trovi compito il pavimento ben conesso sodo et uguale.

Li colpi devono esere piutosto frequenti che galiardi, né tropo grave il batipalo masima se di quelle non si armasse il cappo di cerchi di fero e ciò a fino che non si fendino.

Quantunque l'abia di sopra avertito, esendo cosa molto esenziale l'opera delle palificate torno perciò a ricordare, giusto l'aviso di Scamozzi nelli angoli principalmente delle fabriche, devono eser più larghe dell rimanente degli fondamenti per il grande beneficio che compresivamente si risente per aver magior rinfianco nelli angoli, a sicurezza della fabricha medesima.

Disposta in tal guisa le palificate e ridoti i pali ad una pari alteza et eguaglianza in lungo et in largho, riempiti conviene li rimanenti intervalli di ghiaia minuta, o picioli tridumi di pietra viva, o di cotto, l'uno e l'altra con la magior acuratezza e diligenza aciò non vi resta tra le palificate alcun vacuo.

Da questa operazione dovrà pasarsi a quella di asicurare le teste de pali, lo che dovrà farsi con travi pure di rovere quanto si può dritti e lunghi, et altri in traverso assicurandoli l'un l'altro in piano cosichè in tal modo resta perfetto il fondo su questo stabilmente potrà proseguire il lavoro de fondamenti per qualunque edificio, che cola giusta proporzion di quelli con questo sarà destinato a inalzarsi.

Fin qui ho fatto discorso dell lavoro de fondamenti corelativamente in pianno, ma poiché devonsi per anco fabricare ne fiumi laghi o somilianti luogi acquosi, in questi devonsi oservare un distinto metodo per preparare il lavoriero afinchè riescha lodevolmente all'intento.

Sicome l'ostacolo magiore al incominciamento dell'opera, in tale situazione procede del corso afluente dell'acqua, dovrano sieliersi in primo la stagione, in cui restino più basse, et alora divertirla con rosta ben forte che ne impedisca ogni sopravenienza incomoda al divisato lavoro.

Questa rosta dovrà esere formata in guisa di stecata che abia tutto il tratto dell'acqua, che si vuol divertire o tratenere, e perché sia capace al ordinato efetto, dovrà formarsi con l'impianto di due ordini di palizate, dun conveniente spazio reguagliato al magior o minor corpo dell'acqua che si vuol arestare alle cui palizate dovransi apogiare sodi legniami che ne formino ad ogni latto forte sponde, che rasar devono sul fondo dell'alveo per evitar i trapelli; il cavo che resta nel mezo di tale stecata dovrà riempirsi con teren cretoso pilonando asai bene in guisa che non sia penetrata del'acqua, con avertenza che prima, per tutta la circonferenza esterna di tale stecata dovrà esere asicurata con punteli otimamente disposti, a resistere all'urto che mai potesse darsi dalle acque tratenente.

Separato un tale ostacolo, alora si dovrà fare lo scavo de fondamenti da quali risulterà se il tereno sia oportuno nel fondo cioè sabioso, o giaroso, o pur fracido e paludoso, nell primo caso non vi sarà impedimento all'opera, nel secondo debansi praticare le palificate, nel modo divisato di sopra, riccordovi però l'avedutezza che se il fondo fosse giaroso, ma fracido al di sotto, dovrano li pali eser armati nell'estremità loro da punte e cerchi di fero, afinchè pasino al ordinario fondo e letto dell fiume, lago et altro per evitare que sinistri efetti che posono temersi dalla sotigliezza dell'acqua pronta ad insinuarsi, ovunque trova qualche apertura, motivo per cui a mio credere ogni magior diligenza dovrarsi praticare nel lavorare li fondamenti, con atenzione, et impedire ogni vacuo per cui insinuar si potesse, anche la minima parte dell'acqua, la quale dilatando il pertugio porterebbe secco maggior corpo danegiando col tempo la fabrica, e qui cade apunto l'ultima delle condizioni proposte, che è la strotura de fondamenti, che richiede otimi materiali di qualità perfetta, atti a resistere sotto il carico di qualunque peso, cioè di pietra viva, di matoni ben cotti, conglutinati e congiunti, in guisa che formino un corpo sollo, e masicio asetandoli con calzina e sabia sielta.

Quel che mi pare in questo caso d'avertire sia che se per la troppa e grande copia dell'acqua tratenente, con la sopra citata stecata non si potesse questa contenere converà in tal caso conveitirla o con mandarla in qualche seno idoneo a riceverla che eser dovrà al più posibile breve, o con farle per qualche tratto scorere per un novo alveo a tal efetto espresamente scavato.

Restami il far presente che se nel cavar delli fondamenti si ritrovasse qualche pezzo di muro vechio già per ordinario servito ad altro uso, o sostegno di qualche fabrica non converà fidarsi se prima non si averà quello esatamente scandigliato, nel fondo di che materiali è composto, e dell'otima strotura con cui sarà eretto, alora potrà farne uso. Ladove non restasse persuaso della sua consistenza, lo sbandoni del tutto e lo consideri come se fatto non fosse se non per adoperare li materiali che dovrà far scavare.

Ei ecco del sollo ponderare una parte di qualunque edificio come a noi aparire comincia dificile, ardua e spinosa, lo studio della civile architetura non tanto per la varietà delle circostanze, quanto per tutte le altre parti che ad essa apartengono, di quali viene costituita, fia il canpo dale scienze singolari. Lutuoso era il tempo pasato perché chiunque invaghito si fosse di arte così utile, e farsi progresso tosto era ad esso il potere di avanzarsi, perché non v'era chi ne promovesse li principi, le cognizioni, et il modo di perfezionarsi, ed essa sollo farne uso se non con una pratica irregolare e pocco sicura.

Non più così ai di nostri poiché abiamo chi ce ne adita il modo e comodo di far gran passi, a chiunque dar si voglia a coltivare lo studio dell'Architetura ed è l'Augustisima Sovrana che largamente profonde grazie e tesori aciochè le sienze propaghino, nul altro esigendo che la solla disposizione de studenti perché abian vantagio delle provide di Lei clementissime disposizioni, e noi troppo ingrati saresimo se colla frequenza, fervore e studio, non continuasimo a trar profitto, di un tale e tanto vantagio che solo può formarsi di teorica e pratica, per inventare ed eseguire qualunque idea di fabricato, a prò della patria dell privato e dell publico, azioni troppo degnie per sveliare in noi l'emulazione, per cui magiori diventino i nostri progressi.

COSTRUZIONE DI STRADE

24 aprile 1773	Andreasi Lodovico	Sopra il Modo di Migliorare le Strade dello Stato Mantovano

Archivio Storico dell'Accademia Nazionale Virgiliana di Mantova, Dissertazioni Accademiche, Agronomia, busta 56/7.

Due importantissimi mezzi fra gli altri credo io, hanno condotto l'Impero Romano all'Apice della grandezza; Il primo d'aver scielta Roma qual Centro per la Residenza de Consoli, e degli Imperatori. Nelle vaste Monarchie, è necessario un punto fisso in cui resti stabile la Testa Reggitrice, ed a cui come a punto di mezzo si diriggano tutte le Operazioni delle lontane Provincie, o sia della circonferenza dello Stato. Questa verità l'intese anche quel Barbaro, che vedendo Alessandro correre e passare con celerità da una conquista in un'altra, da un Regno in un altro, un giorno pose sotto i suoi occhi in Terra il suo scudo, e mettendosi a correr sopra dell'orlo, gli fece rimarcare, che quando si abbassava da una parte, si alzava dall'altra, e che allora solo rimaneva fermo, e stabile quando egli si pose nel mezzo.
Il secondo oggetto de Romani fu la costruzione di solide, comode e dirite strade per cui fosse spedito il commercio, breve e pronta la marcia delle truppe, solleciti gli avvisi de lontani Governatori, ed immediato il modo di sopire, e prevenire le ribellioni.
Appio detto il Cieco fu il primo, che fece una pubblica, e grandiosa strada con tal sussistenza , che ancora in parte servibile, benchè sieno scorsi due mille anni. In ciò fu imitato da Flaminio, da Lepido, da Emilio, ascrissero a loro gloria il dare i loro nomi alle vie da loro fabricate, quasi che fosseeguale il vanto di costruire una strada che di erigere una città.
Gl'Imperadori Romani a loro imitazione, ed i successivi Principi hanno fatto lo stesso, come attestano mille iscrizioni in tutte le parti del loro vasto dominio; Li popoli moderni capiscono l'importanza di questo oggetto, e molti si sono procurati di avere nelle loro provincie le migliori strade, queste sono tanto necessarie, che potrebbe seguirsi la maggior cultura, e felicità d'una nazione, dalla maggiore, o minore perfezione delle strade.
Le sole nazioni Tartare, ed incolte non le curano, e il miglior mezzo d'incivilire, si è il fabricarci de pubblici camini, che le sforzi a sortire dalle loro tane, ed a convivere in armonica società. Cesare non trovò altro mezzo per vincere gl'intannati abitatori delle Alpi; e a nostri giorni è stato il primo pensiero de Francesi per umanizzare li sanguinosi indocili Corsicani.
Noi non siamo tartari, ma pur troppo abbiamo le pubbliche vie talmente impraticabili, segnatamente nell'inverno, che siamo inacessibili, e lo straniero per quanto può, abborisce di passarvi, e il nostro Stato può assomigliarsi a quella fortezza, che è circonvallata da un esercito nimico, che impedisce all'abitanti di sortire, ed all'estero il penetrarvi.
Questo oggetto mi è parso sempre di somma importanza, e degno delle riflessioni di un Cittadino, ed io, che mi glorio di esser tale, l'ho scritto per scopo dell'odierno ragionamento. Questo argomento come voi vedete, non è suscettibile di una vasta e critica erudizione, ne di sublimi, e ricercate nozioni, e molto meno di una luminosa eloquenza, e perciò l'ho creduto più addattato alle mie deboli forze. Io però non abborro di trattarlo, giacchè tutto ciò, che è utile alla propria nazione è soggetto degno di un buon patriotto. Io imploro, che vi degnate soffrire ch'io mi spieghi in un modo piano, e che adoperi termini popolari, e significanti, poiché se mai il mio progetto fosse eseguibile, voglio che sia inteso anche dai non colti abitatori della Campagna, che in ultimo esser debbono quelli, che lo hanno ad eseguire.
Tre parti dunque avrà la mia dissertazione.
Nella prima parlerò quale sia lo stato presente delle nostre strade.

Nella seconda indicarò qualle possa esser il materiale, che si debbe adoperare per solidamente riparare le nostre strade, indi tratterò del tempo, e modo con cui si debbe porre in opera.
Nella terza vi significherò quali siano i fonti, e mezzi con i quali si possa fare la spesa aendo riguardo alle nostre deboli forze.

Prima Parte

Il mantovano è circonscrito da vari paesi, e le sue parti sono omologhe alla natura del terreno de suoi confinanti; dove confina col sassoso Veronese, Bresciano, e Castiglionese, i nostri terreni sono magri, e perciò le nostre strade comecchè formate su terreno duro, asciutto e sassoso non dovrebbero esser cative. Nel restante che confina col Modenese, Ferrarese, e Cremonese, e molto più nel suo interno, esendo il territorio assai grasso, le strade sono pessime; Non ostante che vi dovrebbe essere qualche differenza fra le prime, e le seconde, ciò non pertanto si può dire con verità, che le strade nostre sono universalmente cattive, e quasi impraticabili in tempo d'inverno, il che si deve attribuire ad una universale trascuratezza, che regna singolarmente in questa parte.
Conviene dire, o che noi non fuvi un sistema per il mantenimento, e conservazione delle strade, o che se esiste, non viene oservato.
Quale poi, e quanto sia il disordine de pubblici, e privati cammini me ne appello a Voi o illuminatissimi Cittadini. Nessuno saravvi forse fra voi, che non ne abbia tutta la crudele esperienza. Fa positivamente orrore il vedere il profondo vischioso, e scorrevole fango, che li copre. Questo nostro terreno composto di parti oleose, sulfuree, e pingui riceve con avidità l'acqua dal cielo, da essa vien penetrato fino alla profondità di tre, o quattro piedi; si scioglie, riscompone, e si fa un tenace impasto, che riduce la strada, come se fosse il fondo d'una palude. Di tanto, in tanto si formano pericolose cavità capaci di seppellire un cavallo, invischiare una carozza, trattenere un carro, senza che sia cosi facile l'escirne. Li nostri contadini esprimono benissimo il suo stato col dire, che l'acqua macera la strada succedendo in essa lo stesso effetto, che accade alla canapa, che immedesimandosi coll'acqua marcisce a segno, che muta colore e natura. Il più agile cavallo appena può starazzare le gambe, con cui se le sente avvitichiate. La più leggiera carozza, a cui si triplicano i cavalli forma colla ruota profondi solchi, che le impediscono lo scorrere, e se ciò riesce per breve tratto di strada, conviene, che si arresti o si rovesci al frequente incontro di novi profondi scavi, ne quali talvolta si sepelliscono col cochio, le bestie, che lo trascinano.
Gli stessi pazienti vigorosissimi bovi non possono superare gli ostacoli, ed il più ardito pedone non può, in tempo d'inverno fare cammino di qualche lunghezza. Il viaggio, che in strade buone si farebbe i due ore, nelle nostre non si può eseguire in una intera giornata; Quel peso, che in tempo d'estate sarebbe strascinato da due mediocri destrieri, non lo può essere nemmeno da otto: inorridisce il viandante all'aspetto delle nostre pubbliche vie, a cui si accresce il timore vedendo le bestie, e la sua persona in continuo pericolo di precipitarsi nei frequenti abissi, nei quali s'imbatte.
Se il nostro Paese ha qualche nome per la sua fertilità è molto più famoso per le sue pessime strade, quindi è, che nel tempo del piovoso inverno nessun Cittadino ardisce di viaggiare, ed i forastieri sfuggono di transitare per il nostro Stato. Il commercio languisce non essendo fattibile lo trasporto de generi. È così invalso il cattivo nome, ch'ogniqualvolta si è trattato, che debba venire da Noi qualche Supremo Governatore, o passarvi qualche Principe, si è sempre avuto riflesso di non farlo ne' mesi d'inverno.

Ma il solo inverno non è il tempo, in cui siamo in così lagrimevole sittuazione; appena comincia il piovoso autunno, che i pesanti carri che trasportano le nostre proviggioni, o strascinano le nostre vendemmie formano profondissime carreggiate, nelle quali penetrando, ed arrestandosi l'acqua le rendono guaste, ed intransitabili. Finito l'inverno dove negli altri Paesi le pubbliche vie asciute, ed eguali danno commodo a passaggieri, da noi lo spongoso nostro terreno ritiene più degli altri l'indurito limo, lasciando la superficie così diseguale, angolosa, aspera, e resistente, che s'è sminuita la fangosità non è finito l'incomodo, ed il pericolo la stessa estate non la migliora affatto, giacchè vi si forma un'alta immensa polvere, che incomoda chi velocemente sopra vi corre; in fine non avvi tempo dell'anno, in cui il Mantovano possa gloriarsi d'aver buone strade.
Mi astengo di aggiungere nuovi colori, poiché tutti voi potete esser garanti, che forse dissi poco, e sono intimamente persuaso, che non vi sia fra voi, chi non desideri il riparo a così grave disordine.
Io non pretendo di essere nel caso d'indicare il vero, il proffittevole medio, e solo v'indicherò quale secondo il parer mio possa essere il materiale, che nelle nostre circostanze si può adoperare, e quale il tempo, e modo con cui si debba impiegare.

Seconda Parte

Qui torna in acconcio il ripettere, che il Mantovano da molti lati confina con Paesi, il cui terreno è sassoso, ghiaroso, e sabioniccio, e perciò quelle strade mantovane che vi confinano sono in parte della stessa natura, e la menoma diligenza le può rendere perfette, non ricchiedendosi altro, che di eguagliare e darvi il dovuto pendio.
Vi sono moltissime terre adiacenti al Lago, ed al Mincio ivi col soccorso della navigazione si può trasportare la ghiaja ne siti più remoti a riparo di quelli, che cominciano ad essere di natura diversa. Questo trasporto far si deve bensì ne luoghi più lontani, che sia fattibile, ma avuto riflesso sempre alla spesa, e che non siavi così grave incomodo de paesani, e de bovi. Il mio Progetto è di un Cittadino, e non di un Filosofo assoluto, ed astratto, che propone il bene, ma non sempre contempla i modi discomodi, che lo accompagnano.
Mantova è salciata di sassi presi nelle campagne di Porto. Il loro costo, e trasporto possono servire di qualche somma, fino a quale distanza possiam noi sostenire la condotta di un simile materiale.
Questo ripiegho però non è estendibile per tutto il Mantovano, giacchè ve n'è una gran parte, che non può gioire di questo soccorso di ghiaja, sassi, giarella, così bisogna pensare ad altro espediente più commodo, e tale, è quello di servirsi della sabbia, che da per tutto si trova in certi determinati luoghi, e dove non si rinvenisse bisogna trarla da fiumi, che in moltissime parti passano per il Mantovano, e bagnano questo Ducato. Il Po produce ottima sabbia grossa, e la maggior parte del Paese, che ha pessime strade costeggia questo benefico fiume; Secchia, Mincio, ed Oglio, e molti fiumicelli interni, e lo stesso lago, il cui fondo è ghiaroso ponno supplire al bisogno ne luoghi loro adjacenti.
Resta dunque fissata la massima, che la ghiaja dove si trova, e sino dove si può commodamente trasportare, e nel restante la sabbia de vicini fiumi, oltre quella della campagna, de fossi, e delle cave esser debbe il materiale, di cui si dobbiamo servire per construire, assodare le nostre strade, e farle migliori: non escudo però che se si trovasse in qualche luogo opportuno rottami di case, o terra dove fossero state cotte delle fornaci, questa deve essere adoperata a preferenza del sabione, ed è la più idonea da gittarsi nelle bucche.

I Romani collocavano nel fondo delle strade il più grosso, e pesante materiale, e lo chiamavano *statumen*; e siccome le componevano di varj strati, così il secondo piano lo chiamavano *rudus*, il terzo *nucleus*, il quarto *summa crusta*. Questo modo non deve essere da noi dimenticato qualunque siasi la materia, che debbasi mettere in opera per migliorare le nostre strade.
La natura provvida distributrice de suoi favori rare volte comparte in un sol Paese tutti i suoi doni, anzi pare, che dove fu benefica da una parte, si sia prefissa di esser scarsa nel rimanente per obbligare così gli uomini a cercare dagli altri quello, che loro manca, cambiando il superfluo col necessario, e vivere assieme legati, e socievoli.
A noi Mantovani ha donato un fertilissimo terreno, ma abbiamo poche braccia per coltivarlo, e la nostra agricoltura esige maggior numero d'uomini, di tempo, di bestie, dell'altre Provincie adiacenti, quindi è, che nel proporre un pubblico lavoro, bisogna aver riflesso alla scarsa nostra popolazione, ed al poco tempo, in cui gli abitatori della campagna, e i loro bovi, sono oziosi. Senza questo riflesso chi ordinasse eccessivi lavori correrebbe rischio o di non essere obedito, o di minorare di molto li nostri prodotti. Sonovi nell'anno due mesi quello di maggio, e quello d'agosto, ne quali gli uomini, e gli animali sono quasi disoccupati affatto: in questi due mesi adunque bisogna fare la profittevole necessaria operazione.
Avuto dunque riflesso alla quantità de bovi, tiratori, e de cavalli, che possiede il Mantovano in quella parte di strada, che si vuole bonificare si debbe commandare, che venghino caricati tutti i carri, e barozzi di sassi, ghiaja, ghiarella, sabbione, o altro materiale conveniente, e che questo venghi condotto ne siti più largho delle pubbliche strade, ed ivi se ne faccia il più grande possibile ammasso.
Questo esser può come un preparato magazeno, da cui si debbe ricavare il modo di riatare le strade, e siccome il tempo è breve, e poche sono le bracia, così bisogna contentarsi di far questo preparatorio, o magazeno in uno, due, o tre anni in coerenza del bisogno, delle circostanze, ed in quel tempo, che s'impiega in simile condotta non si debbe esigere di più, riserbandosi finito l'ammasso di metterlo in opera negli anni successivi.
Nell'ordinare questa condotta si debbe aver riflesso di fare un giusto comparto, che minori il viaggio ai bovi, ed il numero de careggi; il che si otterà detterminando i siti, da quali gli assegnati carri debbano estrarre il materiale, facendo in modo, che ogniuno si porti al luogo più vicino, e lo conduca alla minore distanza; con questo metodo si faranno nello stesso tempo più carreggi, e si avrà più facilmente il bramato risparmio di tempo, e di fatica.
Se avessi il computo del numero de bovi, e cavalli dello Stato, che possono servire a quest'uso, e la quantità del materiale, che può occorrere, si potrebbe determinare, e il numero de carreggi, e il tempo, che fosse necessario.
Io mi persuado però, che caricando ad ogni paja di bovi la condota di venticinque carri di materiale (il che non parmi eccessivo in due mesi) in tre anni al più si debbe compire il progettato ammasso, o magazeno finito il quale resta il più scabroso, ch'è quello d'impiegarlo, e disporlo a dovere.
Prima di tutto bisogna scegliere uno, o più cittadini integerrimi che presiedano al lavoro. Io non chieggio in essi, che un fervido zelo per il pubblico vantaggio, e di farlo. I Romani chiamavano tali *Cavatores viarum*,[1] e li sceglievano fra li più illustri cittadini.
Il Popolo latino credette di fare un grand'onore ad Augusto credendolo Prefetto delle pubbliche strade, e questo grand'Uomo scielse sotto di se le persone più luminose, a cui ne

[1] Sovrintendente alle strade.

affidò la cura, e direzione, ed alcuni credettero dì rendersi immortali col dare il loro nome alla via, a cui avevano presieduto.
Il zelo patriotico, che molti di voi mostra per la direzione de fiumi, per il riattamento delle pubbliche dighe (per cui forse vi è venuto il generico nome di Degagna) assicurar si deve, che non mancheranno persone, che animate dall'utile pubblico, assumeranno il sopracitato incarico. Sotto questi nostri rispettabili curatori delle pubbliche vie si debbono sciegliere alcuni buoni agrimensori, che assistano al giornaliero lavoro, e lo faciano eseguire nel modo conveniente. Non mancano nelle nostre campagne uomini, che con discretta spesa serviranno al pubblico.
Fissata la parte di strada, che deve ridursi a perfezione, la prima operazione esser debba quella di escavare gli adiacenti fossi. Da ciò ne nascono due singolari beneficj, l'uno che la terra, che si estrae serve al Proprietario per eguagliare, ed ingrassare li suoi terreni, l'altra che dandosi esito, e sgolo all'acqua, la strada resta asiutta, e non soggetta a profondo fango. Guai se qui si manca, questa trascuratezza renderebbe inutile quasi tutta la fatica. Escavati li fossi si debbe dal destinato agrimensore con delle corde più che si può paralelle, e diritte segnare la larghezza, e direzione della nuova strada. Nel mezzo di essa si deve conficare a perpendicolo un cilindro, che indichi fino a qual segno esser deve alta, ed ai due lati altri due cilindri più bassi, che segnino il declivo, procurando,
che questo sia proporzionato alla totale larghezza e che il punto di mezzo, ossia il colmo della strada sia più alto delle adiacenti campagne, a fine, che l'acqua della strada corra con facilità ne fossi escavati, e giammai quella della campagna innondi, e scorra sopra la strada. Fatte tutte queste preliminari operazioni indispensabili si deve coll'aratro a spessi solchi arare la superfizie della vecchia strada, e nelle fissure fatte dal tagliente aratro si debbe gettare alla rinfusa parte del materiale più grosso, e sodo dove prima eranvi delle profondità. Non potreste credere che beneficio ne provenga dal miscuglio del vecchio terreno, benchè grasso, ed oleoso con la nova sabbia, ghiaja, od altro materiale, che vi si getta sopra, vi s'incorpora, e si unisce; se sulla vecchia strada è già indurita, come si fa addesso, si gettasse del nuovo materiale scorrevole, e di altra indole, giammai si verrebbe ad ottenere il desiato impasto, e coesione, e le parti male assieme comtacciandosi, e mischiandosi non si avrebbe la solidità, che si ricerca, succederebbe come nelle vecchie muraglie, a cui se si applicano delle nuove pietre, benchè si adoperi la più vischiosa calcina mai non si attaccano, ne formano un solo corpo solido, e compatto, quindi è, che dovendosi a un vecchio muro unire un nuovo, o bisogna cavar parte delle antiche, e frapporvi delle moderne pietre, il che si chiama formare le morse, ossia scarpellarne almeno la superficie, e malgrado tutto ciò spesso il nuovo lavoro si stacca facilmente dal vecchio. Chi sopraintende agli argini vede spesso certe crepature, o perpendicolari, o orizontali, e ciò per lo più sucede, perché col vecchio si unì il nuovo terreno.
Fatta col mezzo de solchi l'utile mescolanza si debbe bagnare discretamente la strada, quando da per se non fosse a sufficienza umida, indi discretamente con dei Battenti pestare la sollevata terra per fare in modo, che più facilmente si faccia la desiata incorporazione, e perché il compresso terreno si abbassi, ed acquisti solidità. Questa operazione si facceva anche dai Romani ed il Battente chiamavasi da Virgilio *Virga*, e da Vitruvio *Vectis ligneus*, come anche il totale mischiamento di terra, ed abbassamento nominavasi *viam exaggerare*, e più chiaramente da Virgilio *Aggerem viae*, onde cantò nel libro quinto.
Qualis saepe viae deprensus in aggere serpens.[2]

[2] Quale una serpe spesso sorpresa sulla sommità della strada (o in mezzo alla strada).

Si avverta, che questa prima compressione col Battente far si deve con discrezione, e leggerezza, poiché se la terra resta troppo dura, ed eguale, impedirebbe, che si potesse unire alle ulteriori coperte, o sia strati di sabbia, che si devono sovraporre l'un all'altro finchè si arrivi alla dissegnata altezza. Questo primo stratto formatto coll'aratro deve servire di base al restante, sicchè compito questo si deve gittare altra sabbia mista sempre con un po' di terra di quella cavata dai fossi, ed ad ogni alzamento di tre, o quattro oncie più, o meno, come indicherà la sperienza, si deve di nuovo bagnare la superficie, e battere coll'indicati pilloni.

Per bagnare la strada con facilità, e profitto si può adoperare una botte, che abbia varj tubi di cuojo, e facendola tirar lentamente da un paja di bovi, questi tubi agitati dalle scosse dello stesso carro, spargeranno da per tutto il bramato innaffiamento.

Io mi rissovengo d'aver letto, che i Romani per legare assieme i diversi materiai, con cui formavano le loro strade, e produrre un indissolubile cemento adoperavano tre parti di arena, ed una di calcina. Ciò non converrebbe nel nostro caso, giacchè noi non ci serviamo di grossi pezzi di sassi, o macigni, come essi facevano, ma mi sembra, che per adoperare qualche cosa di glutinoso, che tenesse aderente, ed assieme unita la sabbia col terreno, gioverebbe moltissimo, che nelle nostre botti di acqua si infondesse della calcina sciolta in discretta quantità, come sarebbe dire dieci pesi per ogni botte, il chè non porta gran spesa, e dovrebbe produrre un buon effetto, poiché ho osservato, che nei siti dove ristagna la calcina, quella porzione di terreno, che nel contorno resta inumidito rimane più duro, e consistente.

Questo metodo di alzare il terreno a più riprese, di bagnarlo, e di batterlo, è lodatto moltissimo dal Sig.[r] Giminiano Montanari nell'aureo e non comune suo libro intitolato *Manualetto de' Bombisti*, e lo crede il migliore nella erezione delle trincee e parapetti per dare loro la più possibile solidità.

Ridotto, che sia la strada alla più delineata altezza l'ultima superficie, che i Romani chiamavano *crusta* a cagione della sua durezza, e lisciatura, e che più poeticamente Popino Stazio chiama *sommum dorsum*, deve esser battuta, e compressa colla maggior forza, e bagnata colla magior diligenza.

Perché poi divenga quanto più può solida, eguale, e che soddisfi anche l'occhio, sono di avviso, che debba perfezionarsi con un istromento, che non credo nuovo, ne di mia invenzione, ma che io non ho mai veduto, e che parendomi cosa mia finchè lo credo, piacemi dargli un nuovo nome, e chiamarlo Lisciatore.

Vorrei dunque si prendesse un albero della grossezza del diametro di otto oncie circa, della lunghezza di cinque braccia, quale di dentro fosse traforato, e per diffuori si lisciasse quanto si può in modo, che si acquistasse la figura di un ben pulito cilindro. Nel foro fattogli nel midollo vorrei se gl'infondesse del piombo in un modo, che acquistasse un grandissimo peso, la cui compressione fosse fortissima; ai due lati, ossia estremità si collocassero due cilindri di ferro, sopra de quali stando essi fermi si girasse il cilindro di legno, come sopra due perni, o come una ruota sopra l'assille: da questi due latterali cilindri di ferro vorrei sortissero due stanghe, che dopo la distanza di tre, in quattro braccia si unissero o al petto, o anche sul dorso d'un cavallo, e questo lentamente strascinandolo facesse in modo, che il pesante impiombato cilindro rottolando sopra la nuova superficie la rendesse compata, e per quanto si può eguale liscia, e perfetta.

Molte sarebbero le operazioni da prescriversi per la manutenzione della nuova strada, piacciami additarne sol una, ed è di tenerla in modo, che resti esposta al sole, ed ai venti, giacchè ambedue l'asciugano in breve tempo. Da questa venia ne nasce, che sapendo io quanto ogn'uno di voi, prefferisca al pubblico il privato vantaggio, ardisco suggerire, che sarebbe opportuno tagliare gli alberi, che sono posti al bordo della strada, o almeno dalla parte di oriente: l'acqua da essi trattenuta difficilmente scorrere nel fosso le loro foglie cadendo nella superficie caggionano un ingrassamento dannoso; moltissimi coi loro rami troppo bassi, e sporti in fuori son molesti a chi viaggia; possono anche servire ad un Masnadiere di riparo, e nascondiglio per soprafare il viandante, al che si aggiunga, che gli arbori impediscono l'impressione del sole, e dell'aria, e si osserva, che nelle strade ombrose il fango è maggiore, e più lungamente vi rimane. Non sono due cento anni, che presso Ravenna adoperossi il taglio degli alberi per migliorare una strada, che fin allora era stata impraticabile. Leone Alberto ce lo attesta con queste parole *apud Luunn Ravenae per hos dies, quod viam abscissis arboribus dilatarint, solemque immiserint, ex corruptissima per commoda reddita est.*[3]

Mille adizioni si potrebbero fare nell'esecuzione di questo mio Piano, ma queste non possono tutte individuarsi, che nell'atto della esecuzione, onde parerebbe, che il miglior suggerimento fosse quello di sciegliere l'accomodamento di una data strada, come per esempio da Mantova a Governolo, ed allora sarebbe più facile il fissare un sistema più individuo, e sicuro, giacchè in quasi tutte le nuove intraprese l'esperienza è la maggiore maestra.

Terza Parte

Veduta abbiano l'indispensabile necessità di migliorar le nostre strade, qual sia il materiale, che somministra il nostro Paese, e qual sia il tempo, e modo d'impiegarlo, rimane l'aspetto più difficile di rinvenire cioè il mezzo meno incomodo, ed adattato alle nostre forze per subirne la spesa.

Confesso il vero, fa meraviglia il considerare qual fosse il metodo, che tenevano i Romani per construire le pubbliche vie con quella sodezza, che à saputo resistere dell'urto di tanti secoli, e che sono il monumento più antico della loro grandezza.

Nel principio della Repubblica quel Popolo duro, povero, ed avezzo ad ubbidire a suoi Consoli, che dopo aver ottenuto una vittoria, ed acquistato una Provincia non isdegnavano di adoperare le vittoriose mani a maneggiare l'Aratro, ed ad incallirle col trattare la Zappa, quel Popolo nimico della mollezza da per se solo accomodava le proprie strade: Ma essendosi dillattato l'Impero singolarmente sotto Augusto, ed avendo le vinte Nazioni introdotto in Roma il lusso, l'Ozio, e le ricchezze lasciò ad altri il pensiero. Ed il peso di construire le pubbliche vie.

Tre sorta di persone erano destinate a questo pennoso lavoro: li Legionarj, li Popoli delle Provincie soggiogate, gli schiavi e li Malfattori.

Le Legioni, che arrivavano sino al numero di trenta, che vale a dire un Corpo di quasi 250 mila uomini erano destinate alla costruzione delle Strade, e ciò affine, che non languissero nell'Ozio. *Ne miles otio lasciviret*[4] lasciò scritto il Politico Tacito.

Li Popoli delle Provincie domate, che chiamavansi *Provinciales* erano accomunati col Soldato sul medesimo fine, e forse per lo stesso principio, giacchè Plinio scrisse *Ne Plebs esset otiosa.*[5]

Gli Schiavi, di cui avevano gran numero assieme con i Delinquenti in isconto della loro pena formavano la terza Classe de' Lavoratori.

---

[3] Presso Luunn (Lugo?) di Ravenna durante quei giorni la strada, che avevano allargato abbattendo gli alberi e soleggiandola, da degradata fu resa assai agibile.

[4] Affinché il soldato non si crogioli nell'ozio.

[5] Affinché la plebe non stesse in ozio.

Per nutrire questa infinità di Gente, e per ricompensare gl'Ingegnieri, che v'intervenivano si spendevano innumeri denari. Vi concorrevano i denari del pubblico Tesoro, ve ne spendevano de' suoi gl'Imperatori; finalmente gli stessi Privati ambiziosi vi impiegavano le loro ricchezze.
Le pubbliche Decime, i Vitigali, i Pedaggi parte si spendevano à pagare le Truppe, ed il resto in opere pubbliche, e fra queste le Strade: In prova di ciò, abbiamo un Appalto fatto da Postumio Albino, e da Fulvio Flavo i primi Censori, che al dire di Tito Livio: *vias sternendas marginandasque locaverunt.*[6]
Quasi tutti gl'Imperadori col loro privato peculio construsero nuove strade; Mille sono le iscrizioni, che lo attestano, piacemi portarne soll'una, che chiaramente lo dice: Ivi si parla d'una Strada fatta da Severo, e Caracalla suo Figlio, e dopo aver encomiato il loro Zelo finisce: *Viam, quae ducit in villam Magnam sua pecunia straverunt.*[7]
Li Privati, singolarmente quelli divenuti ricchi, o colle spoglie de' Nimici, o colle usurpazioni delle Provincie, che governavano, e con i Legati che ricevevano dai Clienti, e dai Patrocinati, queste ricchezze tutte comprendensi sotto il nome di *Pecunia manubialis*[8] per rendersi più grati al Popolo, o per ambizione facevano grandissime opere nelle pubbliche Strade. Quindi abbiamo da Dione che Agrippa *anno seguenti ultro aedilis factus est omnia aedificia publica omnesque vias privatis impendiis refecit.*[9]
Questi potentissimi mezzi, questi immensi tesori certo noi non li abbiamo.
Le Leggioni, che oggi chiamasi il perpetuo Soldato sono regolate con un sistema, e con una Tactica ben differente da quella di Roma, e non pare eseguibile, l'adoperare in nostri Soldati in così penosi esercizi: In questi non avvi il dubbio, che l'ozio li corrompa, potrebbesi temere una dannosa diserzione, e già sapiamo, che fino le Latine leggioni mormoravano d'essere consumate in simili funzioni, e se si proponesse ai nostri soldati il pennoso lavoriero forse risponderebbero quello, che risposero alcuni Leggionari, che dimandavano di combattere i nemici, e non di asciugare i Fiumi, appianare i Monti, e maneggiare invece dell'armi lo Scalpello, la Zappa, ed il Martello.
Al giorno d'oggi non abbiamo Provincie dome, e se vi sono, l'umano sistema che regna in Europa abborre di servirsi di Uomini, come delle Bestie da soma. Farebbe orrore se avessimo il ruolo delle vite umane, che costruiano li pubblici edifici ai Romani.
La Religione fra noi proibisce gli Schiavi, ne io consiglierei mai di adoperare i Dilinquenti, che Schiavi sono della pena. Questa Feccia di Gente ben lunghi di essere d'ajuto sarebe a noi di peso. Questa vile Canaglia esigge molte Persone per custodirla: Rigidi Soprastanti per renderla attiva, e laboriosa. Costoro sarebbero molesti ai placidi nostri contadini, e siccome progredendo il lavoro bisognerebbe condurli lungi dalla Città, come custodirli nelle nostre campagne? Come nutrirli nei poveri villaggi, come tenerli in freno nelle nostre Terre?
Bisognerebbe impiegarvi un numero grande de' nostri Paesani, per guardarli dirrigerli, e castigarli, e togliere così al Lavoriero molte più braccia, e più utii di quelli, che ci somministrasse questa Gente mal intenzionata. Rimangano pur essi nella Città, e se è fattibile servano di lugubre esempio agli altri per astenersi dai delitti.
Dal fin qui detto appare, che noi non siamo in caso d'impegnarci alla costruzione, e miglioramento delle pubbliche vie, giacchè ci manca Gente, e danaro: Ma il Cielo mi guardi ch'io prettenda spaventarvi. Noi non abbiamo le forze dei Romani, ma non abbiamo

[6] Diedero in appalto le strade da selciare e da delimitare con marciapiedi.
[7] Fecero selciare a loro spese la strada che conduce alla Villa Magna.
[8] Denaro ricavato dalla vendita del bottino.
[9] L'anno seguente, essendo d'altra parte eletto Edile, rifece tutti gli edifici pubblici e tutte le strade con contributi privati.

neanche la prodigiosa estensione delle loro Strade; e non saprei decidere se siano lodevoli nel sistema che adoperavano; noi siamo vicini a Principi, che sono rinfesti a far nuove strade. Non avvi regione, che non possiamo immitarli, con un Piano fare più facile, e meno incomodo.

Siamo in pochi è vero, ma sovvengavi, che quella operazione, che un uomo robusto fa in un giorno si può eseguire in due da un altro, che sia più debole. Risovvengavi, che abbiamo due mesi, in cui possiamo disporre delle Braccia della maggior parte de' nostri Paesani, e della forza de Nostri Bovi, e Cavalli. Due anni devono impiegarsi al solo trasporto del materiale, e formare gl'ideali Magazeni. Dopo ciò dobbiamo comunque occupare gli altri due anni a collocare il preparato materiale, e perfezionare le Strade: Questo prova, che se fossimo più popolati in un anno si compirebbe il lavoro, e che a noi ce ne occorreranno tre o quattro. Ciò prolunga il beneficio, ma non lo toglie.

Rimane adesso la difficoltà di trovare il danaro per fare le indicate fatture. Il modo non è così difficile, come voi lo pensate, e non occore l'immensa Somma, che qualcheduno suppone. Non conviene spaventarsi, e bisogna imitar i Romani, che ringraziarono Varone, perché non aveva disperato dell'abbattuta Repubblica. Prima però d'indicarvi le mie idee permettetemi, che io vi ponga sott'occhio le ultime mie riflessioni.

Voi non potete negare, che le strade buone portano mille vantaggi, ed al contrario le cattive cagionano mille danni.

La strada buona esigge meno numero di Cavalli, e di Bovi per trasportare un dato Peso.

Le Vetture, i Carri, le Carozze durano più lungo tempo.

Le Bestie soffrono meno, e non scadono si presto di forza, e di prezzo.

Il Viaggiatore corre meno numero di pericoli.

Il trasporto si fa in minor tempo perciò men pesa ai Uomini, ed alle Bestie.

Il Commercio è assai più spedito, e perciò più utile.

Ai disordini, che succedono ai confini più prontamente vi si accorre.

Il Forastiero, che sempre lascia dennari prescieglie il passaggio, e la dimora dove sono migliori le strade.

Quanti sono i Beni, che provengono dalle buone, altrettanti sono i mali, che producano le cative Strade. Questi beni, che si acquistano, e questi mali, che si scansano debbano fare una Somma, a cui si debbe dare il suo vallore. Se ogni uno di voi rianderà inaddietro col pensiero vedrà, ch'oggni anno paga una contribuzione ch'è assai maggiore di quella ch'oggi si vuole esiger da voi. Questa contribuzione continuerà finchè durano cattive le Strade, e non può cessare, sennon quando saranno migliorate. Queste sono verità, che nessuno ardirà di negarmi, e siccome siete ragionevoli, non isdegnate meco sentire, che questo bene merita, che si sorpassi ad una spesa, che non sarà gravosa.

Io mi riservo di dare ascolto alle opinioni del Popolo, quando l'operazione sarà compita, e se ne proverà l'utilità: Io mi rissovengo, che più d'uno si dolse, quando fù ordinato il generale riattamento delle Strade di Mantova, ora che ne proviamo il benefizio ogni uno è soddisfatto, e noi con compiacenza facciamo rimarcare al Forastiero l'eguaglianza, la politezza, il comodo delle nostre Contrade.

Sulla speranza della vostra ragionevole docilità ardisco spiegarvi i miei sentimenti, e sono.

Che dai Possetori de' Bovi, e de' Cavalli non si debba esigere alcun compenso per il trasporto, che faranno del materiale ne' siti, e tempi destinati.

Nessun compenso dourassi esigere da Padroni per que Braccenti, spesiati, e giornaglieri, che manderanno per distendere, distribuire, ed ammassare il preparato materiale. A questi debbano i Padroni passare la solita giornata, o spesa, ed il Pubblico per incoragiarli potrà loro somministrare una discreta porzione di Pane, o vino, come tornerà conto.

Il sagrifizio, che si domanda non è poi così rimarchevole; se non si facesse la Strada i Bovi, e i Contadini resterebbero quasi oziosi alle loro Case, ne a voi si sminuirebbe la spesa di mantenerli.
Soffrite adunque, che non siano oziosi, e travagljono pel Pubblico bene.
La somministrazione de' vostri Rustici, Cavalli, e Bovi sminuisce di molto la spesa, ma non la toglie affatto. Molte cose esigeranno dennaro vivo, ed io v'indicherò i fonti, da cui ricavarlo senza grave peso al Paese. Saranno tutte picciole somme, che unite assieme bastar deuano al bisogno, saranno piccioli Rivi, che congregati saranno idonei a far progredire questa macchina.
Siccome tutti si servono immediatamente, e mediatamente delle pubbliche Strade, così tutti debbono risentire con discreta proporzione l'incomodo, ed il peso. I Possessor de' terreni hanno già somministrato abbastanza col dare i Carreggi, e le braccia, quelli, che non sono tali anch'essi debon fare qualche cosa.
Tutte le arti tanto liberali, quanto meccaniche fra noi sono divise in modo, che ciascheduna forma un separato Corpo, che ha le sue Leggi, e li suoi privileggi, tutte queste dunque debbono da per se collettarsi, ed obbligarsi ad un discreto soccorso proporzionato alle loro forze.
Il Ghetto, che sussiste col Commercio, che colle nuove Strade diverrà più spedito, e meno dispendioso non sarà restio a dare delle solide prove del suo zelo. Cinquecento annui fiorini per tre, quattro anni non gli debbano rincrescere.
La Civica Congregazione a cui tanto dobbiamo per il disinteressato zelo con cui patrioticamente regge l'intrinseca nostra polizia, procurar debbe di far qualche ritaglio sopra la Caseggiatura, e somministrarla al dissegnato intento.
Li Claustrali, che cercano con tanti modi di rendersi utili potrebbero proporzionatamente imitare le Classi dell'Arti Secolari, e far qualche ragionevole offerta.
Li Mastri di Posta a quali le cattive Strade fanno tanti pregiudizi a loro Cavalli, Vetture, e Persone potrebbero di buon animo tassarsi a qualche sussidio.
La gloria di far del bene al proprio Paese non è fra noi affatto spenta, chi sa che qualche particolare non si sentisse mosso di darne a suoi Concittadini una prova col donare in morte qualche Testimonio del suo attaccamento.
Io non voglio calcollare a qual somma possano arrivare i suggeriti mezzi, e se questi basteranno all'intento, nel caso che non fossero sufficienti, il che io non credo, io non imitare, che i Figli, che nei loro bisogni implorano ajuto della tenera Madre, che le Greggie, che nei pericoli chiedono soccorso dai loro Pastori; In fine non posso che rivolgermi all'Augusta Imperatrice, che così bene eseguisce gli Offizi di Madre, e di Pastore. Li Sudditi devano amasare le Pietre per il grande Edifizio, disegnarne le traccie, offrire le loro forze, ma i Re debbono construirlo. Il vero modo di sapere a colpo di occhio quali sieno stati li migliori imperadori Romani è di osservare quelli che hanno avuto più a cuore le Opere pubbliche; a questi non mancavano Statue, iscrizioni, gli eloggi degli Storici per mezzo de' quali la loro grata memoria è giunta fino a giorni nostri. L'Augusta Imperadrice non ha, che rivolger gli occhi addietro, ed osservare lo Stabile Monumento di utile munificenza lasciato dal Divo Suo Genitore nelle Strade, che da Vienna conducono a Trieste, e dall'Italia alla Capitale. La prima favorisce il commercio, la seconda rende più facile la comunicazione fra i suoi Stati di Germania, ed Italia. Che se noi fosse permesso l'interrogare umilmente l'Augusto suo Figlio, vorrei divotamente chiederle quale impressione sentissi, quando dalle eguali, solide, e ben conservate Strade della Germania trovasi arrestato, sepolto, ed incomodato dalle fangose, e precipitevoli Strade Mantovane? Sia detto a sua gloria anche in quella occasione diede un luminoso esempio della inimitabile sua moderazione.

Noi non dimandiamo, che tutto si faccia da botto solo chiediamo, che ci sia permesso di unire tutte le nostre forze al grand'oggetto, e ch'ella supplisca a quello, a cui non possiamo arrivare. Immiti se stessa nel Mantovano, e faccia per noi quello, che ha fatto per le Strade, che per suo ordine sono state construite in Boemia, e in quella parte che conduce all'Impero.
Io sono così persuaso, che le nostre suppliche saranno esaudite, che voglio, che voi umanissimi uditori mi permettiate che fin da questo giorno vi suggerisca quel che debba essere il pubblico monumento, che lasciar dobbiamo ai nostri Posteri di così gran beneficio, e che faccia testimonio della nostra rispettosa riconoscenza.
Cesare Augusto fece collocare nel mezzo di Roma una Colonna, che per esser dorata chiamavasi *Miliarium aureum*, ed ordinò, che da essa, come da centro si misurassero le distanze facendo piantare ad ogni miglio di misura Romana una minore Colonna di Marmo. Su queste eranvi delle iscrizioni, che oltre l'indicare il viaggio, che si era percorso, insegnavano a' viandanti il sito dove trovavansi, e il nome di luoghi dove ciascuno desiderava portarsi.
Noi dobbiamo nel mezzo di Mantova erigere una Colonna di Marmo, che abbia la forma di Ara, e se quella drizzata in Parma in nome del Regnante Imperadore chiamasi *Ara amicitiae* la nostra deve avere scolpito il soave, il figliale, il vero titolo di *ara devotionis Populi Mantuani*. Da questa debbansi prendere, le misure, e segnare ogni miglio con un Cippo di marmo, su cui siavi a caratteri visibili indicate le distanze, e le miglia percorse, da percorrersi, anzi vorrei, che ad ogni cinque miglia si collocasse un Bancale di marmo, che servisse di riposo allo stanco viandante del Paese, che li somministra.
Un Uomo ringraziava il Cielo di esser nato ai tempi di Socrate per aver il piacere di sentirlo, e divenire migliore. Noi tutti dobbiamo ringraziarlo di esser nati in un Secolo dove Mantova è l'oggetto delle Paterne Cure de nostri Sovrani, ed in cui le scienze, l'arti, ed i costumi dall'ozio, dall'ignoranza avvolte in nera caligine sono state richiamate a nuova vita; si parragoni da ogni uno il passato col presente e converrà meco, che noi siamo irgolati con tale tenerezza, vigilanza, e predilezione, come se questa Provincia fosse la sola, che viene governata dal incomparabile Imperadrice, e dal Corregente suo Figlio.

www.ingramcontent.com/pod-product-compliance
Lightning Source LLC
Chambersburg PA
CBHW081554220526
45468CB00010B/2661

* 9 7 8 1 7 2 2 4 4 2 3 5 4 *